冶金专业教材和工具书经典传承国际传播工程

Project of the Inheritance and International Dissemination
of Classical Metallurgical Textbooks & Reference Books

普通高等教育"十四五"规划教材

耐火材料学简明教程

李楠　顾华志　赵惠忠　编著

本书数字资源

北　京

冶　金　工　业　出　版　社

2025

内 容 提 要

本书共 10 章，内容包括耐火材料相关的基础知识；耐火材料的分类、组成、结构、性质、测试方法及工艺要求等。书中辅以行业标准与最新研究数据，既可支撑课堂教学，又能助力读者快速构建知识体系，是耐火材料领域不可多得的精简版权威读本。

本书适用于无机非金属材料工程专业本科生、研究生学习，也可供具备材料科学与相关工程学基础或物理学与化学基础知识的科研人员阅读，还可作为耐火材料企业技术人员培训教材，对冶金、化工等领域从业者了解耐火材料特性与选型原则具有重要价值。

图书在版编目（CIP）数据

耐火材料学简明教程／李楠，顾华志，赵惠忠编著.
北京：冶金工业出版社，2025．8. -- （普通高等教育
"十四五"规划教材）. -- ISBN 978-7-5240-0246-8

Ⅰ．TQ175

中国国家版本馆 CIP 数据核字第 2025FV5048 号

耐火材料学简明教程

出版发行	冶金工业出版社	**电　话**	（010）64027926
地　址	北京市东城区嵩祝院北巷 39 号	**邮　编**	100009
网　址	www.mip1953.com	**电子信箱**	service@ mip1953.com

责任编辑　于昕蕾　美术编辑　彭子赫　版式设计　郑小利
责任校对　葛新霞　责任印制　禹　蕊
三河市双峰印刷装订有限公司印刷
2025 年 8 月第 1 版，2025 年 8 月第 1 次印刷
787mm×1092mm　1/16；19.25 印张；461 千字；289 页
定价 **52.00** 元

投稿电话　（010）64027932　投稿信箱　tougao@cnmip.com.cn
营销中心电话　（010）64044283
冶金工业出版社天猫旗舰店　yjgycbs.tmall.com
（本书如有印装质量问题，本社营销中心负责退换）

冶金专业教材和工具书经典传承国际传播工程
总　　序

　　钢铁工业是国民经济的重要基础产业，为我国经济的持续快速增长和国防现代化建设提供了重要支撑，做出了卓越贡献。当前，新一轮科技革命和产业变革深入发展，中国经济已进入高质量发展新时代，中国钢铁工业也进入了高质量发展的新时代。

　　高质量发展关键在科技创新，科技创新离不开高素质人才。党的二十大报告指出："教育、科技、人才是全面建设社会主义现代化国家的基础性、战略性支撑。必须坚持科技是第一生产力、人才是第一资源、创新是第一动力，深入实施科教兴国战略、人才强国战略、创新驱动发展战略，开辟发展新领域新赛道，不断塑造发展新动能新优势。"加强人才队伍建设，培养和造就一大批高素质、高水平人才是钢铁行业未来发展的一项重要任务。

　　随着社会的发展和时代的进步，钢铁技术创新和产业变革的步伐也一直在加速，不断推出的新产品、新技术、新流程、新业态已经彻底改变了钢铁业的面貌。钢铁行业必须加强对科技进步、教育发展及人才成长的趋势研判、规律认识和需求把握，深化人才培养体制机制改革，进一步完善相应的条件支撑，持续增强"第一资源"的保障能力。中国钢铁工业协会《"十四五"钢铁行业人力资源规划指导意见》提出，要重视创新型、复合型人才培养，重视企业家培养，重视钢铁上下游复合型人才培养。同时要科学管理，丰富绩效体系，进一步优化人才成长环境，造就一支能够支撑未来钢铁行业高质量发展的人才队伍。

高素质人才来源于高水平的教育和培训,并在丰富多彩的创新实践中历练成长。以科技创新为第一动力的发展模式,需要科技人才保持知识的更新频率,站在钢铁发展新前沿去思考未来,系统性地将基础理论学习和应用实践学习体系相结合。要深入推进职普融通、产教融合、科教融汇,建立高等教育+职业教育+继续教育和培训一体化行业人才培养体制机制,及时把钢铁科技创新成果转化为钢铁从业人员的知识和技能。

一流的专业教材是高水平教育培训的基础,做好专业知识的传承传播是当代中国钢铁人的使命。20世纪80年代,冶金工业出版社在原冶金工业部的领导支持下,组织出版了一批优秀的专业教材和工具书,代表了当时冶金科技的水平,形成了比较完备的知识体系,成为一个时代的经典。但是由于多方面的原因,这些专业教材和工具书没能及时修订,导致内容陈旧,跟不上新时代的要求。反映钢铁科技最新进展和教育教学最新要求的新经典教材的缺失,已经成为当前钢铁专业人才培养最明显的短板和痛点。

为总结、提炼、传播最新冶金科技成果,完成行业知识传承传播的历史任务,推动钢铁强国、教育强国、人才强国建设,中国钢铁工业协会、中国金属学会、冶金工业出版社于2022年7月发起了"冶金专业教材和工具书经典传承国际传播工程"(简称"经典工程"),组织相关高校、钢铁企业、科研单位参加,计划用5年左右时间,分批次完成约300种教材和工具书的修订再版和新编,以及部分教材和工具书的对外翻译出版工作。2022年11月15日在东北大学召开了工程启动会,率先启动了高等教育和职业教育教材部分工作。

"经典工程"得到了东北大学、北京科技大学、河北工业职业技术大学、山东工业职业学院等高校,中国宝武钢铁集团有限公司、鞍钢集团有限公司、首钢集团有限公司、河钢集团有限公司、江苏沙钢集团有限公司、中信泰富特钢集团股份有限公司、湖南钢铁集团有限公司、包头钢铁（集团）有限责任公司、安阳钢铁集团有限责任公司、中国五矿集团公司、北京建龙重工集团有限公司、福建省三钢（集团）有限责任公司、陕西钢铁集团有限公司、酒泉钢铁（集团）有限责任公司、中冶赛迪集团有限公司、连平县昕隆实业有限公司等单位的大力支持和资助。在各冶金院校和相关钢铁企业积极参与支持下，工程相关工作正在稳步推进。

征程万里，重任千钧。做好专业科技图书的传承传播，正是钢铁行业落实习近平总书记给北京科技大学老教授回信的重要指示精神，培养更多钢筋铁骨高素质人才，铸就科技强国、制造强国钢铁脊梁的一项重要举措，既是我国钢铁产业国际化发展的内在要求，也有助于我国国际传播能力建设、打造文化软实力。

让我们以党的二十大精神为指引，以党的二十大精神为强大动力，善始善终，慎终如始，做好工程相关工作，完成行业知识传承传播的使命任务，支撑中国钢铁工业高质量发展，为世界钢铁工业发展做出应有的贡献。

中国钢铁工业协会党委书记、执行会长

2023 年 11 月

前　　言

本书是在"十二五"普通高等教育本科国家级规划教材《耐火材料学》（第2版）的基础上，经过系统精简、凝练和浓缩而成的一部实用型简明教材。本书编写初衷是满足高校教学、企业培训及科研人员快速掌握耐火材料核心知识的需求，兼顾学术性与实践性，力求在有限篇幅内呈现学科精髓。作为"冶金专业教材和工具书经典传承国际传播工程"入选教材之一，本书旨在为耐火材料领域提供一本简明、前沿、易用的参考书。

耐火材料是现代高温工业的基石，其理论与技术发展直接影响冶金、建材、化工等领域的进步。本书以"系统性、实用性、简明性"为原则，围绕耐火材料的基础理论、显微结构、物理化学性质、生产工艺及实际应用展开，重点涵盖 Al_2O_3-SiO_2 系、碱性耐火材料、氧化物-碳复合材料、不定形耐火材料等核心内容，具有如下特色：内容全面，重点突出，涵盖从基础理论（如显微结构、热学性质）到应用技术（如抗渣性、抗热震性）的全链条知识，并重点解析 Al_2O_3-SiO_2 系、镁质耐火材料等工业常用体系。理论与实践结合，引入工业案例与最新研究成果，如熔铸耐火材料的工艺优化、碳复合材料的环保对策，增强实用性。本书编排清晰，每章以"本章要点"开篇，辅以图表、公式，章末设置"思考题"巩固学习效果。通过示意图、相图及显微结构照片，直观呈现复杂概念，降低学习门槛。

本书编写历时近2年，以我校无机非金属材料工程专业各位教授的研究成果与教学经验为基础，参考国内外权威文献及行业标准。编写团队对原版《耐火材料学》（第2版）进行了多轮修订，删减冗余内容近25%，新增了近2年来的科研成果。全书采用"理论—结构—性能—应用"的逻辑框架，章节目录层级分明，术语应用规范，公式推导简明，便于读者按需查阅或系统学习。

本书主要供无机非金属材料工程专业（耐火材料方向）本科生作为专业核心课的教材，也可作为跨专业报考无机非金属材料工程专业（耐火材料方向）硕士生的专业辅修教材；同时可作为耐火材料生产、应用领域的技术人员需要快速解决工艺优化、材料选型等问题时的参考书，也可作为对耐火材料感兴趣的化工、冶金领域从业者的学习资料。

建议初学者按章节顺序通读，结合思考题巩固理解；技术人员可针对性查阅第 3~10 章等应用型内容。

本书由李楠教授提出总体修订建议，其中第 1 章、第 2 章和第 6 章由魏耀武教授负责修订，第 3 章由付绿平教授负责修订，第 4 章由顾华志教授负责修订，第 5 章由赵惠忠教授和陈俊峰副教授负责修订，第 7 章由朱天彬教授和赵惠忠教授负责修订，第 8 章和第 9 章由鄢文教授负责修订，第 10 章由赵惠忠教授负责修订。全书由赵惠忠教授负责统稿，由李楠教授负责审定，冶金工业出版社全程指导排版与校审，中国硅酸盐学会耐火材料分会、中国耐火材料行业协会等单位提供技术支持和案例素材。在本书编写过程中，还采纳了多位读者的宝贵意见，在此一并致谢。

耐火材料学是一门不断发展的学科，本书虽经反复打磨，仍难免疏漏，恳请读者批评指正，以便再版时进一步完善。愿本书能为我国耐火材料领域的人才培养与技术进步贡献绵薄之力。

编著者

2025 年 3 月于武汉科技大学

目　　录

1 绪 论

本章要点

（1）熟悉耐火材料的定义和耐火材料分类的必要性；

（2）理解耐火材料性能和服役要求之间的对应关系。

1.1 耐火材料的定义及对耐火材料的要求

1.1.1 定义

国际标准中，耐火材料定义为：化学与物理性质允许其在高温环境下使用的非金属材料与产品（并不排除含有一定比例的金属）。

1.1.2 要求

耐火材料的使用环境复杂多样，不同的使用环境有不同的使用要求。

（1）抵抗温度的损害。使用过程中耐火材料不因材料的熔化、软化而导致窑炉结构或耐火材料部件的破坏。与之相应的性能有耐火度、荷重软化温度、抗高温下的蠕变性与高温强度等。

（2）抵抗温度急变影响。间歇式工业窑炉中，炉衬或耐火材料部件要反复经历升温与降温过程。即使是在温度稳定的连续式窑炉中，耐火材料内部冷热面间也会存在着较大的温差，这两种情况都会在材料中造成较大的应力。应力的大小与材料的导热系数、线膨胀系数、弹性模量、强度等诸多性质有关。与此有关的耐火材料使用性能称为抗热震性。

（3）抵抗环境介质的侵蚀。耐火材料在使用过程中要与相关介质接触，如冶金熔渣、熔融金属、熔融玻璃、水泥熟料以及腐蚀性气体等。高温下，耐火材料与这些介质接触时会发生化学反应而被腐蚀。同时，这些介质还会沿耐火材料的气孔、裂纹渗入耐火材料内部，引起耐火材料组成与结构的破坏。影响耐火材料抗侵蚀性的因素包括耐火材料的组成和结构，与之相对应的使用性能为抗渣性。

（4）不污染承载产品。耐火材料常作为在高温下承载某些熔融或烧结产品的容器、工业炉衬或在高温下使用的陶瓷承载体的制作材料，如钢铁工业中的钢包与中间包、玻璃窑熔池的内衬材料、烧制陶瓷和电子材料的棚板、烧结锂离子正极材料的匣钵等。耐火材料如易与钢水、玻璃熔液、锂离子正极材料反应，会污染钢水、玻璃及锂离子正极材料。

（5）不污染环境。耐火材料在生产与使用过程中，要求不对人类生存环境产生危害，不产生对大气、水源和人体健康有危害的物质，尽量有利于材料的资源循环再生利用。在讨论耐火材料生产对环境影响的时候，还必须提及能源消耗以及 CO_2 对气候的影响。大量使用不烧或不定形耐火材料，利用在使用条件下的高温来完成其必要的物理化学过程，达到使用要求的性能，即所谓的"自适应"，对降低耐火材料生产能耗有重要意义。目前，虽然不定形耐火材料及不烧耐火制品在耐火材料中所占的份额不小，但对耐火材料自适应过程应用的理论研究仍较薄弱。另外，耐火材料是在高温窑炉上使用的，耐火材料对工业炉的节能减排应发挥一定的作用。

对一种耐火材料而言，要满足上述所有要求是困难的，实际生产使用过程中可根据具体使用条件，来选择满足主要使用性能要求的耐火材料。

1.2　分类

不同行业间的高温加工种类繁多，因此对应有不同类型和要求的耐火材料。耐火材料分类与应用温度和加工过程中的诸如机械、热、化学、磨损等操作条件有关。同时，耐火材料的开发都是围绕着特定高温加工的特定使用条件而开展的。因此，为了满足众多的高温操作和使用条件，就需要有不同类别的耐火材料。而且新类别耐火材料还将随着时间的推移不断增加。

耐火材料的分类方法很多，不同的方法具有不同的分类方式。

1.2.1　按化学性质分类

按化学性质，耐火材料可分为酸性、碱性和中性耐火材料。

（1）酸性耐火材料：通常指以二氧化硅为主要成分的耐火材料。

（2）碱性耐火材料：通常以氧化镁、氧化钙或两者共同作为主要成分的耐火材料。

（3）中性耐火材料：在高温下不与酸性耐火材料、碱性耐火材料，酸性或碱性渣或熔剂发生明显化学反应的耐火材料。

1.2.2　按耐火材料供货形态分类

按供货形态，耐火材料可分为定形制品和不定形耐火材料。

（1）定形制品：具有固定形状的耐火砖与保温砖。其分为致密定形制品与保温定形制品两类。前者为真气孔率小于45%的制品，后者为真气孔率大于45%的制品。

（2）不定形耐火材料：由骨料、细粉和结合剂及添加物组成的混合料，使用时通常加入一种或多种不影响其耐火度的合适的液体。

所谓定形制品与不定形耐火材料的划分是相对的。由不定形耐火材料浇注或注塑成一定形状并经预处理而得到的预制件是定形制品的形态，但它的整个生产工艺与不定形耐火材料相同。因此，仍将其归入不定形耐火材料。

1.2.3　按结合形式分类

按耐火材料中各组分（颗粒、细粉）之间的结合形式，耐火材料可分为陶瓷结合、化学结合、水化结合、有机结合与树脂结合等多种形式。

（1）陶瓷结合：在一定温度下，由于烧结或液相形成而产生的结合。这类结合存在于烧成制品中。烧成砖大多属于陶瓷结合耐火材料。为区别陶瓷结合对耐火材料高温性能的影响，常将以硅酸盐等低熔点相为结合相的视为陶瓷结合，而以高熔点相为结合相或自结合的视为直接结合。

（2）化学结合：在室温或更高的温度下通过化学反应（不是水化反应）产生硬化而形成的结合，包括无机或无机-有机复合结合。这种结合常见于各种不烧制品中。

（3）水化结合：在常温下，通过某种细粉与水发生化学反应，产生凝固和硬化而形成的结合。这种结合常见于浇注料中，如水泥结合浇注料。

（4）有机结合：在室温或稍高温度下靠有机物或无机物产生硬化而形成的结合。这种结合常见于不烧制品中。

（5）树脂结合：含有树脂的耐火材料在较低的温度下加热，由于树脂固化、炭化而产生的结合。主要存在于含碳耐火材料中。

（6）沥青/焦油结合：压制的不烧耐火材料中由沥青/焦油产生的结合。

在耐火材料中各种结合方式可单独存在，也可以同时存在。通常把以某种结合方式为主的耐火材料称为某某结合耐火材料。

1.2.4　按烧成与否分类

按耐火材料是否经过高温烧成，可将耐火材料分为烧成耐火材料与不烧耐火材料。

（1）烧成耐火材料，即经高温烧成的耐火材料。烧成耐火材料的相组成与结构相对较稳定，使用过程中的体积变化较小。

（2）不烧耐火材料，即没有经过高温烧成的耐火材料。多数化学结合、树脂结合与沥青/焦油结合的耐火材料，以及以水化结合为主的不定形耐火材料，均属于不烧耐火材料。不烧耐火材料利用其在使用过程中的高温进行烧结，完成必要的物理化学过程，在使用中自动适应使用条件的要求。不烧耐火材料节约了能源，减少了对环境的污染，是一种节能环保型耐火材料。

1.2.5　按化学成分分类

按化学成分分类是耐火材料最常见的分类方式。

（1）硅石耐火材料：以二氧化硅为主要成分的耐火材料，通常 SiO_2 的含量不小于93%。

（2）铝硅酸盐耐火材料：简称为铝硅系耐火材料，是指以 Al_2O_3 与 SiO_2 为主要成分的耐火材料。按 Al_2O_3 含量的不同可分为黏土质耐火材料（$30\% \leqslant w(Al_2O_3) < 45\%$）、高铝质耐火材料（$w(Al_2O_3) > 45\%$）等。此外，在常用的分类命名法中，根据铝硅系耐火材料的相组成来分类，例如，刚玉-莫来石制品、莫来石制品、硅线石制品、莫来石-石英制品等。

（3）镁质耐火材料：$w(MgO) > 80\%$ 的耐火材料。

（4）镁尖晶石质耐火材料：主要由镁砂和镁铝尖晶石组成的耐火材料。

（5）镁铬质耐火材料：由镁砂和铬铁矿制成且以镁砂为主要组分的耐火材料。

（6）镁白云石质耐火材料：由镁砂与白云石熟料制成且以镁砂为主要组分的耐火

材料。

（7）白云石耐火材料：以白云石熟料为主要原料的耐火材料。

（8）碳复合耐火材料：也称为含碳耐火材料，是由氧化物、非氧化物及石墨等炭素材料构成的复合材料。如氧化物为 MgO 的镁炭耐火材料，氧化物为 Al_2O_3 的铝炭耐火材料以及由 Al_2O_3、SiC 与石墨构成的铝-碳化硅-炭耐火材料。

1.2.6　按生产方式分类

不同的生产方式，可获得不同形状、不同尺寸和不同特性的耐火材料。按生产方式的不同，可将耐火材料分为压制烧成、压制不烧、不定形耐火材料和熔铸耐火材料。

与传统的定形制品生产方式以及不定形耐火材料生产方式不同，熔铸耐火材料是先将耐火材料配料熔融后，再铸入模型中让其凝固而得到的耐火材料。在熔铸后常伴随着长时间退火以消除应力，防止开裂。这一工艺常用于玻璃窑熔池大块耐火材料的制造。它不同于用熔融耐火原料为颗粒制得的耐火材料，后者常称为熔融再结合耐火材料。

从上面的讨论中可以看出，耐火材料的分类方法很多，没有完全统一的标准。通常是按其化学或物相组成、制造方式或供货方式等根据实际情况来决定它归入哪一类中。同一种耐火材料可以按不同的归类方式归入不同类别。

思 考 题

1-1　耐火材料的定义是什么？

1-2　通常对耐火材料的要求有哪些？

1-3　陶瓷结合和直接结合的概念是什么？它们有什么区别？

1-4　为什么要对耐火材料进行分类？耐火材料的分类方法有哪些？

2 耐火材料的显微结构与性质

本章要点

(1) 熟知涉及耐火材料组成、结构与性质的基本概念、定义和意义；
(2) 了解耐火材料的性能、组成和结构间的关系；
(3) 理解耐火材料性能评价指标的概念和意义；
(4) 掌握耐火材料性能的检测方法。

材料的性质是由其组成和结构决定的，而材料的组成与结构则决定于原料与制造工艺。

2.1 耐火材料的显微结构

2.1.1 显微结构定义

显微结构是指"在显微镜下所能观察到的微观结构"，也即"在光学与电子显微镜下分辨出的试样中所含有相的种类及各相的数量、形状、大小、分布取向和它们相互之间的关系，称为显微结构"。

2.1.2 耐火材料显微结构特征

除了熔铸制品外，可将耐火材料的显微结构粗略地划分为两大部分：颗粒与基质，如图 2-1 所示。"颗粒"通常是多晶体，其中含有晶界；"晶粒"为一个单晶体，不含晶界。"基质"有时也称为结合相，是存在于颗粒之间的各物相之总称。基质通常是由配料中加入的各种细粉、结合剂与添加剂通过烧成或其他处理后所形成的。通常，基质结构的致密程度、强度以及抵抗熔融体的侵蚀能力都比颗粒差，因此基质是耐火材料的薄弱环节。

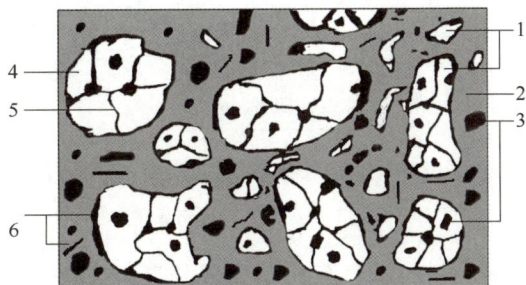

图 2-1 耐火材料的显微结构
1—颗粒（骨料）；2—基质；3—气孔；
4—晶粒；5—晶界；6—裂纹

2.1.2.1 气孔与裂纹

耐火材料中的气孔可以存在于颗粒中，也可以存在于基质中，见图 2-1 中 3。气孔分为开口气孔与闭口气孔。

开口气孔是指与外界连通的气孔，也被称为显气孔。闭口气孔（也称为闭气孔）是指不与外界相通的封闭气孔。

常用如下指标描述耐火材料显微结构中的气孔：显气孔率、闭气孔率、真（总）气孔率。它们分别表示材料中显气孔、闭气孔与总气孔的体积与材料总体积之比。表征气孔性质的参数有：孔径及其分布、气孔的形状等。气孔尺寸分布可用连续型分布函数（累积分布曲线）或常态分布曲线来描述，累积分布曲线如图 2-2 所示。由累积分布曲线可以确定小于任何一个孔径的气孔所占的百分数，如由图 2-2 可知，所有气孔的孔径都小于 70 μm；90% 的气孔孔径小于 32 μm，即 $d_{90} = 32$ μm。

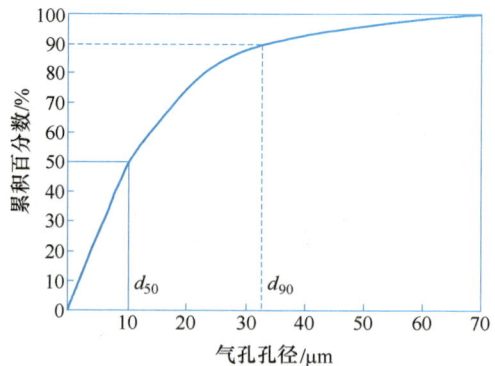

图 2-2   孔径的累积分布曲线

在图 2-2 中，累积百分数等于 50% 时的气孔孔径是气孔分布的中位数，称为中位孔径，用 d_{50} 表示，在图 2-2 中 $d_{50} = 10$ μm。表示气孔尺寸分布的常态分布曲线如图 2-3 所示。由于不同测定方法的测量原理不同，同一种材料用不同仪器测得的气孔孔径常态分布曲线的宽窄不尽相同。

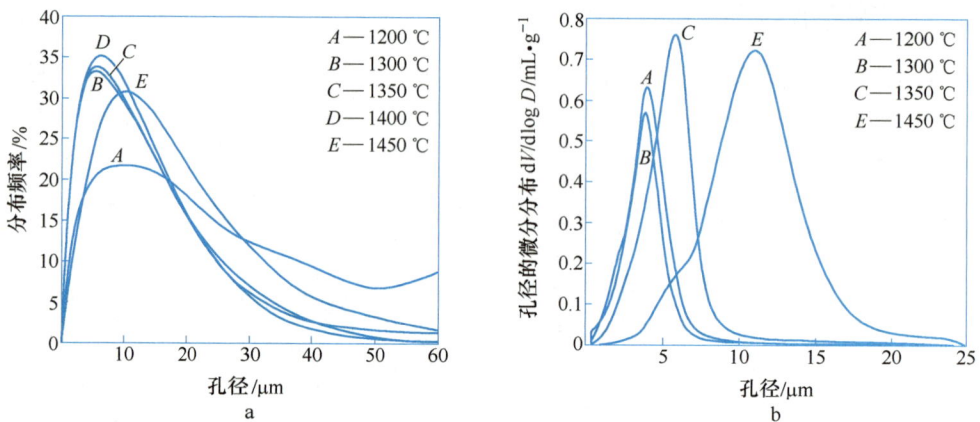

图 2-3   孔径的常态分布曲线

a—由显微镜照片手工法测定；b—压汞仪测定

耐火材料的气孔孔径分布可能是单峰分布的，也可能是双峰甚至是多峰分布的。不过多峰分布的情形较少，当颗粒中含有较多气孔时，常得到双峰孔径分布曲线。

常见的另一个表征气孔大小的参数为平均孔径，并有：

$$d_a = \frac{x_1 + x_2 + x_3 + \cdots + x_n}{n} \tag{2-1}$$

式中 d_a——平均孔径，μm；

$x_1, x_2, \cdots, x_n$——测得的第一个孔到第 n 个孔的孔径，μm；

　　　　n——孔的测定数目。

在现有的气孔率、气孔尺寸的测定方法中，材料中的裂纹也被包括在气孔中。

2.1.2.2　颗粒、晶粒与母盐假象

一个颗粒中常包括多个晶粒。晶粒在颗粒中是不均匀分布的，它们常常聚集在一起形成晶粒簇。这种晶粒簇常保持其分解前母盐的结构外形，称其为母盐"假象"。"假象"实际上是由母盐分解而得到的一个微晶的团聚体，它保留了原母体颗粒的外形。图2-4为一个由三水铝石分解而得到氧化铝"假象"的电镜照片，分解后的三水铝石颗粒仍保留了三水铝石颗粒原来的外形。在这种结构中存在两类气孔与颗粒，一类是在"假象"内的晶粒与气孔，在图 2-4 中为包

图 2-4　保留有三水铝石外形的氧化铝微晶图像

含在"假象"内的氧化铝晶粒与它们之间的气孔，分别称为"一级颗粒"与"一级气孔"。另一类是保留了三水铝石颗粒外形的"假象"以及它们之间的气孔，分别称为"二级颗粒"与"二级气孔"。母盐"假象"的这种结构特点会造成耐火材料结构的不均匀。

2.1.2.3　相组成与分布

耐火材料的相组成是很复杂的，包括了晶相、玻璃相（液相）与气相。

玻璃相在显微结构中的分布状态可分为三种情形，如图 2-5 所示。当生成的液相量很大且其对晶相的润湿性很好时，冷却后玻璃会形成一连续的网络结构，如图 2-5a 所示。当液相量较少且液相对晶相的润湿性较差时，玻璃相仅存在于三晶粒连接的边界中，如图 2-5b 所示。如果在冷却过程中，液相可能结晶或与晶相反应形成另一晶相，则获得如图 2-5c所示的结果，材料中已不存在玻璃相。但是，当耐火材料在高温下使用时，它们大多又会转化为液相。液相在显微结构中的分布状态对耐火材料高温性能有很大影响。图 2-5b 所示的状态是最有利的，即耐火材料中液相是以孤立分布状态存在，它对耐火材料高温性质的影响要小得多。液相对晶相的润湿性取决于它们的界面张力与表面张力，是决定液相在显微结构中分布的重要因素之一。除界面张力之外，液相的黏度也会对耐火材料的高温性能产生较大的影响。通常，液相的黏度越大，耐火材料的荷重软化温度与抗蠕变性越高。

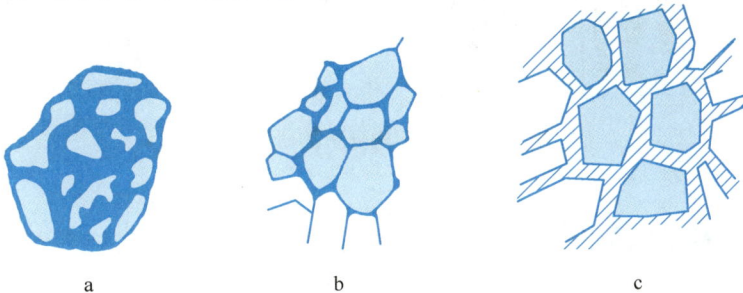

图 2-5　玻璃相在显微结构中的分布

2.1.2.4 相界与晶界

材料中的相界通常是指两相之间的界面。耐火材料的显微结构非常复杂，常包含有不同的晶相、玻璃相（它在高温下转变为液相）、气相。在耐火材料中还有另一种更重要的界面，即颗粒与基质间的界面，这种界面在别的材料中很少有。由于基质本身就是一个包括不同晶相、玻璃相（液相）及气相的复合体，颗粒也常常包含有一种以上晶相，它可能是由多种界面构成的复杂界面。

晶粒越小晶界数目越多，按组成与结构的不同，耐火材料中的晶界可分为如下几种类型：高温相晶界（存在于晶界中的相为高熔点的物相）、玻璃相晶界（液相冷却后变成玻璃相，得到玻璃相晶界）和晶状晶界（因为两个晶粒的晶格取向不同引起晶格畸变而形成的晶界，主要存在于某些纯度极高的材料中，如重结晶碳化硅材料中）。

2.1.3 显微结构的控制与检测

2.1.3.1 影响耐火材料显微结构的因素

影响耐火材料显微结构的因素很多，主要包括配料组成、混合与成型、烧成。

2.1.3.2 显微结构的研究方法

显微结构的主要研究方法如图 2-6 所示。

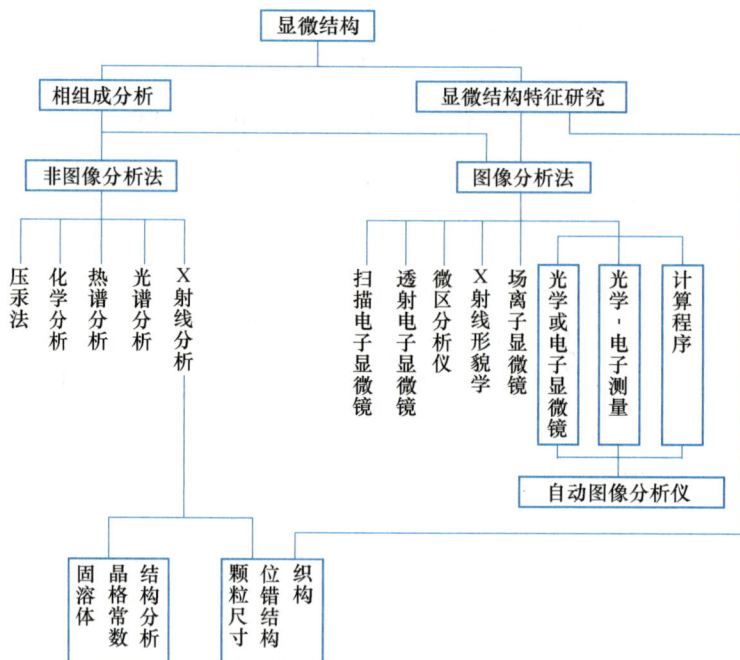

图 2-6 显微结构分析的研究方法

2.2 耐火材料的物理性质

耐火材料的物理性质是指不需要经过化学变化就能表现出来的性质，包括体积密度、真密度、显气孔率、真气孔率、吸水率以及力学、热学、声学、光学、电学等方面的性能。

2.2.1　耐火材料的密度、气孔率与透气度

2.2.1.1　体积密度、真密度、显气孔率、真气孔率、闭气孔率与吸水率

(1) 体积密度：带有气孔的干燥材料的质量与其总体积之比值。

(2) 真密度：带有气孔的干燥材料的质量与其真体积之比值。

(3) 显气孔率：带有气孔的材料中所有开口气孔体积与其总体积之比。

(4) 闭口气孔率：带有气孔的材料中所有闭口气孔体积与其总体积之比。

(5) 真气孔率：显气孔率与闭口气孔率之总和，也称为总气孔率。

(6) 吸水率：带有气孔的材料中，所有开口气孔所吸水的质量与其干燥材料质量之比。

体积密度常用的测定方法有两种。一种是测定试样的三维尺寸，计算出它的体积 V，然后直接除以其干燥质量 m_1，即可得到体积密度。该方法常用于测定轻质保温隔热耐火材料的体积密度，也称为假密度、容重。

$$\rho_b = \frac{m_1}{V} \tag{2-2}$$

另一种测定耐火材料体积的方法是阿基米德法，又可分为真空浸泡法和沸水浸泡法两类。真空浸泡法是将试样放在密闭容器中抽真空至一定真空度后，再注入水或其他液体来浸泡试样；而沸水浸泡法则是直接将试样放入沸水中浸泡。将质量为 m_1 的试样浸泡后，在液体中称取其悬浮质量 m_2。然后将试样从浸液中取出，在空气中测得其饱和质量 m_3。通过 m_1、m_2 及 m_3 即可计算出耐火材料体积密度 ρ_b、显气孔率 π_a 与吸水率 ω_a。

$$\rho_b = \frac{m_1}{m_3 - m_2} \times \rho_{ing} \tag{2-3}$$

$$\pi_a = \frac{m_3 - m_1}{m_3 - m_2} \times 100\% \tag{2-4}$$

$$\omega_a = \frac{m_3 - m_1}{m_1} \times 100\% \tag{2-5}$$

式中　ρ_{ing} ——浸泡液体密度。

对于易水化或在水中易散开的坯体等试样不宜用水。

真密度是指粉末材料在绝对密实状态下单位体积的固体物质的实际质量，即去除内部孔隙或者颗粒间空隙后的密度。因此，测定耐火材料的真密度时，须将耐火材料磨成细粉，尽可能地消除闭气孔，以测量其在绝对密实状态下的密度。常用比重瓶法和真密度仪测定。测得材料真密度后，即可计算得到耐火材料的真气孔率 π_t 与闭气孔率 π_f。

$$\pi_t = \frac{\rho_t - \rho_b}{\rho_t} \times 100\% \tag{2-6}$$

$$\pi_f = \pi_t - \pi_a \tag{2-7}$$

2.2.1.2　耐火材料的透气度

耐火材料的透气度是指在常温和在一定压差下，气体穿透过耐火材料的性能。它是结构性质中最重要的指标之一。由哈根-伯肃叶定律，可求出通过耐火材料试样流量与压差

及气体黏度的关系，如式（2-8）所示。

$$\frac{V}{t} = \mu \times \frac{1}{\eta} \times \frac{A}{h} \times (p_1 - p_2) \times \frac{p_1 + p_2}{2p} \tag{2-8}$$

式中 V——通过试样的气体体积，m^3；

t——V体积的气体通过试样的时间，s；

μ——试样的透气度，m^2；

η——试验温度下气体的动力黏度，Pa·s；

A——试样的横截面面积，m^2；

h——试样的高度，m；

p_1——气体进入试样端的绝对压力，Pa；

p_2——气体逸出试样端的绝对压力，Pa；

p——气体的绝对压力，Pa，它是测定气体体积时的压力，在正压下试验时 $p=p_1$，在负压下试验时 $p=p_2$。

由式（2-8）可得到耐火材料的透气性 μ。

$$\mu = \frac{V}{t} \times \eta \times \frac{h}{A} \times \frac{1}{p_1 - p_2} \times \frac{2p}{p_1 + p_2} \tag{2-9}$$

在实际测定中，可用由式（2-9）转换而得的式（2-10）。

$$\mu = 2.16 \times 10^{-6} \times \eta \times \frac{h}{d^2} \times \frac{q_v}{\Delta p} \times \frac{2p_1}{p_1 + p_2} \tag{2-10}$$

式中 μ——耐火材料的透气度，m^2；

η——试验温度下通过试样气体的动力黏度，Pa·s；

h——试样高度，mm；

d——试样直径，mm；

q_v——通过试样的气体流量，cm^3/min；

Δp——试样两端的气体压差（p_1-p_2），mmH_2O（$1\ mmH_2O = 9.80665\ Pa$）；

p_1——气体进入试样端的绝对压力（$p_2+\Delta p$），mmH_2O；

p_2——气体逸出试样端的绝对压力，它等于当时的大气压，mmH_2O。

2.2.2 耐火材料的力学性质

耐火材料的力学性质表示其抵抗外力作用而不被破坏的能力，也即耐火材料在受力作用下所表现出来的特性。

2.2.2.1 耐火材料弹性模量与泊松比

弹性模量 E 是材料在应力作用下发生弹性变形时的应力 σ 与应变 ε 之比：

$$E = \frac{\sigma}{\varepsilon} \tag{2-11}$$

泊松比 μ 定义为在拉伸试验中，材料横向单位面积的减少与纵向单位长度的增加之比值。它等于横向应变 ε_A 与纵向应变 ε_L 之比。

$$\mu = \frac{\Delta A}{A_0} \bigg/ \frac{\Delta L}{L_0} = \frac{-\varepsilon_A}{\varepsilon_L} \tag{2-12}$$

式中　A_0，L_0——分别为拉伸前试样的横截面面积与长度；

　　　ΔA，ΔL——分别为横截面面积与长度的减小值与增大值。

　　μ 值常取绝对值。大多数无机材料的泊松比在 0.2~0.25 之间。

　　对于两相材料可以用简化模型计算出可能的最大弹性模量值（上限弹性模量）与可能的最小值（下限弹性模量）。它们的简化式分别如式（2-13）及式（2-14）所示。

　　上限弹性模量：
$$E_H = E_1 V_1 + E_2 V_2 \tag{2-13}$$

　　下限弹性模量：
$$E_L = \frac{V_1}{E_1} + \frac{V_2}{E_2} \tag{2-14}$$

式中　V_1，V_2——分别为第一相与第二相的体积分数（$V_1 + V_2 = 1$）；

　　　E_1，E_2——分别为两相的弹性模量，二相材料的实际弹性模量介于两者之间。

　　陶瓷材料中的气孔也可认为是第二相，但气孔的弹性模量为零，不能用式（2-13）与式（2-14）计算。对于气孔率对材料弹性模量的影响，常用式（2-15）表示。

$$E = E_0 e^{-B\pi} \tag{2-15}$$

式中　E，E_0——分别为气孔率为 π 及气孔率为零时材料的弹性模量；

　　　B——与泊松比及气孔形状和分布有关的常数。

　　对于连续基体内的封闭气孔，可以用经验式（2-16）来计算多孔材料的弹性模量。

$$E = E_0(1 - 1.9\pi + 0.9\pi^2) \tag{2-16}$$

式中　E，E_0——分别为气孔率为 π 及气孔率为零的材料的弹性模量。

　　式（2-16）可适用于气孔率不高于 50% 的材料，但它只适应于封闭式气孔，当气孔为连续相时，气孔的影响比按式（2-16）计算的要大。表 2-1 中列出了常见陶瓷材料和金属材料的弹性模量。可见，一般陶瓷材料的弹性模量比金属材料要大。

表 2-1　材料的弹性模量（室温）

材　　料	E/GPa	材　　料	E/GPa
氧化铝晶体	380	石英玻璃	72
氧化铝（致密、单相）	402	熔融氧化硅	69
烧结氧化铝（气孔率 5%）	366	致密 SiC（气孔率 5%）	470
氧化铝瓷（95%Al_2O_3）[①]	300	碳化硅（致密、单相）	480
氧化铝瓷（90%~95%Al_2O_3）[①]	366	烧结 TiC（气孔率 5%）	310
氧化镁	210	热压 BN（气孔率 5%）	83
氧化镁（致密、单相）	316	热压 B_4C（气孔率 5%）	290
莫来石（致密、单相）	230	氮化硅（致密、单相）	320
莫来石瓷	69	烧结 $MoSi_2$（气孔率 5%）	407
镁铝尖晶石	240	石墨（气孔率 20%）	9
烧结镁铝尖晶石（气孔率 5%）	238	滑石瓷	69
氧化锆	190	镁质耐火材料	170
烧结稳定氧化锆（气孔率 5%）	150	碳素钢	200~220
部分稳定氧化锆	207	铜	100~120
石英玻璃	73	铝	60~75

[①]Al_2O_3 含量为质量分数。

耐火材料组成、热处理过程和热处理速率对耐火材料的弹性模量有很大的影响。在加热与冷却过程中，由于物理与化学过程造成的耐火材料组成与显微结构的不可逆改变，对弹性模量影响较为明显。

2.2.2.2 耐火材料的强度与断裂韧性

A 耐火材料的强度

耐火材料的强度包括耐压强度与抗折强度。耐火材料的耐压强度是指其在承受外加载荷时的抗压能力，它是描述耐火材料在受力后的稳定性和耐久性的一个重要参数，同时也是衡量耐火材料在受力条件下是否会发生变形或破裂的重要指标，通常以单位面积上所能承受的最大压缩力（不破坏的极限载荷）表示。

耐火材料耐压强度的测定可以在常温或高温下进行。前者称为常温耐压强度，后者称为高温耐压强度。耐压强度的测定方法是在机械或液压试验机上，以规定的加压速率对试样加荷，直到试样破碎。用式（2-17）计算试样的耐压强度。

$$S = \frac{P}{(A_1 + A_2)/2} \tag{2-17}$$

式中 S——试样的耐压强度，MPa；

P——试样破碎时的最大载荷，N；

A_1，A_2——分别为试样上下受压面的面积，mm^2。

耐火材料的抗折强度是指其在三点弯曲装置上所能承受的最大弯曲应力，也称为抗弯强度。抗折强度也有常温抗折强度和高温抗折强度之分，常温抗折强度是在室温下测得的，而高温抗折强度是在规定的高温条件下测得的。测定方法如图 2-7所示。按式（2-18）计算试样的抗折强度。

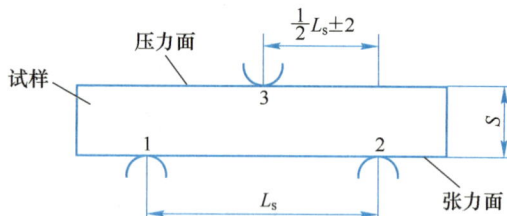

图 2-7 耐火材料抗折试验示意图
1，2—支撑刀口；3—加荷刀口

$$R_e = \frac{3}{2} \times \frac{F_{max}L_s}{bh^2} \tag{2-18}$$

式中 R_e——抗折强度，MPa；

F_{max}——对试样施加的最大压力，N；

L_s——两支撑口之间的距离，mm；

b——试样的宽度，mm；

h——试样的高度，mm。

B 耐火材料的断裂韧性

材料理论强度的近似表达式如式（2-19）所示。由该式可知材料的理论强度 σ_{th} 只与材料的弹性模量 E、表面能 γ 及晶格常数 a 有关。理论强度只适合理想的完整晶体。

$$\sigma_{th} = \sqrt{\frac{E\gamma}{a}} \tag{2-19}$$

材料的实际强度远小于其理论强度，是因为在实际材料中总是存在许多细小裂纹或缺陷。在外力作用下，这些裂纹或缺陷附近会产生应力集中现象。当应力达到某一临界值时，裂纹开始扩展而导致断裂。断裂并不是两部分晶体被拉成两半而是裂纹扩展的结果。

格里菲斯（Griffith）根据弹性理论求得裂纹端部的应力 σ_A 可用式（2-20）表示。

$$\sigma_A = 2\sigma\sqrt{\frac{C}{R}} \tag{2-20}$$

式中　σ——外加应力；

　　　C——裂纹长度的一半；

　　　R——裂纹尖端的曲率半径。

欧文（Irwin）根据弹性力学的应用场理论得出裂纹端头的应力为 σ_A 为：

$$\sigma_A = \frac{K_1}{\sqrt{2\pi\gamma}} \tag{2-21}$$

式中　γ——表面能；

　　　K_1——应力场强度因子，它与外加应力 σ、裂纹长度 C、裂纹类型及受力状态等因素有关。

将式（2-20）代入式（2-21）得到：

$$K_1 = \sigma_A\sqrt{2\pi\gamma} = 2\sigma\frac{\sqrt{2\pi\gamma}}{R}\sqrt{C} = y\sigma\sqrt{C} \tag{2-22}$$

式中　y——形状因子，它与裂纹类型及形状有关。

每一种材料存在一个表征材料特性的常数 K_{IC}，称为平面应变断裂韧性，简称断裂韧性。只有当

$$K_1 = y\sigma\sqrt{C} \leqslant K_{IC} \tag{2-23}$$

时，材料才不会发生低应力下的脆性断裂。

C 影响耐火材料强度与韧性的因素

耐火材料内常存在大量的气孔，气孔率对材料强度的影响可以用式（2-24）来表示。

$$\sigma_f = \sigma_0 e^{-n\pi} \tag{2-24}$$

式中　σ_f——材料的断裂强度；

　　　σ_0——当气孔率 $\pi=0$ 时的强度；

　　　n——常数，一般在 4~7 之间。

由式（2-24）可见，随气孔率的提高，材料的强度下降。除了气孔率外，材料中的晶粒尺寸对材料的强度也有很大的影响。材料强度 σ_f 与其晶粒尺寸之间的关系用式（2-25）表示。

$$\sigma_f = \sigma_0 + \frac{K_1}{\sqrt{d}} \tag{2-25}$$

式中　d——晶粒尺寸；

σ_0，K_1——与材料有关的常数。

也有将材料的气孔率与晶粒尺寸对强度的影响联合起来考虑得到式（2-26）。由式（2-26）可见，材料的气孔率越低，晶粒尺寸越小，材料的强度越大。因此，低气孔率、小晶粒是获得高强度陶瓷材料的关键。

$$\sigma_f = \left(\sigma_0 + \frac{K_1}{\sqrt{d}} \right) e^{-n\pi} \qquad (2\text{-}26)$$

耐火材料断裂行为与力学性质和显微结构的关系比陶瓷更为复杂。

第一，耐火材料中有大颗粒存在，在颗粒与基质之间形成一个界面。在烧成与使用过程中由于两者的性质不同，容易在这个界面上产生裂纹，即使在此界面上不存在裂纹，当裂纹扩散到此界面时，如果颗粒与基质之间的结合力较弱，裂纹就会沿界面扩展。

第二，不烧耐火材料在使用前处于远离热力学平衡的不稳定状态，在高温下使用时，将产生一系列的物理与化学变化，导致组成与显微结构的变化。此外，液相生成等原因使耐火材料产生塑性。这些因素的共同影响，使得对耐火材料力学性质的研究变得极为复杂。

第三，耐火材料的颗粒与基质常由多组分构成，由于各组分性质的差异，在生产与使用过程中会产生裂纹，从而改变其力学性质。

因上述各方面的原因，对耐火材料物理性质的研究，常常得到一些不同的甚至相反的结果。

2.2.2.3　耐火材料的硬度与耐磨性

A　硬度

硬度是指材料局部抵抗硬物压入其表面的能力。它是衡量材料软硬程度的一个力学指标，表示材料表面上的局部体积内抵抗变形的能力。材料的硬度取决于其晶体结构、化学结合强度、材料的密度以及处理工艺等诸多因素。

衡量与测定材料的硬度可以用刻画、压力或研磨等方法。刻画是指用手指、刀或者标准矿物在一种材料上划痕，观察刻痕的状况，判断其硬度。压入是指采用小球、小尖锥或者小圆柱在材料上施以集中的压力，观察压痕的状况，判断硬度。研磨是指通过材料的摩擦损耗来判断其硬度。

材料硬度的表征常用莫氏硬度（HM）、布氏硬度（HB）与维氏硬度（HV）三种。莫氏硬度仅表示材料的相对硬度，以天然金刚石的硬度为标准，定为 10 级，其他材料的硬度在 1~10 级之间。布氏硬度是用一定的载荷把大小一定（直径一般为 10mm）的淬硬钢球压入材料表面，保持一段时间后去载，以负荷与压痕面积之比值（单位面积上承受的压力）表示材料的硬度。维氏硬度是以 1200 N 以内的载荷施加于一个顶角为 136° 的金刚石方形锥压入器压在材料表面获得压痕凹坑，载荷与压入凹坑表面积之比即为维氏硬度。

B　耐磨性

材料的耐磨性是指材料抵抗磨损的能力，用磨耗量或耐磨指数表示。我国国标 GB/T 18301—2012 规定耐火材料耐磨性的测定方法是：将规定形状与尺寸的试样垂直面对喷砂管，用压缩空气将磨损介质通过喷砂管吹到试样上，测得磨损前后质量的变化，并按式 (2-27) 计算耐火材料的磨损量。

$$A = \frac{M_1 - M_2}{B} = \frac{M}{B} \qquad (2\text{-}27)$$

式中　A——耐火材料的磨损量，cm^3；

$\quad\quad M_1$——检验以前的试样质量，g；

M_2——检验以后的试样质量，g；

B——试样的体积密度，g/cm^3；

M——试样的损失质量，g。

硬度是材料抵抗外来机械力（如压痕、刮划、剪切等）的能力，影响耐火材料耐磨性的因素很多，包括硬度、强度、体积密度等。

一般来说，材料的硬度越高，其耐磨性通常也越好。高强度耐火材料的抗磨损能力强，体积密度大、显气孔率低的耐火材料抗磨损能力高。

另外，材料的成分、组织结构、表面粗糙度以及使用条件等因素也影响着耐火材料的耐磨性。温度对晶体结构的转变、互溶及反应性等有影响，因而影响着材料的耐磨性。气氛影响材料之间的互溶性与反应性，从而也影响其耐磨性。塑性和韧性高，说明材料可吸收的能量大，裂纹不易形成和扩展，抗反复变形能力大，不易形成疲劳剥落，因而耐磨性好。在接触应力一定的条件下，表面粗糙度值越小，抗磨损能力越高。

2.2.2.4　耐火材料的高温抗扭强度

中国国家标准 GB/T 34217—2017 规定：高温下，按规定加荷速率给耐火材料试样施加扭矩，发生破坏时所能承受的极限剪切应力即为试样的高温抗扭强度。高温抗扭强度主要取决于耐火材料性质及结构特征，可按式（2-28）计算。

$$\tau = \frac{M}{0.208a^3} \tag{2-28}$$

式中　τ——高温抗扭强度，MPa；

M——发生断裂时作用在试样上的扭矩，N·mm；

a——试样加热段中部截面边长的平均值，mm；

0.208——与试样形状（正方形截面）有关的形状因子参数。

2.2.3　耐火材料的热学性质

2.2.3.1　耐火材料的热容

热容是指物体温度升高 1 K 所需要的热量，单位为 J/K。单位质量物质的热容称为质量热容，单位为 J/(kg·K)。1mol 物质温度每升高 1 K 所吸收的热量，称为摩尔热容，单位为 J/(mol·K)。热容越大，耐火材料的蓄热量越大。

化合物热容 C_c 可以按式（2-29）由构成此化合物各元素的摩尔热容得到。

$$C_c = \sum n_i C_i \tag{2-29}$$

式中　n_i——化合物中元素 i 的原子数；

C_i——化合物中元素 i 的摩尔热容。

式（2-29）用于计算温度高于 573 K 时大多数氧化物与硅酸盐化合物的热容。同样，多相复合材料的热容 C_m 可用式（2-30）来计算。

$$C_m = \sum g_i C_i \tag{2-30}$$

式中　g_i——材料中第 i 种组成的质量分数；

C_i——材料中第 i 种组成的摩尔热容。

图 2-8 为几种陶瓷材料的摩尔热容与温度的关系。大多数材料的摩尔热容随温度升高

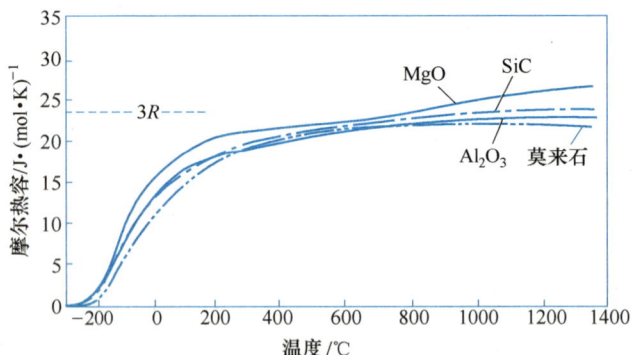

图 2-8　某些陶瓷的摩尔热容与温度的关系

而增大。温度达到 273 ℃ 左右时，摩尔热容不再随温度升高而增大，稳定在 25 J/(mol · K) 左右。除非温度很低，许多物质的定压摩尔热容 C_p 都可以用式（2-31）表示。

$$C_p = a + bT + cT^{-2} + \cdots \qquad (2\text{-}31)$$

2.2.3.2　耐火材料的导热系数

导热系数（又称热导率）是指单位时间内在单位温度梯度下，沿热流方向通过材料单位面积的热量，其单位为 W/(m · K)。设热量沿 x 轴方向传递，在 t 时间内通过垂直 x 轴的截面面积 S 上的热量 Q 与温度梯度 $\dfrac{\mathrm{d}T}{\mathrm{d}x}$、面积 S 及时间 t 成正比。

$$Q = -\lambda \frac{\mathrm{d}T}{\mathrm{d}x} St \qquad (2\text{-}32)$$

式中　λ——导热系数。

传热的方式有传导、对流与辐射。耐火材料的导热系数是构成耐火材料固相材料的导热系数与通过气孔的对流、辐射与传导等导热系数的函数。因此耐火材料的导热系数实际上是一种综合导热性能的表现，也称之为平均导热系数。

A　通过耐火材料固相的传热及其影响因素

在固体中热量是通过晶格中质点的热振动由高温区向低温区传输的，即通过晶格振动的格波来传输。固体的导热系数 λ_s 可表示为式（2-33）。

$$\lambda_s = \frac{1}{3} C \bar{v} l \qquad (2\text{-}33)$$

式中　C——声子的体积热容；

　　　$\bar{v}$——声子的平均速度；

　　　l——声子的平均自由程。

声子的速度仅与晶体的密度及弹性力学性质有关，与频率无关。而热容 C 和自由程 l 都与声子振动频率 γ 有关。因此，固体的导热系数可用式（2-34）表示。

$$\lambda_s = \frac{1}{3} \int v C(\gamma) l(\gamma) \mathrm{d}\gamma \qquad (2\text{-}34)$$

所有影响声子的平均速度及其自由程的因素都会对材料的导热系数产生影响。首先，材料的化学组成会影响其导热系数。晶格上质点大小与性质的不同，其晶格振动状态也不同。质点的原子量和密度越小，杨氏模量越大，则构成的材料的导热系数越大。其次，晶体结构对于材料的导热系数也有较大影响。晶格振动是非谐性的，晶格结构越复杂，晶格振动的非谐性程度越大，格波受到的散射程度越大，声子的平均自由程越小，材料的导热系数越低。所以，复合氧化物的导热系数比单一氧化物的导热系数小。此外，材料的显微结构对其导热系数也有较大影响。其中，气孔的影响十分重要。晶界中结晶缺陷和杂质多，声子更容易受到散射，使它的自由程减小，所以多晶体的导热系数比单晶体小。晶粒越小，晶界越多，对导热系数的影响就越大。非等轴晶系晶体的导热系数是各向异性的，从而导致耐火材料导热系数的各向异性，如石英和石墨。

一般情况下晶体与玻璃体共存的耐火材料的导热系数介于晶体与玻璃之间。由图 2-9 可以看出，非晶体的导热系数都比晶体的小，但是在高温下两者比较接近。两者之间最大的差别是在晶体的导热系数-温度的曲线上存在一个最大值 m，而在玻璃体的曲线中则没有。

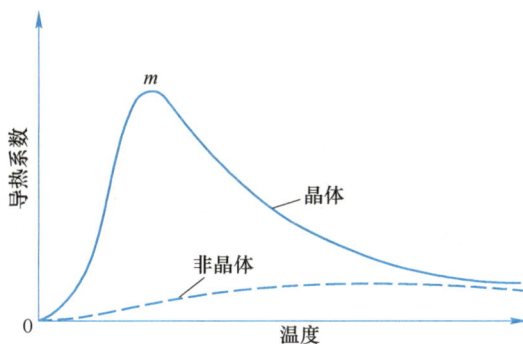

图 2-9 晶体与非晶体的导热系数与温度的关系

复合材料的导热系数可按式（2-35）计算。

$$\lambda = \lambda_c \frac{1 + 2V_d\left(1 - \dfrac{\lambda_c}{\lambda_d}\right)\Big/\left(\dfrac{2\lambda_c}{\lambda_d} + 1\right)}{1 - V_d\left(1 - \dfrac{\lambda_c}{\lambda_d}\right)\Big/\left(\dfrac{2\lambda_c}{\lambda_d} + 1\right)} \tag{2-35}$$

式中　λ_c，λ_d——分别为连续相与分散相的导热系数；

　　　V_d——分散相的体积分数。

式（2-35）同样适合晶相分散在玻璃相中的情况。

在低导热系数的材料中加入高导热系数材料时，复合材料的导热系数将提高。即使是加入的材料不能构成连续相，情况也是如此。

B　耐火材料的气孔对其导热系数的影响

气孔对耐火材料的导热系数有很大的影响。耐火材料的有效导热系数 λ_e 是固相导热系数、气相导热系数以及对流与辐射导热系数的函数，如式（2-36）所示。

$$\lambda_e = f(\lambda_{ss}, \lambda_{rp}, \lambda_{gp}, \lambda_{cp}) \tag{2-36}$$

式中　λ_{ss}——固相的导热系数，热载体为声子，由式（2-33）给出；

　　　λ_{rp}——辐射传热系数，热载体为光子；

　λ_{gp}，λ_{cp}——分别为气相热传导系数与对流传热系数，热载体为分子。

它们分别用式（2-37）、式（2-38）与式（2-39）表示。

$$\lambda_{rp} = 4G\varepsilon\sigma\,\overline{d_p}\,T^3 \tag{2-37}$$

$$\lambda_{gp} = \lambda_g \frac{d_p}{l_g + \overline{d_p}} \tag{2-38}$$

$$\lambda_{cp} = f(\overline{d_p} Pr \cdot GrT) \tag{2-39}$$

式中　G——气孔几何因子；

　　　ε——发射率；

　　　l_g——自由气体分子平均自由程；

　　　σ——斯蒂芬-玻耳兹曼常数；

　　　T——气孔温度；

　　　$\overline{d_p}$——气孔平均尺寸；

　　　λ_g——自由气体导热系数；

Gr，Pr——分别为气孔中气体的葛拉晓夫数与普朗特数。

其中，σ、λ_g、l_g 为常数，Pr 与 Gr 变化范围很小，可以看成是常数。因此，气孔对耐火材料导热系数的影响因素为气孔率、气孔尺寸、形状、开闭状况以及存在于气孔中的气体等。

　　a　气孔率的影响

气孔率高，增加了气-固相界面，增大了固相导热的声子散射，降低耐火材料的导热系数。常用经验式（2-40）与式（2-41）表达多孔材料气孔率与其导热系数之间的关系。

$$\lambda_e = \frac{\lambda_s(1 - \pi)}{1 + 0.5\pi} \tag{2-40}$$

$$\lambda_e = \lambda_s(1 - \beta\pi) \tag{2-41}$$

式中　λ_e——多孔材料的导热系数；

　　　λ_s——致密材料的导热系数；

　　　π——气孔率；

　　　β——与材料组成显微结构与气孔形貌及分布有关的系数。

　　b　气孔尺寸及其分布的影响

式（2-37）与式（2-38）表明，随着气孔直径的减小，气孔中气体的热传导系数及辐射传热系数减小。在研究含有纳米尺寸气孔与晶粒的多孔氧化锆陶瓷过程中，获得了在室温下含空气的气孔的导热系数 λ_{air} 与气孔尺寸的关系如图 2-10 所示，当孔径小于 10 μm 以后，导热系数随气孔孔径的减小迅速下降。当孔径小于 10 nm 后，导热系数非常小。

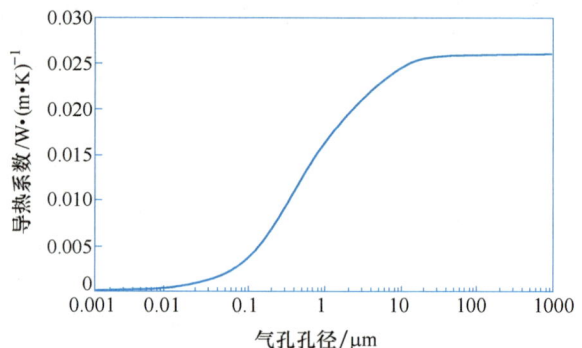

图 2-10　含空气气孔的导热系数与气孔孔径的关系

　　c　气孔形状对多孔材料导热系数的影响

对流传热小，因此含闭气孔多的材料比含开气孔多的导热系数小。同时，当热流平行于柱形气孔的轴向时，导热系数会增大，若将其变为球形气孔，材料的导热系数将大大减小。

d 温度、气体压力与种类对耐火材料导热系数的影响

耐火材料的导热系数除与其组成有关外，还与其显微结构、气体种类与压力相关。图 2-11 为两种镁铬砖的导热系数与温度的关系。当 Ar 压力为 10^5 Pa 时，材料的导热系数随温度的提高而下降；当气压为 8×10^2 Pa 时，导热系数随温度的变化不大；而当气压为 10^2 Pa 时，导热系数随温度的升高而提高。

对 Al_2O_3-SiO_2 系耐火材料而言，当测试介质为氢气时，测得的导热系数比测试介质为空气时的要大。

此外，气孔率的大小也对导热系数与温度及压力的关系有较大影响。在低压（$p<100$ Pa）与低温（$t<500$ ℃）下，压力对其导热系数的影响较弱，而在高温（$t>1200$ ℃）下，压力对高气孔率材料导热系数的影响要比低气孔率材料的大。

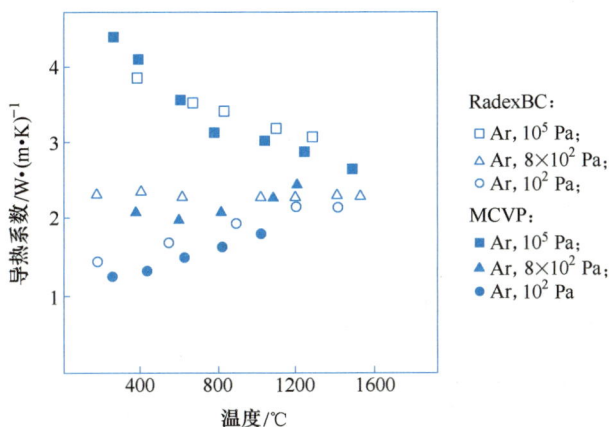

图 2-11 不同 Ar 气压力下两种组成与性质相似的镁铬耐火材料的导热系数与温度的关系

C 耐火材料导热系数的测定方法

a 水流量平板法

水流量平板法的测试设备简图如图 2-12 所示。

导热系数计算公式为：

$$\lambda = Q\delta/(A\Delta T) \tag{2-42}$$

式中 λ ——导热系数，W/(m·K)；

   Q ——单位时间内水流吸收的热量，W；

   δ ——试样厚度，m；

   A ——试样面积，m^2；

   ΔT ——冷、热面温差，K。

水流吸收的热量与水的比热容、水的质量、水温升高成正比。

$$Q = cw\Delta t \tag{2-43}$$

式中 c ——水的比热容，J/(g·K)；

   w ——水流量，g/s；

   Δt ——水温升高，K。

水流量平板法的适用范围为热面温度在 200~1300 ℃、导热系数在 0.03~2.00 W/(m·K)

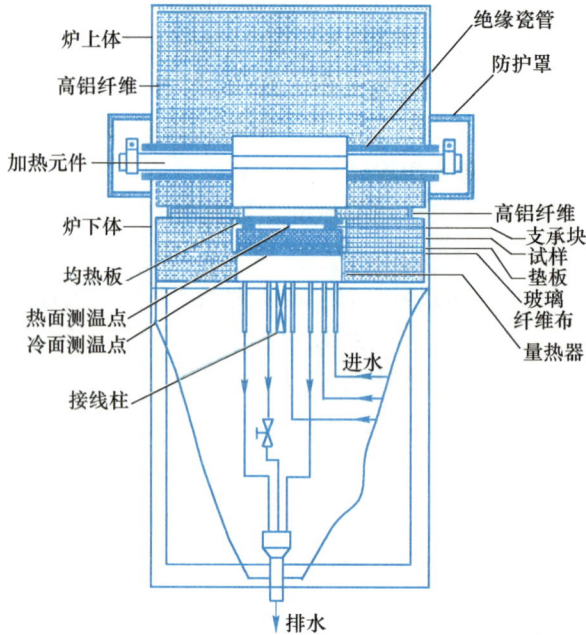

图 2-12　平板导热仪结构示意图

之间的耐火材料。水流量平板法适用于轻质隔热耐火材料导热系数的测量，如表 2-2 所示。

表 2-2　部分耐火材料导热系数检测结果范围

材　质	平均温度① /℃	导热系数 /W·(m·K)$^{-1}$	体积密度 /g·cm^{-3}
轻质黏土砖	350	0.221~0.442	0.75~1.20
轻质高铝砖	350	0.291~0.582	0.4~1.35
轻质硅砖	350	0.35~0.42	0.9~1.1
莫来石系轻质砖	350	0.20~0.33	0.5~0.9
硅藻土砖	350	0.143~0.163	0.5~0.65
轻质漂珠浇注料	350	0.30~0.40	0.9~1.0

① 平均温度为 $(t_1+t_2)/2$。

　b　热线法

　　热线法又分为十字热线法与平行热线法。十字热线法适用于测量温度不大于 1250 ℃、导热系数小于 1.55 W/(m·K)、热扩散率不大于 10^{-6} m^2/s 的耐火材料。十字热线法的原理图如图 2-13 所示，导热系数按式（2-44）或式（2-45）计算。

$$\lambda = \frac{I^2 R}{4\pi} \times \frac{\ln(t_2/t_1)}{\Delta\theta_2 - \Delta\theta_1} \qquad (2-44)$$

　　或

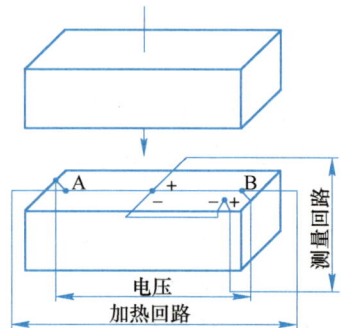

图 2-13　十字热线法测导热系数的原理图

$$\lambda = \frac{UI}{4\pi} \times \frac{\ln(t_2/t_1)}{\Delta\theta_2 - \Delta\theta_1} \tag{2-45}$$

式中　λ——导热系数，W/(m·K)；

　　　I——电流，A；

　　　U——热线单位长度上的电压降，V/m；

　　　R——热线在试验温度时单位长度的电阻，Ω/m；

　t_1，t_2——接通回路后的测量时间，min；

$\Delta\theta_1$，$\Delta\theta_2$——接通热线回路后在 t_1、t_2 时间测量时热线的温升，K。

平行热线法测导热系数的示意图见图 2-14，用式（2-46）计算导热系数。

$$\lambda = \frac{UI}{4\pi l} \times \frac{-E_i[-r^2/(4\alpha t)]}{\Delta\theta(t)} \tag{2-46}$$

式中　λ——导热系数，W/(m·K)；

　　　I——电流，A；

　　　l——热线 P、Q 间的长度，m；

　　　U——电压，V；

　　　α——热扩散系数，m^2/s；

　　　r——热线与测量热电偶的间距，m；

　$\Delta\theta(t)$——在 t 时间测量热电偶和示差热电偶间的温差，K。

平行热线法适用于测量温度不大于 1250 ℃、导热系数小于 25 W/(m·K) 的耐火材料。除含碳耐火材料外，能测量绝大多数轻质隔热和致密耐火制品的导热系数。

图 2-14　平行热线法测导热系数的原理图

c　激光法

激光法测定导热系数的示意图如图 2-15 所示。

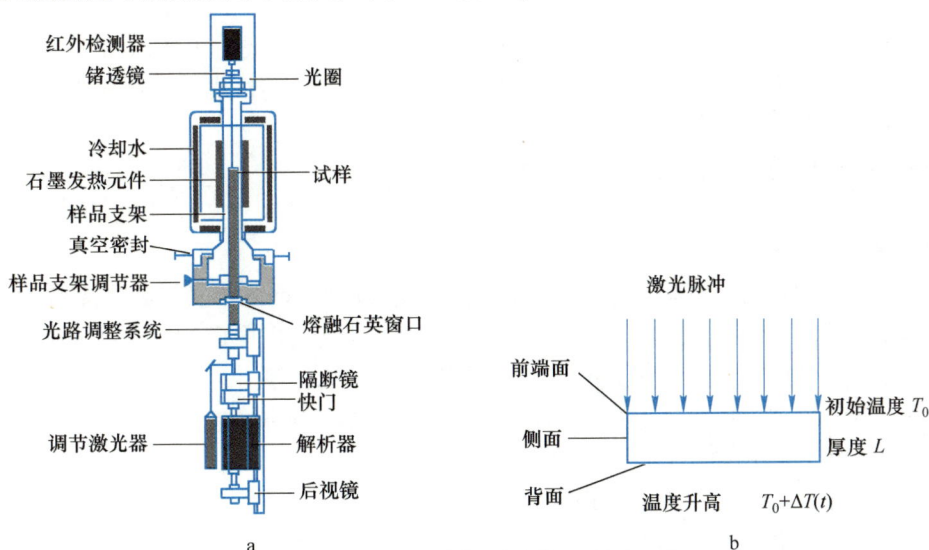

a

图 2-15　激光导热仪测试装置及原理图

a—激光导热仪；b—激光法原理

试样为圆形薄片，在试样的前端面施加激光脉冲能量，用记录仪测得试样背面的温升，在已知材料的热扩散系数、比热容及体积密度的条件下，按式（2-47）求出材料的导热系数。

$$\lambda = \alpha c_p \rho \qquad (2\text{-}47)$$

式中　　λ ——导热系数，$W/(m \cdot K)$；

$\quad\quad\alpha$ ——热扩散系数，m^2/s；

$\quad\quad c_p$ ——比热容，$J/(kg \cdot K)$；

$\quad\quad\rho$ ——体积密度，kg/m^3。

激光法的适用于测量温度范围在 75~2800 K、热扩散系数在 $10^{-7} \sim 10^{-3}$ m^2/s 条件下的各向同性固体材料的导热系数。

2.2.3.3 耐火材料的线膨胀系数

耐火材料的线膨胀系数是指其平均线膨胀系数。将试样从室温升至试验温度，其长度的变化率即为热膨胀率，常用的测定方法有顶杆法与望远镜法，前者测得试样与顶杆长度随温度的变化，即可按式（2-48）计算出试样的热膨胀率 ρ。

$$\rho = \frac{(L_t - L_0) + A_{K(t)}}{L_0} \times 100\% \qquad (2\text{-}48)$$

式中　　L_t, L_0 ——分别为试样在 t ℃与室温时的长度；

$\quad\quad A_{K(t)}$ ——仪器校正值，包括顶杆的膨胀在内。

望远镜法是利用在炉外的望远镜与千分表测定试样长度随温度的变化。按式（2-49）计算其热膨胀率。根据相应的方法测得的热膨胀率可按式（2-50）计算试样的线膨胀系数 α：

$$\rho = \frac{L_t - L_0}{L_0} \times 100\% \qquad (2\text{-}49)$$

$$\alpha = \frac{\rho}{(t_1 - t_2) \times 100} \qquad (2\text{-}50)$$

线膨胀系数对耐火材料的使用有重要的意义。工业炉砌筑过程中预留膨胀缝的大小就是根据耐火材料的线膨胀系数决定的。另外，耐火材料抗热震性也与其线膨胀系数密切相关。线膨胀系数大的耐火材料，其抗热震性一般较差。

物体的体积也随温度升高而增大，计算公式如下：

$$V_t = V_0(1 + \alpha_V \Delta t) \qquad (2\text{-}51)$$

式中　　V_t, V_0 ——分别为物体在温度 t 与室温下的体积；

$\quad\quad\alpha_V$ ——体积膨胀系数，材料的体积膨胀系数近似地等于其线膨胀系数的 3 倍。

耐火材料是由不同颗粒尺寸组成的晶相、玻璃相以及气相构成的复杂的复合材料。因此，影响耐火材料热膨胀性的因素要比一般固相材料复杂得多。

第一，不同耐火材料中各晶相的含量不同，它们的取向对材料的热膨胀性产生较大的影响。表 2-3 为一些晶体的线膨胀系数。

第二，耐火材料常含有一定的玻璃相，玻璃相在高温下转变为液相，液相烧结时产生收缩，对热膨胀结果有较大影响。

第三，耐火材料中常含有一定数量的气孔，由于气体的体积模数非常小，气孔对一般陶瓷材料线膨胀系数的影响很小。

表 2-3　几种无机材料的线膨胀系数

材　料	线膨胀系数		平均线膨胀系数/℃⁻¹
	垂直 c 轴	平行 c 轴	
刚玉	$8.3×10^{-6}$	$9.0×10^{-6}$	$8.8×10^{-6}$
MgO	—	—	$13.5×10^{-6}$
莫来石	$4.5×10^{-6}$	$5.7×10^{-6}$	$5.3×10^{-6}$
石英	$14×10^{-6}$	$9×10^{-6}$	
石墨	$1×10^{-6}$	$27×10^{-6}$	
Al_2TiO_5	$-2.6×10^{-6}$	$11.5×10^{-6}$	
SiC	—	—	$4.7×10^{-6}$
ZrO_2	—	—	$10×10^{-6}$
B_4C	—	—	$4.5×10^{-6}$
T_1C	—	—	$7.4×10^{-6}$
石英玻璃	—	—	$0.5×10^{-6}$

多数耐火材料的线膨胀系数可以由相组成与各相线膨胀系数，通过式（2-52）计算得到。

$$\alpha_1 = \frac{\sum \alpha_i K_i w_i / \rho_i}{3 \sum K_i w_i / \rho_i} \tag{2-52}$$

式中　α_1——i 组分的线膨胀系数；

　　　w_i——i 组分的质量分数；

　　　ρ_i——i 组分的密度；

　　　K_i——材料中第 i 个物相的体积模量或压缩模数，它与材料的弹性模量 E 及泊松比 μ 有关，计算公式如下：

$$K = \frac{E}{3(1-2\mu)} \tag{2-53}$$

由式（2-52）与式（2-53）可以看出，复合材料的线膨胀系数与各组分的线膨胀系数、它们的相对含量、性质有关。所含组分的线膨胀系数越小，复合材料的线膨胀系数也越小。

2.3　耐火材料的使用性质

2.3.1　耐火度

耐火材料是一个多组分的复合材料，没有固定的熔点，因而需要一个特定的指标来衡量耐火材料抵御高温的能力，即耐火度。

ISO 标准中耐火度是指：在使用环境与条件下，耐火且抵抗高温的能力。

我国标准中定义耐火度为：耐火材料在无荷重条件下抵抗高温而不熔化的特性。

测定耐火材料耐火度时，需要将耐火材料或原料研磨到一定细度后，再制成如图 2-16 所示的三角锥试样，将待测试锥与几个已知耐火度的标准试锥同时放在锥台上，再放入炉子中按规定要求进行加热，并旋转锥台。观察试锥及标准锥的弯倒情况，确定试锥的耐火度。

决定耐火材料耐火度的主要因素是其化学-矿物组成及其分布。杂质在高温下与主成分相互作用，产生液相而使耐火材料的耐火度下降。液相量及液相的黏度也影响耐火材料的耐火度，液相量越大，黏度越小，耐火度越低。

耐火度的测定条件与测定方法对测得的结果同样有影响。
(1) 试样颗粒大小，颗粒越小，测得的耐火度越低。(2) 升温速度，慢升温测得的耐火度要比快升温测得的低。(3) 炉内气氛，当耐火材料试样中有变价氧化物存在时，气氛会引起变价而改变液相生成温度与液相量。(4) 试锥的形状与安置，试锥形状与安置方式如不符合标准，会影响测定结果。

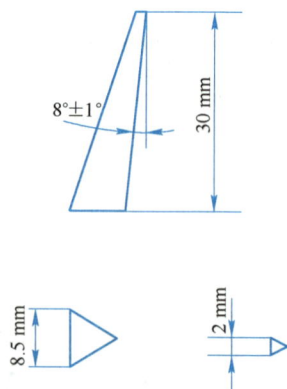

图 2-16   测定耐火度用的试锥

2.3.2   荷重软化温度与高温蠕变

荷重软化温度与高温蠕变是反映在有负荷的条件下，耐火材料抵抗高温能力的指标，这两个指标从不同的侧面反映耐火材料在荷重条件下抵抗高温的能力。

2.3.2.1   耐火材料的荷重软化温度

荷重软化温度是耐火材料在规定的升温条件下，受恒定荷载产生规定变形时的温度。测定方法有示差-升温法与非示差-升温法两种。前者已定为国家标准，后者作为行业标准仍在使用。两者在试验设备与方法以及试样尺寸与形状上有一些差别，但原理相同。

把试样放置在试验炉中，加上一定的负荷，致密定形耐火材料为 0.2 MPa，致密不定形耐火材料为 0.1 MPa，隔热定形与不定形耐火材料为 0.05 MPa。试样在炉内按规定的速度升温，记录下试样变形与温度的关系，得到如图 2-17 所示的曲线。随着温度的升高，试样开始膨胀。当温度达到某一温度时，由于试样软化而开始收缩。试样到达最大膨胀值，即图 2-17 中曲线的最高值 t_0，表示试样开始收缩时的温度。然后根据不同的变形量得到不同的温度。下降变形量达到试样尺寸的 $x(\%)$ 时的温度定义为 t_x。在示差-升温法中常记录 $t_{0.5}$、t_1、t_2 与 t_5，相应的变形量分别为 0.5%、1%、2% 与 5%。而非示差-升温法中常记录 t_0 与 $t_{0.6}$。

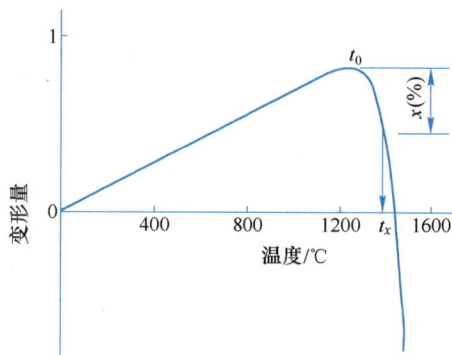

图 2-17   荷重软化温度测定时试样的变形量与温度关系曲线

2.3.2.2   耐火材料的高温蠕变（压蠕变）

压蠕变是在恒定温度下测定规定时间内的变形，荷重软化温度是随温度的升高测定达到规定变形值时的温度，前者更能反映在长时间作用下耐火材料抵抗负荷与高温同时作用的能力。

高温蠕变测试时，首先将试样放置在炉子中并按规定值施加载荷，并按规定的升温制度升温至要求测定蠕变的温度，一般保温时间为 25 h、50 h 与 100 h。连续记录温度及试样高度随时间的变化，按式（2-54）计算蠕变率，并用表列出自保温开始后每隔 5 h 的蠕变率。

$$P = \frac{L_n - L_0}{L_i}$$
(2-54)

式中　P——蠕变率，%；

L_i——原始试样的高度，mm；

L_0——恒温开始时的试样高度，mm；

L_n——试样恒温 n 小时的高度，mm。

2.3.2.3　影响耐火材料蠕变与荷重软化温度的因素

A　化学矿物组成

耐火材料的荷重软化温度及蠕变率与其主晶相的成分和晶体结构有关。晶体结构越完整，晶格中质点之间的作用力越大，抗蠕变能力越强，荷重软化温度也越高。但就耐火材料而言，它们大多为复相材料，液相的生成及显微结构的影响更大。

化学矿物组成对耐火材料的软化温度、高温下液相生成量及液相的性质有很大的影响。组成中含有的低熔相越多，则耐火材料的荷重软化温度越低，蠕变量越大。此外，液相的黏度与表面张力对耐火材料的荷重软化温度与蠕变率也有较大的影响，提高液相的黏度有利于提高耐火材料的抗蠕变能力与荷重软化温度。液相的表面张力影响着液相对耐火材料的润湿性，从而影响它在耐火材料中的分布，也会对上述两个性质产生一定的影响。如果在耐火材料的组分中含有在高温下发生反应或相变产生膨胀的物质，则可以通过膨胀抵抗压力产生的压缩来提高耐火材料的荷重软化温度与抗蠕变性。

B　耐火材料显微结构的影响

蠕变与荷重软化温度都属于结构敏感性能。影响它们的显微结构参数包括气孔、晶粒尺寸与晶界以及液相数量与分布等。

一方面由于气孔的存在减少了承受压力的有效截面积，使单位面积上的压力增大；另一方面气孔可以容纳压力与高温所造成的材料形变，减小了形变阻力。

通常，晶粒越小，蠕变率越大，荷重软化温度越低。因为晶粒越小，晶界数目越多，晶界扩散与晶界移动对耐火材料在高温与压力作用下的形变有较大的贡献。

玻璃相的抗蠕变性比晶体差。在高温下玻璃相一旦变为液相，由于它的流动性，它对于耐火材料的抗蠕变性会产生不利的影响，降低荷重软化温度。液相在耐火材料中的分布对其蠕变率及荷重软化温度也有很大影响，如果液相对耐火材料晶相的润湿性良好，液相在耐火材料中形成网状的均匀分布，则耐火材料的抗蠕变性及荷重软化温度下降。反之，若液相对耐火材料的晶相润湿性差，液相在耐火材料的显微结构中呈孤岛状分布，则对耐火材料的抗蠕变性及荷重软化温度影响很小。耐火材料中液相的表面张力及它对耐火材料主晶相的润湿性取决于液相与主晶相的组成。例如，在氧化镁中加入氧化铬制成镁铬砖可以降低液相对固相的润湿性，提高其抗蠕变性与荷重软化温度，加氧化铁则起相反的效果。

C　测定条件的影响

在测定过程中试样的尺寸准确性、上下两表面的平行度、表面的光洁度等都影响测定结果。升温速度也会对测定结果产生影响，在升温速度较快的情况下测得的荷重软化温度较高，蠕变率较小。所以，在实际测定过程中一定要严格按标准规定进行以得到精确的结果。

2.3.3　耐火材料的高温体积稳定性

耐火材料是长期在高温下使用的材料，而其本身处于热力学非平衡状态，所以在使用过程中会有一些物理与化学反应发生，这些反应带来一定的体积变化，这种变化可能危害炉窑的稳定性与寿命。常用耐火材料再次经高温处理后试样体积或尺寸变化来表征耐火材料在使用温度下的变形大小，即重烧线变化。

重烧线变化是指试样在加热到一定温度保温一段时间后，再冷却到室温条件下所产生的残存膨胀或收缩，可以用式（2-55）表示。

$$L_C = \frac{L_t - L_0}{L_0} \times 100\% \tag{2-55}$$

式中　　L_C——重烧线变化率，%；

L_0——加热前试样的长度，mm；

L_t——加热到 t 温度保温后冷却到室温的试样的长度，mm。

除重烧线变化率外还可以用重烧体积变化率表示耐火材料的体积稳定性。

$$V_C = \frac{V_t - V_0}{V_0} \times 100\% \tag{2-56}$$

式中　　V_C——重烧体积变化率，%；

V_t，V_0——分别为烧后与烧前的体积，mm^3。

对于形状复杂的试样，可以用与测定体积密度相同的浸渍称量法测得其煅烧前后的体积，按式（2-56）得到其重烧体积变化率，然后按式（2-57）计算得到重烧线变化率。

$$L_C = \frac{V_C}{3} \times 100\% \tag{2-57}$$

耐火材料的重烧线变化反映耐火材料偏离热力学平衡状态的程度，耐火材料的化学矿物组成与显微结构是影响重烧线变化的重要因素。

2.4　耐火材料的热震损毁与抗热震性

耐火材料抵抗温度急剧变化而不损坏的能力称为耐火材料的抗热震性或者热震稳定性，简称为热稳定性。热震损坏是耐火材料两大损毁原因之一。

2.4.1　耐火材料的热应力及热应力损伤

耐火材料中热应力主要来自两个方面。一是由于耐火材料在加热与冷却过程中自耐火材料的表面至内部存在温度梯度，该温度梯度在材料内产生的应力如图 2-18 所示。

在冷却过程中，材料表面的温度低，它要收缩，而材料内部的温度高要阻碍表面收缩，结果材料表面承受张应力而材料内部要承受压应力。在材料升温过程中则恰好相反，材料表面的温度高于其内部温度，则在材料表面承受压应力而内部承受张应力。另一种应力则来源于耐火材料组成与显微结构不均匀性，由于材料中各相的线膨

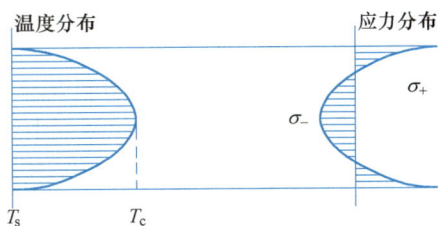

图 2-18　冷却过程中耐火材料内的温度分布与应力分布

胀系数不同，各相膨胀或收缩相互牵制而产生的应力。这种应力不仅来源于材料中的温度梯度，而且即使是材料中各部分的温度是相同的，由于各相线膨胀系数的差异也会在材料中产生应力。耐火材料因热应力损坏有三种情况。第一种是由于温度急变产生的热应力大于其强度而一次性破坏；第二种是在反复加热冷却的情况下，热应力使材料内部的裂纹不断扩展最终导致破坏；第三种是即使在没有温度变化的情况下，耐火炉衬内部可能存在温度梯度，在高温与温度梯度的长期作用下，裂纹扩展同样可导致耐火材料破坏。

2.4.2　耐火材料抗热震性的测定方法

耐火材料抗热震性常用的测定方法如表 2-4 所示。耐火材料抗热震性评价方法包括：观察试验后试样上裂纹的状况或破坏的面积、试验前后重量损失率、抗折强度或弹性模量的保持百分率或损失百分率等。也可以测定热震过程中声发射特征的变化来表征试样的抗热震性的好坏。具体试验方法主要包括如下几种。

表 2-4　耐火材料抗热震性测定方法

热震条件	检测方法	抗热震性评定依据
（1）加热或冷却	（1）裂纹检测	（1）目测裂纹状况
（2）加热-冷却循环	（2）称重	（2）重量损失率
	（3）抗折强度测试	（3）抗折强度保持百分率
	（4）弹性模量测试	（4）弹性模量保持百分率
	（5）声发射技术	（5）热震过程中声发射特征

（1）加热-冷却法：将试样直接放入已经达到规定温度的炉内保温达到规定的时间后，迅速从炉中取出冷却。重复上述过程，观察试样的损坏情况，或者测定热震前后抗折强度的保持率来判断材料抗热震性的好坏，如式（2-58）所示。强度保持率高的材料的抗热震性好。

$$强度保持率 = \frac{热震后强度}{热震前强度} \qquad (2-58)$$

（2）镶板法：将耐火材料试样砌在炉壁或炉门上，让它在一面受热的情况下进行加热-冷却循环。反复数次后，用受热端面积的破损率来衡量耐火材料的抗热震性。

（3）长条法：将长条形试样放在支架上。在试样的加热面下有煤气烧嘴与吹风嘴。按规定反复若干次后，测定试样热震前后抗折强度或弹性模量的保持率以衡量其抗热震性的

好坏。

（4）镶板-声发射（AE）法：是一种将镶板法与声发射法结合起来的方法，结构示意图如图 2-19 所示。在镶板法的耐火材料冷面装上一个 AE（acoustic emission 的缩写，声发射）探头，探测在加热或冷却过程中耐火材料中裂纹生成与扩展过程中的声发射信息。图 2-20 中示出三种烧成镁白云砖与镁碳砖的镶板-AE 法测定结果。AE 的累计数越大，表示裂纹扩展得越多。

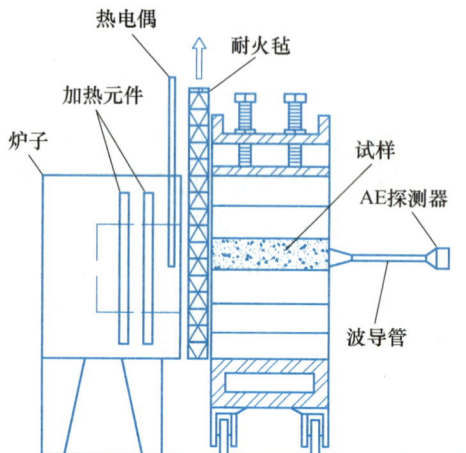

图 2-19　镶板-AE 法示意图

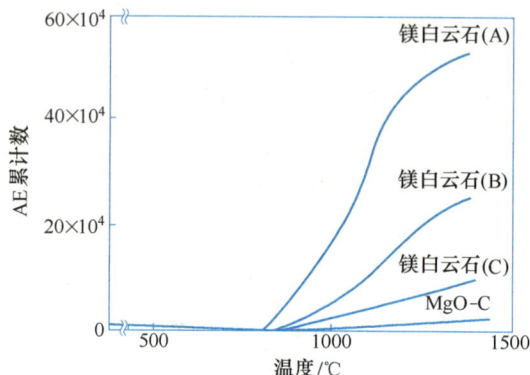

图 2-20　烧成镁白云砖与 MgO-C 砖
镶板-AE 法测定的结果

2.4.3　抗热震性的评价参数

表征材料抗热震性的参数有如下几个。

第一抗热应力断裂因子：是产生的热应力达到材料的断裂强度 σ_f，使材料开始破坏的最大温差 ΔT_{max}。

$$R = \Delta T_{max} = \frac{\sigma_f(1-\mu)}{\alpha E} \tag{2-59}$$

式中　μ——泊松比；

　　　α——线膨胀系数，K^{-1}；

　　　E——弹性模量，MPa。

此式根据平面薄板材料推导而成。对于其他形状的耐火制品，还应增加一个形状因子 S，则有：

$$R = \Delta T_{max} = S\frac{\sigma_f(1-\mu)}{\alpha E} \tag{2-60}$$

在第一抗热应力断裂因子中，没有考虑导热系数的影响。实际上由于散热等因素的作用，会对热应力的产生与缓解有所影响。引入导热系数 λ 的抗热应力断裂因子称为第二断裂因子 R'。

$$R' = \lambda \times \frac{\sigma_f(1-\mu)}{\alpha E} = \lambda R \tag{2-61}$$

前两个因子中没有考虑材料的热容量的影响，在获得相同热量的条件下，热容量大的材料产生的温升较小。引入了质量 ρ 与比热 c_p 的抗热应力断裂因子称为第三断裂因子 R''。

$$R'' = \frac{\lambda}{\rho c_p} \times \frac{\sigma_f(1-\mu)}{\alpha E} = \frac{\lambda}{\rho c_p} \times R = \alpha R \qquad (2\text{-}62)$$

$\alpha = \dfrac{\lambda}{\rho c_p}$ 称为热扩散率，它表示在温度变化时温度趋于均匀的能力。

以上三个因子是从热弹性力学出发，以强度-应力为判断标准，认为材料中的热应力达到其抗张强度极限后，材料就会开裂，导致材料破坏。根据这一原理所导出的结果适用于玻璃、陶瓷等结构与组成相对均匀的材料。对于耐火材料，由于它们是多组分的多相材料，并且含有一定数量的气孔与裂纹，这种情况下，上述各因子并不能完全反映它们抗热震性的大小。例如，随着气孔率的下降，耐火材料的强度 σ_f 与导热系数 λ 都提高，按式（2-61）与式（2-62），R' 与 R'' 增大，它们的抗热震性提高，但实际情况并非如此。含有一定数量气孔的耐火材料的抗热震性是最好的。这是因为热冲击产生的裂纹在瞬时扩展过程中被气孔阻止而不致引起材料的完全断裂。复相材料的相界和晶界都可能起同样的作用。因此，仅从热弹性力学的观点出发不能很好地说明耐火材料的抗热震性，而应从断裂力学的观点来解释。

按断裂力学的观点，材料的破坏是由于裂纹的产生（包括原来存在于材料内的裂纹）与扩展。如果在热冲击下，裂纹不产生或者即使产生了也能将其抑制在一个小范围内而不扩展，则可使材料不致断裂。裂纹的产生、扩展的程度与材料的弹性应变能和裂纹扩展的断裂表面能有关。当材料中可能存积的弹性应变能较小或断裂表面能较大时，裂纹不易扩展，材料的抗热震性就好。即材料的抗热应力损伤性正比于断裂表面能，反比于弹性应变能的释放率。由此可得到表征材料抗热震性的第四抗热应力破坏因子 R''' 及第五抗热应力破坏因子 R''''。

$$R''' = \frac{E}{\sigma_f^2(1-\mu)} \qquad (2\text{-}63)$$

$$R'''' = \frac{2VE}{\sigma_f^2(1-\mu)} \qquad (2\text{-}64)$$

式中　V——断裂表面能，J/m^2。

R''' 只考虑材料的弹性应变能，它实际上是弹性应变能释放率的倒数，用来比较具有相同断裂表面能的材料。R'''' 则同时考虑了材料的弹性应变能和断裂表面能，主要用来比较具有不同表面能的材料。R''' 与 R'''' 越大，材料的抗热震性越好。

2.4.4　影响耐火材料抗热震性的因素

2.4.4.1　材料的物理性质对抗热震性的影响

材料的热学性质，如线膨胀系数、导热系数、热容量等对耐火材料的抗热震性有很大影响，材料的线膨胀系数与其抗热应力断裂因子成反比。这是因为，线膨胀系数越大，由于温度梯度所造成的热应力也越大，越容易产生裂纹。材料的比热容与密度与 R'' 成反比，这是因为在获得相同热量的情况下，比热容与密度大的耐火材料的温度升高较小，在材料中造成的温差较小，产生的热应力也较小。材料的导热系数与其抗热应力断裂因子成正比，这是因为随着材料导热系数的增大，材料中的传热速度增大，在材料中产生的温度梯度下降，热应力减小，抗热应力断裂因子增大。

材料的力学性质对不同的抗热应力损伤因子的影响是相反的。正确选用判断因子对分析与提高耐火材料的抗热震性是重要的。对于致密的耐火材料，如熔铸耐火材料，用 R' 至 R'' 可能较为适合，而对于多孔轻质耐火材料用 R'''、R'''' 可能更合适一些。

2.4.4.2　耐火材料的组成与显微结构对抗热震性的影响

显微结构中的晶界、相界、气孔与裂纹也会对裂纹的扩展产生影响。它们一方面可以成为裂纹产生与扩展的裂纹源。另一方面它们可以阻止裂纹的瞬时扩展，防止材料的完全断裂。

图 2-21～图 2-23 为不同颗粒尺寸的尖晶石加入量对材料抗热损伤参数 R、R''' 及 R'''' 的影响。可见，用 R''' 与 R'''' 比 R 值能更准确地反映试样的抗热震性的好坏。

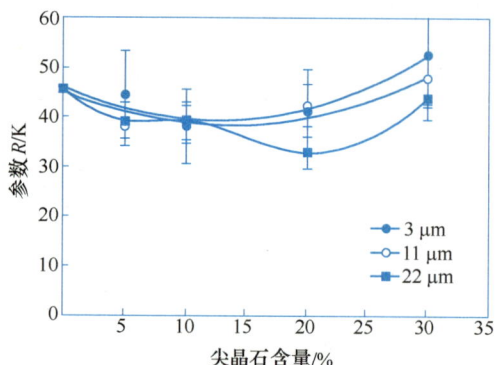

图 2-21　计算得到的 R 参数值与纯 MgO 及 MgO-尖晶石材料中尖晶石含量的关系

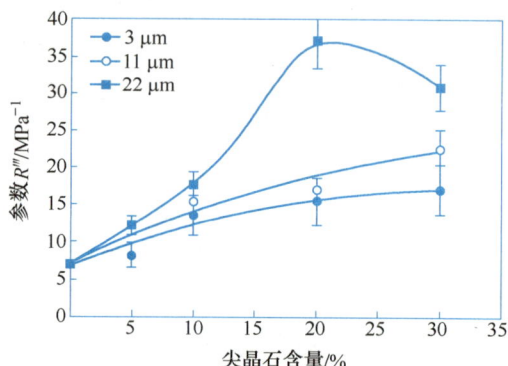

图 2-22　计算得到的 R''' 参数值与纯 MgO 及 MgO-尖晶石材料中尖晶石含量的关系

2.4.4.3　耐火材料制品外形的影响

耐火材料在加热或冷却过程中产生的热应力受耐火制品外形与尺寸的影响。图 2-24 为两种不同形状滑板及其在推力与温度同时作用下的应力分布。传统滑板（图 2-24a）工作区承受较大的张应力，而改进型滑板（图 2-24b）中工作区承受张应力的区域与大小都下降，大部分区域承受压应力。采用应变仪测得三种不同形状滑板在推力作用下，室温下的应变值如图 2-25 所示，实测结果与应力计算结果相符。

由于耐火材料承受压应力的能力比张

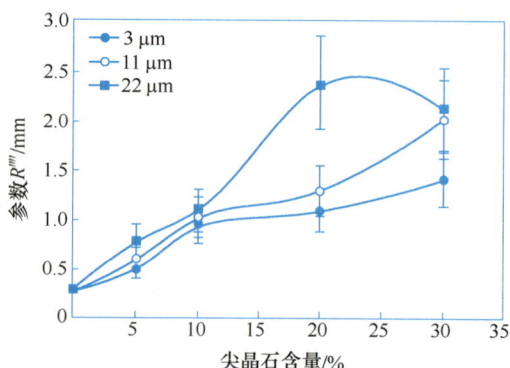

图 2-23　计算得到的 R'''' 参数值与纯 MgO 及 MgO-尖晶石材料中尖晶石含量的关系

应力大得多，采用改进型滑板后大大减少了工作区裂纹形成的机会，从而使滑板的寿命有较大程度的提高。

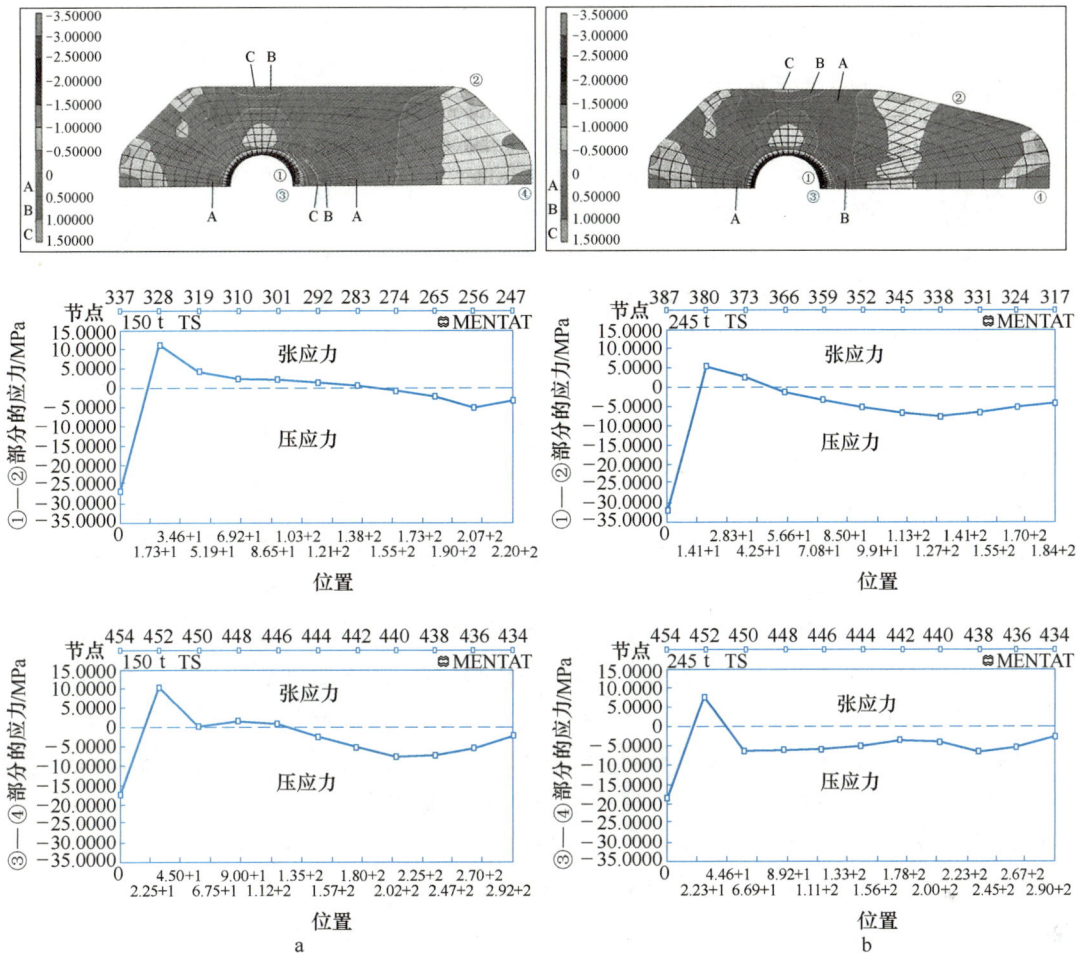

图 2-24 不同形状滑板应力值测定结果

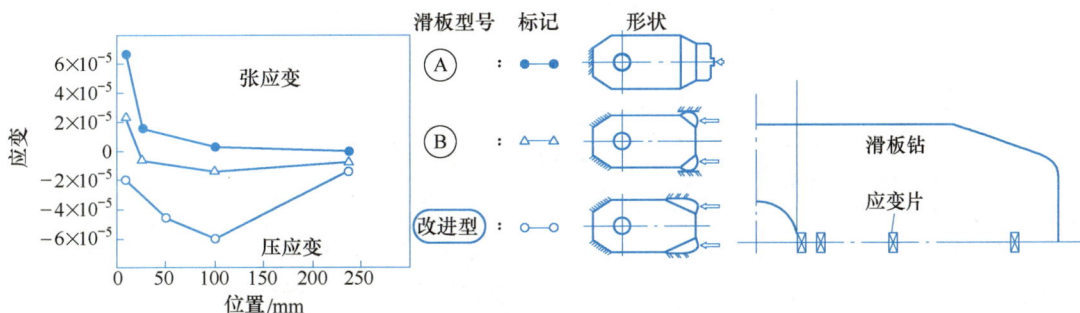

图 2-25 传统滑板 B 与改进型滑板 A 中的应变分布

2.5 渣对耐火材料的侵蚀与耐火材料的抗渣性

除了热震损毁外，渣蚀损毁是耐火材料破坏的另一主要原因，它对耐火材料的使用寿命有很大影响。

2.5.1　渣对耐火材料的侵蚀过程

渣与耐火材料的关系如图 2-26 所示。从热面到冷面，渣蚀实验后耐火材料试样可以按此图来划分各层，图中，第 1 层为原渣层，也有的称为外渣层，这一层中渣与耐火材料并未发生任何反应，渣维持原来的组成与性质。第 2 层称为变渣层，也可称为内渣层，在此层中存在一些被熔蚀脱落下来的耐火材料的颗粒，渣的成分与性质已发生变化。第 3 层为蚀损层，耐火材料的基质已被大量蚀损掉，耐火材料的显微结构已被严重破坏，但大量的粗颗粒仍未落入渣中，因而

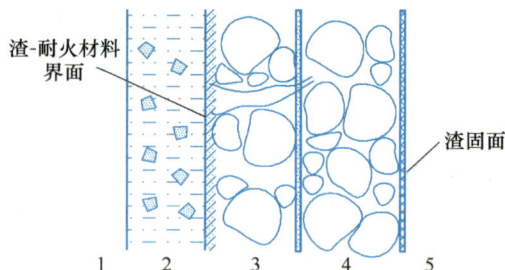

图 2-26　渣对耐火材料的蚀损机理示意图
1—原渣层；2—变渣层；3—蚀损层；
4—渗透层；5—未变层

可基本保留原有的形状与尺寸。第 4 层为渗透层，它是渣沿耐火材料中的气孔、裂纹、晶界等向耐火材料中渗透而形成的，由于从热面向耐火材料内部延伸存在一定温度梯度，当渣渗透到温度低于其凝固温度时，渣凝固并停止向耐火材料内部渗透，因此，渗透层与原砖层之间的界面称为渣固面。渗透层中耐火材料的基本结构未受到严重破坏，但由于渣的侵入其化学与矿物组成以及其致密程度发生了变化，因此，也称为变质层。由于变质层的性质，如线膨胀系数等与未变层的不同，在耐火材料的使用过程中，因温度的变化在变质层与未变层之间产生裂纹，并不断扩展而产生剥落，掉入渣中，称之为"结构剥落"，结构剥落与渣对耐火材料的化学熔损是耐火材料被渣损坏的两大机理。第 5 层为未变层，耐火材料未与渣接触，保持了它原来的结构与组成。

2.5.2　高温下耐火材料向渣中的溶解

耐火材料向渣中的溶解是其蚀损的重要原因之一，涉及渣与耐火材料界面的化学反应。

2.5.2.1　耐火材料向渣中的溶解过程

如图 2-27 所示，耐火材料向渣中的溶解包括两个过程：（1）在耐火材料与渣的界面上的化学反应（溶解）；（2）反应产物向渣中的扩散。这两个过程中最慢的那个为整个溶解过程的控制过程。它的快慢对整个侵蚀速度产生决定性的影响。

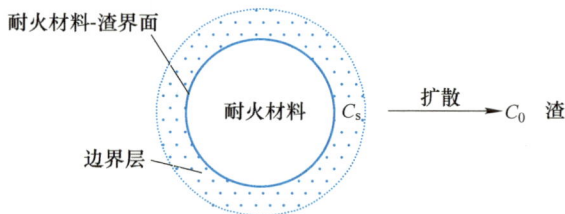

图 2-27　耐火材料向渣中的溶解

在化学反应速度比扩散速度慢得多的情况下，边界层溶质（溶解的耐火材料组分）的浓度等于渣中溶质的浓度 C_0。此时，侵蚀过程的速度 J 等于最大化学反应速度，即

$$J = (J_化)_{max} = kC_0^n \tag{2-65}$$

式中　k——化学反应速度系数；

n——反应级数。

当扩散速度比化学反应速度慢得多时，侵蚀过程受扩散步骤所控制，溶质在边界层积累起来而增浓，直至达到饱和。此时，溶解过程的总速度将等于最大可能的扩散速度，即

$$J = (J_{扩})_{max} = \beta(C_s - C_0) \tag{2-66}$$

式中 β——溶质的传质系数；

C_s——边界层溶质的饱和浓度；

C_0——溶质在渣中的浓度。

β 是与溶质的扩散系数 D 成比例的。因此，式（2-66）可以用 Nernest（能斯特）方程式来表示。

$$J = \frac{D}{\delta}(C_s - C_0) \tag{2-67}$$

式中 δ——Nernest 扩散层厚度。

在实际实验与生产中，由于液体常常是运动的，渣的运动状态对耐火材料的溶解有很大影响。图 2-28 为液体中旋转的圆盘所产生的液体运动状况，在圆盘单面溶解的条件下，溶解总速度公式可表示为：

$$J = D\left(\frac{\mathrm{d}C}{\mathrm{d}y}\right)_{y=0} = 0.62D^{\frac{2}{3}}\nu^{-\frac{1}{6}}\omega^{\frac{1}{2}}(C_s - C_0) \tag{2-68}$$

式中 J——溶解速度；

y——离圆盘的距离；

D——扩散系数；

ω——圆盘运动的角速度；

ν——动力度，$\nu = \eta/\rho$，η 与 ρ 分别为液体的黏度与密度；

C_s——边界区溶质的饱和浓度；

C_0——液相本体中溶质的浓度。

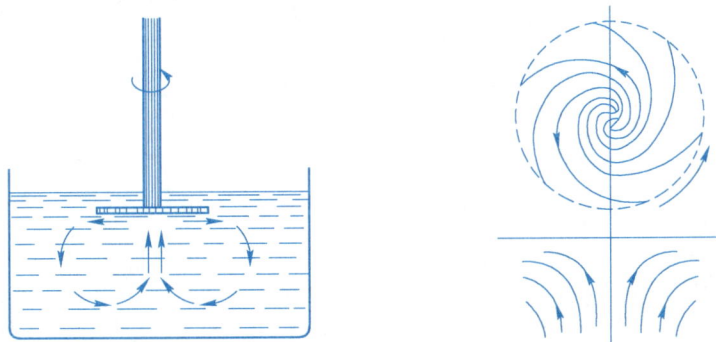

图 2-28 旋转圆盘附近液体流动状态示意图

若将一块平板垂直插入液体中，在自然对流条件下的溶解速度的计算公式为：

$$J = 0.5D\left(\frac{g\Delta\rho}{D\eta}\right)^{\frac{1}{4}}x^{-\frac{1}{4}}(C_s - C_0) \tag{2-69}$$

式中 g——重力加速度；

$\Delta\rho$——饱和溶液与溶液本体密度差；

x——离平板前缘的距离；

C_s——耐火材料组分在渣中的饱和浓度；

C_0——耐火材料组分在渣中的浓度。

上述计算公式可以用来分析讨论影响耐火材料向渣中溶解速度的因素。

2.5.2.2 影响耐火材料向渣中溶解速度的因素

A 熔渣的化学成分与性质

熔渣的化学成分对耐火材料的侵蚀作用有决定性的影响。渣的酸碱性必须与耐火材料相匹配。渣的酸碱性是用其碱度来划分的。渣的碱度的表示方法有多种，通常是用渣中碱性氧化物含量与酸性氧化物含量之比表示，最常见的是渣中 CaO 含量与 SiO_2 含量之比，即

$$碱度 = \frac{w_{CaO}}{w_{SiO_2}} \qquad (2-70)$$

B 渣中某耐火组分的饱和浓度与实际浓度之差

从式（2-69）与式（2-70）中可以看出，渣中某耐火组分的饱和浓度 C_s 与实际浓度 C_0 之差与侵蚀速度成正比。C_s 越大、C_0 越小，耐火材料在渣中的溶解速度越快。相反，如果渣中某耐火材料组分达到饱和，耐火材料将停止溶解，渣对耐火材料不起侵蚀作用。

图 2-29 为 80%（质量分数，下同）MgO 与 20% CaO 的镁钙耐火材料在组成为 42% SiO_2+42% CaO+16% MgO 渣中的溶解度。连接渣的组成点 S 与耐火材料组成点 $M8$ 得到的直线与 MgO 的饱和线的交点即为耐火材料与熔渣边界处的饱和浓度，即 MgO 23%、CaO 42%、SiO_2 35%。此时，MgO 的 $C_s-C_0=23\%-16\%=7\%$，CaO 的 $C_s-C_0=0$，MgO 可溶入渣中，而 CaO 不会溶解。

图 2-30 为 CaO-MgO-Fe$_2$O$_3$-SiO$_2$ 系在 1600 ℃下的相图以及 MgO 的饱和浓度线。由图 2-30 可以求得不同渣组成中 MgO 的饱和浓度。表 2-5 中列出了图 2-30 实验渣的化学成分及 MgO 的饱和溶解度。

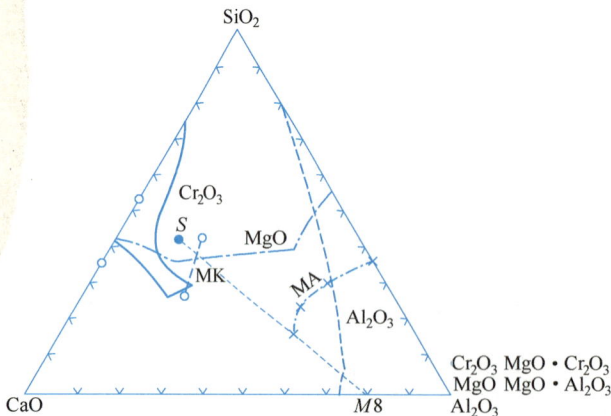

图 2-29 MgO、Cr$_2$O$_3$、Al$_2$O$_3$、MgO·Cr$_2$C$_3$ 与
MgO·Al$_2$O$_3$ 在 CaO-SiO$_2$ 渣中的溶解度（1700 ℃）

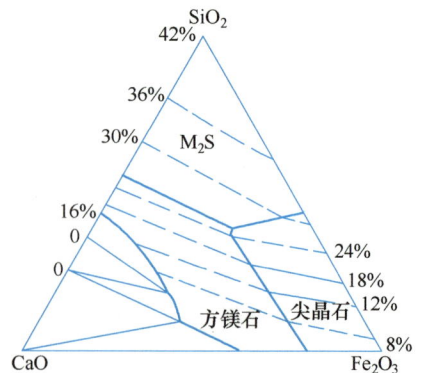

图 2-30 1600 ℃下 CaO-MgO-Fe$_2$O$_3$-SiO$_2$
相图及 MgO 在液相中的饱和浓度

表 2-5 渣的化学成分与 MgO 的饱和溶解度 C_s

化学成分	渣					
	A-0	A-5	A-10	A-15	B-10	C-10
CaO	43.0	40.1	39.2	36.9	43.4	47.4
SiO$_2$	21.5	19.3	20.8	19.9	15.2	11.7
Fe$_2$O$_3$	35.0	32.7	32.0	29.9	30.5	31.3
MgO	0	4.8	8.3	12.4	8.8	8.8
C_s	约9.0	约8.5	约100	约10.0	<8.0	<8.0
C_s-C_0	约9.0	约3.6	约1.7	负	负	负

由表 2-5 可知,对于 A-15、B-10 及 C-10 三种渣, C_s-C_0 为负值,氧化镁在这些渣中不溶解。烧结与电熔氧化镁试样在 A-0、A-5 及 A-10 三种渣中侵蚀试验后质量损失(溶蚀量)与浸泡时间的关系如图 2-31 所示。对比图 2-31 与表 2-5可知,随着 C_s-C_0 的减小,在同一侵蚀时间下的质量损失(溶损量)减少。

C 渣的黏度

首先,渣的化学成分是影响黏度的最主要因素。通常渣中 SiO$_2$ 含量越高渣的黏度就越大。因为渣中 O/Si 比越高,硅氧四面体的连接程度就越小,渣的黏度越低。凡是能破坏硅氧四面体链接的阳离子都会降低渣的黏度。如碱金属氧化物,它们的阳离子与 O^{2-} 的结合力小,可以提供更多的 O^{2-} 来减少硅氧阴离子力的结合程度,降低渣的黏度。此外,阳离子在渣中的配位状态对黏度也有较大影响。

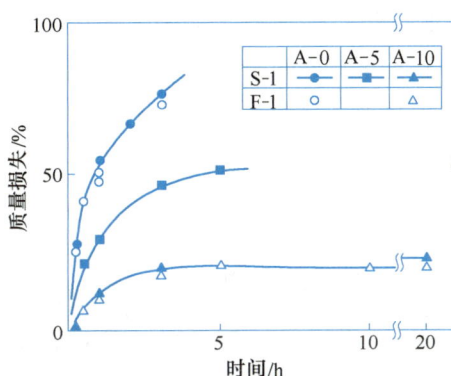

图 2-31 电熔(F-1)与烧结(S-1)氧化镁在不同渣中侵蚀时间与质量损失的关系
(A-0、A-5 与 A-10 渣的成分列于表 2-5 中)

除组成之外,反应温度对渣的黏度也有很大影响。温度与黏度的关系式为:

$$\eta = \eta_0 \exp\left(\frac{\Delta E}{kT}\right) \qquad (2\text{-}71)$$

式中　η_0——与熔体组成有关的常数;

　　　ΔE——质点移动的活化能;

　　　k——玻耳兹曼常数;

　　　T——绝对温度。

当活化能为常数时,有:

$$\lg\eta = A + \frac{B}{T} \qquad (2\text{-}72)$$

式中　A,B——常数。

D 反应产物的特性——直接溶解与间接溶解

如果反应产物的熔化温度低,以液相存在,它就会不断向渣中扩散,维持图 2-27 所示的溶解-扩散模型，使耐火材料不断溶入渣中，这种情况称为直接溶解。

　　如果渣与耐火材料反应产物的熔化温度高，那么它就会在耐火材料颗粒与渣之间形成一层固相隔离层，如图 2-32 所示，一旦完整的反应物层形成，渣的组分必须扩散通过此反应物层才能与包裹在其中的耐火材料未变层反应。耐火材料的组分也必须扩散通过这一反应产物层才能溶解入渣中，这种情况称之为间接溶解。此时，耐火材料的溶解为通过产物层的扩散所控制。

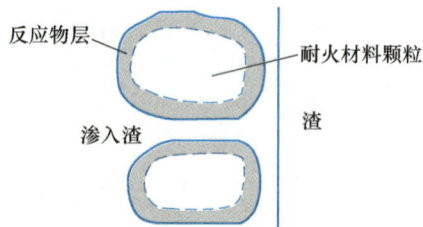

图 2-32　渣与耐火材料之间
高熔化温度反应层结构示意图

E　温度

温度的升高会促进耐火材料向渣中的溶解。

F　耐火材料的组成与杂质

耐火材料中的杂质或添加剂对耐火材料的抗侵蚀性也有较大影响。例如 B_2O_3 是海水镁砂中最常见的杂质。$MgO-B_2O_3$ 系的液相出现温度为 1358 ℃，少量的 B_2O_3 的存在即可使液相出现的温度从它的熔点（约 2800 ℃）下降到 1358 ℃，从而使其抗侵蚀能力大幅度下降。

G　气氛

图 2-33 为 $CaO-MgO-FeO$ 与 $CaO-MgO-Fe_2O_3$ 三元相图 1500 ℃ 的等温截面图。

对比两图可见，组成为 A 的 $CaO-MgO$ 混合物可以包容 22% 的 FeO 在 1500 ℃ 下不产生液相。但对于 $CaO-MgO-Fe_2O_3$ 系而言，Fe_2O_3 含量超过约 3% 后，在 1500 ℃ 下即会有液相出现，耐火材料的抗侵蚀能力等性能就会下降。因此，对于含氧化铁较高的 $CaO-MgO$ 系耐火材料，保持强还原气氛是有利的。同时，由于 Fe_2O_3 与 FeO 的真密度不同，当气氛变化引起氧化铁变价时也可能因体积变化而导致耐火材料破坏。

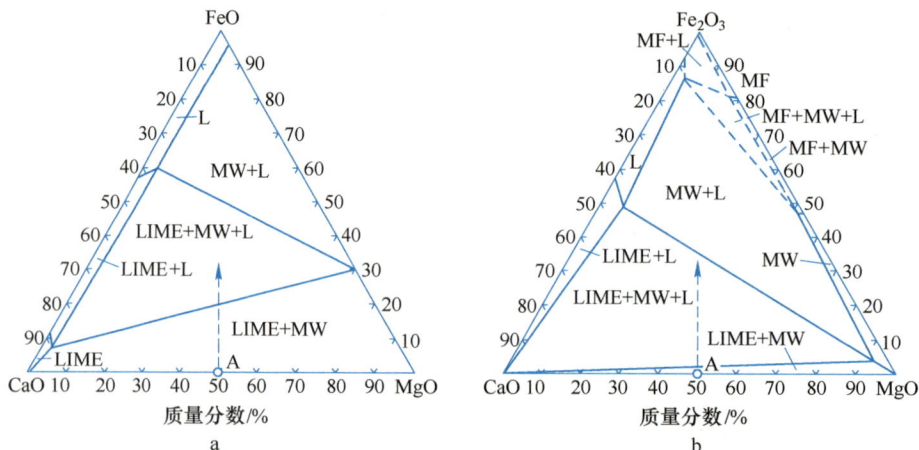

图 2-33　CaO-MgO-氧化铁系 1500 ℃ 等温截面图
a—还原气氛下；b—氧化气氛下

H　耐火材料的局部蚀损

工业炉及工业设备中不同部位耐火材料的侵蚀速度是不同的。例如，在盛钢桶渣线部位 MgO-C 砖表面存在所谓马恩果尼效应，促进 MgO-C 砖的侵蚀，如图 2-34 所示。当钢水与 MgO-C 砖接触时，MgO-C 砖中的碳不断溶解到钢水中或被氧化，如图 2-34b 所示。随着碳的损失，对氧化物有很好润湿性的渣就会渗入到砖与钢水之间形成渣膜，如图 2-34a 所示。接着，MgO 等耐火氧化物不断溶解到渣膜中去，使砖表面上的石墨增多，很难被石墨润湿的渣膜被排斥而上浮。MgO-C 砖又和钢水接触，如此反复使 MgO-C 砖的侵蚀加剧。

此外，由于温度的差异也会引发局部的对流而促进耐火材料的侵蚀。如图 2-35 所示。在渣-耐火材料-金属交界处，由于渣、耐火材料导热系数不同，在金属熔体及渣中形成局部温度差，从而导致在小范围内的对流，促进了它们对耐火材料的侵蚀。除上面提到的这些因素之外，还有其他一些因素也是重要的。例如，耐火材料中氧化物的颗粒尺寸大小及形状，颗粒越小，棱角越多，则其表面积越大，易溶解到渣中去。

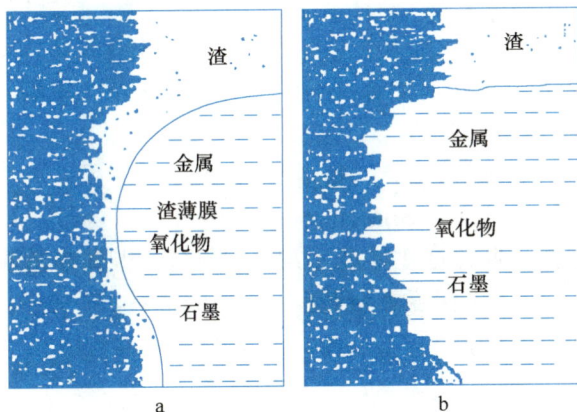

图 2-34　钢包渣线镁碳砖侵蚀的马恩果尼效应
a—耐火材料与渣接触；b—耐火材料与熔钢接触

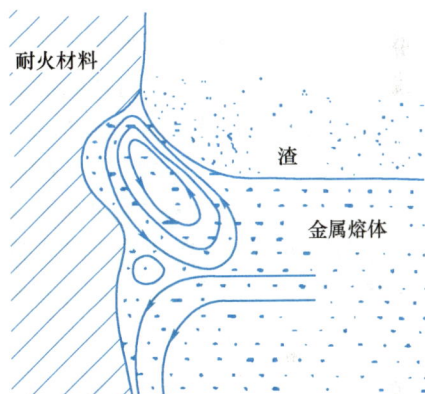

图 2-35　钢包渣线镁碳砖侵蚀的马恩果尼效应

2.5.3　渣向耐火材料中的渗透

渣可以通过开口气孔与裂纹、晶界以及渣中的离子进入构成耐火材料的氧化物中并通过晶格扩散进入耐火材料中。通过气孔与裂纹的渗透是最大的，这里主要讨论这种情况。

2.5.3.1　熔渣向耐火材料中渗透的原理

A　熔渣通过孔隙与裂纹的渗透原理

熔渣通过孔隙和裂纹的渗透行为，可用液体渗入毛细管的模型来描述，如图 2-36 所示。液体渗入的速度与孔径的关系可用 Washburn 公式来表示。

$$v = \frac{dL}{dt} = \frac{r^2 \Delta p}{8\eta L} \qquad (2-73)$$

$$\Delta p = \Delta p_c + \Delta p_g \qquad (2-74)$$

式中　v——渗入速度，cm/s；

L——渣渗透的深度，cm；

Δp_c——毛细管张力，N/cm^2；

t——渗透时间，s；

η——渗入耐火材料中的熔渣的黏度，$N \cdot s/cm^2$；

Δp——毛细管两端的压力差，N/cm^2；

Δp_g——熔渣产生的静压力，N/cm^2。

将式（2-74）代入式（2-73）得到式（2-75）：

$$v = \frac{r^2(\rho gh + \Delta p_c)}{8\eta L} \qquad (2\text{-}75)$$

式中　ρ——熔渣的密度，g/cm^3；

g——重力加速度，cm/s^2；

h——孔中心线到熔渣上表面的距离，cm。

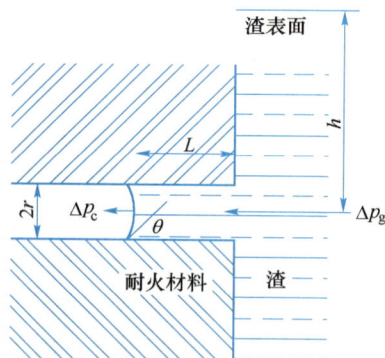

图 2-36　熔渣向耐火材料毛细管
渗透的模型

由于
$$\Delta p_c = \frac{2\sigma\cos\theta}{x} \qquad (2\text{-}76)$$

式中　σ——熔渣的表面张力，N/cm^2；

θ——熔渣与耐火材料间的润湿角，（°）。

将式（2-76）代入式（2-75），得到式（2-77）：

$$v = \frac{r^2}{8\eta L}\left(\frac{2\sigma\cos\theta}{r} + \rho gh\right) = \frac{2r\sigma\cos\theta + r^2\rho gh}{8\eta L} \qquad (2\text{-}77)$$

η、σ、θ 和 ρ，在初始阶段都假设为常数。那么通过对式（2-77）积分，得到渗透深度 L 与时间 t 的关系，即可推导出在时间 t 时，渗透深度 L 与孔径 r 之间的关系：

$$L = \sqrt{\frac{rt\sigma\cos\theta}{2\eta}} \qquad (2\text{-}78)$$

而由式（2-78）可以得到渗透速度与孔径的关系：

$$v = \frac{r\sigma\cos\theta}{4\eta L} \qquad (2\text{-}79)$$

B　熔渣通过晶界的渗透原理

晶界中液相的分布状态与固-固-液平衡二面角有关，如图 2-37 和式（2-80）所示。

$$\cos\frac{\phi}{2} = \frac{\gamma_{ss}}{2\gamma_{sl}} \qquad (2\text{-}80)$$

式中　ϕ——二面角；

γ_{ss}，γ_{sl}——分别为固-固界面张力与固-液界面张力。

当 $\dfrac{\gamma_{ss}}{\gamma_{sl}} \geq 2$ 时，ϕ=零。这时，晶粒完全润湿，液相穿过整个晶界。当 $\gamma_{sl} > \gamma_{ss}$，$\phi > 120°$，液相在三晶粒界面处呈孤岛状分布，液相完全不润湿固相，此时，渣不沿晶界渗透。当 $\dfrac{\gamma_{ss}}{\gamma_{sl}} > \sqrt{3}$ 时，$\phi < 60°$，液相润湿固相，液相仍

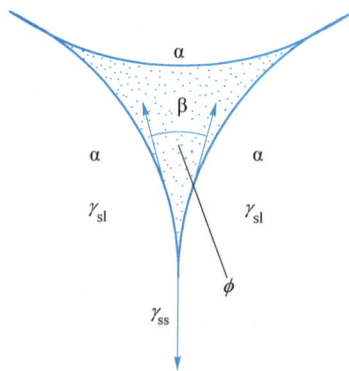

图 2-37　固-固-液界面之间
表面力的平衡

α—固体晶粒；β—液体晶界相；ϕ—二面角

能沿晶界渗透。

2.5.3.2 渣向耐火材料中渗透的影响因素

A 气孔尺寸与分布、气孔率对渣渗透的影响

从式（2-79）及式（2-80）中可以看出，渣渗透的深度与孔径 $r^{1/2}$ 成正比，而渗透速度与 r 成正比。在其他条件相同的情况下，耐火材料的显气孔率越高，渣的渗透越厉害。

B 渣的黏度

由式（2-79）与式（2-80）可见，渣的渗透深度与渗透速度分别与 $\eta^{1/2}$ 及 η 成反比。渣的黏度越大，其渗透能力越差，这里所说的黏度指的是进入到耐火材料中的渣的黏度。

C 渣对耐火材料的润湿性

渣对耐火材料的润湿性取决于它们的润湿角，即渣的表面张力及渣与耐火材料的界面张力。由式（2-80）可知，当 $\gamma_{ss}/\gamma_{sl}>2$ 时，润湿角等于零，渣对耐火材料完全润湿，渣很容易渗透到耐火材料中。若 $\gamma_{sl}>\gamma_{ss}$，则 $\phi>120°$，渣完全不润湿耐火材料，渣不能渗透到耐火材料内部。

氧化物表面张力主要取决于表面的 O^{2-} 与附近阳离子的作用力，即取决于阳离子的电荷数与其离子半径之比（静电势）。氧化物的静电势与它们表面张力的关系如图 2-38 所示。图 2-38 中两条直线相交顶端处的 MnO、MgO、CaO、FeO 与 Al_2O_3 等的阳离子的静电势相差不大。在顶端左边直线上的诸离子 Li^+、Na^+、Ba^{2+}、K^+ 等由于它们的静电势较小，相应的氧化物引入渣中会降低渣的表面张力。而在顶端右边直线上的诸阳离子，如 Si^{4+}、B^{3+}、Ti^{4+} 等，它们的静电势很高，容易与 O^{2-} 形成复合阴离子，这些复合阴离子被排斥到表面而降低熔渣的表面张力。此外，简单阴离子 F^- 的静电势比 O^{2-} 小，它可以从表面排走 O^{2-} 降低表面张力，因而在渣中加入 F^{2-} 可降低表面张力，所有这些可降低渣表面张力的物质称为熔渣的表面活性剂。

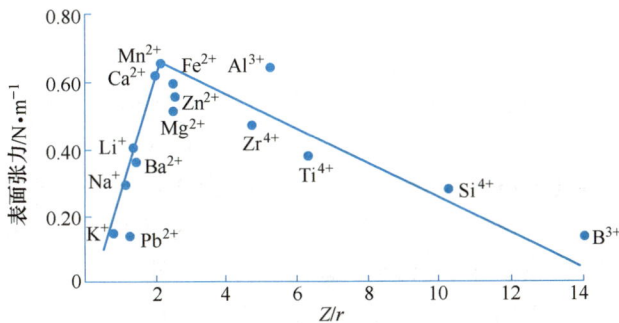

图 2-38　氧化物表面张力与其阳离子静电势的关系

2.5.4 耐火材料的抗渣性及其测定方法

耐火材料的抗渣性是指耐火材料在高温下抵抗炉渣侵蚀和冲刷作用的能力。抗渣性的测定方法有多种。大致可分为两大类：一类是所谓静态法，即在检验过程中耐火材料是静止不动的；另一类是所谓动态法，即在检验过程中耐火材料是运动的，如图 2-39 所示。

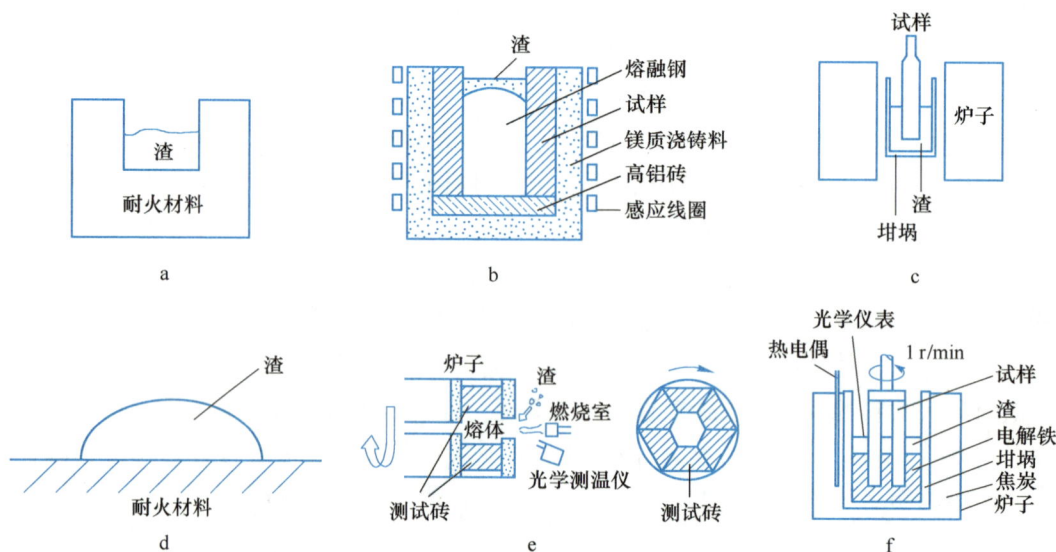

图 2-39　耐火材料抗渣性试验方法示意图
a—坩埚法；b—感应炉法；c—浸棒法；d—滴渣法；e—回转渣蚀法；f—旋棒法

2.5.4.1　耐火材料的静态抗渣试验

　　静态抗渣试验方法包括坩埚法、感应炉法、浸棒法及滴渣法，分别如图 2-39 中 a~d 所示。由于耐火材料试样静止不动，试样周围的侵蚀介质（熔渣）变化小，很容易达到饱和状态。这是静态法的缺点。常见的坩埚法是将要检测的耐火材料压制或浇注成坩埚，在坩埚中放入一定量试验渣进行试验，如图 2-39a 所示。

　　典型的侵蚀后坩埚截面图如图 2-40 所示。图 2-40 中 1 为坩埚腔原始截面面积 S_o，2 为被渣侵蚀的面积 S_c，3 为渣渗透的面积 S_p。可以用 S_c 与 S_p 或 S_c/S_o、S_p/S_o 来表示耐火材料抗渣性的好坏。

　　感应炉法是另一种最常用的抗渣试验方法，如图 2-39b 所示。感应炉法的优点如下：（1）在试验耐火材料中存在温度梯度，可以反映出温度梯度对渣渗透的影响。试验条件与耐火材料的实际使用条件比较接近。（2）可以将不同的耐火材料试样砌筑在同一个感应炉中，在同一试验条件下对比不同耐火材料抗同一渣侵蚀的能力。（3）在感应电场的作用下，钢水会进行一定程度的运动。在研究钢水与耐火材料之

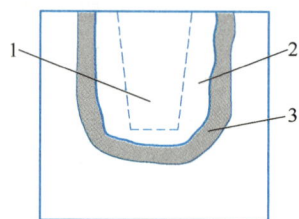

图 2-40　渣侵蚀试验后
坩埚截面示意图
1—原始坩埚截面面积；
2—侵蚀掉的面积；
3—渣渗透面积

间的反应时，钢水的组成比较均匀，钢水运动也会对其上面的熔渣产生一定的影响。（4）由于许多感应炉配置有真空或封闭系统，因而试验气氛容易控制。（5）可以分析考察渣-金属界面上耐火材料的局部侵蚀。

　　浸棒法也是用得较多的方法之一。将一根或几根耐火材料试棒浸入到熔化的渣中并保温一定时间，试验后取出试样冷却并切开。观察并测定渣蚀面积与渣渗透面积大小，衡量耐火材料抗渣性的好坏。这一方法的好处是可以采用小试棒与大量渣的方法来减小侵蚀试

验过程中渣成分的变化，延长渣中耐火材料组分达到饱和的时间。

滴渣法是使用较少的方法，常用来测定渣对耐火材料的润湿性，如图 2-39d 所示。渣熔化附在耐火材料表面，这时可用一定的设备测定渣对耐火材料的润湿角。试验结束后，也可以切开渣及耐火材料以观察渣对耐火材料的侵蚀与渗透。

2.5.4.2　耐火材料抗渣性的动态试验方法

耐火材料抗渣性的动态试验方法主要包括回转渣蚀法和旋棒法等。

回转渣蚀法的主要设备为一个以丙烷-氧气或其他气体为燃料的小回转炉。试验耐火材料试样按规定形状砌筑成六边形截面炉衬，如图 2-39e 右边所示。试验时先让炉体处于水平位置旋转，升温到规定温度再保温约 30 min 后加入一定量的试验渣，保温约 1 h 后将渣倒出，再将炉子放平后可再加渣重复进行上述试验。渣蚀试验后取出耐火材料，沿平行于渣蚀方向切开测定其渣蚀面积及渗透面积以衡量耐火材料的抗侵蚀能力。

另一个动态抗渣蚀方法为旋棒法，如图 2-39f 所示。将装有试验渣的坩埚放入感应或电阻炉中。待渣熔化后，将一根或多根棒状耐火材料试样插入熔融渣中。试样以一定的速度在熔渣中旋转，并在规定的温度下保持一段时间后取出。沿渣侵蚀方向截断，在截面上观察渣对耐火材料的侵蚀与渗透情况，求出渣蚀面积与渗透面积。

检测耐火材料抗渣性还有其他的方法，这里就不一一赘述了。

思 考 题

2-1　什么是耐火材料的化学组成和矿物组成？它们有什么区别？

2-2　简述主晶相、次晶相、基质、杂质和玻璃相的概念。

2-3　什么是耐火材料的显微结构？

2-4　如何综合运用各种分析方法来研究耐火材料的组成及显微结构，并推测其使用性能的优劣？

2-5　重烧收缩和线膨胀有什么区别？引起重烧收缩的原因是什么？

2-6　大多数制品重烧都是收缩，为什么砌筑窑炉时还要留膨胀缝？留膨胀缝的依据是什么？

2-7　影响热震稳定性的因素有哪些？为什么？

2-8　影响耐火材料抗渣性能的因素有哪些？抗渣性能测定的方法有哪些？

2-9　如何衡量耐火材料中形成的液相对制品高温性能的影响？

2-10　请列出耐火材料力学性质、热学性质和高温使用性质涉及的指标并进行解释。

3 Al$_2$O$_3$-SiO$_2$ 系耐火材料

本章要点

（1）了解 SiO$_2$ 变体及其晶型转变，熟悉硅石耐火材料的物相与性能之间的关系；

（2）掌握矿化剂的作用机制、选择原则及其种类，掌握硅砖生产的物理化学原理；

（3）熟悉 Al$_2$O$_3$-SiO$_2$ 系二元相图，从相平衡分析掌握杂质氧化物对硅酸铝质耐火材料制品高温性能的影响；

（4）了解硅酸铝质耐火材料所用主要原料种类、性能特点以及加热过程中的物理化学变化；

（5）掌握硅酸铝质耐火材料的种类及其制备过程的物理化学；

（6）熟悉硅酸铝质耐火材料的生产工艺要点、性能特点及主要应用。

Al$_2$O$_3$-SiO$_2$ 系耐火材料（硅酸铝质，包括硅质耐火材料）是以 Al$_2$O$_3$ 和 SiO$_2$ 为基本化学组成的耐火材料。根据 Al$_2$O$_3$ 含量的高低，硅酸铝质耐火材料又可分为：半硅质耐火材料，Al$_2$O$_3$ 质量分数为 15%~30%；黏土质耐火材料，Al$_2$O$_3$ 质量分数为 30%~48%；高铝质耐火材料，Al$_2$O$_3$ 质量分数大于 48%。氧化铝质耐火材料是 Al$_2$O$_3$ 质量分数在 95% 以上的耐火材料。

严格意义上，硅石耐火材料并不属于 Al$_2$O$_3$-SiO$_2$ 系耐火材料，但为了方便讲解，也将硅石耐火材料列入本章中一并进行介绍。

3.1 硅石耐火材料

硅石耐火材料是指以天然硅石为主要原料制得的耐火材料。我国标准与国际标准规定硅石耐火材料中 SiO$_2$ 含量不少于 93%，而将 SiO$_2$ 含量大于或等于 85% 但小于 93% 的耐火材料称为硅质耐火材料。但人们习惯上常将硅石耐火材料称为硅质耐火材料。在本书中我们按国家与国际标准规定区分硅石耐火材料与硅质耐火材料。

最常见的硅石耐火材料为硅砖。按气孔率的不同，硅砖可分为普通硅砖、高密度硅砖，也有人将高密度硅砖再分为高密度硅砖及超高密度硅砖。硅砖主要用于焦炉、高炉热风炉与玻璃熔窑，按用途不同又可分为焦炉用硅砖、热风炉用硅砖及玻璃窑用硅砖等。

3.1.1 SiO$_2$ 的同质多晶转变及其性质

硅砖中主要成分为 SiO$_2$，其具有多种同质异晶体，了解 SiO$_2$ 各种晶型的转换条件以及不同晶型对硅砖性能的影响，对硅砖的制造、生产和使用均有重要意义。

3.1.1.1 SiO$_2$的同质多晶转变

SiO$_2$ 在常压下有 7 个变体和 1 个非晶体，即 β-石英、α-石英、γ-鳞石英、β-鳞石英、α-鳞石英、β-方石英、α-方石英以及石英玻璃。SiO$_2$ 的各种变体的性质和稳定存在温度范围如表 3-1 所示。SiO$_2$ 各晶型间的转变温度以及体积变化值如图 3-1 所示。

表 3-1　SiO$_2$ 各种变体的性质和稳定存在温度范围

变　体	晶　系	真密度/g·cm^{-3}	稳定温度范围/℃
β-石英	三方晶系	2.65	<573
α-石英	六方晶系	2.53	573~870
γ-鳞石英	斜方晶系	2.37~2.35	<117
β-鳞石英	六方晶系	2.24	117~163
α-鳞石英	六方晶系	2.23	870~1470
β-方石英	斜方晶系	2.31~2.32	<180~270
α-方石英	等轴晶系	2.23	1470~1723
石英玻璃	无定形	2.20	<1713（急冷）

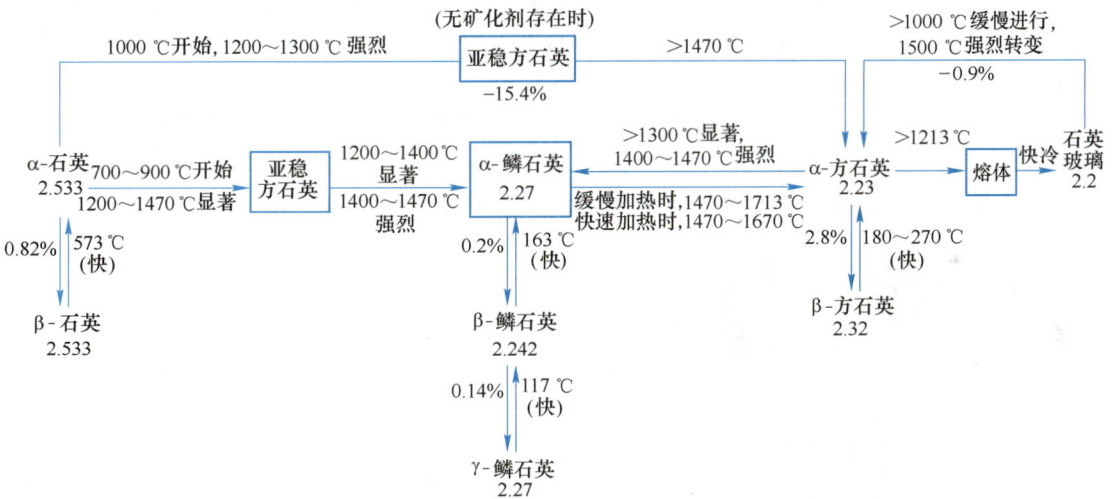

图 3-1　SiO$_2$ 晶型（实际）转化示意图

从图 3-1 中可以看出，SiO$_2$ 各变体间的转变可分为两类：第一类是高温型转变，指的是石英、鳞石英、方石英之间的转变，即图 3-1 中水平方向的转变。由于它们在晶体结构和物理性质方面差别较大，转变所需的活化能大，转变由晶体表面向内部进行，转变温度高而缓慢，因此也称之为缓慢型转变或重构型转变。该类转变伴随有较大的体积效应，导致硅石耐火材料生产时废品率较高，需要密切关注。第二类是低温型转变，指的是石英、鳞石英、方石英本身的 α、β、γ 型之间的转变，即图 3-1 中垂直方向的转变。由于它们在晶体结构和物理性质方面差别很小，因此转变温度低，转变速度快，也称为快速型转变或位移型转变。这类转变是可逆的过程，所伴随的体积效应也比高温型的小。

应该指出的是，图 3-1 中的 SiO$_2$ 各变体间的转变关系是指在相平衡状态下进行热处理时发生的晶型转变情况。在硅石耐火材料实际生产过程中，各变体之间的转变应综合考虑原料组成、颗粒级配、烧成制度、矿化剂、外加剂等多方面因素的影响。

3.1.1.2 SiO$_2$ 晶型对硅砖性能的影响

硅砖显微结构如图 3-2 所示。其矿物组成主要包括细小的鳞石英颗粒（T）、玻璃相、方石英（C）与未完全转化的石英颗粒（Q）等。与所有的材料一样，硅砖的组成决定其性质。硅砖中鳞石英、方石英、残存石英与玻璃相的相对含量对硅砖的性质有很大影响。

首先，SiO$_2$ 各种晶型的结构不同，决定了其具有不同的熔点，其中方石英最高，为 1728 ℃；鳞石英次之，为 1670 ℃；石英最低，为 1600 ℃。因此，从提高制

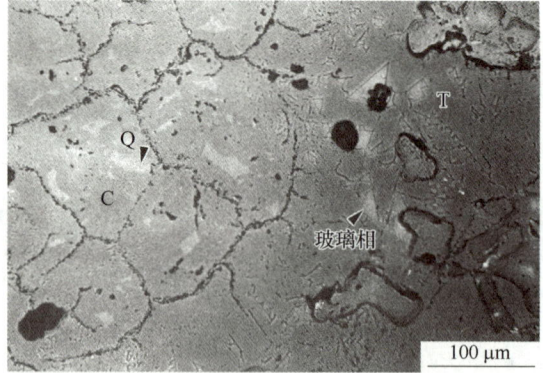

图 3-2 硅砖的显微结构照片

品的耐火度考虑，方石英含量高较有利。但是，对耐火材料而言，仅考虑耐火度是不够的。方石英晶粒呈现颗粒状或蜂窝状，结构松散、结合强度低；而鳞石英晶体具有矛头状双晶结构（图 3-3），这些晶体在制品中能形成相互交错的网络结构，有利于提高制品的荷重软化温度与高温强度。

其次，不同的 SiO$_2$ 晶型在加热冷却过程中产生的膨胀也不同。由图 3-4 可见，当温度高于 600 ℃时，鳞石英的膨胀率最小，当温度低于 600 ℃时，石英的膨胀率最小。因此，从膨胀率来看，增加鳞石英的含量有利于提高制品的抗热震性与体积稳定性。

图 3-3 鳞石英矛头双晶显微结构照片

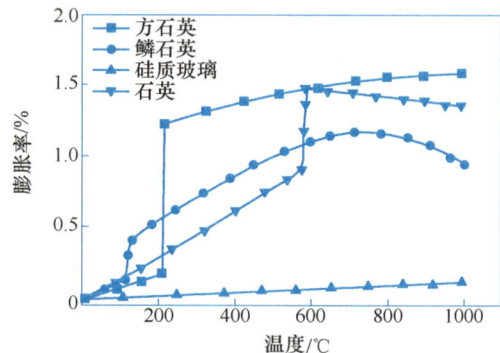

图 3-4 二氧化硅主要形态加热过程中的膨胀性

另外，鳞石英的含量与硅砖的导热系数有很大关系。如图 3-5 所示，随着鳞石英含量的提高，硅砖的导热系数上升。此外，硅砖的体积密度（显气孔率）对其导热系数也有很大影响。如图 3-6 所示，随着硅砖显气孔率的提高，其导热系数下降；因此，高密度硅砖具有较高的导热系数。对于一些要求高导热系数的硅砖，如焦炉硅砖，常加入一定添加剂促进硅砖的烧结程度，并提升鳞石英含量，从而提高其导热系数。

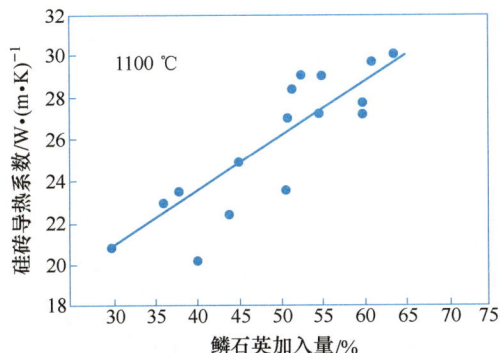

图 3-5 硅砖的鳞石英含量与导热系数的关系

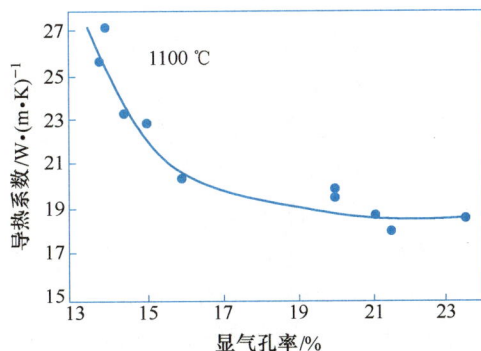

图 3-6 硅砖的显气孔率与导热系数的关系

最后，硅砖抗渣性能也与材料中各物相的含量密切相关。图 3-7 给出了不同方石英含量的硅砖被渣侵蚀的实验结果。由图 3-7 可见，随方石英含量的提高，硅砖抗渣侵蚀的能力下降。

综上所述，硅石耐火材料中 SiO$_2$ 各个晶型的相对含量对于其性质有很大影响。根据使用条件与工况要求的不同，选择最合理的含量，特别是鳞石英与方石英的相对含量，是生产硅砖的关键。通常认为硅砖中的残余石英会对硅砖带来不利影响。但是，由于鳞石英在 1000 ℃ 以上时，其膨胀量减少，制品

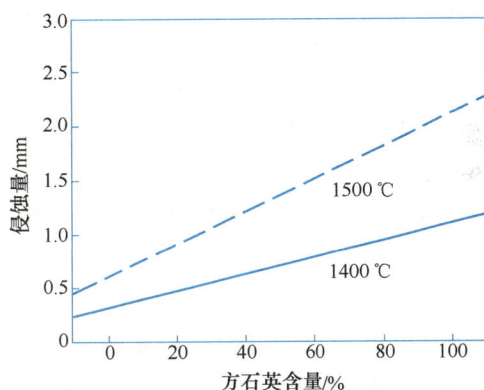

图 3-7 方石英含量与侵蚀量的关系

会产生一定的收缩。为补偿这一收缩，硅砖中应含有少量的残余石英。但不同研究结果中报道的合适的残余石英含量存在一定的差异，一般从 1%~3% 到 5%~6% 不等。这可能与所使用的原料以及试样的结构差异有关，针对不同的原料与使用条件需进行专门的研究。也有些学者认为，应该控制零残余石英，使得制品高温下更为稳定。

除了上述三种晶相外，硅石制品中还含有一部分玻璃相。在硅砖的生产过程中为了促进与控制 SiO$_2$ 晶型的转变，常需加入 CaO、FeO 或萤石和长石等矿化剂。它们在硅砖的烧成过程中形成高温液相，促使 SiO$_2$ 晶型发生转化，提升制品中的鳞石英含量。因此，适量的液相对于硅砖的生产是重要的。但如果液相过高则会对硅砖的高温性能产生不良影响，在满足晶型转化要求的情况下以玻璃相少为好。

3.1.2 硅砖生产的物理化学原理

3.1.2.1 矿化剂的作用

由上一节可知，硅砖中鳞石英的含量是决定制品性能的关键，为了生产性能优良的硅砖，应尽可能提高其中的鳞石英含量。然而，自然界中几乎没有天然鳞石英矿，只有石英矿。如图 3-8 所示，根据热力学分析，石英向鳞石英转化是一个 ΔG 大于 0 的过程，即理

论上石英不可能直接转变为鳞石英，而石英转变为方石英则相对较容易。

因此，在硅砖生产中，为获得鳞石英，须添加合适的矿化剂。矿化剂的作用原理如下：在有足够数量的矿化剂时，β-石英在 573 ℃转变为 α-石英。在 1200～1470 ℃范围内，α-石英又转变成亚稳方石英。同时，α-石英、亚稳方石英和矿化剂及杂质等相互作用形成液相，并侵入由石英颗粒转变为亚稳方石英时出现的裂纹中。促进 α-石英和亚稳方石英不断地溶解于所形成的液相中，使之成为过饱和熔

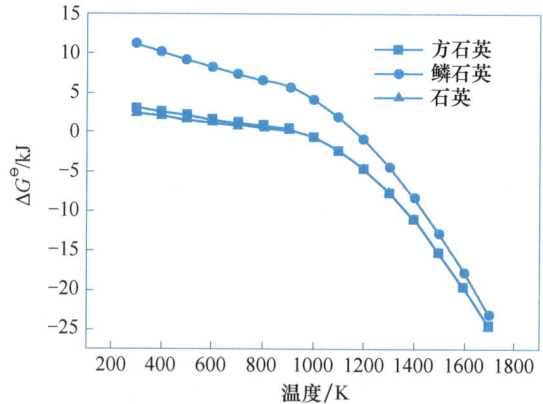

图 3-8　SiO$_2$ 变体的 $\Delta G^{\ominus}$-T 图

液，然后以鳞石英形态不断地从熔液中结晶出来。如液相量过少，而且主要是以 CaO 和 FeO 组成时，则析晶主要为方石英。

由上可知，矿化剂作用的本质就是与 SiO$_2$ 形成液相，溶解石英，析出鳞石英。因此，矿化剂促使石英转变为鳞石英能力的大小主要取决于所加矿化剂与砖坯中的 SiO$_2$ 在高温时所形成液相的数量及其性质，即液相开始形成温度、液相的数量、黏度、润湿能力和其结构等。

（1）一般而言，矿化剂与 SiO$_2$ 形成的共熔点越低，形成的液相数量越多，则矿化作用越强，鳞石英生成量越多且晶粒越大。在 SiO$_2$ 与相关氧化物形成的二元系中，液相出现的温度按下列顺序升高：Na$_2$O-SiO$_2$（782 ℃）＜ FeO-SiO$_2$（1200 ℃）＜ MnO-SiO$_2$（1300 ℃）＜ CaO-SiO$_2$（1436 ℃）＜ MgO-SiO$_2$（1543 ℃）。

（2）矿化作用还与熔体对 SiO$_2$ 的润湿能力有关。润湿能力越强，则矿化作用越强。例如，半径小的 Fe^{2+}、Mn^{2+} 比 Ca^{2+} 可以增加硅酸盐熔体对 SiO$_2$ 的润湿能力，提高矿化效果。

（3）矿化剂与 SiO$_2$ 所形成的熔体的黏度越小，矿化作用越强。如 FeO 与 SiO$_2$ 形成硅酸盐熔体黏度小，是较好的矿化剂，而 Al$_2$O$_3$ 则相反。碱金属氧化物形成的硅酸盐熔体黏度最小，鳞石英化的程度也最高。

（4）矿化剂与 SiO$_2$ 所形成的熔液中 O/Si 比越接近 2.29（硅氧四面体的 O/Si 比），则矿化作用越好，如表 3-2 所示。

表 3-2　不同矿化剂对熔液硅氧比及鳞石英含量的影响

矿化剂	Li$_2$O	Na$_2$O	K$_2$O	SrO	MnO	MgO
熔液中 O/Si 比	2.23	2.16	2.10	2.52	2.84	3.12
鳞石英含量/%	98	95	88	40	35	20

由上述可以看出，矿化作用以碱金属氧化物为最强，FeO、MnO 次之，CaO、MgO 较差。但是这只是说明矿化作用的强弱，而不是选择矿化剂的标准。选用的矿化剂必须满足三个条件，首先是促进石英转化为密度较低的鳞石英；其次是不显著降低硅砖的耐火度等

高温性能；第三是防止在烧成过程中因相变过快导致制品的松散与开裂。

对于矿化作用过强的矿化剂，由于作用过于剧烈，容易产生破裂，造成制品烧成成品率降低。同时，Na_2O、K_2O、Al_2O_3、TiO_2 等组分会严重降低硅石的耐火度。此外，Li_2O、Na_2O、K_2O 易溶于水，在砖坯干燥时，扩散至表面，造成砖坯表面矿化剂浓度高，降低烧成制品的性质。它们均不宜用作矿化剂。

3.1.2.2 矿化剂的选择

在实际生产中，通常可以根据矿化剂与 SiO_2 能否形成二液区以及液相开始形成温度小于鳞石英稳定温度 1470 ℃作为判据来选择矿化剂。因此，研究 SiO_2 与相关氧化物的相平衡关系是有意义的。

在硅砖的生产中，与 SiO_2 相关的物质有 FeO、CaO、MgO、TiO_2、Cr_2O_3、Al_2O_3、Na_2O、K_2O 等。下面我们就它们与 SiO_2 的二元系相图，对它们作为矿化剂的可能性以及对硅砖性能的影响进行讨论。

（1）$CaO/FeO-SiO_2$ 系。$CaO-SiO_2$ 系和 $FeO-SiO_2$ 系的相平衡图非常相似，分别如图3-9及图3-10所示。两者靠 SiO_2 侧都存在二液区，且二元共熔点温度也低于鳞石英熔点 1470 ℃。前者图中液化温度为 1707 ℃，二液区范围为 CaO 质量分数 1%~27.5%，二元共熔点温度为 1436 ℃；而后者二液区范围为 FeO 质量分数 3%~42%，二元共熔点温度为 1178 ℃。所以，CaO、FeO 均可用作矿化剂，硅砖可以单独吸收 27.5%CaO 或 42%FeO 而不致崩溃。

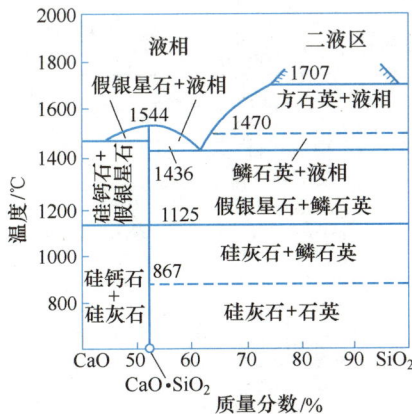

图 3-9 $CaO-SiO_2$ 系相图

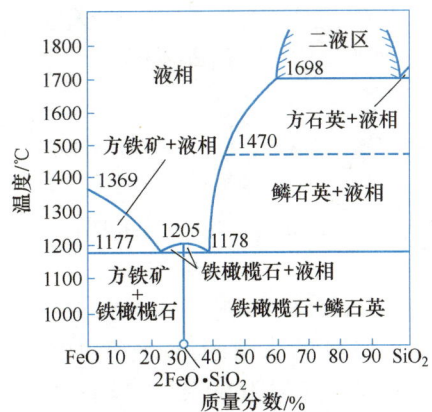

图 3-10 $FeO-SiO_2$ 系相图

（2）$MgO/Al_2O_3-SiO_2$ 系。尽管 $MgO-SiO_2$ 系中（图 3-11）SiO_2 侧有二液区存在，但 $MgO-SiO_2$ 系和 $Al_2O_3-SiO_2$ 系（图 3-12）的二元共熔点温度都高于 1470 ℃，分别为 1543 ℃、1590 ℃，因此，MgO 和 Al_2O_3 均不能用作矿化剂。

（3）$TiO_2/Cr_2O_3-SiO_2$ 系。TiO_2-SiO_2 系（图 3-13）、$Cr_2O_3-SiO_2$ 系（图 3-14）相图表明，两者液化温度较高，二液区宽度宽阔，二元共熔点温度也比鳞石英熔点 1470 ℃高。前者二液区为 18%~92% TiO_2（偏向 TiO_2），二元共熔点为 1553 ℃；后者二液区为 5%~98% Cr_2O_3，二元共熔点为 1720 ℃。所以，TiO_2、Cr_2O_3 也不能用作矿化剂。相反，因为液化温度高、二液区宽度宽、二元共熔点温度也不低，因此，它们特别是 Cr_2O_3，是生产特种硅砖有效的添加剂。

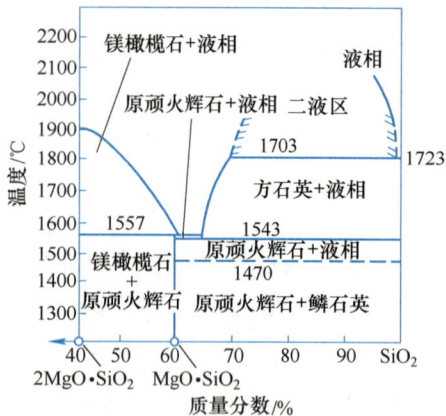

图 3-11 MgO-SiO_2 系相图

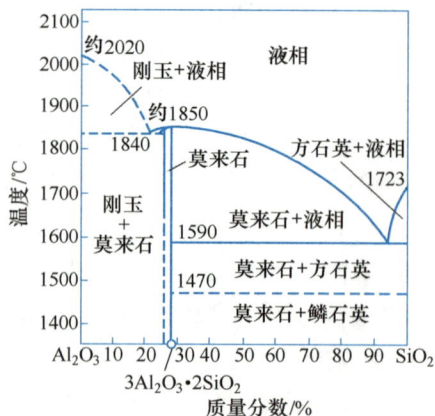

图 3-12 Al_2O_3-SiO_2 系相图

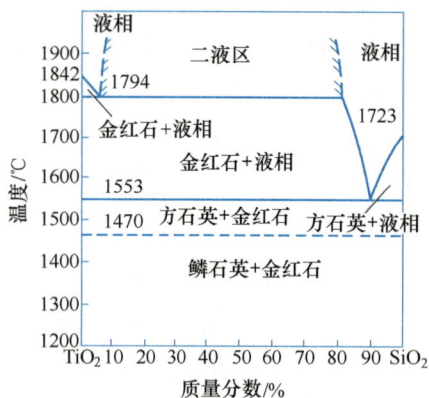

图 3-13 TiO_2-SiO_2 系相图

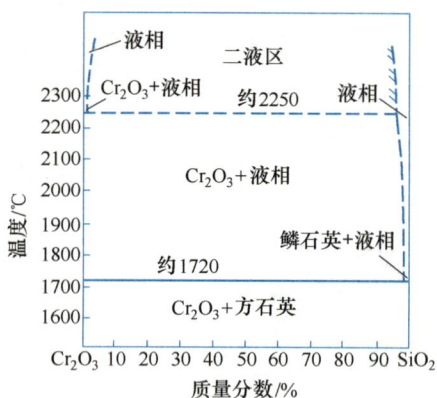

图 3-14 Cr_2O_3-SiO_2 系相图

（4）Na_2O/K_2O-SiO_2 系。Na_2O-SiO_2 系二元相图如图 3-15 所示。当 Na_2O 含量为 6.5% 时，体系的液化温度下降到 1600 ℃，当加入 25% Na_2O 时，液化温度降到 $Na_2O \cdot SiO_2$-SiO_2 的共晶点 789 ℃，并且无二液区。K_2O-SiO_2 系与之相似。虽然此温度已远低于鳞石英的稳定温度且形成的液相黏度小，可能有利于矿化作用，但对硅砖的耐火性能损害较大。所以，Na_2O、K_2O 不仅不能用作矿化剂，而且是硅砖的有害杂质。

（5）Al_2O_3-CaO-SiO_2 系。CaO 是硅砖常用的矿化剂。在 CaO-SiO_2 系中再引入少量的 Al_2O_3 也会产生大量液相。如在 CaO-Al_2O_3-SiO_2 相图（图

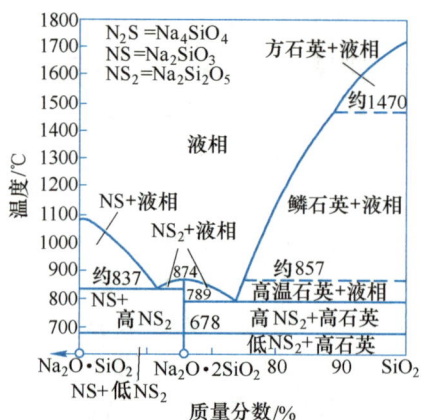

图 3-15 Na_2O-SiO_2 系相图

3-16）中选择两个组成点 B（1% Al_2O_3，2% CaO，97% SiO_2）、B′（0.5% Al_2O_3，2% CaO，97.5% SiO_2）。经计算在 1600 ℃ 下点 B 液相量约为 15.3%，而点 B′ 液相量约为 10.9%。研

究结果也表明，随着 Al_2O_3 含量的增加，系统的液相量快速增多，如图 3-17 所示。因此，Al_2O_3 对硅砖的高温性能有着严重的影响，是硅砖最有害的杂质。

通过上述相平衡分析，可采用 CaO、FeO 为硅砖的矿化剂，而 Al_2O_3、R_2O、TiO_2 等是杂质，应尽可能减少。国标 GB/T 2608—2012 中要求优质 BG-96 硅砖中熔融指数（$Al_2O_3+2R_2O$ 质量分数）应不超过 0.7 %。

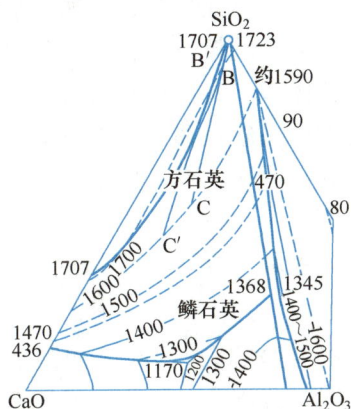
图 3-16　Al_2O_3-CaO-SiO_2 系富 SiO_2 相图

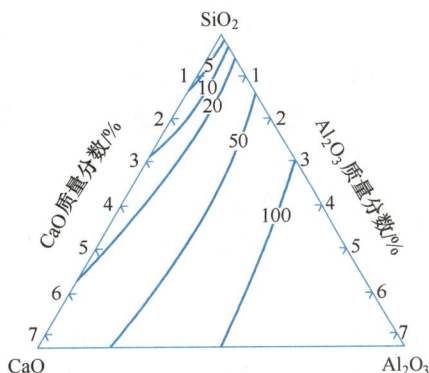
图 3-17　Al_2O_3 对 Al_2O_3-CaO-SiO_2 系
液相数量的影响（1600 ℃）

在实际生产过程中，由于单一的氧化物难以满足要求，常采用复合氧化物矿化剂。例如，在 CaO 中引入 FeO，可以降低液相形成温度及液相黏度，提升 CaO 的矿化作用。此外，亦可采用非氧化物作为矿化剂，例如用含氟的化合物，F^- 可能降低液相黏度从而加速石英的转化，转化的开始温度比通用的矿化剂 CaO+FeO 低 300 ℃左右，到 1400 ℃时转化率已达 85%，而用 CaO+FeO 矿化剂时转化率仅为 66%。

除了矿化剂种类外，矿化剂的粒度也对其矿化作用有显著影响。矿化剂的粒度越小，其在制品中分布更加均匀，反应活性也更高，矿化作用越好。如有研究表明：当采用纳米氧化铁作为矿化剂时，能够明显改善硅砖的力学性能，降低高温蠕变率，提升鳞石英含量，降低残余石英含量。此外，降低矿化剂粒度可以减少体积效应导致的裂纹，提高制品成品率。

3.1.3　硅砖的生产工艺要点

3.1.3.1　原料

硅石原料分为结晶硅石和胶结硅石两大类，如表 3-3 所示。

表 3-3　硅石的分类

分　类	岩石分类	显微结构和特征	国内原料示例
结晶硅石	脉石英	晶粒很大，纯净，转变困难	吉林
	石英岩	晶粒较小，纯净，中速转变	本溪
	变质石英岩	晶粒受地壳压力而发生扭曲，易转变	包头
	石英砂	晶粒较大，纯度不定	

分 类	岩石分类	显微结构和特征	国内原料示例
胶结硅石	砂岩	以胶结石英为基质的砂岩	
	玉髓	由玉髓组成	武汉
	燧石岩	以玉髓为基质	山西

一般说来，结晶硅石纯度较高、生料密度大、结晶较大，热处理时转变速度较慢，多用作颗粒料。而胶结硅石往往杂质含量较多、烧后易于松散、晶粒较小，热处理时转变速度较快，多以细粉的形式引入。为了结合两种硅石原料的优势，人们也考虑将两类硅石原料进行复配使用。例如，有报道采用唐山结晶硅石、辽宁结晶硅石和五台山胶结硅石进行复合配料，制备得到了蠕变率（0.2 MPa，1550 ℃×50 h）为 -0.35%、残余石英质量分数为 0.5% 的优质热风炉硅砖。

此外，生产时还可采用部分废硅砖作为原料，但是加入量一般不超过 20%。

3.1.3.2　颗粒组成的选择

在硅砖的生产中，泥料的颗粒组成对硅砖的致密度，特别高密度硅砖的制造十分重要。若颗粒粒度较大，成型过程中砖坯较容易被压碎。同时，烧成时晶型转变导致的体积膨胀大，容易开裂，因此，硅砖生产的临界粒度通常小于 3 mm，以脉英石为原料时，通常小于 2mm。选择临界粒度时，应以砖在烧成时不发生松散破裂而且致密稳定为宜。此外，由于细颗粒与矿化剂作用以及烧结性增强、转变时体积膨胀小，有利于硅砖烧成时的体积稳定，因此，通常细粉加入量可适当增加。

矿化剂通常为含铁、钙、锰组分的一些化合物。如焦炉硅砖可加 2% CaO、2%MnO，高密度高硅质硅砖可加 0.8%FeO、0.2%CaO。CaO、FeO 分别以石灰乳和铁鳞或铁屑形式引入。矿化剂也可以干式加入，如采用石灰石下脚料为含钙矿化剂，FeO 以黄铁矿渣的形式加入。而黏结剂可使用工业木质磺酸盐与石灰乳等。

3.1.3.3　烧成曲线的制定

硅砖在烧成过程中有较多的晶型转变与较大的体积变化，加上砖坯在烧成温度下所形成的液相很少（质量分数为 6%～12%），导致硅石耐火材料烧成较为困难，废品率较高，因此，硅砖的烧成较其他耐火材料困难得多。要针对砖坯在烧成过程中的物理化学变化、砖坯的形状和大小，以及窑炉特性，综合考虑确定。

硅砖烧成时要求升温平稳，严格按一定的速度升温，止火温度正确。烧成气氛方面，高温阶段用弱还原火焰烧成，可以使得矿化剂中的铁呈现氧化亚铁形式而发挥矿化作用，同时，可以使窑内各处火焰分布均匀，避免火焰冲击砖坯。

硅砖的烧成曲线是根据坯体在加热过程中的相变及体积变化的大小来确定的，因而可参考图 3-1 中的物相转变规律。根据硅砖在烧成过程中的物理化学变化可大致按温度划分为如下几个阶段：

  ≤150 ℃   自由水排除

  150～500 ℃ Ca(OH)$_2$ 分解，砖坯结合强度下降

  550～650 ℃ β-石英→α-石英

600~700 ℃	CaO 与 SiO$_2$ 的固相反应开始，砖坯结合强度提高
	$2CaO+SiO_2 \rightarrow \beta\text{-}2CaO \cdot SiO_2$
	$2CaO \cdot SiO_2+SiO_2 \rightarrow 2(CaO \cdot SiO_2)$
1000~1100 ℃	生成固溶体
	$\alpha\text{-}CaO \cdot SiO_2+FeO \cdot SiO_2 \rightarrow [CaO \cdot SiO_2\text{-}FeO \cdot SiO_2]$
≥1200 ℃	与杂质如 Al$_2$O$_3$、Na$_2$O 等作用形成液相（8%~10%），润湿石英颗粒，石英转变速度提高
1300~1350 ℃	鳞石英和方石英增加
1300~1430 ℃	鳞石英进一步增加，方石英减少

在 450~500 ℃ 及 550~650 ℃ 阶段，由于 Ca（OH）$_2$ 的脱水使强度下降及 β-石英向 α-石英转化，有一定的体积膨胀，可以较快和均匀地升温。在 600~1200 ℃ 之间，主要是矿化剂与二氧化硅反应，由于不存在大规模的相变，而且由于 CaO · SiO$_2$ 及固溶体的生成，使坯体强度升高，可以快速升温。在 1200 ℃ 至最终烧成温度的阶段，SiO$_2$ 的相变及产生的体积膨胀最大，因而极易产生裂纹，应采用最慢的升温速度。这一阶段正是鳞石英大量生成阶段，慢升温还有利于鳞石英的生成以及痕量矿物嵌入鳞石英晶体中。

硅砖的最高烧成温度不超过 1430 ℃。超过此温度，生成的方石英增多，影响制品的性能并易导致烧成废品。下面给出一硅砖的烧成制度供参考：

20~600 ℃，20 ℃/h（快）；600~1100 ℃，25 ℃/h（最快）；1100~1300 ℃，10 ℃/h；1300~1350 ℃，5 ℃/h（慢）；1350~1430 ℃，2 ℃/h（最慢）。

由于 SiO$_2$ 的晶型转化速度较慢，为使鳞石英充分生成和长大，需要有足够的保温时间，所以硅砖的烧成保温时间一般在 20~50 h。

硅砖在烧成冷却过程也伴随一定的体积变化，冷却速度也要多加以控制。在 800 ℃ 以上，可以快速冷却。低温时，则以缓慢冷却为宜。

3.1.3.4　硅砖的性质

普通硅砖的显气孔率在 19%~25% 之间，高密度硅砖的显气孔率在 10%~16% 之间。根据不同应用场合，硅砖的常温耐压强度在 20~80 MPa 之间。

与其他耐火材料不同之处是真密度为考核硅砖的一个重要的性能指标。由于鳞石英的真密度较方石英和石英更小，所以，制品的真密度大小可以反映硅砖中石英转化的程度和 SiO$_2$ 的各相组成，特别是鳞石英的含量。表 3-4 中给出了硅砖真密度与相组成的关系，随鳞石英含量的减少，硅砖的真密度提高。我国国家标准 GB/T 2608—2012 中规定一般普通硅砖的真密度应不超过 2.35 g/cm^3，优质硅砖的真密度一般不超过 2.33 g/cm^3。

表 3-4　硅砖真密度与矿物组成的关系

硅砖真密度/g·cm^{-3}	鳞石英含量/%	方石英含量/%	石英含量/%	玻璃相含量/%
2.33	80	13	1	7
2.34	72	17	3	8
2.37	63	17	9	1

硅砖真密度/g·cm^{-3}	鳞石英含量/%	方石英含量/%	石英含量/%	玻璃相含量/%
2.39	60	15	9	6
2.40	58	12	12	18
2.42	53	12	17	18

　　硅砖拥有很多优良的性能。它的耐火度高，通常为 1690~1710 ℃。硅砖有很高的荷重软化温度，接近鳞石英的熔点，一般在 1640~1680 ℃ 之间。同时，硅砖具有很高的导热系数，有利于热量的储存和释放。当温度高于 600 ℃ 时，硅砖具有较好的抗热震性，且高温蠕变率低、体积稳定性好，因而它常被用作高炉热风炉及焦炉的砌筑材料。但是硅砖的主要缺点是，当温度低于 600 ℃ 时，由于 SiO$_2$ 的多晶转变导致较大的体积变化，使其在 600 ℃ 以下的抗热震性差。因此，使用硅砖的高温炉不宜冷却至 600 ℃ 以下。此外，硅砖抗 CaO、Fe$_2$O$_3$、FeO 熔渣侵蚀性较好，因而也可以用于玻璃熔窑上。

3.1.3.5　外加物的引入和作用

　　针对不同用途，为了进一步提高硅砖的导热性、热震稳定性、耐磨性等性能，除了采用特殊硅石、控制合适的矿相组成外，还需要引入一定的添加物以达到所需效果。按成分分类，常用的添加剂包含氧化物、非氧化物和单质三类。

　　在硅砖中加入熔融石英、TiO$_2$、SiO$_2$、CuO、MnO、Cu$_2$O、Fe$_2$O$_3$、膨润土等，利用它们易形成液相、高烧结活性等特性，促进硅砖烧成过程中的鳞石英化和致密化，提升制品的导热系数和力学性能。但是需要注意的是，由于这些添加物对于硅砖的其他高温性质有影响，所以不宜加入太多，一般质量分数不超过 2%。

　　向硅砖配料中引入 ZrO$_2$、堇青石，甚至铬镁砖废砖也可提高硅砖的某些性能。如 ZrO$_2$ 微裂纹增韧和相变增韧、堇青石较低的线膨胀系数、铬镁砖废砖和硅砖的线膨胀系数不匹配，都可以提高硅砖的热震稳定性能。

　　在制备焦炉用硅砖时，为了提升导热系数和力学性能，通常还会引入 SiC、Si$_3$N$_4$ 等非氧化物。由于这些非氧化物本身具有较高的导热系数和优异的力学性能，可以加强晶粒之间的结合程度，形成镶嵌结构，提升制品致密度和鳞石英含量，因此，硅砖的导热系数、抗热震性能和高温力学性能均得到改善。

　　还可以引入一些单质，例如单质硅粉、铜粉等，它们在热处理过程中可以氧化形成高活性的氧化物，填充气孔并促进烧结和石英晶型转变，提升制品的性能。

　　此外，硅石耐火材料除了硅砖外，还有轻质硅砖、半轻质硅砖、硅质不定形耐火材料等。轻质和半轻质硅砖主要是用在玻璃窑拱顶、热风炉墙体的隔热层，减少高温炉热量损失、提升热效率。硅质不定形耐火材料（浇注料、自流料）主要是为了解决一些复杂形状的硅石耐火材料机压成型成品率低的问题。

3.2　硅酸铝质耐火材料的相组成与性质

3.2.1　硅酸铝质耐火材料的相组成

　　硅酸铝质耐火材料的相组成可由其化学成分及 Al$_2$O$_3$-SiO$_2$ 系相图（图 3-18）确定。系统中唯一稳定晶相为莫来石（$3Al_2O_3 \cdot 2SiO_2$，缩写 A_3S_2），其是硅酸铝质耐火材料的一条重要的分界线。Al_2O_3/SiO_2 比大于莫来石组成的高铝砖（特等、一等和高二等高铝砖），其基本晶相组成对应为刚玉与莫来石。Al_2O_3/SiO_2 比小于莫来石组成的高铝砖（低二等、三等高铝砖）、黏土砖和半硅砖，其基本晶相组成对应为莫来石与方石英。

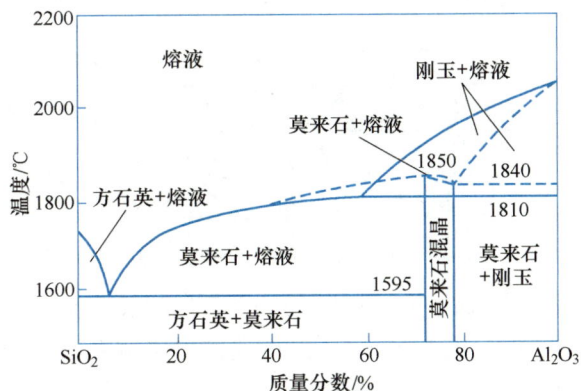

图 3-18　Al_2O_3-SiO_2 二元系相图

可根据 Al_2O_3-SiO_2 系统二元相图将硅酸铝质耐火材料进行分类，如表 3-5 所示。

表 3-5　硅酸铝质耐火材料的分类和主要矿物组成

制品名称	Al_2O_3 含量/%	主要矿物组成
半硅质	15~30	方石英、莫来石、玻璃相
黏土质	30~48	莫来石、方石英、玻璃相
三等高铝砖	48~60	莫来石、玻璃相、方石英
二等高铝砖	60~75	莫来石、少量刚玉、玻璃相
一等高铝砖	>75	莫来石、刚玉、玻璃相
刚玉质	>95	刚玉、少量玻璃相

　　硅酸铝质耐火材料中 Al_2O_3 与 SiO_2 的相对含量及杂质的含量决定了耐火材料中的相组成，对耐火材料的性质有关键性影响。图 3-19 中给出 Al_2O_3-SiO_2 耐火材料熔化温度及耐火度与其 Al_2O_3 含量的关系。由图 3-19 可见：在 Al_2O_3 质量分数小于 5.5%（SiO_2 质量分数大于 93%）范围，体系熔融温度高，耐火度高；Al_2O_3 质量分数在 5.5%~15% 范围时，体系的液相线较陡，成分稍有波动就会导致较大的熔融温度变化；Al_2O_3 质量分数大于 55% 后液相线较平缓；在共晶点到 Al_2O_3 组成范围内，随

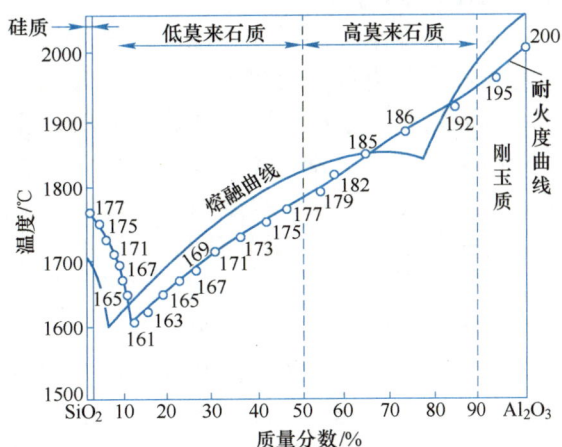

图 3-19　Al_2O_3-SiO_2 系组成与熔化温度及耐火度的关系

着 Al$_2$O$_3$ 含量的增加，制品的耐火度也升高。

表 3-6 中给出了几种硅酸铝质耐火材料的荷重软化温度的实例。一般情况下，如果制品体积密度波动不大，杂质含量不高且稳定，Al$_2$O$_3$ 质量分数在 40%～70% 范围内，制品的荷重软化开始变形温度和 40% 变形温度与其 Al$_2$O$_3$ 含量呈直线关系。制品中 Al$_2$O$_3$ 质量分数增加 1%，其开始变形温度约升高 4 ℃，40% 变形温度约升高 7 ℃。

表 3-6   几种硅酸铝质制品的荷重软化变形温度

砖种	Al$_2$O$_3$ 含量/%	开始变形温度 T_H/℃	4%变形温度/℃	40%变形温度 T_K/℃	T_K-T_H
黏土砖	40	1400	1470	1600	200
莫来石砖	70	1600	1660	1800	200
刚玉砖	90	1870	1900	—	—

在硅酸铝质耐火材料中，除了刚玉相以外，主要的相成分是莫来石、玻璃相。刚玉的有关特性我们留在后面的章节中讨论，在本章中我们讨论莫来石结构与性质以及杂质氧化物对硅酸铝质耐火材料相组成及性质的影响。

3.2.2   莫来石

莫来石是 Al$_2$O$_3$-SiO$_2$ 系统中唯一稳定的二元化合物，它在硅酸铝质耐火材料与陶瓷中具有重要意义。莫来石在大气压力下能稳定到 1850 ℃ 左右，其组成依据不同的 Al$_2$O$_3$/SiO$_2$ 比，形成 Al$_{4+2x}$Si$_{2-2x}$O$_{10-x}$ 固溶体，x 值波动在 0.2～0.9 之间，相应的 Al$_2$O$_3$ 质量分数为 71%～96%。

化学计量莫来石 3Al$_2$O$_3$·2SiO$_2$（A$_3$S$_2$），晶体结构为斜方晶系，N_g = 1.654，N_m = 1.644，N_p = 1.642。它与硅线石的化学成分不同，但在晶体结构上颇为相似。莫来石是由 4 个硅线石晶胞组成，第一个晶胞中有一个 Si^{4+} 被 Al^{3+} 所置换，即

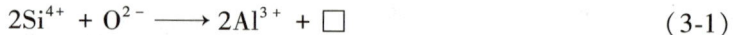

$$2Si^{4+} + O^{2-} \longrightarrow 2Al^{3+} + \square \qquad (3-1)$$

式中，□为氧空位。Al$_{4+2x}$Si$_{2-2x}$O$_{10-x}$ 中的 x 值与氧空位有关。不同的 x 值条件下，材料的晶格常数也有所差异。

莫来石晶体结构参数与 Al$_2$O$_3$ 含量及杂质种类和含量有关。莫来石中 Al$_2$O$_3$ 含量与晶格常数 a、b、c 的关系如图 3-20 所示。由图 3-20 可见，随莫来石中 Al$_2$O$_3$ 含量的提高，a 值（还有晶胞体积）直线增大，b 值非线性下降，而 c 值则非线性上升。

除了 Al$_2$O$_3$ 含量之外，存在于莫来石中的杂质也会对莫来石的晶体结构及性质产生很大影响。由于莫来石固溶体中有氧

图 3-20   莫来石中 Al$_2$O$_3$ 含量与晶格常数的关系

的空位，这个空位可以捕捉多种金属离子。通常，离子半径小于 0.07 nm 可以占据莫来石晶格中的空位，粒子半径大于 0.07 nm 则会致使莫来石晶格膨胀。

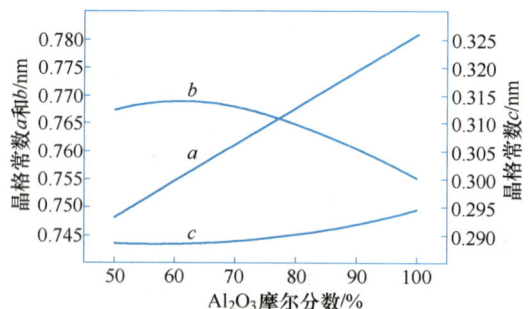

图 3-21 给出了杂质阳离子半径与它在莫来石晶体中最大含量的关系。可见，阳离子半径比较小的氧化物，如 Cr_2O_3、Fe_2O_3、Ga_2O_3、V_2O_3 等的固溶量比较大。Ti_2O_4、V_2O_4、V_2O_5 虽然离子半径较小，但由于离子电荷比 Al^{3+} 多，它们的固溶量较小。Zr_2O_4、Co_2O_2、Fe_2O_2、Mn_2O_2 等的阳离子半径较大，且离子电荷与 Al^{3+} 不同，所以固溶量很小。Mn^{3+} 离子半径较大，但 Mn^{3+} 的电荷数与 Al^{3+} 相同，故仍有一定的溶解度。

图 3-22 给出了过渡金属氧化物在莫来石晶体中的固溶量与其 Al_2O_3 及 SiO_2 含量的关系。由图 3-22 可见，M_2O_3 类氧化物含量与 Al_2O_3 含量有关，

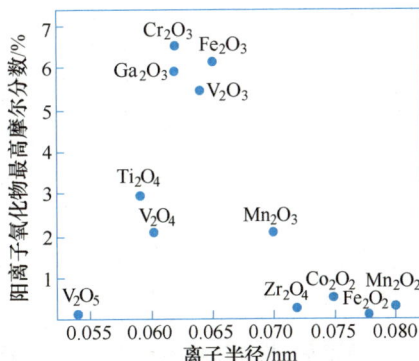

图 3-21 不同半径过渡金属
在莫来石中固溶量

而与 SiO_2 的含量无关。M_2O_4 类氧化物含量与 SiO_2 含量有关，而与 Al_2O_3 含量无关。这是因为 M_2O_3 中阳离子的电荷数与 Al^{3+} 相同。而 Ti^{4+} 与 V^{4+} 这类离子要取代铝八面体中 Al^{3+} 的位置时，必须同时发生 Si^{4+} 被 Al^{3+} 取代以保持电价平衡。杂质氧化物的固溶会导致晶格参数的变化。

除了上述诸阳离子外，B^{3+} 也可以进入到莫来石晶体中。如图 3-23 所示，B_2O_3 的最大固溶量（质量分数）可达 20%。此外，其他的一些氧化物，如 Na_2O（0.4%）、MgO（0.5%）、ZrO_2（≤0.8%）等都可以少量固溶入莫来石中。由于 Al_2O_3 含量的不同及杂质离子的固溶导致莫来石晶格常数的变化。

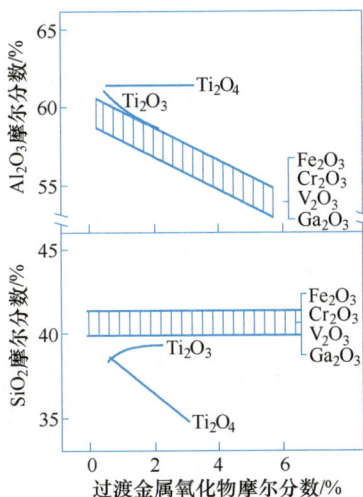

图 3-22 不同过渡金属随固溶量增加莫来石组分变化

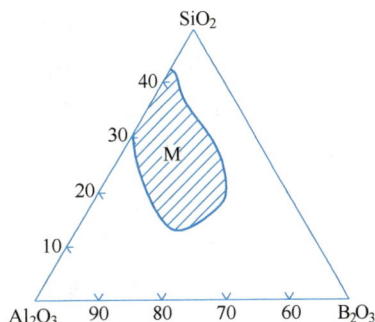

图 3-23 B_2O_3 在莫来石中的固溶区域

化学计量莫来石（$3Al_2O_3 \cdot 2SiO_2$）的性质如下：熔点约 1830 ℃；密度约 3.2g/cm³；线膨胀系数（20～1400 ℃）约 4.5×10^{-6} ℃$^{-1}$；导热系数 6.07 W/(m·K)（20 ℃）、3.48 W/(m·K)（1400 ℃）；断裂强度约 200 MPa；断裂韧性约 2.5 MPa·m$^{1/2}$。然而，在实际材料中，莫来石的力学与热学性质随温度、Al_2O_3 含量、杂质含量以及晶轴方向不

同而变化。

莫来石晶体通常呈长柱状、棒状、针状结晶习性，并且莫来石熔点较高、导热系数低、线膨胀系数较小，因此，以莫来石为主晶相的硅酸铝质耐火材料高温力学性能和抗热震性优良、化学性质稳定。少量的过渡金属氧化物固溶会促进莫来石晶体的发育和长大。但是，因为碱金属、碱土金属离子半径较大，包括前面的过渡金属离子，当它们达到一定数量后，将促使莫来石分解，莫来石可能由长柱状、棒状、针状变成粒状、球状甚至玻璃相。如图 3-24 显微结构照片所示，在杂质成分不同的情况下，莫来石的结晶形态发生了明显的变化。

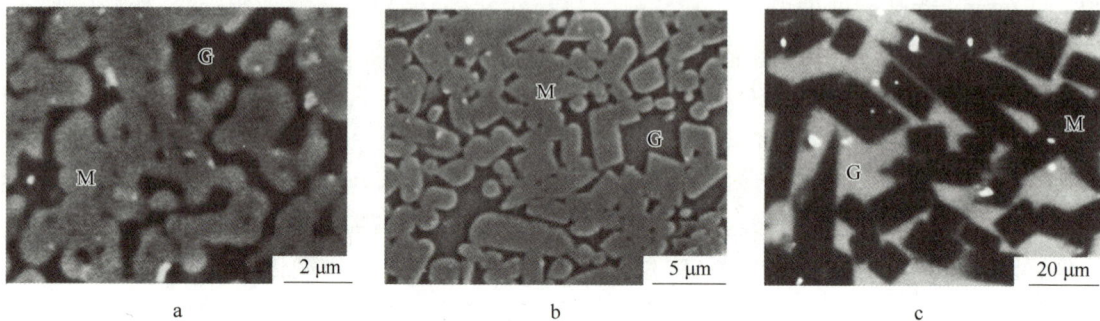

图 3-24　掺杂不同过渡金属杂质的莫来石显微结构
a—V$_2$O$_3$ 质量分数为 8.7%；b—Cr$_2$O$_3$ 质量分数为 11.5%；c—Fe$_2$O$_3$ 质量分数为 10.3%

由以上的讨论可以看出，莫来石 Al$_{4+2x}$Si$_{2-2x}$O$_{10-x}$ 中 x 的值以及不同的杂质在莫来石中的固溶量对莫来石的晶体结构以及它们的性质有较大影响，从而对以莫来石为主的耐火材料中玻璃相的含量及高温性能也产生一定的影响。

3.2.3　Al$_2$O$_3$-SiO$_2$-杂质氧化物相平衡分析及对硅酸铝质耐火材料组成与性能的影响

存在于硅酸铝质耐火材料中的杂质氧化物主要有钛氧化物、铁氧化物、碱金属氧化物与碱土金属氧化物等。某些氧化物可以少量固溶于莫来石与刚玉中，但是，很多也会与 Al$_2$O$_3$ 及 SiO$_2$ 生成低熔物，增加耐火材料中的玻璃相含量并改变高温下液相的性质。本节中我们探讨 Al$_2$O$_3$-SiO$_2$-杂质氧化物系的相组成及对制品性质可能的影响。

3.2.3.1　Al$_2$O$_3$-SiO$_2$-TiO$_2$ 系

图 3-25 为 Al$_2$O$_3$-SiO$_2$-TiO$_2$ 系相图。TiO$_2$ 在莫来石中的固溶范围：在 B 点，Al$_2$O$_3$ 含量为 75%，固溶体含 6% 的 TiO$_2$；C 点，Al$_2$O$_3$ 含量为 69.5%，固溶体含 3.5% 的 TiO$_2$。由于固溶体的存在，该系统可划分为下列组成的副三角形：

（1）Al$_2$O$_3$-B-AT 三角形。固化温度为 1727 ℃（P$_1$）。组成点在此三角形内的混合物，最后凝固成刚玉、AT 和组成为 B 的莫来石。

（2）AT-C-SiO$_2$ 三角形。固化温度为 1480 ℃（P$_2$）。混合物最后凝固为 AT、SiO$_2$ 和组成为 C 的莫来石。

（3）Al$_2$O$_3$-A-B、AT-B-C 和 SiO$_2$-C-D 三角形。组成点在这些三角形内的混合物，分别在液相边界线 E$_3$P$_1$、P$_1$P$_2$ 和 E$_2$P$_2$ 上的某一点完全凝固。最后凝固产物为莫来石与刚玉、AT 或 SiO$_2$ 的二元混合物。

对于 Al_2O_3 含量等于或低于莫来石组成的高铝砖而言，其中的 TiO_2 含量一般都较低。与 Al_2O_3 和 SiO_2 共存时，通常会固溶在莫来石中，而不出现 AT 相，对高温性能影响不大。通常随着矾土中 Al_2O_3 含量的提高，TiO_2 含量也提高，TiO_2 不能全部固溶于莫来石中，才会出现 AT 相。

3.2.3.2　Al_2O_3-SiO_2-FeO/Fe_2O_3 系

图 3-26 为 Al_2O_3-SiO_2-FeO/Fe_2O_3 系统相平衡图。在 Al_2O_3-SiO_2 系统中引入 FeO，靠近 SiO_2 一侧液相形成温度为 1210 ℃，靠近 Al_2O_3 一侧液相形成温度为 1380 ℃。在 Al_2O_3-SiO_2 系统中引入

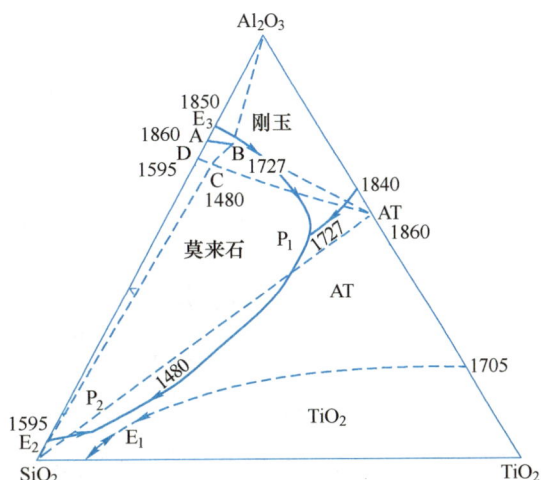

图 3-25　Al_2O_3-SiO_2-TiO_2 三元相图

Fe_2O_3，靠近 SiO_2 一侧液相形成温度为 1380 ℃，靠近 Al_2O_3 一侧液相形成温度为 1460 ℃。因此，为提高硅酸铝质耐火材料高温性能，应控制材料中铁呈现三价。故而硅酸铝质耐火材料通常在氧化气氛下烧成。

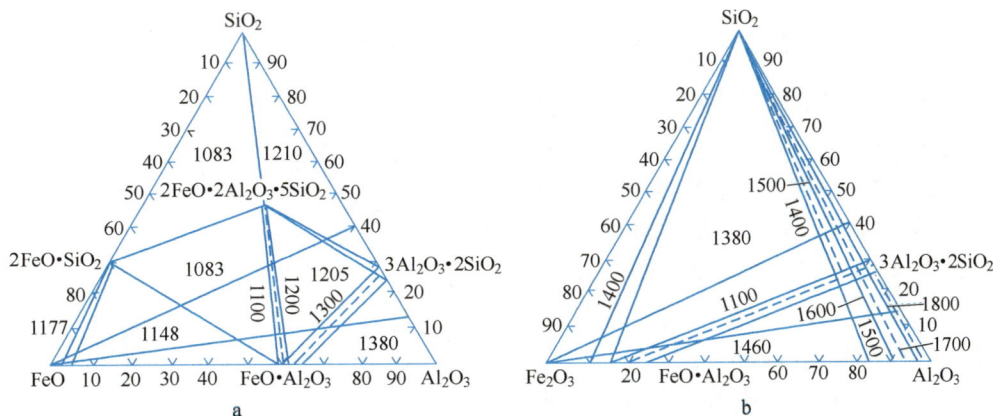

图 3-26　Al_2O_3-SiO_2-FeO/Fe_2O_3 系统固面投影图

a—Al_2O_3-SiO_2-FeO；b—Al_2O_3-SiO_2-Fe_2O_3

3.2.3.3　Al_2O_3-SiO_2-K_2O 系

图 3-27 为 Al_2O_3-SiO_2-K_2O 系统相平衡图。由图 3-27 可见，K_2O 可大幅度地降低开始形成液相的温度。在莫来石和刚玉之间的二元系统中，液相形成温度为 1840 ℃，而 Al_2O_3-SiO_2-K_2O 系统高铝区液相形成温度为 1315 ℃，降低了 525 ℃；在低铝区，Al_2O_3-SiO_2 系液相形成温度为 1595 ℃，而 Al_2O_3-SiO_2-K_2O 系统液相形成温度为 985 ℃，降低了 610 ℃。在有其他杂质氧化物共同存在的多元系统中，开始出现液相的温度更低。综上，K_2O 杂质会大幅度降低 Al_2O_3-SiO_2 系液相形成的温度，增加液相量，从而降低耐火材料的高温性能。

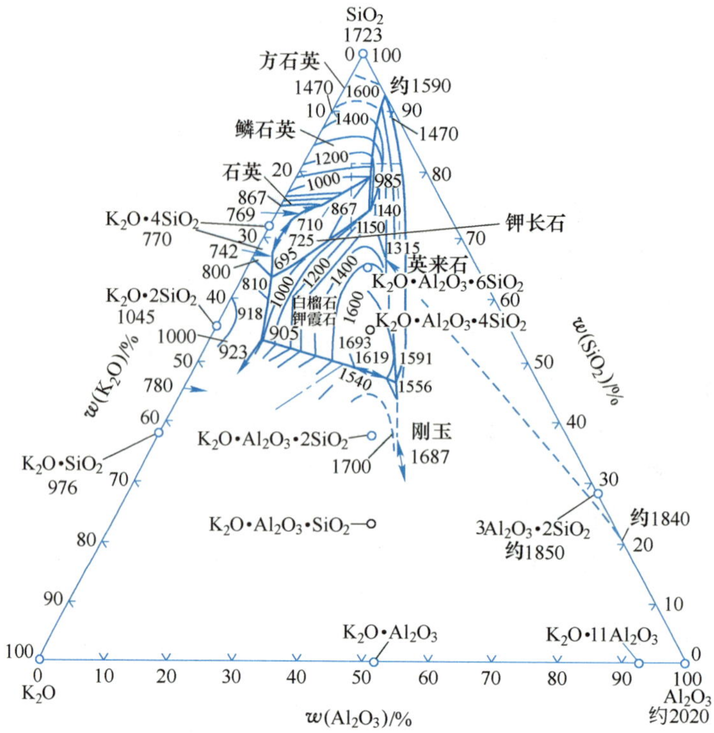

图 3-27　Al_2O_3-SiO_2-K_2O 系相平衡图

　　图 3-28 给出高铝质耐火材料中碱金属含量与其荷重软化温度的关系。由图 3-28 可见，随砖中 R_2O 含量的增加，荷重软化温度下降。但是，在 SiO_2 含量高的硅酸铝质耐火材料中，合适含量 K_2O 可以大大提高材料中玻璃相中的 SiO_2 含量，因而可以提高玻璃相的黏度。这一点在莫来石-高硅氧玻璃材料一节中再讨论。

　　综合比较不同杂质氧化物对 Al_2O_3-SiO_2 二元无变点温度的影响。这些杂质氧化物中对 Al_2O_3-SiO_2 二元系液相形成温度影响最大的是碱金属氧化物，因此硅酸铝质耐火材料中最有害的杂质是碱金属氧化物。另外，氧化亚铁和氧化铁会与氧化铝、氧化硅等反应形成起助熔作用的低熔点液相，也是较有害的杂质。

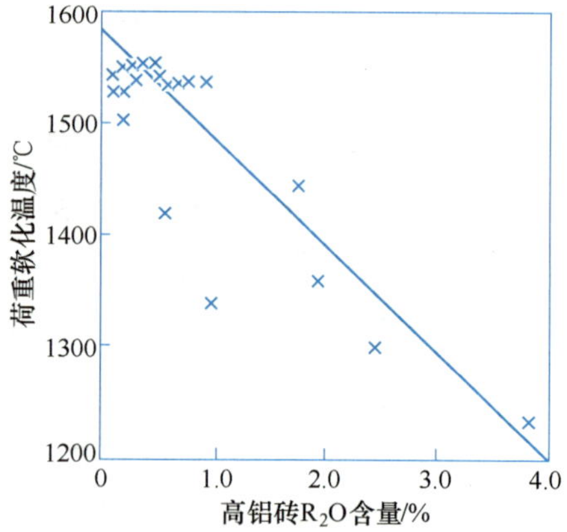

图 3-28　R_2O 含量对高铝砖荷重软化点的影响

3.3　黏土质耐火材料

　　黏土质耐火材料是指 Al_2O_3 质量分数在 30%～48% 范围内、以黏土为主要原料的一类耐火材料。根据原料和生产工艺的不同，黏土质耐火材料分为普通黏土砖、全生料黏土砖、多熟料黏土砖、高硅黏土砖以及高密度黏土砖等。

3.3.1 黏土原料

3.3.1.1　黏土的种类

黏土是沉积矿床或铝硅酸盐岩石经风化而成的黏土状矿物。按耐火度分耐火黏土有特级、一级、二级、三级之分；按外观及性质分有硬质黏土和软质黏土，软质黏土又含半软质黏土、可塑黏土等。

硬质黏土为结构致密、在水中难分散、可塑性差的黏土。硬质黏土为长时间沉积的矿床，因此通常作为煅烧熟料的原料。我国山东淄博地区的硬质黏土含有较低的杂质成分，其煅烧后俗称焦宝石。

软质黏土为结构松散、在水中易分散、可塑性好的黏土。软质黏土为沉积时间较短的矿床，因此多作为硅酸铝质耐火材料的结合剂。

3.3.1.2　黏土的化学矿物组成

我国河南、山西、山东、辽宁、内蒙古等地的黏土资源储量很大，并且品种齐全。在江西、湖南、广西、江苏、浙江等地也有优质的高岭土矿物。黏土主要由 Al_2O_3、SiO_2 组成，其主要矿物是高岭石，次矿物有石英、铁化合物、有机物等。根据黏土的主要矿物组成，黏土分为高岭石族黏土、蒙脱石族黏土、叶蜡石族黏土、水云母族黏土。

黏土的 Al_2O_3 含量及 Al_2O_3/SiO_2 比值越接近高岭石矿物的理论值，黏土的纯度越高，质量越好。Al_2O_3/SiO_2 比值越大，黏土的耐火度越高，黏土的烧结熔融范围越宽。

3.3.1.3　耐火黏土的工艺特性

耐火黏土的工艺特性指分散性、可塑性、结合性和烧结性。它们主要由黏土的矿物组成、杂质含量及颗粒组成所决定。

A　分散性

黏土的分散性指它的分散程度，主要与其颗粒粒径分布及比表面积有关。黏土属于高分散性物质，其颗粒的粒度大小一般不大于 10 μm。黏土的工艺性质如悬浮性、可塑性及在水中的分解度主要取决于所含小于 2 μm 颗粒的数量。

B　可塑性

可塑性是指物质在外力作用下易变形但不破裂的性质。黏土的可塑性是指黏土泥团在外力作用下易变形但不开裂，在外力解除后仍保持变形后的形状而不再恢复原形的能力。黏土的可塑性可以用塑性指数与塑性指标来表示。塑性指数表示黏土呈可塑性状态时含水量的变化范围。塑性指标则是用特定的仪器（通常用捷米亚婶斯基仪）直接测得的。

黏土的可塑性是其重要的工作性能，这对于其结合性以及硅酸铝质耐火材料的成型性能有较大影响。影响黏土可塑性的因素主要有它的组成、粒度等。如高岭土含量越高，它的粒度越小，微粒的量越大，则可塑性越好。此外，黏土中有机物对于其可塑性也有一定影响。调节 pH 值、润湿后困料（长期存放）以促进有机物分解腐烂与分解物充分分散，都有利于提高黏土的可塑性。此外，去除黏土中的瘠性杂质，如石英等，或者加入适当的增塑物质，如淀粉、动物或植物胶、亚硫酸纸浆废液、单宁、氢氧化铝胶体等都可以提高黏土的可塑性。加水细磨，使水分均匀地吸附在黏土颗粒的表面上也可以有效地提高黏土的可塑性。

C   结合性

黏土的结合性是指黏土黏结瘠性物料颗粒的能力。具有良好结合性的黏土可以赋予砖坯足够的强度。一般情况下，黏土的分散性越大，可塑性越好，则结合性也越好。其结合机理将在后面章节中介绍。

D   黏土的烧结性与黏土熟料

生黏土在煅烧过程中会发生一系列物理化学变化及较大的体积收缩。因此，除全生料砖以外，大部分耐火制品的制造过程中，用大量的"熟料"为原料。所谓"熟料"是指将耐火材料原料经过一定的温度煅烧，完成大部分的物理化学反应，相组成及显微结构相对稳定并达到一定的体积密度与气孔率的耐火材料原料。黏土熟料是以硬质黏土为原料经煅烧后所制得的熟料。黏土的烧结性就是指它达到熟料所要求的性能的特性。最重要的指标为气孔率、吸水率与体积密度，与它的结构、颗粒大小、化学与矿物成分、杂质的种类与含量等因素有关。这些对于熟料的组成、结构与性质也有很大影响。

高岭土加热过程中发生如下反应：

（1）脱水分解，在 100 ℃左右失去吸附水，450~600 ℃脱出结构水生成偏高岭石。

$$Al_2O_3 \cdot 2SiO_2 \cdot 2H_2O \longrightarrow Al_2O_3 \cdot 2SiO_2 + H_2O \tag{3-2}$$

（2）在 980 ℃左右，偏高岭石进一步分解生成 Al-Si 尖晶石（$Al_6Si_2O_{13}$），也可能生成少量微晶莫来石，同时生成 35%~38% 的无定形 SiO_2。

$$3(Al_2O_3 \cdot 2SiO_2) \longrightarrow Al_6Si_2O_{13} + 4SiO_2 \tag{3-3}$$

$$3(Al_2O_3 \cdot 2SiO_2) \longrightarrow 3Al_2O_3 \cdot 2SiO_2 + 4SiO_2 \tag{3-4}$$

（3）进一步提高温度至 1250 ℃左右，Al-Si 尖晶石转化为莫来石并伴随莫来石晶粒长大。同时，无定形 SiO_2 也逐渐转变为方石英。

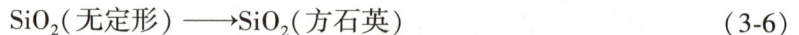

$$Al_6Si_2O_{13} \longrightarrow 3Al_2O_3 \cdot 2SiO_2 \tag{3-5}$$

$$SiO_2（无定形）\longrightarrow SiO_2（方石英）\tag{3-6}$$

黏土中的杂质对其烧结性主要起熔剂作用，同时对莫来石化有影响。Fe_2O_3、TiO_2 可促进莫来石化，CaO、R_2O 会抑制莫来石化，并让莫来石发生分解。黏土所含杂质的数量和种类决定了黏土的烧结机制。黏土的烧结为液相烧结，因液相中 SiO_2 含量高，主要发生黏滞流动烧结。硬质黏土的 Al_2O_3 含量高，烧结温度高；软质黏土的 Al_2O_3 含量低，烧结温度低。如黏土中的 R_2O 含量高，则烧结温度将显著降低。煤质黏土或含有机物较多、孔隙多，则烧结较困难。

3.3.2   黏土砖的生产工艺要点

图 3-29 为三种典型的黏土砖生产工艺流程。黏土砖生产工艺要点如下：

（1）原料选择及加工。黏土砖有不同的品种，如普通黏土砖、全生料黏土砖、多熟料黏土砖、致密黏土砖等。首先，根据砖种选择熟料及结合黏土的品种与用量，根据紧密堆积原则选择粒度组成。按图 3-29 所示的工艺进行生产。为进一步减少结合黏土的用量，提高制品的高温性能，可将黏土细粉与结合黏土进行共同粉磨后加入配料中。

（2）混炼方法。混炼时添加适量的水，使软质黏土膨胀、分散，产生一定的强度。为

流程 a（流程一）：
软质黏土 → 干燥 → 粉碎 → 筛分 → 筛下料 → 配料仓组
黏土熟料和废砖 → 破碎 → 贮料仓 → 粉碎 → 筛分（筛上料 → 给料仓 → 细磨；筛下料）→ 配料仓组
配料 →（纸浆废液和水）→ 混练 → 成型 → 干燥 → 烧成 → 成品

流程 b（流程二）：
软质黏土 → 干燥 → 粉碎 → 给料仓 → 混合细磨
黏土熟料 → 破碎 → 贮料仓 → 粉碎 → 筛分（筛上料；筛下料）→ 配料仓库
配料 →（纸浆废液和水）→ 混练 → 成型 → 干燥 → 烧成 → 成品

流程 c（流程三）：
黏土熟料 → 破碎 → 贮料仓 → 粉碎 → 筛分（筛下料 → 配料仓组；筛上料 → 给料仓 → 混合细磨）
软质黏土 → 干燥 → 贮料仓 → 粉碎 → 筛分（筛下料；筛上料 → 给料仓 → 混合细磨）→ 制备泥浆
配料 → 混练 ←（纸浆废液）→ 成型 → 干燥 → 烧成 → 成品

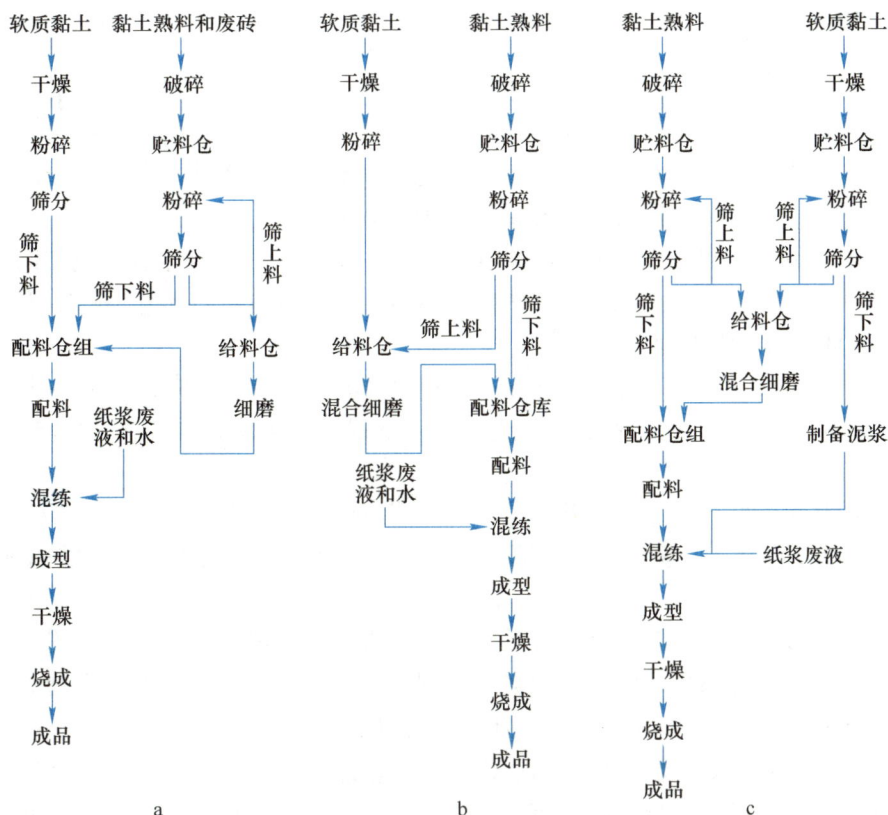

图 3-29　黏土砖生产工艺流程
a—流程一；b—流程二；c—流程三

了提高砖坯的成型性能和搬运强度，可以同时添加亚硫酸纸浆废液为辅助结合剂，甚至将软质黏土和部分熟料黏土共磨成混合粉。或者将其中一部分结合黏土和部分熟料黏土共磨成混合粉，另一部分结合黏土加水磨成泥浆。泥料的水含量与砖坯的成型方法有关。通常机压用半干泥料水分一般为 4%~6%。生坯体积密度为 2.10~2.40 g/cm³。采用结合黏土打泥浆或与熟料细粉预混的方法有利于结合黏土的分布均匀，也有利于成型。

（3）干燥制度。黏土砖的生产多采用半干法生产，砖坯水分含量较低，可在隧道式干燥器中进行快速干燥。干燥制度实例：标、普型砖干燥介质进口温度为 150~200 ℃，异型砖为 120~160 ℃；废气排出口温度为 70~80 ℃；砖坯残余水分小于 2%；干燥时间为 16~24 h。

（4）烧成制度。砖坯的烧成，主要根据使用黏土熟料的性质、结合黏土的来源及其使用数量和砖型决定。但实际上，主要受结合黏土在烧成过程中所发生的物理化学变化来控制。结合黏土在 400~450 ℃发生分解，发生微小体积收缩；900 ℃左右开始产生液相，到 1200 ℃产生 $\gamma\text{-}Al_2O_3$ 或隐晶质莫来石，并产生大量液相，因此，升温速度可适当加快。而在 1200 ℃以上至止火温度 1320~1360 ℃，升温应缓慢。应采用微正压氧化气氛烧成。冷却过程中，800~1000 ℃时，砖体内约 50% 为黏度很大的高硅液相，并产生一定的应力，因此，冷却应慢，避免出现裂纹。

3.3.3 黏土砖的性质

黏土砖主要由莫来石、方石英（可能含有石英等其他变体）及玻璃相构成。它们的含量决定了黏土砖的性质。耐火黏土是广泛存在的矿物，其不同产地的黏土的组成、杂质的含量有很大的差别。因此，黏土砖的相组成可能在很大范围内变动。由于黏土砖的组成与制作工艺的差别，黏土砖的性质也会在很大范围内波动。

黏土质耐火制品的耐火度较低，通常在 1580~1770 ℃之间。这主要与制品的化学组成有关。一般而言，黏土质耐火制品的耐火度随 Al$_2$O$_3$ 含量的增加而提升，随杂质（尤其是碱金属和 Fe$_2$O$_3$）含量的增加而降低。

黏土砖的荷重软化温度（开始点）在 1200~1500 ℃之间。通常，黏土砖中的莫来石含量越大，莫来石晶粒发育得越完整，玻璃相含量越少及玻璃相中 SiO$_2$ 含量越高，则它的荷重软化温度越高。

黏土砖的抗热震性较好，但受组成与结构的影响变化范围很大。1100 ℃时水冷的次数在 10~100 次之间变动。莫来石含量高、方石英含量少、玻璃相含量少的黏土砖抗热震性好。

黏土制品为酸性耐火材料，抗酸性熔渣侵蚀性强，是一种使用范围极广的普通耐火材料，在干熄灭焦炉、加热炉、铁水包内衬、炼铝炉等工业炉中常用。当黏土制品用于炼铝炉时，因与 NaF 反应（$4NaF + 3SiO_2 + 2Al_2O_3 = 3NaAlSiO_4 + NaAlF_4 \uparrow$）生成霞石（NaAlSiO$_4$）而被破坏，因此，提高黏土制品中 Al$_2O_3$ 含量并不能延长其使用寿命。

为了提高黏土制品的高温性能，可采用多熟料配料及混合细磨工艺；尽可能提高基质中 Al$_2$O$_3$ 含量，使基质中 Al$_2$O$_3$/SiO$_2$ 比接近莫来石组成，提高基质纯度；引入外加物，增大液相黏度，控制烧成温度。

3.4 半硅质耐火材料

黏土是硅酸铝质耐火材料的重要原料，在山西、山东、河南等地有大量的黏土矿。在我国东南沿海，比如福建、浙江等地，并没有黏土资源，而是具有非常丰富的蜡石资源。20 世纪 70 年代初，为了解决当地耐火黏土资源短缺的问题，利用当地丰富的叶蜡石资源，成功地试制出了半硅质耐火材料。

半硅质耐火材料是指 Al$_2$O$_3$ 质量分数小于 30%、SiO$_2$ 质量分数大于 65%，采用蜡石、硅质黏土或原生高岭土及其尾矿、煤矸石等主要原料，以结合黏土为结合剂的一类耐火材料。在我国与国际标准中没有半硅质耐火材料的定义。本书中我们仍按传统称 Al$_2$O$_3$ 质量分数在 15%~30%之间的硅酸铝质耐火材料为半硅质耐火材料。其晶相为方石英、莫来石，以及一定数量的玻璃相，典型代表为蜡石砖。

3.4.1 蜡石

生产半硅质耐火材料最常用的原料是蜡石。蜡石矿由叶蜡石、石英、高岭石、云母等构成。矿石呈致密块状，有蜡状光泽。因杂质不同而呈不同颜色，如灰色、蜡黄色、淡棕色、肉红色等。有滑腻感，与滑石极为相似。我国蜡石资源丰富，主要分布在东南沿海的火山岩发育地区，其中福建、浙江有多处矿点。

3.4.1.1 叶蜡石的化学矿物组成

叶蜡石是一种含水的硅酸盐矿物，其化学式为 $Al_2[Si_4O_{10}](OH)_2$ 或 $Al_2O_3 \cdot 4SiO_2 \cdot H_2O$，理论上 Al_2O_3 质量分数占28.3%、SiO_2 质量分数占66.7%、H_2O 质量分数占5%，具有由两层六方硅氧四面体网层夹一层"氢氧铝石"八面体（铝氧八面体）层，层间靠氢键连接而成的复杂层状结构。我国探明的叶蜡石矿储量居世界第一，主要分布在福建、浙江、黑龙江、内蒙古、北京等地，同时，在广东、江西、四川、河北、吉林、新疆等地也都发现了叶蜡石矿点。

叶蜡石又称青田石、寿山石、印章石、蜡石等，可分为叶蜡石质蜡石、硅质蜡石、高岭石质蜡石和水铝石质蜡石，常含有一定数量的 Fe_2O_3、CaO、R_2O 等杂质。表3-7中列出我国主要蜡石矿的矿物组成。

表3-7 蜡石矿的矿物组成

主要矿物	叶蜡石、石英、高岭石、绢云母
伴生矿物	硬水铝石、勃姆石、刚玉、红柱石、石英、玉髓、水云母、地开石、蒙脱石
杂质矿物	黄铁矿、赤铁矿、褐铁矿、黄玉、板钛矿、硅线石、金红石、蓝晶石、磁铁矿、锆石

3.4.1.2 蜡石的基本性质

图3-30给出叶蜡石质蜡石加热过程中的热膨胀曲线。试样未烧结以前，在一定温度范围内会产生膨胀，这主要是由于晶格膨胀，铝氧、硅氧层分离所致。700 ℃左右开始发生剧烈膨胀，900 ℃开始尺寸变化趋于平缓，1100 ℃开始收缩。因此，蜡石砖在高温下具有微膨胀特性。生蜡石的硬度很小，是常用的雕刻材料，但经煅烧后其硬度与强度大幅度提高。此外，叶蜡石具有较好的化学稳定性，在高温下才能被硫酸分解。

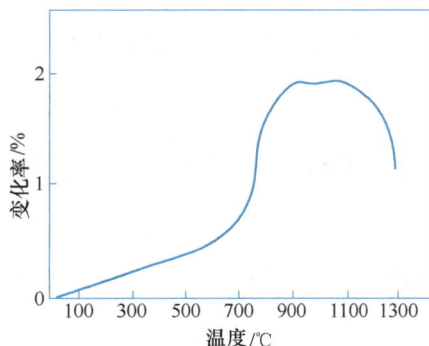

图3-30 叶蜡石（占95%）的热膨胀曲线

3.4.2 半硅质砖的生产工艺要点

半硅质砖的制造工艺和黏土砖基本相似，最大的区别是半硅质砖可以全部利用生料制砖。其生产工艺要点如下：

（1）利用天然的硅石黏土、蜡石时，要根据原料的性质和成品的使用条件，如烧成收缩大或者使用温度较高等来决定是否加入熟料。可采用生料直接制砖，也可将部分蜡石原料煅烧成熟料后加入配料中，或者加入10%~20%的黏土熟料取代天然的硅石黏土。

（2）如果外加石英砂或硅石作瘠性料时，其颗粒大小应根据制品性能要求而定。一般情况下，若原料杂质多，石英颗粒细，制得的制品的耐火性能降低，热震稳定性下降，但强度增大。若用的石英颗粒大，制品的强度降低，但抗热震性增强，荷重软化温度提高。

（3）蜡石原料由于含结构水少，且脱水缓慢，所以可以直接制砖。为了提高制品的荷重软化温度，可以通过选择氧化铝含量高、杂质含量少的蜡石作为原料，或者添加部分石英颗粒。为了提高制品的抗侵蚀性，可以通过引入矾土、锆英石、石墨、碳化硅等细粉来强化基质。此外，由于蜡石表面光滑、吸水率低，所以，一方面为了提高成型后的强度，部分蜡石原料可以煅烧成蜡石熟料后加入；另一方面泥料水分要严格控制，否则容易发生层裂。

（4）蜡石生料水分较小（小于 7%），全蜡石或加少量结合黏土配料时，泥料水分低，结合性能差。同时，蜡石砖在使用过程中，一般要经过反复加热-冷却，膨胀量逐渐增大，体积密度进一步降低。因此，应该采用高压成型，一般成型压力在 50 MPa 以上，也有的成型压力为 70~100 MPa，或采用真空脱气压砖机来成型体积稳定性高的高密度蜡石砖。

（5）最高烧成温度随所用原料特性不同而有所差异，通常采用低温烧成，温度比烧成温度较低的黏土砖还要低 150 ℃，一般不超过 1200 ℃。烧成后缓慢冷却。

3.4.3　半硅质砖的性能特点与应用

以叶蜡石为主要原料生产的半硅质砖，耐火度大于 1700 ℃。抗热震性较好，能经受钢渣和金属的冲击，且有较强的抗蠕变能力。

蜡石砖具有两个明显的性能特点。一个是微膨胀性，由于蜡石的矿物组成叶蜡石加热时其晶体结构中晶格大小变化小，所以在焙烧时收缩小，有时候反而呈现略显膨胀，从而有利于提高砌体的整体性，减弱熔渣沿砖缝对砌体的侵蚀作用。另一个就是，在高温使用过程中，叶蜡石与酸性的熔渣反应可以在蜡石砖表面形成一层黏度大的釉状物质，阻止酸性熔渣向砖内渗透，从而提高抗酸性熔渣侵蚀的能力。

蜡石砖在一定场合是可以代替黏土砖使用的，主要被应用于钢包包底内衬、铁水包内衬、浇钢砖和窑炉烟道等。随着对钢质量要求的提高，半硅砖在钢铁工业中的用量已很少。

3.5　高铝质耐火材料

高铝质耐火材料是以高铝矾土熟料为主要原料、以结合黏土等为主要结合剂、Al$_2$O$_3$ 质量分数不低于 48% 的一类耐火材料。按 Al$_2$O$_3$ 含量不同，人们常将高铝质耐火材料分为：Ⅰ 等，Al$_2$O$_3$ 质量分数 75% 以上；Ⅱ 等，Al$_2$O$_3$ 质量分数为 60%~75%；Ⅲ 等，Al$_2$O$_3$ 质量分数为 48%~60%。此外，高铝砖还可以按性质及使用场合来分类。

3.5.1　高铝矾土原料

高铝矾土原料，又称铝土矿、矾土、铝矾土、矾石。我国铝矾土主要分布于山西（阳泉、孝义、太原）、河北（唐山、古冶）、河南（巩义、新密、泌阳、登封）以及贵州等地。

3.5.1.1　矾土矿石的化学矿物组成及分类

我国矾土矿石有一水型铝矾土、三水型铝矾土，但以水铝石-高岭石（D-K 型）为主。它们的矿物类型与产地如表 3-8 所示。

表 3-8　铝矾土的分类及分布

基本类型	亚类型	主要分布
一水型铝矾土	水铝石-高岭石（D-K 型）	山西、山东、河北、河南、贵州
	水铝石-叶蜡石（D-P 型）	河南
	勃姆石-高岭石（B-K 型）	山东、山西、湖南
	水铝石-伊利石（D-I 型）	河南
	水铝石-高岭石-金红石（D-K-R 型）	四川
三水型铝矾土	三水铝石型（G 型）	福建、广东

3.5.1.2　高铝矾土在加热过程中的变化与矾土熟料

高铝砖的生产需要高铝矾土熟料。高铝矾土熟料是将矾土生料在窑炉内经高温煅烧后，使其达到一定的气孔率、吸水率与体积密度并形成相对稳定的相组成与显微结构得到的。

生矾土的煅烧大致可分为三个阶段：分解、二次莫来石化与重结晶烧结阶段。主要化学反应如式（3-7）~式（3-10）所示。

（1）分解阶段。分解阶段在 400~1100 ℃。此过程主要是水铝石与高岭石脱水，图 3-31 的 DTA 曲线中在 500~600 ℃之间的吸热峰即为此两个脱水反应生成的。此吸热峰温度的高低取决于高岭石的含量以及它们粒度大小等因素。在 980 ℃左右的放热峰是一次莫来石产生的，即高岭石转化而来的莫来石。不过，由水铝石分解后产生的微晶在 1000 ℃左右会结晶转化为 α-Al$_2$O$_3$，也可能对这一放热峰产生一定程度的影响。

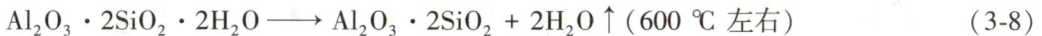

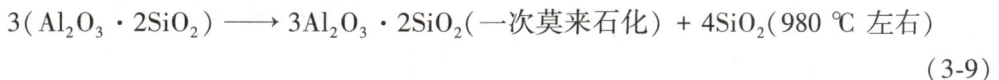

$$\alpha\text{-}Al_2O_3 \cdot H_2O \longrightarrow \alpha\text{-}Al_2O_3 + H_2O\uparrow (400 \sim 600 \text{ ℃}) \tag{3-7}$$

$$Al_2O_3 \cdot 2SiO_2 \cdot 2H_2O \longrightarrow Al_2O_3 \cdot 2SiO_2 + 2H_2O\uparrow (600 \text{ ℃ 左右}) \tag{3-8}$$

$$3(Al_2O_3 \cdot 2SiO_2) \longrightarrow 3Al_2O_3 \cdot 2SiO_2(\text{一次莫来石化}) + 4SiO_2(980 \text{ ℃ 左右}) \tag{3-9}$$

（2）二次莫来石化阶段。高岭石分解所生成的 SiO$_2$ 与 Al$_2$O$_3$ 反应生成莫来石，即所谓二次莫来石。此过程伴随一定的体积膨胀。

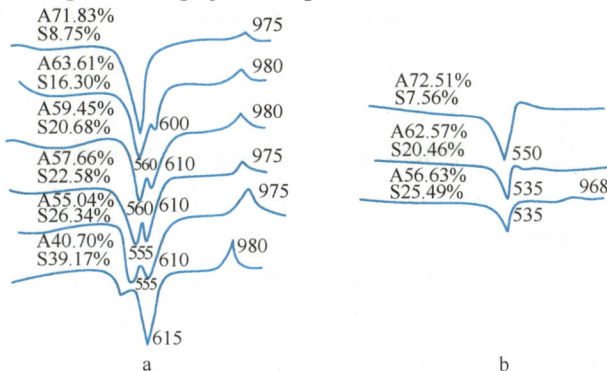

$$3Al_2O_3 + 2SiO_2 \longrightarrow 3Al_2O_3 \cdot 2SiO_2(1200 \sim 1500 \text{ ℃}) \tag{3-10}$$

图 3-31　矾土的差热曲线

a—大湖矾土；b—巩义矾土

A—氧化铝；S—二氧化硅

（3）重结晶烧结阶段。在矾土中二次莫来石化阶段结束后进入重结晶烧结阶段，这一阶段中刚玉与莫来石晶粒长大。随着烧结过程的进行，气孔逐渐缩小与消失，气孔率与吸水率减小，体积密度提高。在矾土中常有 Fe$_2$O$_3$、TiO$_2$、CaO、MgO、Na$_2$O 与 K$_2$O 等杂质存在，在煅烧过程中会形成一定的液相促进烧结。TiO$_2$ 与 Fe$_2$O$_3$ 可能固溶入刚玉与莫来石中，也可以促进矾土的烧结。

影响矾土烧结特性的因素包括 Al$_2$O$_3$ 含量（Al$_2$O$_3$/SiO$_2$ 比）、杂质含量、矾土矿的结构状况及煅烧温度等。表 3-9 给出了不同 Al$_2$O$_3$ 含量的矾土烧结的难易程度与原因及烧结温度。Al$_2$O$_3$/SiO$_2$ 比接近莫来石的矾土，由于莫来石化过程中的体积膨胀导致烧结困难。矾土中 K$_2$O、Na$_2$O、CaO、MgO、Fe$_2$O$_3$、TiO$_2$ 越多，产生的液相越多，越有利于烧结。此外，生矾土的结构、成矿条件都可能对矾土的烧结性带来影响。如果生矾土结构致密，水铝石与高岭石的晶粒细小则烧结性能好。

表 3-9   不同等级铝矾土的烧结情况

等级	Al$_2$O$_3$ 质量分数%	烧结情况	烧结温度/℃	原　因
特级	>75	较易烧结	1600~1700	因高岭石少、水铝石多，二次莫来石化程度弱
Ⅰ	70~75	较难烧结	1500~1600	一定程度的二次莫来石化
Ⅱ	60~70	最难烧结	1600~1700	二次莫来石化强烈
Ⅲ	55~60	较易烧结	约1500	因高岭石多、水铝石少，二次莫来石化程度弱
Ⅳ	45~55	易烧结	约1500	因高岭石多、水铝石少，二次莫来石化程度弱

3.5.2 高铝耐火制品的生产工艺

高铝质制品的生产工艺流程与多熟料黏土质制品生产工艺流程基本相似。

在生产时，应对高铝矾土熟料进行挑选除铁，选择烧结良好、理化检验合格的矾土熟料。高铝砖的主要结合剂还是软质黏土。但是需要注意的是，烧成过程中软质黏土中高岭石分解产生的 SiO$_2$ 会与高铝矾土中的 Al$_2$O$_3$ 反应生成二次莫来石，并伴随着约 10% 的体积膨胀，不利于高铝砖组织致密化，因此，生产高铝砖时应尽量避免二次莫来石化。另外，应该尽量减少软质黏土加入量，可引入高铝矾土微粉和纸浆废液作为辅助结合剂。

高铝砖的烧成温度主要取决于坯体的化学组成和在烧结阶段的烧结性质。升温速度与黏土砖相似，1200 ℃以后要慢，气氛为弱氧化气氛。

3.5.2.1 减轻二次莫来石化措施

控制二次莫来石化反应，减轻其对生产的影响，对高铝质制品的生产很重要。一般采取以下措施：

（1）严格对铝矾土熟料进行拣选分级；

（2）合理选择结合剂的种类和加入数量，如结合黏土尽可能地少加（一般为 5%~10%），用生矾土细粉代替结合黏土，调整与控制高铝矾土和结合黏土粉的比例；

（3）相邻级别熟料先混合，氧化铝含量高的熟料以细粉形式加入；

（4）确定合适的颗粒组成，如适当增加细粉数量，适当增大粗颗粒的尺寸和加入数量，部分熟料和结合黏土共同细磨，并注意熟料和黏土共磨混合料中的 Al$_2$O$_3$/SiO$_2$ 质量比

合理;

（5）适当提高烧成温度。

3.5.2.2 烧成"黑心"砖的形成及预防

高铝质制品生产过程中较易形成"黑心"砖，这主要与铁、钛杂质氧化物的存在及烧成气氛有关。氧化气氛条件下，钛离子单独存在时，砖体呈微蓝色；铁离子单独存在时，砖体呈橙褐色；两者共存时，可增加氧化铝着色而产生黑心。还原气氛条件下，则更加严重，铁、钛离子单独或共存都将产生黑心，只是共存时着色更深。为避免烧成"黑心"砖的形成，一般采取以下措施：

（1）对高铝矾土原料采用强磁选除铁，避免铁钛共存；

（2）改变高铝砖的装窑部位，尽量装在窑的中部，避免装在火箱附近；

（3）加大热风量，造成富氧操作；

（4）缓慢降温，使低价铁、钛离子重新氧化脱色。

3.5.3　高铝质耐火制品的性质

由高铝矾土熟料和结合黏土等制造的高铝质制品主要由莫来石、玻璃相及刚玉相组成。Al_2O_3 含量越高，刚玉相比例越大。

高铝砖的性质取决于其组成与结构，它的抗热震性一般比黏土砖差。其抗热震性的优劣主要与刚玉、莫来石及玻璃相的含量有关。在Ⅰ级高铝质制品中，由于线膨胀系数较低的莫来石含量少，也不能形成交织的网络结构，因而抗热震性较差。在Ⅱ、Ⅲ级高铝砖中，抗热震性主要取决于莫来石与玻璃相的含量，莫来石含量越高，则抗热震性越好。高铝质制品的抗渣性随制品中 Al_2O_3 含量的增多和液相量的减少而有所提高。

高铝砖的荷重软化温度在 1400~1550 ℃ 之间，高于一般黏土砖，添加硅线石、红柱石或蓝晶石的高铝砖的荷重软化温度更高。图 3-32 中示出高铝砖中 Al_2O_3 含量与其荷重软化温度的关系。三条曲线大致可划分为三部分。第一段为 Al_2O_3 质量分数小于 70%。此时高铝砖由莫来石与玻璃构成，随 Al_2O_3 含量提高，砖中玻璃相减少，莫来石含量提高，且长柱形莫来石晶粒在砖中形成牢固的网络结构，高铝砖的荷重软化温度提高。第二段为 Al_2O_3 质量分数在 70%~90% 之间。此时制品的荷重软化温度受 Al_2O_3 含量的影响较小。首先，随 Al_2O_3 含量增多，显微结构中刚玉相增多，莫来石相减少，

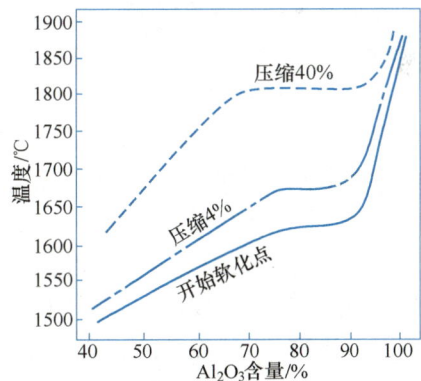

图 3-32　高铝砖中 Al_2O_3 含量和荷重
软化温度关系

此时，莫来石晶粒不能形成完整的网络结构而代之以相对松散的刚玉-莫来石骨架。同时，随 Al_2O_3 含量的增加，玻璃相中的 SiO_2 含量下降，液相黏度下降。表 3-10 中给出Ⅰ、Ⅱ级高铝矾土熟料中玻璃相的化学成分。可见，Ⅰ级矾土熟料的玻璃相中 SiO_2 的含量比Ⅱ级矾土中的少很多。第三阶段为 Al_2O_3 质量分数大于 90%。由于大量的刚玉存在并形成稳固的骨架，同时 Al_2O_3 质量分数大于 90% 的制品中常用高纯原料，杂质含量低，玻璃相量少，所以，随 Al_2O_3 含量的提高，其荷重软化温度迅速上升。

表 3-10   I、II 级矾土熟料中玻璃相化学组成

矾土熟料	温度/℃	SiO$_2$ 质量分数/%	Al$_2$O$_3$ 质量分数/%	Fe$_2$O$_3$ 质量分数/%	TiO$_2$ 质量分数/%
I 级矾土	1500	24.95	45.16	9.35	19.52
II 级矾土	1500	44.82	46.15	2.50	3.20

总之，提高原料纯度、改变基质的化学矿物组成、减少玻璃相数量、调整玻璃相成分是提高高铝质制品的高温结构强度、热震稳定性及抗渣性的关键。

3.6 硅线石质耐火材料

硅线石质耐火制品是指以硅线石族矿物为主要原料的高铝质耐火材料制品，通常称硅线石砖、红柱石砖或蓝晶石砖。这类制品主要应用于玻璃、钢铁、化工、陶瓷、水泥等工业中，如脱硫喷枪、混铁炉或鱼雷车内衬、钢包内衬、水泥回转窑窑口内衬。在实际生产中，全部用硅线石族矿物为原料制造耐火制品的情况不多。通常是将它们添加到高铝质制品中，制得含硅线石、红柱石等的高铝质制品。在本节中我们将它们一起讨论。

3.6.1 硅线石族矿物的特性

硅线石族矿物包括天然蓝晶石、硅线石和红柱石，俗称"三石"。我国蓝晶石主要分布于河北邢台、山西繁峙县、新疆契布拉盖和可什根布拉克、江苏沭阳、四川丹巴、辽宁大荒沟、吉林柳树沟、安徽凉亭河、河南隐山等地。硅线石主要分布在黑龙江鸡西、河北平山、陕西丹凤、新疆阿尔泰大牛、河南叶县等。红柱石主要集中在河南西峡、辽宁凤城、新疆拜城及库尔勒、陕西眉县等。不同产地的原料化学成分存在一定差异，硅线石族原料选矿后酌减均小于 5%，因此可以直接作为耐火原料。当然，也可以煅烧后再使用。

硅线石矿物属分子式相同、结构不同的同质异晶体。硅线石、红柱石与蓝晶石在加热过程中都会分解为莫来石与无定形 SiO$_2$ 或高硅氧玻璃（有杂质存在时），并伴随发生一定的体积膨胀。它们的结构特征和热膨胀性能如表 3-11 所示。由于它们晶体结构上的差别，分解的温度、速度、莫来石晶粒的生长方式以及膨胀量的大小都不相同。蓝晶石的转化温度最低，转化速度最快，转化过程中产生的膨胀量也最大。硅线石开始转化的温度最高，转化速度也慢。而以红柱石的体积膨胀最小。表 3-11 中介绍的有关数据只是在一般的情况下反映出硅线石、红柱石与蓝晶石结构不同所带来的影响。事实上，还有其他因素，如粒度、杂质、升温速度都会对它们的莫来石的转化温度与膨胀量产生较大影响。

表 3-11   硅线石族矿物原料结构特征和热膨胀性能

矿物名称	硅线石	红柱石	蓝晶石
晶系	斜方	斜方	三斜
晶格常数	$a=0.744$ nm $b=0.759$ nm $c=0.575$ nm	$a=0.778$ nm $b=0.792$ nm $c=0.557$ nm	$a=0.71$ nm, $\alpha=9005$ $b=0.774$ nm, $\beta=10102$ $c=0.557$ nm, $\gamma=10544$
结构式	Al[AlSiO$_5$]	AlO[AlSiO$_4$]	Al$_2$[SiO$_4$]O

续表 3-11

矿物名称	硅线石	红柱石	蓝晶石
开始转变为莫来石的温度范围/℃	1500~1550	1350~1400	1300~1350
转化速度	慢	中	快
转化所需时间	长	中	短
转化后体积膨胀	中（7%~8%）	小（3%~5%）	大（16%~18%）
莫来石结晶形态及大小	短柱状，针状，长约 3 μm	针状，柱状，长约 20 μm	长针状，长约 35 μm
莫来石结晶方向	平行于原硅线石晶面	平行于原红柱石晶面	垂直于原蓝晶石晶面

表 3-12 中给出了不同粒径和纯度的蓝晶石与红柱石经不同温度煅烧后试样中的莫来石含量。可以看出，粒径和杂质含量对蓝晶石、红柱石的莫来石化速度有一定影响。

表 3-12　不同粒径蓝晶石与红柱石经不同温度（保温 2 h）煅烧后莫来石含量

试　样	粒径/mm	莫来石含量/%			
		1200 ℃	1300 ℃	1400 ℃	1500 ℃
蓝晶石（沭阳产）	0.154~0.074	25	30	62	70
	0.074~0.054	27	40	73	78
	<0.054	30	43	75	78
红柱石 HJ-58（库尔勒产）	5~3	—	<1[①]	5[①]	31
	<0.074	—	<1[①]	11[①]	48
红柱石 HJ-56（库尔勒产）	5~3	<1	<2[①]	21[①]	34
	<0.074	<1	4[①]	32[①]	63

① 在 1300 ℃ 及 1400 ℃ 煅烧红柱石时，保温 1 h。

（1）一般而言，硅线石族矿物的粒度越小，越容易转化，它们的开始转化温度也越低，完全转化的温度也越低，时间也越短。

（2）粒度差别越大，莫来石化速度的差别也越大。当温度达到或高于 1400 ℃ 后，三种不同粒径的蓝晶石细粉中莫来石含量相差不大。同时，也可以看出：即使煅烧温度达到1500 ℃，红柱石颗粒中的莫来石含量仍远低于其细粉试样中莫来石的含量。

（3）HJ-58 试样的 Al_2O_3 质量分数较高（约 58%），杂质含量较低（Fe_2O_3、TiO_2、CaO、MgO、Na_2O 与 K_2O 的总质量分数在 2% 左右）。HJ-56 试样的 Al_2O_3 质量分数较低（约 56%），杂质含量较高（杂质总质量分数在 4% 左右）。在相同的温度下煅烧后，由于杂质的存在导致液相的生成，后者的莫来石含量高于前者。

硅线石族矿物在加热过程中的莫来石化伴随一定的体积膨胀，这一膨胀是不可逆的，因此，研究硅线石族矿物膨胀特性及影响因素对于其应用有重要意义。图 3-33 给出以粒径小于 0.074 mm 的粉料为原料压制成 25 mm×25 mm×100 mm 试样的线膨胀率与温度的关系。当温度低于 1000 ℃ 时，随温度升高，两个试样的热膨胀曲线几乎平行，但由于 HJ-58 的纯度比 HJ-56 高，前者的红柱石含量较高，红柱石的线膨胀系数比较小，因而 HJ-58 试样膨胀率低于 HJ-56 试样。当温度超过 1000 ℃ 后，部分杂质熔化而形成液相，促进莫来石生成及坯体烧结，前者会导致膨胀而后者导致收缩。在 1000~1300 ℃ 时这一温度范围内，莫来石化速度很慢，以烧结为主，因而试样发生收缩。由于 HJ-56 中杂质及液相量更高，因而收缩量也大。当温度高于 1300 ℃ 时，莫来石化速度提高，成为整个过程的控制步骤，试样开始重新膨胀。当温度达到 1400 ℃ 以后，HJ-58 的膨胀速度大于 HJ-56，这是由于前者的莫来石转化量大于后者。

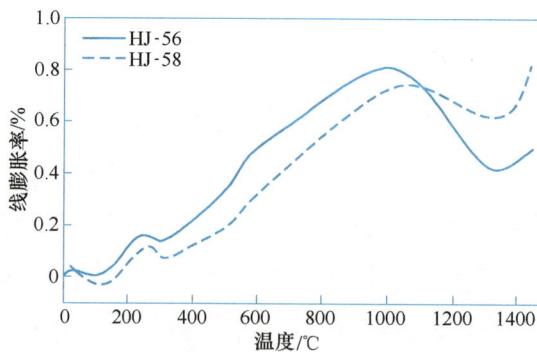

图 3-33   0.074 mm 红柱石粉压制成的长柱状试样的线膨胀率与温度的关系

3.6.2   硅线石族矿物的应用

硅线石类矿物的应用共有三个方面：以它们为主要原料直接制造耐火材料；作为添加剂加入硅酸铝质耐火材料中来改善其性质；用它们来制备莫来石。由于我国有丰富的优质矾土资源，因而用硅线石族矿物制砖及莫来石的不多。蓝晶石在烧成过程中的膨胀量很大，用它来制砖的机会更少。因此，硅线石族矿物的应用通常作为添加剂加入耐火材料中。

硅线石质耐火材料的制造工艺与高铝砖基本相同。通过在高铝砖中引入部分或全部硅线石族原料替代高铝矾土熟料，经原料破粉碎、配料、混料、成型、干燥、烧成，制备硅线石质耐火材料。通常直接采用硅线石族原料精矿加入，可以不用预烧。天然硅线石族精料通常以细颗粒状或粉状料作为添加剂引入。硅线石一般要求小于 0.5 mm，红柱石可适当放宽至小于 2 mm，蓝晶石一般为 0.147~0.074 mm。制品的烧成温度通常在 1350~1500 ℃。

由于硅线石族原料高温下分解成莫来石和氧化硅，这部分氧化硅再和高铝矾土熟料的氧化铝或添加的氧化铝发生反应，形成莫来石，从而提升砖中莫来石的含量，因而此类制品具有良好的抗热震性与抗蠕变性，多用于高炉、热风炉、鱼雷罐车、混铁炉及浮法玻璃熔窑的顶盖上。表 3-13 给出添加红柱石低蠕变砖的性能举例。

表 3-13   添加红柱石低蠕变砖的性能

红柱石含量/%	Al$_2$O$_3$ 含量/%	荷重软化温度（0.2 MPa，开始点）/℃	蠕变率/%
15	80.82	1600	≤-0.8（1400 ℃）
20	78.04	1630	≤-0.8（1400 ℃）
25	77.67	1700	≤-0.6（1450 ℃）
30	76.77	>1700	≤-0.6（1450 ℃）
35	74.67	>1700	≤-0.8（1500 ℃）

将硅线石族矿物添加到硅酸铝质耐火材料中，可从下列三个方面提高后者的性能：

（1）利用硅线石族矿物的莫来石化与二次莫来石过程来形成合理的显微结构。在制品的烧成过程中，硅线石族矿物首先分解生成莫来石与无定形二氧化硅。二氧化硅与制品中的 Al_2O_3 反应生成二次莫来石，此类莫来石可以在一次莫来石晶粒上生长使其长大。二次莫来石的生成及长大与 Al_2O_3 含量、粒度、液相组成与量、烧成温度等一系列因素有关。控制上述因素使之形成具有莫来石交错网络、液相量少的显微结构，可提高硅酸铝质耐火材料的性能。

（2）由于大部分硅线石族矿物是经过选矿的，因而其杂质含量普遍低于高铝矾土。将它们添加到高铝质耐火材料中可降低制品中的杂质及玻璃相含量。

（3）以硅线石族矿物莫来石化产生的膨胀来弥补不定形耐火材料、不烧砖在加热过程中的收缩以保证耐火材料砌体的体积稳定性。此外，将其加入高铝质耐火材料制品中，利用其莫来石化产生的膨胀来提高其荷重软化温度与抗蠕变性。

应该特别指出的是，在上面三个因素中形成合理的显微结构、减少玻璃相量、提高玻璃相中 SiO_2 含量是最为重要的。如果无法保证这三点，仅靠硅线石族矿物莫来石产生的膨胀来抵消荷重软化温度及蠕变测定中产生的压缩是不可取的。因为，即使通过这一方法可以使荷重软化温度及蠕变指标合格，但由于显微结构的不合理及大量的低黏度的液相存在，耐火材料在长期使用过程中会产生较大的变形而导致结构的破坏。

3.7　莫来石及莫来石质耐火材料

莫来石质耐火制品是指以莫来石为主晶相的耐火材料。按莫来石含量高低，可分为：低莫来石质、莫来石质、莫来石-刚玉质和刚玉-莫来石质等。在刚玉-莫来石质制品中，刚玉可能是主晶相。实际上，高铝质制品的主晶相也可能是莫来石或刚玉-莫来石，但习惯上我们不将它们称为莫来石质或刚玉-莫来石质耐火材料，因为其中含有较多的玻璃相。而将由预合成的莫来石及烧结或电熔刚玉为原料制成的制品称为莫来石或刚玉-莫来石制品，其特点是由预合成原料制成，且纯度较高。

3.7.1　莫来石的制备

3.7.1.1　合成所用原料

莫来石可用天然原料或工业原料合成。天然原料有高铝矾土、硅线石族矿物、焦宝石、高岭土、黏土、蜡石及硅石等，工业原料有工业氧化铝、$\alpha\text{-}Al_2O_3$ 微粉、氢氧化铝等。

3.7.1.2　合成工艺

常见的合成莫来石工艺有烧结法和电熔法两种，与之相对应的产品有烧结莫来石、电熔莫来石。

烧结法又分干法和湿法合成工艺。简单地说，干法是将原料按一定配比进行配料，在筒磨机、球磨机或振动磨等中干法共磨，半干法压制成型，在回转窑或隧道窑等窑炉中煅烧而成熟料；而湿法是将上述配料在筒磨机、球磨机或振动磨等中湿法共磨，得到的料浆通过压滤机过滤，再经真空挤泥制成泥饼或荒坯，在回转窑或隧道窑内烧成。

电熔法合成莫来石是将一定配比的配料在电弧炉内熔融、冷却结晶而得到。电熔莫来石从熔体中冷却析晶过程符合 $Al_2O_3\text{-}SiO_2$ 系统相图的析晶过程。当配合料的 Al_2O_3 质量分数高于莫来石中的理论组成 71.8% 时，可形成溶有过剩 Al$_2$O$_3$ 的莫来石固溶体。只有 Al$_2$O$_3$ 质量分数大于 80% 时才可能出现刚玉相。冷却速度不同，所得到的莫来石晶粒大小和矿物组成也有所区别，急冷则莫来石晶粒细小，矿物组成为莫来石晶体和玻璃相；缓冷则莫来石晶粒粗大，矿物组成主要为莫来石晶体与较少的玻璃相。

图 3-34 给出了烧结莫来石和电熔莫来石的显微结构照片。与烧结莫来石相比，电熔莫来石晶粒大、缺陷少，因此高温力学性能好，抗侵蚀性强。烧结莫来石晶粒小、缺陷多，但抗热震性较优越。此外，电熔莫来石的体积密度要高于烧结莫来石。

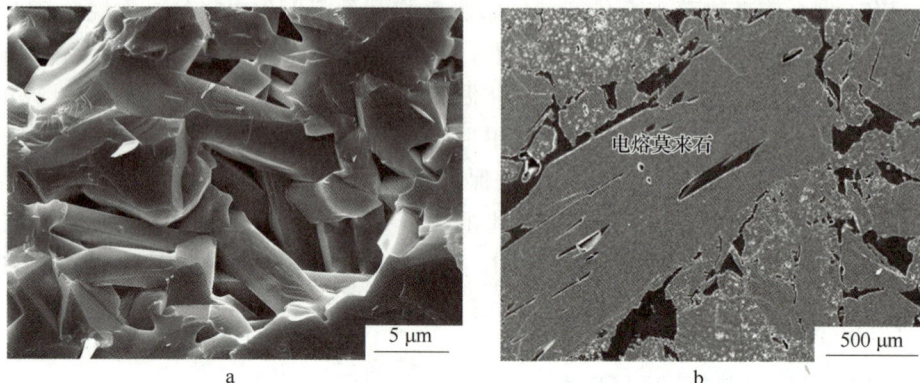

图 3-34　不同方法制备的莫来石显微结构照片
a—烧结莫来石；b—电熔莫来石

除了传统的烧结法与电熔法合成莫来石外，还可以采用化学法合成莫来石，比如溶胶-凝胶法、共沉淀法、水解沉淀法、水热法等，但是，化学法成本较高、产量有限，主要是用来合成一些超细莫来石粉体，用作耐火材料的结合剂或添加剂。

3.7.1.3　影响莫来石制备、组成、结构与性质的因素

影响莫来石组成、性质与结构的因素很多，主要包括如下几个方面：

（1）原料的 Al$_2$O$_3$/SiO$_2$ 比将影响莫来石的相组成。如果比值大于莫来石理论配比，形成富 Al$_2$O$_3$ 的莫来石固溶体，对莫来石的合成有利。电熔莫来石中，Al$_2$O$_3$ 含量最高可接近 80%，Al$_2$O$_3$/SiO$_2$ 比接近 4，超过 3Al$_2$O$_3$ · 2SiO$_2$ 莫来石中的 Al$_2$O$_3$ 含量。Al$_2$O$_3$ 固溶量的大小与生产过程有很大关系。对烧结莫来石而言，如 Al$_2$O$_3$/SiO$_2$ 比超过 2.55 太多，则容易出现刚玉相。此外，Al$_2$O$_3$/SiO$_2$ 比对莫来石试样中的液相量也产生影响。

除了相组成，Al$_2$O$_3$/SiO$_2$ 比对莫来石材料的烧结性也有一定影响。前面已经提到 Al$_2$O$_3$/SiO$_2$ 比接近化学计量比的试样最难烧结。此外，产生液相多的试样越易烧结。

（2）原料中的杂质种类与含量。杂质对莫来石组成的影响，与对高铝质制品的影响相似。在莫来石的组成与性质中我们已看到，杂质氧化物中，Fe$_2$O$_3$、TiO$_2$ 等在莫来石中的固溶量相对较大，固溶后引起莫来石晶格的一些变化，但是一定范围内产生的液相较少。相反，Li$_2$O、Na$_2$O、K$_2$O、CaO、MgO 等可能分解莫来石，产生较多的液相。

（3）原料的结构特性及粒度。采用不同晶型的原料所制备的莫来石晶粒大小、转化率均有区别。有研究采用四种不同晶型的铝源制备了莫来石材料，其显微结构照片如图 3-35 所示。发现：采用 γ-Al$_2$O$_3$ 作为初始原料时，由于它的晶体结构与莫来石接近，有利于莫

来石的合成。此外，原料粒度越小，合成莫来石所需的温度越低，转化率越高。

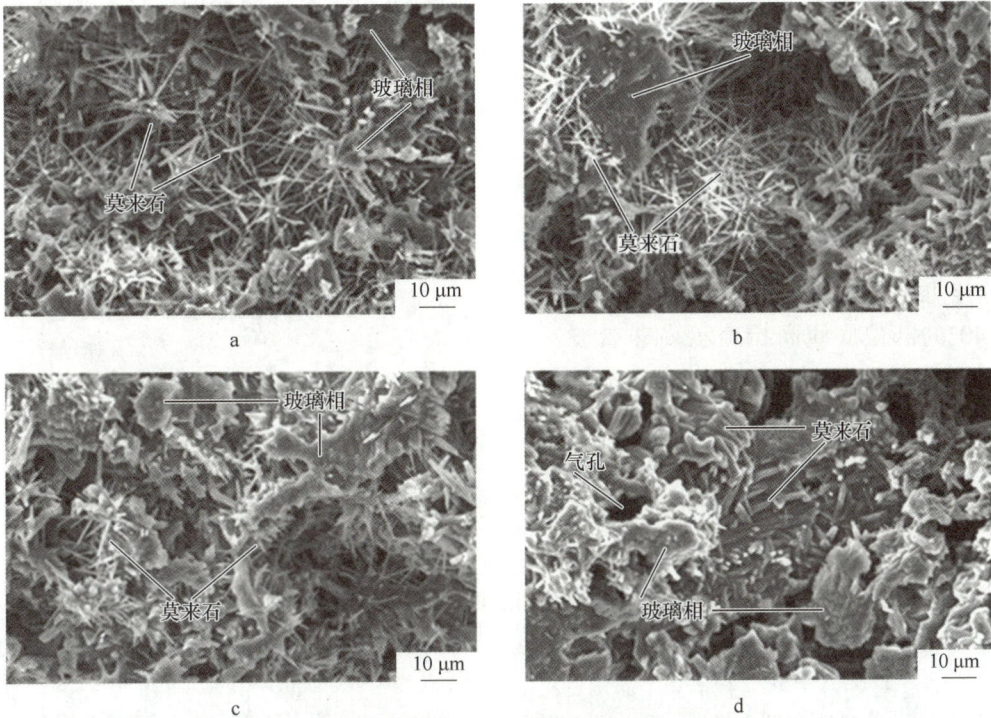

图 3-35 不同晶型氧化铝原料制备的莫来石显微结构照片

a—Al(OH)$_3$；b—γ-Al$_2$O$_3$；c—ρ-Al$_2$O$_3$；d—α-Al$_2$O$_3$

（4）热处理制度。烧成温度的影响与原料的 Al$_2$O$_3$/SiO$_2$ 比以及杂质含量有关。Al$_2$O$_3$/SiO$_2$ 比越接近化学计量比，杂质含量越少的配料的烧成温度越高。烧成温度越高，保温时间越长，烧后莫来石熟料的显气孔率越低，莫来石的晶粒尺寸越大。烧成温度对烧后莫来石相组成的影响与其原料中的 Al$_2$O$_3$/SiO$_2$ 比、杂质种类及含量有关。

另外，热处理时的冷却速率也对莫来石的形成有一定影响，当冷却速率较慢时，除了原生莫来石之外，液相也会缓慢析出一定的针状、柱状的再生莫来石。对于电熔莫来石，也要缓慢冷却，这样可以促进莫来石晶粒发育，同时减少玻璃相含量。

烧成气氛方面，由于还原气氛中可能会存在一定的 FeO，因此，氧化气氛更加有利于莫来石的晶粒发育。

3.7.2 莫来石复合原料

3.7.2.1 莫来石-高硅氧玻璃复合材料

在硅酸铝质耐火材料的低铝区域，存在于耐火材料中的主要相成分为莫来石、方石英及玻璃相。由于方石英的存在，使用过程中容易发生晶型转变，使这类制品（如黏土砖）的抗热震性差。如果将方石英熔入玻璃相中不仅可以消除因方石英的相转变而导致的抗热震性差，而且可以获得 SiO$_2$ 含量高的玻璃相。这种高硅氧玻璃在低温下的线膨胀系数较低，在高温下转化为高 SiO$_2$ 含量的液相，具有较大的黏度。因此，含有高硅氧玻璃的耐火材料具有较好的抗热震性与较高荷重软化温度。生产莫来石-高硅氧玻璃复合材料有两种方法：一种是直接将黏土等原料经高温熔烧，将 SiO_2 熔入玻璃相中，这需要很高的烧成温度；另一种是在配料中引入合适的添加剂（如 K_2O）来促进 SiO_2 熔入玻璃相中，降低烧成温度。

莫来石-高硅氧玻璃材料具有耐火度高、线膨胀系数低、抗热震性好、硬度高、耐磨性好等优点。图 3-36 给出了某莫来石-高硅氧玻璃复合材料的 X 射线衍射图谱，主晶相为莫来石，2θ 角小于 $40°$ 的部位底线高抬表示高硅氧玻璃的存在。表 3-14 给出其中一个材料的晶相与玻璃相的化学成分。其晶相组成非常接近莫来石 $3Al_2O_3 \cdot 2SiO_2$ 的化学计量组成。玻璃相中的 SiO_2 含量为 $86\% \sim 87\%$。

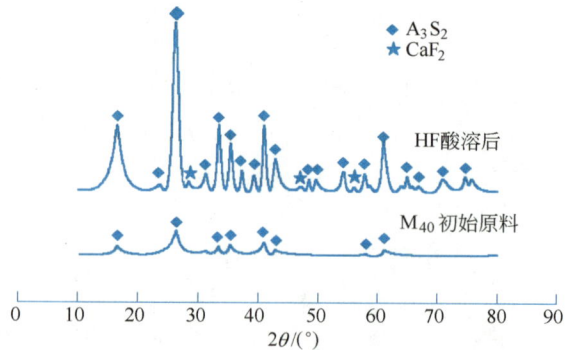

图 3-36   莫来石-高硅氧玻璃复合材料 X 射线衍射图

表 3-14   莫来石-高硅氧玻璃化学成分举例

化学成分		Al_2O_3	SiO_2	Fe_2O_3	TiO_2	CaO	MgO	K_2O	Na_2O
熟料成分/%		57.15	40.90	0.49	1.20	0.09	0.17	0.03	0.02
晶相成分[①]/%	1520 ℃	71.05	27.36	0.40	0.57	0.07	0.11	0.004	0.001
	1622 ℃	71.90	26.68	0.38	0.75	0.06	0.06	0.003	0.002
玻璃相成分[①]/%	1520 ℃	9.11	86.09	0.78	3.31	0.16	0.37	0.10	0.10
	1620 ℃	8.32	87.31	0.84	2.65	0.19	0.53	0.10	0.10

① 1520 ℃、1620 ℃下玻璃相含量分别为 22.15% 与 32.4%。

由于莫来石-高硅氧玻璃复合材料的优良性能，它被广泛用来制备各种耐火制品与不定形耐火材料以取代黏土与高铝熟料。国内外都有批量生产的莫来石-高硅氧玻璃材料供应，如美国的 Mulcoa 系列、英国的 Molochite 系列以及国产的 M_{70}、M_{60}、M_{50} 及 M_{45} 等莫来石-高硅氧玻璃复合材料。

需要注意的是，由于莫来石-高硅氧玻璃中含有大量玻璃相，它在高温下长期使用时可能会结晶。玻璃相结晶趋势的大小与其成分有很大关系。这一点在材料选择时也应充分考虑。

3.7.2.2   锆莫来石、莫来石-碳化硅材料

除了莫来石以及它与刚玉构成的复合耐火制品外，莫来石还可以与其他材料构成耐火材料以提高其性能，如锆莫来石制品、莫来石-碳化硅制品等。所谓锆莫来石制品就是莫来石-氧化锆复合材料。但是由于氧化锆价格昂贵，在实际生产中常通过 Al_2O_3 或矾土与锆英石按反应式（3-11）制得锆莫来石熟料或制品。这类制品及原料的制造方法包括电熔法与烧结法。用电熔铸制的铝锆硅（AZS）制品我们将在第 9 章熔铸耐火材料中讨论。

$$3Al_2O_3 + 2ZrSiO_4 \longrightarrow 3Al_2O_3 \cdot 2SiO_2 + 2ZrO_2 \qquad (3-11)$$

将 Al_2O_3 与 $ZrSiO_2$ 配料煅烧制得锆莫来石熟料，再将其破碎、混练、成型与烧成制得

锆莫来石制品，即烧结 AZS 砖。当使用矾土为原料时，最常见的是将 ZrSiO$_4$引入高铝砖中来提高高铝砖的抗热震性，即所谓的"抗剥落高铝砖"。通过式（3-11）反应生成的 ZrO$_2$分散在莫来石与刚玉中。由于 ZrO$_2$ 在加热与冷却过程中的相变，在 ZrO$_2$ 颗粒周围产生微裂纹，从而提高其抗热震性。烧结 AZS 制品常用于玻璃窑中，抗剥落高铝砖常用于水泥窑中。它们性能的示例列于表 3-15 中。

表 3-15　ZrO$_2$-莫来石复合耐火材料性质

材料种类	化学成分/%				体积密度 /g·cm^{-3}	显气孔率 /%	耐压强度 /MPa	荷重软化点 /℃	抗热震性（1100 ℃~水冷）/次
	Al$_2$O$_3$	SiO$_2$	ZrO$_2$	Fe$_2$O$_3$					
烧结 AZS	50.20	15.94	32.38	0.18	3.34	13.7	247	>1650	—
抗剥落高铝砖	76.20	—	6.11	1.49	2.93	18	104	1520	>20

在莫来石制品中加入 SiC 制得莫来石-SiC 复合材料，以提高莫来石制品的抗热震性。由于 SiC 的导热系数较高，同时它与莫来石的线膨胀系数的差别也较大，可在 SiC 颗粒与莫来石之间形成微裂纹，材料的抗热震性得以改善。莫来石-SiC 复合材料大量使用在干熄灭焦及其他热工设备上，SiC 的质量分数在 10%~35% 之间。此外，在莫来石-SiC 复合材料中添加金属铝粉，利用干熄焦炉服役过程中的氮气气氛生成氮化铝，可以进一步提升材料的力学强度和热震稳定性。

3.7.3　莫来石制品及相关复合材料的生产与性质

莫来石质制品生产时有烧结法和熔铸法两种。需要注意的是，这里提到的熔铸法和前面学习的电熔法制备莫来石是不一样的，前面是采用电熔法制备莫来石颗粒料，而这里是整个莫来石制品通常采用熔铸法合成。

烧结莫来石制品的生产工艺与高铝质制品的生产工艺相似。采用合成莫来石熟料为颗粒料，合成莫来石熟料、白刚玉、石英粉及"纯净"黏土等为基质料。结合剂可采用黏土、磷酸或磷酸二氢铝溶液、硫酸铝溶液等。

烧成方面，莫来石在 1370 ℃以上的还原气氛下将会发生分解，部分 SiO$_2$ 变成气态的 SiO 离开砖体。当温度高于 1650 ℃时，即使不是还原气氛，而在较低的氧分压情况下，莫来石也会分解。因此，燃烧温度和气氛直接影响莫来石砖的烧成。

莫来石耐火制品在高温下容易被碱性耐火材料侵蚀。此外，在高温下，莫来石可以与水蒸气按式（3-12）反应生成 Al$_2$O$_3$ 而受到损坏。

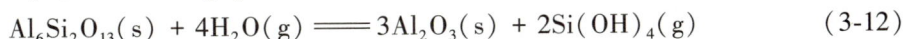

$$Al_6Si_2O_{13}(s) + 4H_2O(g) === 3Al_2O_3(s) + 2Si(OH)_4(g) \tag{3-12}$$

因此，莫来石制品不宜在高碱性渣及高水蒸气含量的环境下长期使用。

莫来石质耐火材料耐火度高、高温强度大、荷重软化温度高、高温蠕变率低、抗热震性能和耐渣侵蚀性能优异，广泛应用于高炉热风炉、大型高炉炉缸和炉底、炼钢电炉炉顶、玻璃熔窑、干熄焦及加热炉等工业炉窑上。表 3-16 给出了几个莫来石制品性质的示例。一般而言，烧结莫来石制品的高温抗折强度、抗热震性能要优于电熔莫来石制品；而电熔莫来石制品的体积稳定性、抗蠕变性、抗侵蚀能力要更优。

表 3-16 莫来石制品性能示例

性 能 指 标	制品 1	制品 2	制品 3	制品 4	制品 5
Al$_2$O$_3$ 质量分数/%	82	73	65	61.4	60
体积密度/g·cm^{-3}	2.68~2.74	2.7	2.5	2.45	2.44
显气孔率/%	18~21	14~16	18	12.1	20
常温耐压强度/MPa	79~105	160	70	110	85
荷重软化温度（$T_{0.6}$）/℃	—	—	1650	1550	1570
蠕变率（1550℃，50 h）/%	0.1	0.16	—	—	—
用途	热风炉	热风炉	玻璃窑	高炉	干熄焦

思 考 题

3-1 如何提高硅砖的导热性能？

3-2 硅砖中矿化剂的选择原则有哪些？

3-3 试分析杂质及液相对硅酸铝质耐火材料结构及性能的影响。

3-4 什么是二次莫来石化？你对其有何认识？

3-5 将硅线石族矿物引入铝硅系耐火材料中有何作用？

3-6 硅酸铝质耐火材料的"黑心"或"红心"是如何造成的？说明解决途径。

3-7 影响莫来石合成质量的主要因素有哪些？它们如何影响莫来石质耐火材料的使用性能？

4 碱性耐火材料

本章要点

(1) 理解与碱性耐火材料主成分 MgO 或 CaO 相关物系的相平衡分析；

(2) 掌握化学矿物组成及显微结构对碱性耐火材料性能的影响；

(3) 熟悉碱性耐火材料所用主要原料、生产工艺要点、性能特点及典型应用；

(4) 能够分析生产与使用中出现问题的原因和提出解决方案。

碱性耐火材料是指以 MgO、CaO 或它们的混合物为主要化学成分，以方镁石或石灰为主晶相的一类耐火材料。常用的碱性耐火材料主要品种有镁质、白云石质等。但广义上，以尖晶石或镁橄榄石为主的耐火材料也属碱性耐火材料，包括镁质耐火材料、尖晶石质耐火材料、镁钙质耐火材料、镁橄榄石质耐火材料及氧化钙质耐火材料等。

镁质耐火材料是指 MgO 质量分数不低于 80%、以方镁石为主晶相的碱性耐火材料。尖晶石质耐火材料是指以 $MgO \cdot Al_2O_3$、$MgO \cdot Cr_2O_3$ 及 $MgO \cdot Fe_2O_3$ 等尖晶石为主晶相的耐火材料，它们也可以与方镁石组合成方镁石-尖晶石耐火材料。镁钙质耐火材料是指以白云石或合成镁钙砂为原料、以石灰和方镁石为主晶相的碱性耐火材料。

碱性耐火材料不但耐火度高、抗碱性渣和高铁渣侵蚀性强，而且一定程度上可净化钢水。随着洁净钢、品种钢需求的增长，这类耐火材料越来越成为人们所关注的焦点。这类耐火材料主要应用于氧气转炉、电炉、钢包、炉外精炼、中间包和有色熔炼炉及水泥回转窑等。

4.1 镁质耐火材料

4.1.1 与镁质耐火材料有关的物系

由于受镁质原料成因和使用条件等的影响，与镁质耐火材料相关的组分主要有 FeO、Fe_2O_3、Al_2O_3、Cr_2O_3、CaO、SiO_2 等。

4.1.1.1 氧化镁-氧化铁系

氧化镁与氧化铁二元系包括 MgO-FeO 系与 $MgO-Fe_2O_3$ 系。

由图 4-1 可见，氧化镁与氧化亚铁可形成连续固溶体，MgO 吸收大量的 FeO 而不生成液相，FeO 为 50% 时，开始出现液相的温度约为 1850 ℃。

而 $MgO-Fe_2O_3$ 二元系统中有一化合物铁酸镁（$MgO \cdot Fe_2O_3$），分解温度为 1720 ℃。铁酸镁在方镁石中的溶解度随温度的升高而增加，最大可达到 70% 左右。由图 4-2 可以看

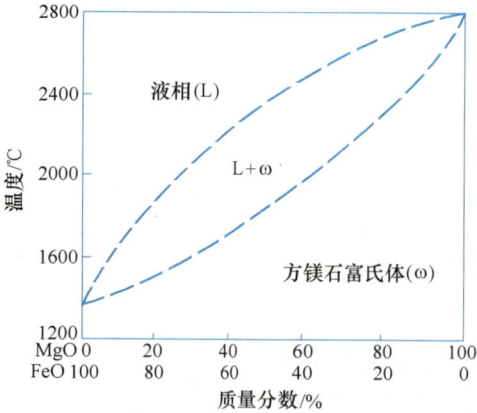

图 4-1   MgO-FeO 系相图

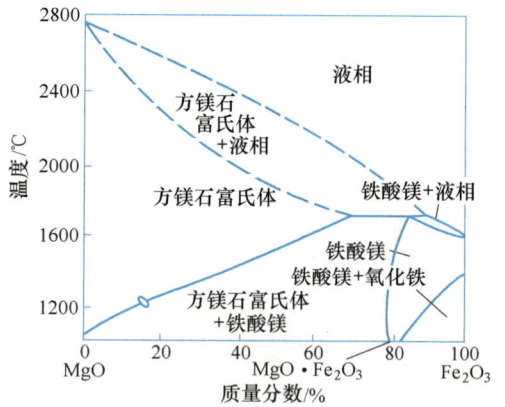

图 4-2   MgO-Fe$_2$O$_3$ 系相图

出，即使 MgO 吸收大量的 Fe$_2$O$_3$ 后耐火度仍很高，所以，镁质耐火材料具有良好的抗含铁炉渣侵蚀的能力，这是炼钢工业日益广泛应用镁质耐火材料的重要原因之一。

4.1.1.2   MgO-Fe$_2$O$_3$/Al$_2$O$_3$/Cr$_2$O$_3$ 系

MgO-Fe$_2$O$_3$、 MgO-Al$_2$O$_3$、 MgO-Cr$_2$O$_3$ 系统相图高 MgO 部分合并于图 4-3 中。三个二元系统的固化温度分别为 1720 ℃、1995 ℃、2350 ℃。三种倍半氧化物在氧化镁中的固溶度顺序为 Fe$_2$O$_3$≫Cr$_2$O$_3$>Al$_2$O$_3$，而且在 1000 ℃ 以下固溶量均很低，在 1700 ℃ 下，它们的固溶度分别为 70%、14% 和 3%。冷却时，尖晶石相脱溶在方镁石颗粒内部，形成含尖晶石相的镁质耐火材料显微结构。由于 Fe$_2$O$_3$ 在 MgO 中的溶解度高于 Al$_2$O$_3$，大量的 Fe$_2$O$_3$ 溶解于方镁石中，降低液相出现的数量。因此它对于

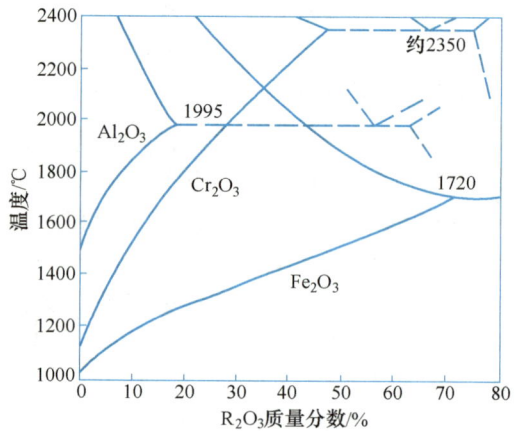

图 4-3   MgO-R$_2$O$_3$ 系相图

镁质耐火材料的危害比 Al$_2$O$_3$ 小，在一定条件下还可以提高制品的荷重软化温度与促进烧结。

4.1.1.3   尖晶石-硅酸盐系

镁质耐火材料中的 Al$_2$O$_3$、Cr$_2$O$_3$ 和 Fe$_2$O$_3$ 在一定温度下与 MgO 反应生成尖晶石 MA（MgO·Al$_2$O$_3$）、MK（MgO·Cr$_2$O$_3$）、MF（MgO·Fe$_2$O$_3$）。它们与硅酸盐构成的二元系对镁质耐火材料的高温性能有重要影响。表 4-1 列出这三种尖晶石与四种常见的硅酸盐形成的尖晶石-硅酸盐系统的固化温度。

尖晶石与镁橄榄石 M$_2$S（2MgO·SiO$_2$）形成的二元系的共熔点温度都较高。在其他硅酸盐与尖晶石构成的系统中，除 MK-C$_2$S（2CaO·SiO$_2$）外，无变量点温度都较低。此外，含 Cr$_2$O$_3$ 系统的无变点温度较高。因此，镁质材料的次要矿物应以 M$_2$S 和 C$_2$S 为主，避免或尽可能减少 CMS（CaO·MgO·SiO$_2$）和 C$_3$MS$_2$（3CaO·MgO·2SiO$_2$）的含量。这就是常

要求镁砂中 CaO/SiO_2 摩尔比大于 2 的原因。

表 4-1　尖晶石-硅酸盐系统及其固化温度

系统	固化温度/℃	系统	固化温度/℃	系统	固化温度/℃
MA-M$_2$S	1720	MK-M$_2$S	1860	MF-M$_2$S	约 1690
MA-CMS	1410	MK-CMS	1490	MF-CMS	1410
MA-C$_3$MS$_2$	1430	MK-C$_3$MS$_2$	1490	MF-C$_3$MS$_2$	—
MA-C$_2$S	1417	MK-C$_2$S	约 1700	MF-C$_2$S	1380

注：M—MgO，A—Al$_2$O$_3$，C—CaO，F—Fe$_2$O$_3$(FeO)，K—Cr$_2$O$_3$，S—SiO$_2$，后文中用相同表示方法。

尖晶石中 R_2O_3 在方镁石中的溶解度顺序为 $Al_2O_3 < Cr_2O_3 \ll Fe_2O_3$，而尖晶石中 R_2O_3 在硅酸盐液相的溶解度顺序为 $Cr_2O_3 \ll Al_2O_3 < Fe_2O_3$，如图 4-4 所示。与尖晶石向氧化镁中固溶相比，高温下尖晶石更容易向硅酸盐液相中溶解。不同尖晶石向方镁石及液相的溶解能力不同，MK 主要固溶于方镁石中，

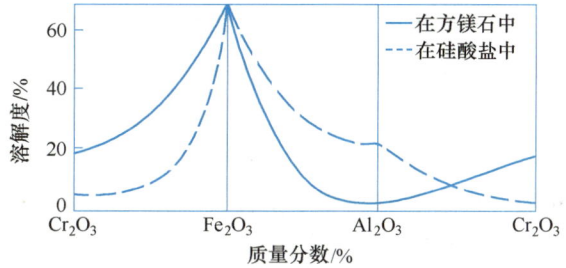

图 4-4　尖晶石在方镁石和硅酸盐相中的溶解度

MA 主要在硅酸盐液相中溶解，而 MF 同时存在这两个过程。

对硅酸盐含量或 CaO/SiO_2 比值一定的材料，若要提高始熔温度，则要提高尖晶石中 Cr_2O_3 对 Al_2O_3 或 Fe_2O_3 的比例。当原料为不含 R_2O_3 的镁砂时，将 Cr_2O_3 加入到含有 C_2S 的镁砂中会降低始熔温度。因为 MgO-C_2S 的共熔点近似为 1800 ℃，而 MK-C_2S 的共熔点是 1700 ℃，所以，MgO-MK-C_2S 三元共熔点将比 1700 ℃ 更低。但当制品在使用中吸收氧化铁后，加入 Cr_2O_3 的好处则可显现出来。

4.1.1.4　MgO-CaO-SiO$_2$ 系

镁质材料中的 CaO/SiO_2 比影响其相组成，CaO/SiO_2 比与相组成及其固化温度示于表 4-2。由表 4-2 可知，CaO/SiO_2 比是决定镁质耐火材料矿物组成和高温性能的关键因素。在这些硅酸盐中，三元化合物熔点都低，二元化合物熔点则很高。当 CaO/SiO_2 质量比不小于 1.87 时，由于生成高熔化温度的矿物而不致显著降低耐火性能；当 CaO/SiO_2 质量比小于 1.87 时，由于始熔温度变低，严重影响镁质耐火材料的耐火性能。

表 4-2　镁质耐火材料的 CaO/SiO$_2$ 和相组成的关系

C/S 分子比	0	0~1.0	1.0	1~1.5	1.5	1.5~2.0	2.0
C/S 质量比	0	0~0.93	0.93	0.93~1.4	1.4	1.4~1.87	1.87
相组成	MgO M$_2$S	MgO M$_2$S CMS	MgO CMS	MgO CMS C$_3$MS$_2$	MgO C$_3$MS$_2$	MgO C$_3$MS$_2$ C$_2$S	MgO C$_2$S
固化温度/℃	1860	1502	1490	1490	1575	1575	1890

4.1.1.5　MgO-CaO-Al$_2$O$_3$-Fe$_2$O$_3$-SiO$_2$ 系

用五元系来描述镁质耐火材料的组成更加符合实际。该系统中，可与方镁石处于平衡

的矿物只有 13 个，如表 4-3 所示。

表 4-3   与方镁石处于平衡的 13 个矿物的熔点

矿物	MF	CMS	MA	M_2S	C_3MS_2	C_2S	C_4AF	CA	C_5A_3	C_3A	C_3S	CaO	C_2F
熔点/℃	1750 不一致	1498 不一致	2130	1890	1575	2130	1415	1600	1485	1545 不一致	1900 分解	2570	1435

在这些系统中加入 FeO（熔点 1370 ℃）和 MnO（熔点 1785 ℃）时不产生新相，而只以固溶体存在。系统中硅酸盐平衡相的种类取决于 CaO/SiO_2 比值。与方镁石平衡的 13 个矿物仅构成 12 个与方镁石共存的平衡组。表 4-4 列出平衡矿物共存的条件及其计算公式。

表 4-4 中 KH 为石灰饱和系数，对于该五元系来说，它表示处于该系统中全部 Fe_2O_3 和 Al_2O_3 都结合为 C_4AF、C_2F 或 C_3A 后剩余的 CaO 对 SiO_2 的饱和情况。其计算方法为：

当 $w(Al_2O_3)/w(Fe_2O_3) < 0.64$ 时，$KH = (C-0.7F-1.1A)/2.8S$；

当 $w(Al_2O_3)/w(Fe_2O_3) > 0.64$ 时，$KH = (C-0.35F-1.65A)/2.8S$。

镁质耐火材料的化学组成及 CaO/SiO_2 比决定着材料的平衡矿物组成。这一规律能使我们从已知的化学组成精确地预测产品的矿物组成，进而分析出产品的性能；反之，也能利用它粗略地计算出具有预期性能材料的化学组成和配料比。

表 4-4   平衡矿物共存的条件及其计算公式

组别	条件	平衡矿物及矿物组成的计算公式
1	$0 < C/S < 0.93$	$MF = 1.25F$；$CMS = 2.80C$；$MA = 1.40A$；$M_2S = 2.38(S-1.06C)$
2	$0.93 < C/S < 1.40$	$MF = 1.25F$；$C_3MS_2 = 5.45(1.08C-S)$； $MA = 1.40A$；$CMS = 5.6(1.39S-C)$
3	$1.40 < C/S < 1.87$	$MF = 1.25F$；$C_3MS_2 = 6.0(1.86S-C)$； $MA = 1.40A$；$C_2S = 6.25(C-1.40S)$
4	$0 < C-1.87S < 1.40F$ 及 $2.20A$	$C_2S = 2.87S$；$MF = 1.25(F-0.33C_4AF)$； $C_4AF = 2.16(C-1.87S)$；$MA = 1.40(A-0.21C_4AF)$
5	$0 < \dfrac{C-1.87S-2.20A}{F-1.57A} < 0.70$	$C_2S = 2.87S$；$C_2F = 2.42(C-1.87S-2.20A)$；$C_4AF = 4.77A$； $MF = 1.25(F-1.57A-0.58C_2F)$
6	$0 < \dfrac{C-1.87S-1.40F}{A-0.64F} < 0.55$	$C_2S = 2.87S$；$CA = 1.55(C-1.87S-1.40F)$；$C_4AF = 3.04F$； $MA = 1.40(A-0.64F-0.65CA)$
7	$0.55 < \dfrac{C-1.87S-1.40A}{A-0.64F} < 0.93$	$C_2S = 2.87S$；$CA = 1.55(2.5A + 5.11S + 2.22F-2.73C)$； $C_4AF = 3.04F$；$C_3A2 = 1.92(2.73C-5.11S-1.50A-2.86F)$
8	$0.93 < \dfrac{C-1.87S-1.40A}{A-0.64F} < 1.65$	$C_2S = 2.87S$；$C_3A = 2.65(1.87C-1.25A-2.56S-1.11F)$； $C_4AF = 3.04F$；$C_5A_3 = 1.92(2.25A + 2.56S + 0.47F-1.37C)$
9	$A/F < 0.64$, $0.67 < KH < 1$	$C_4AF = 4.77A$；$C_3S = 3.80(3KH-2)S$；$C_2F = 1.70(F-1.57A)$； $C_2S = 8.61(1-KH)S$
10	$A/F > 0.64$, $0.67 < KH < 1$	$C_4AF = 3.04F$；$C_3S = 3.80(3KH-2)S$；$C_3A = 2.65(A-0.64F)$； $C_2S = 8.61(1-KH)S$

续表 4-4

组别	条　件	平衡矿物及矿物组成的计算公式
11	A/F < 0.64，KH > 1	$C_4AF = 4.77A$；$C_3S = 3.80S$；$C_2F = 1.70(F-1.57A)$； $CaO = C-2.20A-2.8S-0.41C_2F$
12	A/F > 0.64，KH > 1	$C_4AF = 3.04F$；$C_3S = 3.80S$；$C_3A = 2.65(A-0.64F)$； $CaO = C-1.40A-2.8S-0.42C_3A$

注：C—CaO，M—MgO，A—Al_2O_3，F—Fe_2O_3，S—SiO_2，下标—系数，如 C_3MS_2 即为 $3CaO \cdot MgO \cdot 2SiO_2$。

4.1.2　镁质耐火材料的化学矿物组成及显微结构对性能的影响

4.1.2.1　CaO 和 SiO_2 的影响

镁质耐火材料的 CaO 和 SiO_2，即 CaO/SiO_2 比对应着不同的结合相。这些结合相对制品的性能，尤其高温强度有很大的影响，不仅要考虑它们的含量，还要考虑它们的比例。首先，希望 SiO_2 含量尽可能地低；其次，在 SiO_2 含量一定时，应使 CaO/SiO_2 比在适当的范围内，通常希望 CaO/SiO_2 比大于 2。但合理值还受 SiO_2 含量等因素的影响。表 4-5 中给出了不同 C/S 比及不同 SiO_2 与 CaO 含量的镁质耐火材料的荷重软化温度。可见，氧化镁含量高，而 C/S 比小的制品的荷重软化温度并不高。C/S 比对荷重软化温度有较大影响。

表 4-5　不同 C/S 比的镁质制品的荷重软化温度

序号	化学成分/%			C/S（质量比）	荷重软化温度/℃
	MgO	CaO	SiO_2		
1	92.9	1.19	3.16	0.38	1550
2	87.8	1.50	8.0	0.19	1640
3	84.46	7.74	3.4	2.28	1900
4	85.22	8.31	2.88	2.89	1840

表 4-6 列出了硅酸盐结合相对镁质制品性能的影响。以 C_3S 为结合物的镁质耐火材料荷重变形温度高、抗渣性好，但烧结性差、生产比较困难。若配料不准或混合不均，烧后得到的不是 C_3S，而是 C_2S 和 CaO 的混合物。由于 C_2S 的晶型转变和 CaO 的水化，容易使制品开裂，因此生产中应加以控制。

以 C_3MS_2、CMS 为结合物的制品荷重变形温度低、耐压强度小，不是有利的组成。

以 C_2S 为结合物的制品烧结性差，但荷重变形温度高。实践证明，只要有足够高的烧成温度，就能获得良好的烧结制品。由于 C_2S 的晶型转变会引起制品开裂，所以生产时，当 CaO 含量足够高时，需加入 C_2S 的稳定剂，如 B_2O_3、P_2O_5 或 Cr_2O_3 等。

表 4-6　硅酸盐结合相对镁质制品性能的影响

矿物	熔点或分解温度/℃	对镁质制品性能影响			其　他
		烧结	荷重软化温度	耐压强度	
M_2S	1890	不利	提高	高	抗渣性好

矿物	熔点或分解温度/℃	对镁质制品性能影响			其　他
		烧结	荷重软化温度	耐压强度	
CMS	1498 分解	—	降低	小	
C_3MS_2	1575 分解	—	降低	小	
C_2S	2130	很差	提高	晶型转变（稳定剂）	抗渣性好
C_3S	1900 分解	很差	提高		抗渣性好

以 M_2S 为结合物的制品烧结性也很差，但由于制品的高荷重变形温度和足够高的耐压强度，而且没有 C_2S 有害的晶型转变，使得 M_2S 成为镁质制品较好的结合物。

以 C_2S 或 M_2S 为结合物的制品具有较高的荷重变形温度，因为这些结合物的熔点及其与 MgO 所形成的低共熔物的熔融温度高。晶体的晶格强度大和高温下的塑性变形小，晶体颗粒呈针状和尖棱状，因而提高了制品抗剪应力的能力。硅酸盐结合物在熔融前都不利于制品的烧结，这与硅酸盐的晶体结构有关。此外，硅酸盐（特别是 C_2S）存在于方镁石颗粒间形成分隔层，从而增加镁离子的扩散阻力，阻碍方镁石的再结晶。

抗渣性主要取决于制品的组织结构和化学成分，尤其是结合物的组成。在一般情况下，以 CMS 为结合物的比以 C_2S 和 M_2S 为结合物的制品要致密些，但因前者始熔温度较后者低，而且 C_2S 或 M_2S 对碱性或氧化铁渣的化学稳定性高，所以，以 C_2S 或 M_2S 为结合物的制品抗渣性更好。

通过引入少量外加物，如稀土氧化物、WO_3、ZrO_2 或 $ZrSiO_4$ 等，可提高镁质制品的高温性能。如少量 WO_3 的加入，由于形成 $CaWO_4$ 相使高温性能得到改善；但是，WO_3 加入量增大，对高温性能反而有害。图 4-5 为添加 WO_3 的镁质制品的显微结构。

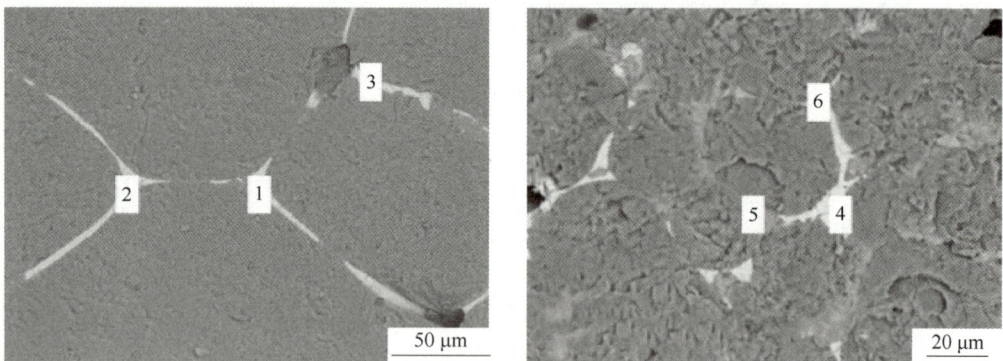

图 4-5　添加 WO_3 的镁质制品的显微结构
1~3—$CaWO_4$；4，5—$CaWO_4$+$MgWO_4$+C_3S（m）+CMS（m）；6—C_2S

4.1.2.2　Al_2O_3、Fe_2O_3 和 Cr_2O_3 的影响

在天然菱镁矿制取的镁砂中，通常含有 Al_2O_3 和 Fe_2O_3 等杂质。对于我国辽宁菱镁矿而言，Al_2O_3 和 Fe_2O_3 含量较低，一般分别在 0.2%~0.3% 和 0.6%~0.8% 之间。尽管较

低，但对镁质耐火材料高温强度有不同程度的影响。

在镁质制品中的 CaO 和 SiO_2 含量极低且 CaO/SiO_2 比很低的条件下，可将系统视为 $MgO-Al_2O_3$、$MgO-Fe_2O_3$ 和 $MgO-Cr_2O_3$ 系。其相平衡关系的特点表明 Al_2O_3、Fe_2O_3 和 Cr_2O_3 对镁质制品的高温性能起有益的作用。有研究表明，镁质耐火材料的铁含量不超过 10% 时，对材料的耐火性能和荷重软化温度无显著影响。

当镁质制品中的 CaO 和 SiO_2 含量较高且 CaO/SiO_2 比值较高时，尽管 MA、MK、MF 和 C_2S 均为高耐火相，其熔点分别为 2135 ℃、2180 ℃、1720 ℃（确切地说应为分解温度）和 2130 ℃，但这些尖晶石和 C_2S 共存，其共熔点显著降低，共熔点温度分别为 1418 ℃、1700 ℃和 1380 ℃。并且，由尖晶石在硅酸盐中溶解度可知，这些倍半氧化物对镁质耐火材料高温强度的影响，应以 Fe_2O_3 为最大，其次是 Al_2O_3。当 CaO/SiO_2 比较高时（3.0），由于 Fe_2O_3 和 Al_2O_3 与 CaO 反应生成铁酸钙和铝酸钙或铁铝酸四钙等低熔相，Fe_2O_3 和 Al_2O_3 都明显降低镁质制品的高温强度。C_2F 的熔点低，熔融物的黏度小且对方镁石有良好的润湿能力，也能部分地溶解在方镁石中活化方镁石晶格。因此，以 C_2F 作为镁质耐火材料的结合物，在不高的烧成温度下就能得到致密而坚固的制品。但是，由于其熔点低和熔融后得到的液相黏度小，使制品的耐火性能特别是荷重变形温度大大降低，所以，只有在特殊的使用条件下，才能采用 C_2F 作为镁质耐火材料的结合物。MF 在方镁石中的溶解度随温度变化波动很大。在高温下，大量 MF 溶解到方镁石晶格中。在低温下，则以具有较弱的各向异性的枝状晶体和颗粒状包裹体沉析在方镁石颗粒的表面和解理裂纹中，形成晶间、晶内尖晶石，如图 4-6 所示。MF 在方镁石中的溶解度随温度的波动而变化时，有助于方镁石晶格的活化，因而有利于促进方镁石晶体的生长和制品的烧结。MF 在方镁石中的溶解度随温度波动的剧烈变化会降低镁质材料的热震稳定性。因温度波动引起 MF 在材料中的不均匀分布以及由 MF 在方镁石的溶解而引起方镁石塑性的降低都是降低材料热震稳定性的因素。此外，铁氧化物的氧化和还原都伴随较大的体积变化，如图 4-7 所示。气氛条件经常波动是铁含量高的镁质材料损坏的一个重要因素。因此，如果材料是在气氛经常波动的条件下使用，则其铁含量应加以限制。

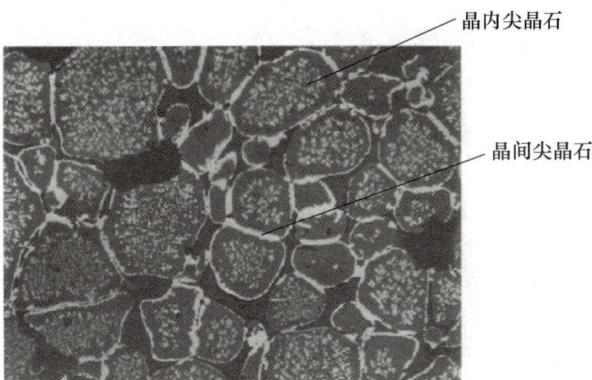

图 4-6　MF 胶结方镁石的显微结构

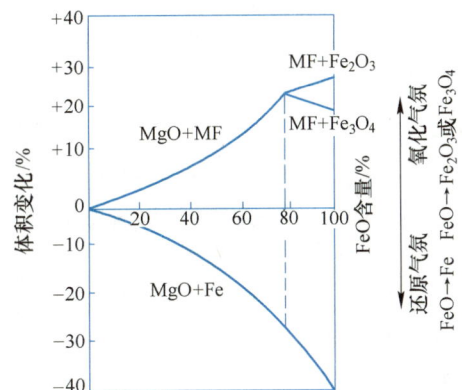

图 4-7　$(Mg,Fe)O$ 氧化还原时的体积变化

4.1.2.3　B_2O_3 的影响

B_2O_3 来源于海水镁砂或盐湖镁砂，天然菱镁矿中含 B_2O_3 极少或几乎没有。即使海水

镁砂、盐湖镁砂中含 B_2O_3 也仅千分之几，但对高纯镁质耐火材料高温强度的有害影响却非常大。如制品的结合相为高熔点 C_2S 相，当有 B_2O_3 存在时，其结合相将在 1150 ℃ 左右发生熔融，破坏制品的原始组织结构，从而显著降低镁质耐火材料的高温强度。制品的高温抗折强度随 B_2O_3 含量的提高而降低，随 CaO/SiO_2 比的增大而明显增高。

B_2O_3 对 C_2S 结合的高纯镁质耐火材料高温抗折强度的有害影响是 Al_2O_3 的 7 倍，Fe_2O_3 的 70 倍，如表 4-7 所列。因此，在生产海水或盐湖镁砂过程中，要特别注重除去 B_2O_3 工艺，使镁砂中的 B_2O_3 含量尽可能降到最低，B_2O_3 质量分数应不超过 0.03%。

表 4-7　R_2O_3 型氧化物杂质对含 C_2S 镁砖高温断裂模量（1500 ℃）的影响

R_2O_3 添加物	添加物数量/%	加入 0.01% R_2O_3 引起的强度下降值（平均）/MPa	加入 1 mol R_2O_3 引起的强度下降比较
B_2O_3	0.01~0.07	11.0	×70
Al_2O_3	0~0.5	1.2	×11
Cr_2O_3	0~0.5	0.2	×3
Fe_2O_3	0~1.5	0.07	×1

4.1.2.4　显微结构特点及对性质的影响

从显微结构看，镁质耐火材料是由主晶相方镁石和不同熔点、不同数量的硅酸盐（当然还有铁酸盐相）构成的。低纯镁砂及其镁质制品和高纯镁砂及其镁质制品的显微结构截然不同。前者大量的低熔点硅酸盐相呈连续或基本连续分布在方镁石晶粒周围，方镁石晶粒被硅酸盐相所包裹，方镁石相之间很少看到直接结合。当温度达到硅酸盐相与方镁石的低共熔点时，存在于方镁石晶粒周围的硅酸盐层逐渐变成液态，方镁石晶粒间失去结合力，从而降低了材料的强度。后者低熔点硅酸盐相很少，呈孤岛状存在于方镁石晶粒之间，直接结合率高，称为"直接结合制品"。由于在高温下仍基本保持这种结构特征，因此，直接结合高纯镁质耐火材料具有较高的高温强度。由此可见，显微结构的控制与组成控制一样，对耐火材料的性能起着至关重要的作用。

能否实现直接结合，取决于晶粒边界与相边界间的平衡关系：

$$\gamma_{per-per} = 2\gamma_{per-liq} \cos \frac{\varphi_{per-per}}{2} \tag{4-1}$$

式中　$\gamma_{per-per}$——方镁石晶界能；

　　　$\gamma_{per-liq}$——方镁石/硅酸盐相界面能；

　　　$\varphi_{per-per}$——二面角。

当 $\varphi_{per-per} \geqslant 120°$ 时，硅酸盐相在方镁石晶界无渗透；当 $\varphi_{per-per}$ 减小（<60°）时，硅酸盐相在方镁石晶界渗透加重；当 $\varphi_{per-per} = 0$ 时，方镁石晶界完全被硅酸盐相润湿因而大量渗透。因此，二面角 φ 越大，方镁石晶粒直接接触程度越高。人们俗称的"三高"制品（即高纯原料、高压成型和高温烧成）正是为了获得高直接结合率的显微结构。

多相耐火材料的情况比较复杂，但上述规律仍然适用。图 4-8、图 4-9 表示加入 Fe_2O_3、Cr_2O_3 对方镁石晶粒间二面角及直接结合程度的影响。少量 Fe_2O_3、Cr_2O_3、Al_2O_3 存在时，由于 Cr_2O_3 易向方镁石中固溶，Al_2O_3 偏向硅酸盐液相中溶解，而 MF 可同时向方镁石、硅酸盐液相中溶解，因此，Cr_2O_3 加入使二面角和 N_{ss}/N_{sl}（采用抛光面在显微镜下的固-固接触数目 N_{ss} 与固-液接触数目 N_{sl} 之比）增大，从而促进直接结合，而加入 Fe_2O_3 则作用相反。一些实验证明，加入 Al_2O_3 的作用实际上同 Fe_2O_3 一样。所以，镁砂原料中氧化铁含量应适当控制。

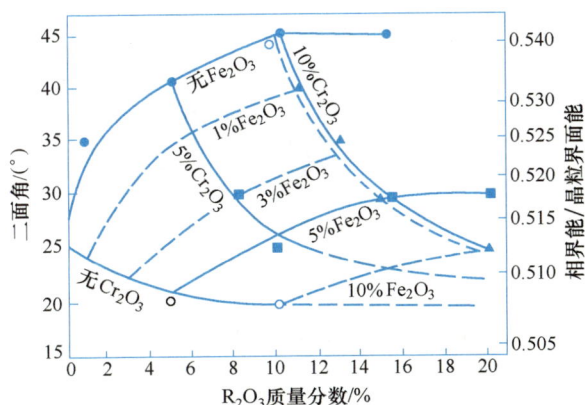

图 4-8　加入 Cr_2O_3 和 Fe_2O_3 对方镁石
晶粒间形成二面角的影响

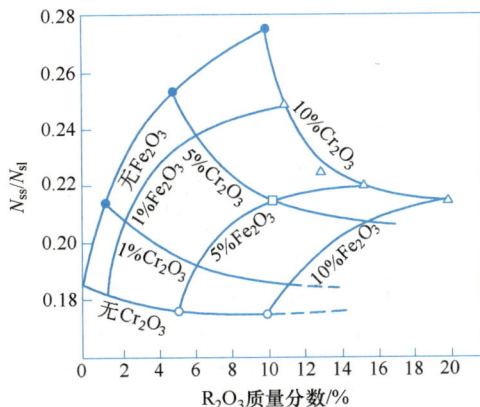

图 4-9　加入 Cr_2O_3 和 Fe_2O_3 对方镁石
晶粒间接触与其液相接触比值的影响

图 4-10 表示在 1725 ℃下改变 CaO/SiO_2 比值对方镁石间形成 N_{ss}/N 的影响。在所有情况下，直接结合程度随 CaO/SiO_2 的增加而增加。N_{ss}/N 的最大值是含 5%Cr_2O_3 和 CaO/SiO_2 比高的混合物。

MgO-CaO 直接结合程度比 MgO-MgO、CaO-CaO 之间的直接结合程度大得多，这是因为它的二面角不同所致。相关二面角数值为：$\varphi_{MgO-MgO}=15°$，$\varphi_{CaO-CaO}=10°$，$\varphi_{MgO-CaO}=35°$。图 4-11 展示了 $CaO-MgO-Fe_2O_3$ 系中各固相接触程度随 CaO/MgO 的变化情况。

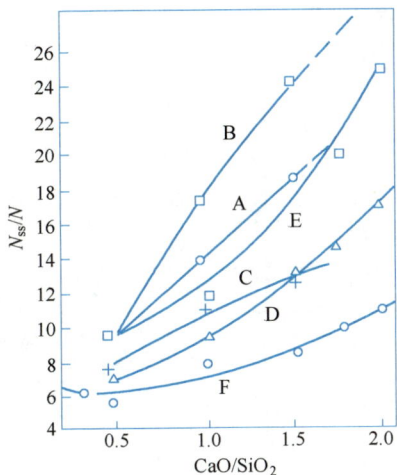

图 4-10　CaO/SiO_2 比对混合物的 N_{ss}/N 的影响
A—无加入物；B—5%Cr_2O_3；C—5%Fe_2O_3；D—1%Al_2O_3；
E—1%Al_2O_3+17% Cr_2O_3；F—1%Al_2O_3

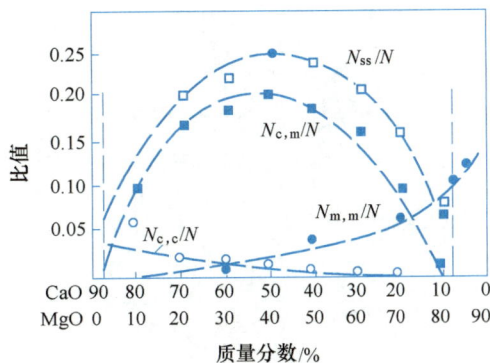

图 4-11　$CaO-MgO-Fe_2O_3$ 混合物 1550 ℃下
界面接触同 CaO/MgO 比例关系

MgO-MK-CMS 混合物在 1700 ℃下煅烧，其所得到的耐火材料的直接结合比率可用图 4-12 表示，各种结合随着 MgO/Cr$_2$O$_3$ 比而变化。可发现方镁石与尖晶石间的直接结合率 $N_{m,sp}/N$ 比纯方镁石间（$N_{m,m}/N$）和纯尖晶石间（$N_{sp,sp}/N$）的大得多。在二虚线之间，N_{ss}/N 有极大值，这表明尖晶石有在方镁石晶粒或颗粒之间"搭桥"的作用。同样，对以高熔点的 C$_2$S 和 M$_2$S 作为次晶相的镁质耐火材料，C$_2$S、M$_2$S 都有助于 N_{ss}/N 的提高。但是，必须指出，次晶相应达到一定数量（如≥15%）并在方镁石晶粒或颗粒之间形成连续的网络结构，才能明显地表现出多相材料有利于直接结合的优越性。

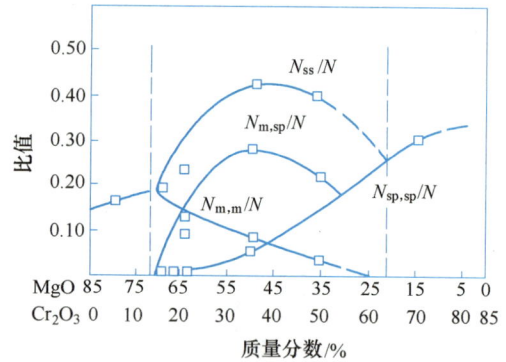

图 4-12   1700 ℃ MgO/Cr$_2$O$_3$ 比
对各种界面接触的影响

为了提高镁质材料直接结合程度，可采取以下措施：

（1）提高配料纯度；

（2）引入 Cr$_2$O$_3$；

（3）以尖晶石、CaO、C$_2$S、M$_2$S 等高熔点物相作为次晶相。

这也正是镁铬、镁铝或尖晶石、镁钙、镁锆、镁钙锆以及镁橄榄石结合镁质耐火材料的理论基础之一。镁质材料直接结合程度提高，将增强其高温力学性能、抗渣渗透性能，甚至包括抗热震性能。

除了前面提到的相组成与分布、直接结合程度外，晶粒尺寸也是影响碱性耐火材料性能的重要因素之一。晶粒尺寸的作用主要在两个方面：一方面是影响抗渣性，另一方面是影响抗高温蠕变性等高温性能。表 4-8 中列出四种镁质耐火材料的性质及晶粒尺寸。

表 4-8   镁质耐火材料的性质与成分

项　　目		制品 A	制品 B	制品 C	制品 D
物理性质	显气孔率/%	13.2	13.8	13.6	12.8
		13.5	14.2	13.9	13.3
	体积密度/g·cm^{-3}	3.03	2.99	3.06	3.05
		3.04	2.02	3.07	3.06
	耐压强度/MPa	98.8	84.0	85.7	92.5
		103.0	92.0	99.4	99.3
	荷重软化温度/℃	1770	1760	1780	1770
	高温抗折强度（1500 ℃）/MPa	13.6	10.8	14.2	10.4
	平均方镁石晶粒尺寸/μm	80	—	350	300

续表 4-8

项　目		制品 A	制品 B	制品 C	制品 D
1600 ℃、0.2 MPa 下的压蠕变率/%	0~25 h	0.67	0.72	0.04	0.096
	5~25 h	0.32	0.27	0.0	0.0
化学成分（质量分数）/%	MgO	98.25	97.3	97.6	97.2
	CaO	0.7	1.18	1.02	1.22
	SiO_2	0.34	0.49	0.45	0.54
	Fe_2O_3	0.32	0.56	0.38	0.58
	Al_2O_3	0.06	0.1	0.08	0.12

由表 4-8 可见，制品 A 为高纯镁砖，其中含硅酸盐相很少，晶粒尺寸也小，其蠕变率比杂质含量稍高但晶粒尺寸大得多的制品 C 与制品 D 的大很多。

4.1.3 镁质原料

生产镁质耐火材料的原料——镁砂的主要化学成分是氧化镁，矿物为方镁石。

方镁石属等轴晶系，无色，呈立方体、八面体或不规则粒状，密度为 3.56~3.67 g/cm³，硬度为 5.5，熔点为 2800 ℃。线膨胀系数大，弹性模量大，晶格能大，化学性质稳定。但在 1700 ℃ 以上开始升华，1800~2400 ℃ 显著挥发，使用温度受到局限。我国的氧化镁耐火原料主要由天然菱镁矿得到。

烧结法制得的大结晶镁砂中方镁石晶粒平均尺寸为 60~200 μm，而一般电熔镁砂中方镁石晶粒尺寸为 200~400 μm，大结晶电熔镁砂可达 700~1500 μm，甚至 5000 μm 以上。

镁砂是镁质、镁碳质、镁尖晶石质等耐火材料的重要原料。镁砂质量对上述制品的性质有很大影响。选择镁砂原料时，通常考虑如下三个方面的指标：

（1）镁砂的化学与矿物组成。通常希望 C/S 质量比 ≤0.93 或 ≥1.87，以保证在镁砂中形成高熔点结合相。

（2）镁砂的体积密度与显气孔率。高密度镁砂有较好的抗渣性与抗水化性。

（3）方镁石的晶粒尺寸。大晶粒尺寸有助于提高耐火材料的抗侵蚀能力。

高纯度、高密度与大晶粒镁砂是优质镁砂。为了达到高纯、高密度与大晶粒的目的，需要选用优质原料，高温熔制与烧成。镁砂生产中需要消耗较多的能源，且可利用的优质镁砂资源也有限。因而应根据不同的使用要求，选用合适的镁砂，实现原料的合理配置。

4.1.4 镁砖生产工艺

普通镁砖的生产工艺过程是生产镁质耐火材料乃至碱性耐火材料的基础。高纯镁砖、直接结合镁铬砖等的生产工艺过程与之相类似，只是所用原料种类、纯度、成型压力及烧成温度等参数不同而已。以下主要介绍普通镁砖的生产工艺。

（1）原料的要求：我国制造镁砖的主要原料是普通烧结镁砂。这种镁砂是在竖窑中分层加入菱镁矿和焦炭进行煅烧制得的，因此，SiO_2 和 CaO 含量，尤其是 SiO_2 要比菱镁矿中的高。对其要求主要为化学组成和烧结程度。一般要求化学组成应为 MgO 质量分数大于 87%，CaO 质量分数小于 3.5%，SiO$_2$ 质量分数小于 5.0%，同时要求烧结良好，密度应不低于 3.18 g/cm^3，灼减小于 0.3%，没有瘤状物，黑块越少越好。

（2）颗粒组成及配料：颗粒组成确定则应符合最紧密堆积原理和有利于烧结。临界粒度根据镁砂烧结程度和砖的外观尺寸及单重而定，可选择 4 mm、3 mm、2.5 mm、2 mm。制造单重大的砖，临界粒度可适当增大。粒度组成一般为：临界粒度至 0.5 mm 的占 55%~60%，0.5 mm~0.088 mm 的占 5%~10%，小于 0.088 mm 的占 35%~40%。

在生产中，也可以加入部分破碎后的废砖坯，其加入量一般不超过 15%，或者在成型过程中将废砖坯捣碎，直接掺到泥料中进行成型。

结合剂采用亚硫酸纸浆废液（密度为 1.2~1.25 g/cm^3）或者 MgCl$_2$ 水溶液（卤水）。

（3）混练：在轮辗机或混砂机中进行，加料顺序为：颗粒料→纸浆废液→细粉，全部混合时间不低于 10 min。由于限制原料的 CaO 量，并提高了镁砂的烧结程度，一般都取消了困料工序。

（4）成型：烧结镁砂是瘠性物料，且坯体水分含量少，一般不会出现因气体被压缩而产生的过压废品，因此，可采用高压成型，使坯体密度达 2.95 g/cm^3 以上。这有利于改善制品的性能。

（5）干燥：坯体在干燥过程中，所发生的物理化学变化包括水分的蒸发和镁砂的水化两个过程。水分排除的最初阶段需要较高的温度，但是高温又会加速镁砂的水化，使坯体开裂。特别是在干燥后期，由于热传导的影响大于湿传导的影响，所以，过高的温度反而不利于水分的排出。隧道干燥器中，干燥介质的入口温度一般控制在 100~120 ℃，废气出口温度一般控制在 40~60 ℃。为了保证坯体干燥后具有一定的强度，坯体干燥后应保持有 0.6% 左右的水分。

干燥过程中经常出现的废品是网状裂纹，其原因主要是由于成型后的坯体生成大量水合物所致，但如果控制得当，一般不会出现废品，坯体干燥后应及时装窑烧成，以免吸潮粉化。

（6）烧成：镁砖的烧成可以在倒焰窑或隧道窑中进行。它们的荷重软化点较低，同时在结合剂失去作用后坯体强度较低，所以，砖垛不宜太高，一般在 0.8 m 左右。

由于物料在煅烧过程中所发生的物理化学变化在原料煅烧过程中已基本完成，制品的主要矿物组成可以认为与烧结镁石基本相同，只是反应接近平衡的程度和矿物成分分布的均匀性有所提高。其烧成制度的制定主要从烧成过程物理水的排除、水解产物的分解和坯体在不同温度下的结合强度几方面考虑。200 ℃ 以下，主要是水分的排除，升温速度不宜太快；400~600 ℃ 水化产物的分解，结构水析出，升温速度要适当降低；600~1000 ℃ 结合剂失去结合作用，而液相尚未生成，坯体主要靠颗粒间的摩擦力来维持，强度较低，升温速度不宜太快；1200~1500 ℃ 液相开始出现，并形成陶瓷结合，升温速度可适当提高；1500 ℃ 至最终烧成温度，陶瓷结合已较完整，坯体强度较大，升温速度可快。烧成最终温度下的保持时间视制品大小而定。

为了防止生成 FeO-MgO 固溶体，使氧化铁生成 MF。这样既能促进制品烧结，又不显著降低耐火性能，故一般采用弱氧化气氛烧成。

冷却时，在液相凝固前砖坯具有缓冲应力的能力，冷却速度可以很高，但液相凝固后，砖坯的塑性已经消失，为避免裂纹的产生，冷却速度不宜太快。但 800 ℃以下可采用快冷。

4.1.5 镁质耐火材料的显微结构与性能

镁质耐火材料的显微结构主要取决于所用镁砂的组成、结构及烧成温度。采用杂质含量高的镁砂制造的镁砖，硅酸盐相多，MgO 晶体呈浑圆形，直接结合率低。原料杂质含量少，采用超高温烧成的镁砖，硅酸盐相减少，直接结合率高，MgO 质量分数 98% 以上的镁砖中，MgO 晶体呈自形、半自形晶，如图 4-13 所示。

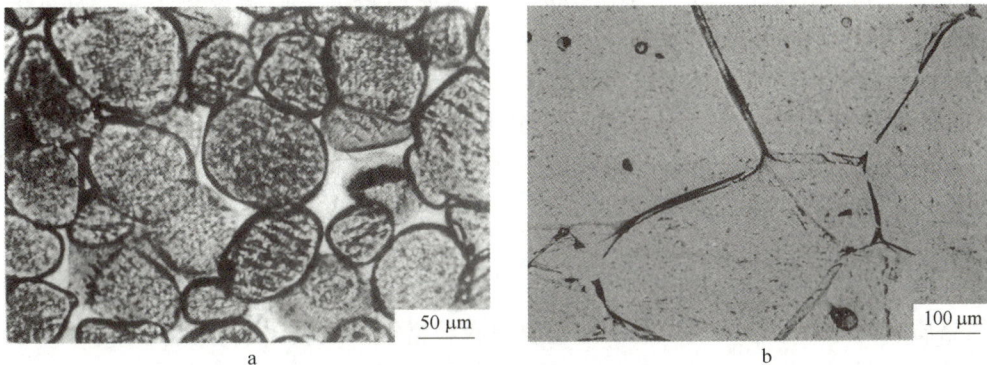

图 4-13 镁质耐火材料的显微结构照片
a—普通结合；b—直接结合

镁质耐火材料的耐火度达 2000 ℃以上，而荷重软化温度随胶结相的熔点及其在高温下所产生液相的数量不同而有很大差异。

一般镁砖的荷重软化开始温度在 1520~1600 ℃之间，而高纯镁砖可达 1800 ℃。镁砖的荷重软化开始温度与坍塌温度相差不大。1000~1600 ℃下镁砖的线膨胀率一般为 1.0%~2.0%，并与温度呈近似线性关系。镁砖的导热系数随温度升高而降低。在 1100 ℃和水冷条件下，镁砖的抗热震性仅为 1~2 次。镁砖可抵抗含氧化铁和氧化钙等碱性渣的侵蚀，但不耐含氧化硅等酸性渣侵蚀，因此，使用时不能与硅砖直接接触，一般用中性砖隔开。常温下镁砖的电导率很低，但到高温时，如 1500 ℃则不可忽视。表 4-9 列出镁砖的典型性能。

表 4-9 直接结合镁砖和普通烧成镁砖的性能

性 能	普通烧成镁砖	直接结合镁砖
MgO 质量分数/%	95.5	97.8
视密度/$g \cdot cm^{-3}$	3.48	3.5
体积密度/$g \cdot cm^{-3}$	2.89	2.98
显气孔率/%	17.2	15.0
荷重软化点 T_1/℃	1650	>1700
高温抗折强度（1200 ℃）/MPa	2.45	6.86

4.2   镁铬质耐火材料

镁铬质耐火材料是由镁砂与铬铁矿制成且以镁砂为主要成分的耐火材料,其主要物相为方镁石和尖晶石。依化学组成分,镁铬质耐火制品有铬砖(Cr_2O_3 含量 ≥25%,MgO 含量<25%)、铬镁砖(25% ≤MgO 含量<55%)和镁铬砖(55% ≤MgO 含量<80%)。镁铬质耐火制品耐火度高,高温强度大,抗热震性优良,抗碱性渣侵蚀性强,对酸性渣也有一定的适应性,且具有良好的回转窑生产水泥中的挂窑皮性,因此,主要用于 AOD 炉、RH 炉、VOD 炉、炼钢电炉衬、有色金属冶炼炉和水泥回转窑、玻璃窑蓄热室、石灰窑、混铁炉及耐火材料高温窑炉内衬等部位。

由于六价铬对环境及人体的危害,自 20 世纪 80 年代后期以来,镁铬质耐火材料的生产和使用出现下降趋势。特别是水泥回转窑中镁铬砖在碱性条件下使用很容易产生六价铬,并可能污染水泥熟料。因此,水泥窑中镁铬质耐火材料应是首先被取代的,对比国内外已进行了大量工作。

4.2.1   镁铬质耐火原料

镁铬质耐火原料包括铬铁矿和利用镁质原料与铬铁矿或氧化铬粉合成的镁铬砂等。

铬铁矿(也称铬矿)是以 Cr_2O_3 为主成分的铬尖晶石耐火原料,其化学式为 $FeO \cdot Cr_2O_3$,此纯矿物仅在陨石中见到。铬铁矿实际上是多种尖晶石的混晶,化学式可表示为 $(Mg,Fe) \cdot (Cr,Al,Fe)_2O_3$;立方晶系,呈黑褐色,密度为 4.0~4.8 g/cm^3,熔点为 1900~2050 ℃,莫氏硬度为 5.5~7.5;呈中性,抗酸性和碱性渣侵蚀;体积稳定,加热到 1750 ℃而不收缩,并且高温强度大,因此可用做耐火材料,如钢包引流砂、酸性和碱性耐火材料间的"过渡料或隔层砖"。但是,铬铁矿化学成分变化很大,Cr_2O_3 质量分数为 18%~62%,Al_2O_3 质量分数为 0%~33%,Fe_2O_3 质量分数为 2%~30%,MgO 质量分数为 6%~16%,FeO 质量分数为 0%~18%。与铬铁矿伴生的脉石矿物主要为镁的硅酸盐,如蛇纹石($3MgO \cdot 2SiO_2 \cdot 2H_2O$)、叶状蛇纹石、橄榄石和镁橄榄石等,一般 M/S 比小于 2,主要以蛇纹石为主。脉石是铬铁矿的有害成分,通常分布在铬铁矿颗粒周围,并填充于铬铁矿颗粒的裂隙中。因此,采用铬铁矿作耐火材料时,配料中通常添加一定数量的镁砂。图 4-14 示出铬矿颗粒的显微结构照片。

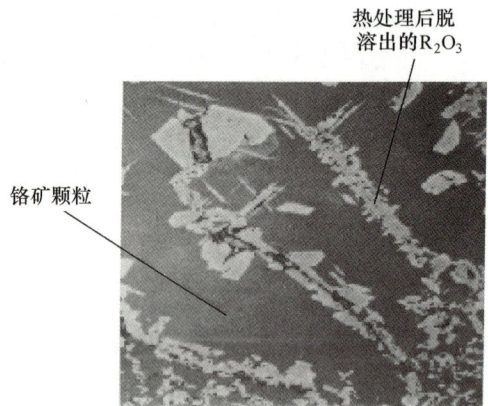

图 4-14   铬矿颗粒的显微结构照片

4.2.2   镁铬质耐火制品

按结构及制造方式不同,镁铬质耐火制品包括普通镁铬砖、直接结合镁铬砖、再结合镁铬砖、半再结合镁铬砖、熔铸镁铬砖、共烧结镁铬砖和化学结合不烧镁铬砖等。

4.2.2.1 普通镁铬制品

采用普通镁砂和铬铁矿生产的普通镁铬砖，其显微结构特点是粒状铬铁矿被细分散的镁砂结合料所包围，因此具有较好的高温强度、抗热震性和抗侵蚀性。由于铬铁矿中含有一定数量的蛇纹石等脉石矿物，蛇纹石能强烈地降低尖晶石的耐火度，配料中添加镁砂可将蛇纹石转化为高耐火的镁橄榄石。如图 4-15 所示，使组成点转移到无变量点温度较高（1850 ℃）的 M-MK-M$_2$S 三角形中。添加的镁砂必须预计到与氧化铁生成铁酸镁消耗的氧化镁量。发生的化学反应为：

$$3MgO \cdot 2SiO_2 \cdot 2H_2O + MgO \longrightarrow 2[2MgO \cdot SiO_2] + 2H_2O \tag{4-2}$$

在氧化气氛下：

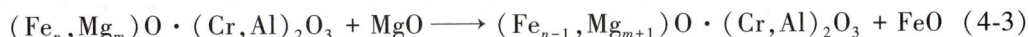

$$(Fe_n, Mg_m)O \cdot (Cr, Al)_2O_3 + MgO \longrightarrow (Fe_{n-1}, Mg_{m+1})O \cdot (Cr, Al)_2O_3 + FeO \tag{4-3}$$

过剩的氧化镁继续发生反应：

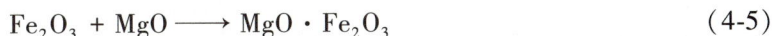

$$2FeO + 1/2\ O_2 \longrightarrow Fe_2O_3 \tag{4-4}$$

$$Fe_2O_3 + MgO \longrightarrow MgO \cdot Fe_2O_3 \tag{4-5}$$

在形成 $(Fe_{n-1}, Mg_{m+1})O \cdot (Cr, Al)_2O_3$ 过程中，伴随较大的体积膨胀。为减轻加入 MgO 后引起的体积膨胀，通常铬铁矿作粗颗粒，镁砂为细粉，或在砌筑时在砖间放置铁板。物料中氧化镁过剩时，反应生成耐火度高的产物。但是，由于物料分布不均和各个反应进行快慢的差异，在烧成过程中可能有非耐火的 Fe$_2$O$_3$ 蓄积，特别是在升温速度很快时。

图 4-16 为 MgO-Cr$_2$O$_3$ 二元系统相图。在 2100 ℃时，MgO 可固溶 40%Cr$_2$O$_3$；1700 ℃时，MgO 可固溶 14%Cr$_2$O$_3$。因此，理论上认为，为保证 1700 ℃时有两个固相存在以提高材料的抗热震性和抗渣渗透性，Cr$_2$O$_3$ 含量应大于 14%。但尖晶石形成为体积膨胀反应，所以，普通镁铬砖的 Cr$_2$O$_3$ 质量分数一般均低于 14%，以避免产生过大的体积膨胀。为提高砖中 Cr$_2$O$_3$ 含量，需要直接引入预合成镁铬砂。

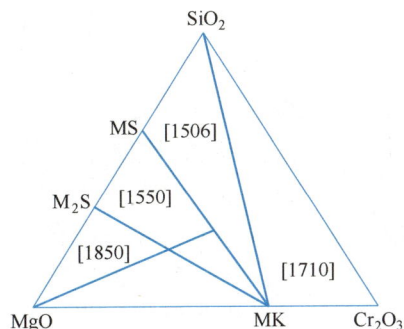

图 4-15　MgO-Cr$_2$O$_3$-SiO$_2$ 三元系固面图

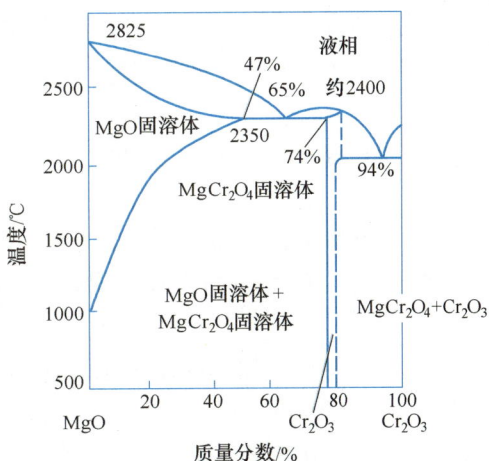

图 4-16　MgO-Cr$_2$O$_3$ 系相图

铬铁矿与镁砂配比对镁铬砖的性能也有影响。当铬铁矿与镁砂配比为 50∶50 时，制品具有较高的抗热震性，随着铬铁矿或镁砂比例的增大或减小，抗热震性都会降低。当铬铁矿含量过高时，制品在 1650 ℃下抵抗铁氧化物作用的能力会显著降低。铬铁矿颗粒能

与 Fe_3O_4 形成固溶体，引起体积的急剧膨胀，致使制品产生大的膨胀甚至爆胀现象。配料中铬铁矿的含量越高，爆胀现象越严重。增加配料中镁砂含量能增强制品的抗渣能力。

4.2.2.2 直接结合镁铬制品

采用高纯镁砂和铬铁矿精矿生产的直接结合镁铬砖，制品中杂质含量少，烧成温度高（≥1700 ℃），高温矿物相的直接结合率高，具有高抗侵蚀性、高强度、耐腐蚀及优良的抗热震性。表 4-10 给出直接结合镁铬砖及另外两种标准镁铬砖的性质。

表 4-10   四种不同的镁铬砖的特性

特　性	标准镁铬砖		直接结合镁铬砖	
工艺特点	阿尔卑斯山高铁镁砂，1600~1700 ℃	高温烧成，1700~1800 ℃	镁铬共烧结料，1700~1800 ℃	铬矿和镁铬共烧结料，高温烧成，1600~1700 ℃
第二相铬铁矿脱溶情况	+	++	++++	+++
直接结合程度	++	++++	（++++）	（++）

注：+——一般；++——较好；+++——好；++++——很好。

根据不同的需要和用途，有时可选用 1~2 种镁砂和 1~2 种铬矿进行配料。水泥窑用直接结合镁铬砖一般采用铬矿和部分镁砂为颗粒，镁砂为细粉，Cr_2O_3 质量分数为 3%~14%；冶金工业用直接结合镁铬砖 Cr_2O_3 含量较高，如 20%，镁砂和铬矿通常共同粉磨。

为获得良好的直接结合，可采取如下措施：采用的高纯镁砂、铬精矿原料中的总 SiO_2 质量分数应小于 2%，C/S 比小于 0.93 以减少硅酸盐相，特别是低熔点硅酸盐相，且在有低熔点硅酸盐存在时，方镁石-方镁石的结合会被 Cr_2O_3 所加强，而被 Fe_2O_3 和 Al_2O_3 所削弱，因此宜采用高铬铬精矿；添加微粉（如 Cr_2O_3 微粉）并适当增加其加入量以提高尖晶石含量与硅酸盐相黏度；外加少量 Ti、V、Mn、Fe 的氧化物，可加速烧结并促进直接结合这一过程；提高烧成温度至 1750 ℃以上，以促进生成更多次生尖晶石；控制冷却速度以形成晶间尖晶石（有时还有晶内尖晶石）等。相比于普通镁铬砖，直接结合镁铬砖抵抗 C/S 比高、低 Al_2O_3 含量熔渣侵蚀能力更强，荷重软化温度高，抗热震性能优良。

4.2.2.3 其他镁铬制品

（1）预反应镁铬制品。以预合成镁铬砂为主要原料的制品。其抗侵蚀性强，抗热震性好。

（2）熔铸镁铬制品。将镁砂和铬矿按一定比例配合，在电弧炉中高温熔融后，浇注成一定形状的制品。该制品纯度高，结构致密，常温和高温强度高，抗侵蚀性强，但抗热震性差。

（3）电熔再结合镁铬制品。用电熔镁铬砂为原料按合适的化学与粒度组成配合，经混练、高压成型、1800 ℃高温烧成而成。制品中直接结合程度高，杂质含量少，具有优良的高温强度、高温体积稳定性、耐腐蚀性和抗侵蚀性。如采用部分电熔镁铬砂为原料则为半电熔再结合镁铬制品。相比之下，电熔再结合与半电熔再结合镁铬制品的抗热震性较熔铸砖好，但较其他烧成砖差。

（4）全合成镁铬制品（共烧结镁铬制品）。采用精选菱镁矿与铬矿精矿为原料共同粉磨成细粉，压制成型，烧结而成。

表 4-11 中列出了不同结合形式的镁铬制品的性能对比。

表 4-11 不同结合镁铬砖的配料特点及相应性能比较

性 能	普通镁铬砖	直接结合镁铬砖	半再结合镁铬砖	再结合镁铬砖
电熔镁铬砂	不加	少加或不加	加入较多	很多至 100%
显气孔率	高	中等	较低	很低
体积密度	低	中等	较高	很高
高温强度	低	中等	较高	很高
抗蚀性	一般	较好	很好	最好
抗热震性	好	好	好	较差

4.2.3 镁铬砖的六价铬污染及对策

镁铬砖中三价铬化合物由于氧化或被碱和硫酸盐侵蚀生成六价铬的化合物 $K_2Cr(VI)O_4$、$Na_2Cr(VI)O_4$ 与 $K_2[(SO_4)_x(Cr(VI)O_4)_y]$ 或 $Na_2[(SO_4)_x(Cr(VI)O_4)_y]$。六价铬对人体与环境，特别是水造成严重污染。

影响上述反应的重要因素包括碱性介质、较高的氧分压和适宜的温度等。在 Cr-O 系中，稳定存在的氧化物有 Cr_2O_3 和 CrO_3，其中，Cr_2O_3 是重要的耐火材料组分；不稳定的化合物有 Cr_3O、CrO（$t_{熔}=1723\ ℃$）、Cr_3O_4、CrO_2（$t_{分解}=477\ ℃$）、Cr_5O_{12}（$t_{分解}=547\ ℃$）、Cr_2O_5（$t_{分解}=380\ ℃$）、Cr_8O_{21}（$t_{分解}=367\ ℃$）、$CrO_{2.9}$（$t_{分解}=237\sim277\ ℃$）。这些不稳定的化合物不是耐火材料组分，但依氧分压和温度的不同，可转变成 Cr_2O_3 和 CrO_3，进而成为六价铬的化合物。

防止六价铬污染的途径包括如下几方面：

（1）制造镁铬砖的原料镁砂、铬矿、镁铬砂等，理论上都不含六价铬。但研究发现铬绿（Cr_2O_3）和电熔镁铬砂中含有六价铬。因此，破碎、粉磨电熔镁铬砂以及加入铬绿配料、混合、成型时应注意防护。

（2）混合镁铬砖泥料时，若使用含有碱离子（Na^+、K^+）的结合剂，如碱性纸浆废液、水玻璃、钠的磷酸盐等，烧成后的制品中会形成六价铬盐。砖中 Na_2O 含量高，六价铬含量也高。因此，要加以控制与防止。

（3）烧成时氧分压对六价铬生成有影响。对 Cr_2O_3 质量分数为 12% 的镁铬砖做调整氧分压的烧成试验显示，空气过剩系数大时，六价铬含量也高。采用低钙镁砂原料，以无碱或低碱结合剂，适当控制冷却带前端风压，镁铬砖的制造过程中产生的六价铬含量可低至 $0.04\times10^{-6}\%$，对环境的污染很少。

（4）使用条件也影响六价铬的生成。在炼钢时的真空或惰性气体气氛下，氧分压低，不会增加镁铬砖中六价铬的含量。在介质中含钙、钠、钾较多的情况下，六价铬急剧升高。比如在水泥回转窑中服役的镁铬砖，水泥熟料与镁铬砖反应，生成六价铬盐 $3CaO\cdot3Al_2O_3\cdot CaCrO_4$。在石灰窑、煅烧白云石回转窑等存在碱性热介质的环境下，用后镁铬砖中六价铬盐大量增加。用后的镁铬砖不应长期存放在大气中，应尽可能地再生利用。一般情况下，夹杂不多的镁铬废砖可以回收作低档镁铬砖的原料；夹杂多的镁铬废砖可以用还原煅烧的办法使六价铬转为三价铬，或在镁铬废砖中加 TiO_2 或加入焦粉，在 $800\sim1200\ ℃$ 下煅烧，均可使六价铬向三价铬转化。最新研究表明，通过氧化钙、氧化铝与氧化铬反应形成钙-铝-铬或铝-铬中间相固溶体，可以避免材料中 Cr(Ⅵ) 的形成。

（5）开发无铬碱性砖。开发应用无铬砖是解决六价铬污染最彻底的办法。$MgO-Al_2O_3$（-FeO）系、$MgO-CaO$ 系、$MgO-SiO_2$ 系、$MgO-ZrO_2$ 及 $MgO-CaO-ZrO_2$ 系等都是非常有前途的碱性品种，并在水泥窑、玻璃窑蓄热室、石灰窑等得到应用。但是，在温度高、热冲击大、渣侵蚀严重的二次精炼炉，特别是在有色冶金炉中，耐火材料受到橄榄石类、辉石类等渣的严重侵蚀，开发有效的无铬砖任重道远。因此，在积极推行无铬化的同时，减少六价铬在镁铬砖生产与使用中的危害仍是重要课题。

4.3　镁铝尖晶石质耐火材料

按国际标准与我国国家标准，定义镁铝尖晶石质耐火材料为：由镁砂和氧化镁含量（质量分数）不小于 20% 的尖晶石组成的耐火材料。但实际工作中，由于 Al_2O_3 与 MgO 含量的变化范围较大，因此，我们将以 MgO 和 Al_2O_3 为主要化学成分的耐火材料称为镁铝尖晶石质耐火材料。根据 Al_2O_3 含量可将镁铝尖晶石质耐火材料分为方镁石-尖晶石耐火材料（Al_2O_3 质量分数小于 30%）、尖晶石-方镁石耐火材料（Al_2O_3 质量分数为 30%~68%）、尖晶石耐火材料（Al_2O_3 质量分数为 68%~73%）、尖晶石-刚玉耐火材料（Al_2O_3 质量分数为 73%~90%）和刚玉-尖晶石耐火材料（Al_2O_3 质量分数大于 90%）。从制造工艺可分为原位反应尖晶石耐火材料和预合成尖晶石耐火材料。其中尖晶石-方镁石耐火材料、尖晶石耐火材料、尖晶石-刚玉耐火材料因价格等原因几乎没有生产。

将高铝矾土直接引入到镁砖中制造的方镁石-尖晶石耐火材料（即镁铝砖或原位反应方镁石-尖晶石砖，Al_2O_3 质量分数小于 10%）属第一代方镁石-尖晶石耐火材料。20 世纪 30 年代奥地利、英国曾申请了专利。苏联 1942 年已有研究，但至 1964 年才有产品开发。我国于 20 世纪 50 年代利用我国丰富的天然资源开发出镁铝砖，并在平炉炉顶得到成功使用与推广。欧洲直到 20 世纪 70 年代末才对这种制品表现出较大的兴趣。日本 1976 年开始在水泥工业中使用镁铝尖晶石砖。我国 20 世纪 80 年代采用铝矾土和菱镁矿（或轻烧镁粉）合成镁铝尖晶石原料，并在方镁石-尖晶石耐火材料中应用。随着钢铁冶炼技术的发展和人们对环境保护意识的增强，国内外对方镁石-尖晶石耐火材料、刚玉-尖晶石耐火材料的研究日益增多，取得了不少成果。

镁铝尖晶石属立方晶系，密度为 3.58 g/cm^3，莫氏硬度为 8，导热系数（1000 ℃）为 5.82 $W/(m \cdot K)$，线膨胀系数（20~1000 ℃）为 $7.6 \times 10^{-6} ℃^{-1}$，与刚玉的接近，比方镁石的小得多，弹性模量也明显较方镁石的小。镁铝尖晶石抗铁渣、K_2O 和 Na_2O 的硫酸盐侵蚀性强和抗热震性良好，还原气氛下体积稳定性优良和抗游离 CO_2、SO_2 和 SO_3 的侵蚀性好。镁铝尖晶石质耐火材料主要应用于大型水泥回转窑、玻璃窑蓄热室、石灰窑、电炉炉顶、炉外精炼炉、钢包以及其他强化操作的热工设备。本节重点讨论方镁石-尖晶石和刚玉-尖晶石耐火材料。

4.3.1　方镁石-尖晶石耐火材料

方镁石-尖晶石耐火材料是以方镁石与镁铝尖晶石为主要相组成的耐火材料。通常氧化镁的含量较高。

镁铝尖晶石（通常也简称为尖晶石，MA）是 MgO-Al_2O_3 二元系统中唯一的中间化合物。其化学式为 $MgO \cdot Al_2O_3$，理论含量为 MgO 质量分数 28.3%、Al_2O_3 质量分数 71.7%。在 MA-MgO 二元系中有一低共熔点，如图 4-17 所示。在高温下，方镁石在尖晶石中的溶解度可达 10%，而方镁石中可固溶 18% 的 Al_2O_3。温度下降，互溶度降低，温度低于 1500 ℃ 时，MgO、MA 二者完全脱溶。由于 MgO 熔点为 2825 ℃，MA 熔点为 2105 ℃，$MgO \cdot Al_2O_3$ 系相图中左侧始溶温度高，因此，方镁石-尖晶石耐火材料的组成应偏于 MgO 一侧。

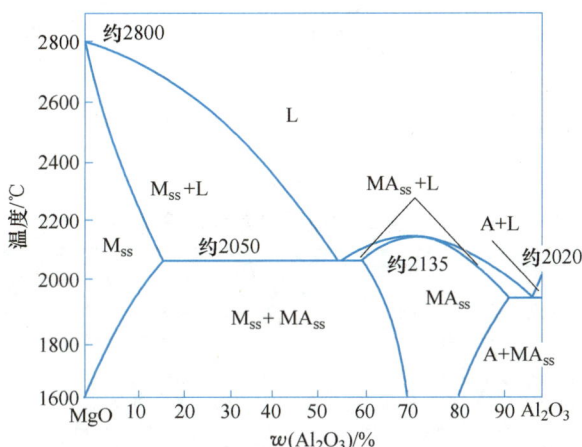

图 4-17 MgO-Al_2O_3 系相图

方镁石-尖晶石耐火材料中除主成分 MgO 外，次成分 Al_2O_3 对制品性能的影响亦不可忽视，Al_2O_3 质量分数一般在 5%～30% 范围内。随着尖晶石含量的增加，方镁石-尖晶石材料的线膨胀率逐渐降低（图 4-18），断裂功增大（图 4-19）。

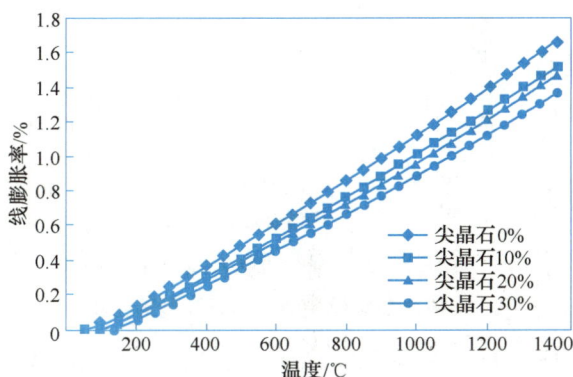

图 4-18 不同尖晶石含量的方镁石-尖晶石材料的线膨胀率

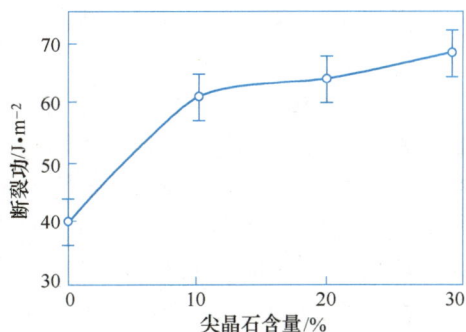

图 4-19 方镁石-尖晶石材料的断裂功与尖晶石含量的关系

尖晶石加入量达到 30% 时，方镁石-尖晶石材料的断裂功可提高 70%。其原因被认为是断裂路径从穿晶断裂更多地向晶间断裂改变，从而使裂纹扩展需要更多的能量。而 Ghosh 等提出，方镁石-尖晶石材料在尖晶石含量为 20% 时具有优越的抗热震性。图 4-20

为热震前后方镁石-尖晶石材料的弹性模量与尖晶石含量的关系。可见，尖晶石的存在使得方镁石-尖晶石材料的弹性模量显著降低。

表 4-12 列出热震后的方镁石-尖晶石材料急冷急热温度差与残余强度的关系。含有 10%、30% 粒径为 20 μm 尖晶石的方镁石-尖晶石材料急冷急热试验后强度保持率较高，尖晶石加入越多，残余强度越大。但是，尖晶石加入量过多，由于方镁石和尖晶石线膨胀系数不匹配，微裂纹越多，微裂纹长度越长。因此，在较小的应力作用下，裂纹得以扩展，使力学性能下降。

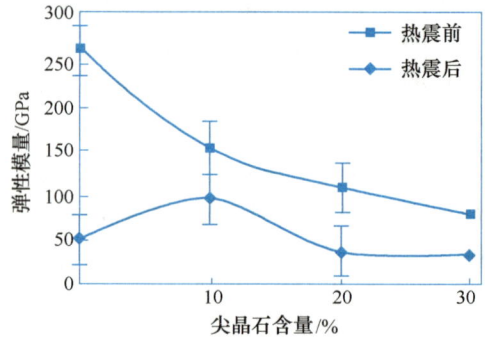

图 4-20　热震前后方镁石-尖晶石材料的
弹性模量随尖晶石含量的变化

表 4-12　方镁石和方镁石-尖晶石材料经急冷急热后的残余强度

ΔT/℃	残余强度/%		
	MgO（233 MPa）[1]	10% 22 μm（110 MPa）[1]	30% 22 μm（60.5 MPa）[1]
200	100±16	85±17	100±6
400	100±17	75±17	98±9
600	48±40	61±7	93±6
800	22±4	54±3	92±5

[1] 起始强度。

图 4-21、图 4-22、图 4-23 分别显示尖晶石含量与方镁石-尖晶石材料热震后残余断裂模量、荷重软化温度和热态断裂模量的关系，都存在一个最佳尖晶石含量。

当 Al_2O_3 含量小于 8% 时，尖晶石晶体含量少，晶间结合以方镁石与方镁石结合为主体，呈现出镁砖的缺点，即抗剥落性差。Al_2O_3 含量在 8%~20% 范围内，尖晶石矿物均匀地分布在方镁石中，尖晶石矿物晶体的尺寸为 5~20 μm，制品的性能较好。然而，当 Al_2O_3 质量分数超过 20% 时，制品的抗侵蚀性能则下降。在（95%MgO/5%CMS）-（95%MA/5%CMS）

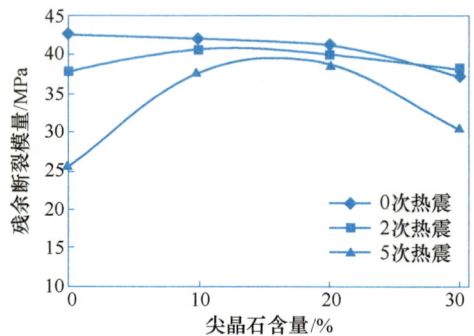

图 4-21　热震前后方镁石-尖晶石材料的
残余断裂模量随尖晶石含量的变化

假二元系统中（图 4-24），Al_2O_3 含量少时，液线温度很高，但亚液线温度很低，因此，耐高温性好，但荷重软化温度低。在相图的右端，即方镁石相较少时，液线和亚液线温度均较低，所以高温性能不理想。只有适当控制 Al_2O_3 含量，如图 4-24 中 cd 区域内，液线和亚液线温度均较高，并且在 1700 ℃ 的高温下，仍然存在双固相（M、MA），因此，制品不但高温性能优良，而且抗渣渗透性强，抗热震性好。实践表明，Al_2O_3 质量分数为 5%~12% 的方镁石-尖晶石制品耐高温，抗侵蚀性强，抗热震性好，可用作中间包挡渣墙、钢包滑板等；Al_2O_3 质量分数为 10%~20% 的方镁石-尖晶石制品抗热震性优良，适于水泥窑和石灰窑过渡带、烧成带内衬等；Al_2O_3 质量分数为 15%~25% 的方镁石-尖晶石制品抗 SO_3 和碱性硫酸盐侵蚀的能力优越，可作为玻璃窑蓄热室格子砖等。

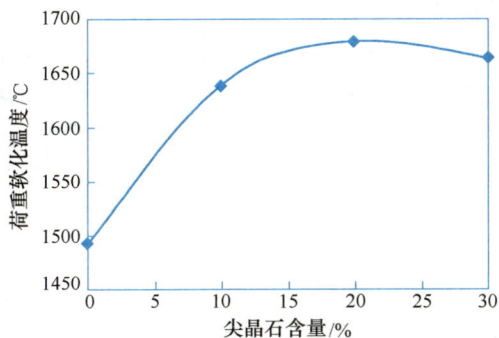

图 4-22　方镁石-尖晶石材料的荷重软化温度随尖晶石含量的变化

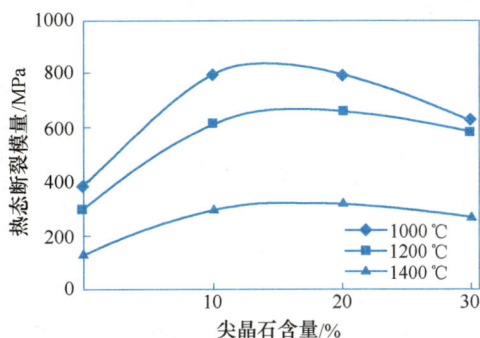

图 4-23　方镁石-尖晶石材料的热态断裂模量随尖晶石含量的变化

为进一步改善方镁石-尖晶石制品的抗渣渗透性、耐侵蚀性和抗热震性，可以引入少量 TiO_2、Cr_2O_3 等微粉。图 4-25 为分别添加 1%TiO_2 和 3%Cr_2O_3 的方镁石-尖晶石制品在真空精炼钢包包壁实际使用的结果。图 4-25 中基础制品的化学组成及性质：MgO 质量分数为 76.4%，Al_2O_3 质量分数为 18.1%，体积密度为 3.03 g/cm^3，显气孔率为 13.8%，高温抗折强度（1450 ℃）为 6.2 MPa。由图 4-25 可见，添加 Cr_2O_3 的制品可获得优于添加 TiO_2 的制品，后者又优于基础制品。这是因为原来的方镁石-尖晶石制品对于高碱度炉渣容易生成 CaO-Al_2O_3 系低熔物，而添加 Cr_2O_3 与 TiO_2 可促进低气孔率化，控制炉渣渗透，从而提高了高耐用性。

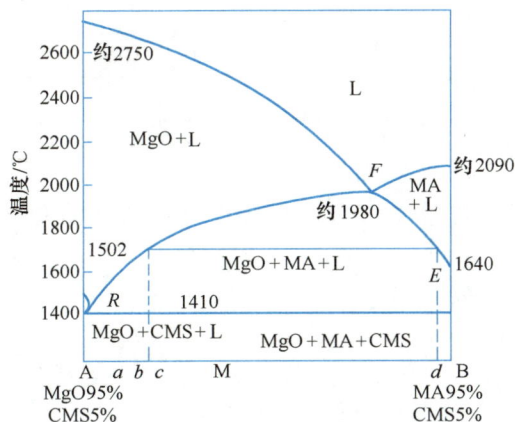

图 4-24　MgO-MA 假二元系统相图

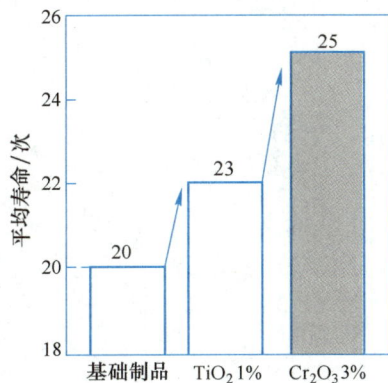

图 4-25　钢包的平均寿命

方镁石-尖晶石耐火材料被认为是有望取代镁铬制品的材料之一。方镁石-尖晶石制品导热系数比镁铬制品高，制品中的尖晶石组分在过热条件下易与水泥熟料中的 C_3S 或 C_3A 反应生成低熔点的 $C_{12}A_7$，导致窑皮烧流，造成制品蚀损和挂窑皮性差。所以，研究耐剥落性好、热震稳定性强、耐侵蚀并挂窑皮性良好的方镁石-尖晶石制品作为镁铬制品最佳替代材料应用于水泥回转窑，仍是重要研究课题。

添加 CaO 和 SiO_2 以及 TiO_2、Fe_2O_3、Fe-Cr、SiC 等调整镁砂颗粒的晶界物相，对方镁石-尖晶石耐火材料有一定影响。添加少量 TiO_2 粉，既可显著提高 MA 的烧结性，又能明显改善砖的抗渣性能，尤其是对高 CaO 熔渣的抵抗能力更有效。添加部分 Fe_2O_3 或 SiO_2 或高硅镁砂，可改善挂窑皮性能。引入 ZrO_2 到方镁石-尖晶石制品中，斜锆石 ZrO_2 在高温下吸收 CaO 将形成稳定的立方晶，通过进一步吸收 CaO 变为 $CaZrO_3$，这些都是高熔点化合物。同时，由于吸收 CaO，防止水泥中液相的浸透，抑制组织的劣化。所以，ZrO_2 是方镁石-尖晶石制品形成稳定窑皮的理想添加材料。由于窑皮的稳定存在，减少了因窑皮在不断的脱落—重挂过程中造成的窑衬砖内温差的频繁变化，减少了因此而造成的结构的劣化，从而提高了使用寿命。

研究表明，采用多孔骨料制备的方镁石-尖晶石材料，相较于采用电熔镁砂制备的方镁石-尖晶石材料，不仅强度增大，抗热震性增强，而且导热系数降低，水泥窑上使用挂窑皮性提高。表 4-13 列出几种无铬碱性砖的典型性能。在方镁石-铁铝尖晶石材料中，铁离子以稳定的二价的形式存在于铁尖晶石（$FeAl_2O_4$）构造内，增强材料的弹性。而且与水泥熟料接触后，铁尖晶石与水泥反应形成铁酸钙及铁铝酸四钙相，这些新相非常有助于在耐火砖工作面形成保护层。因此，方镁石-铁尖晶石制品也是一种性能优良而具有发展前景的水泥窑无铬碱性耐火材料。

表 4-13　无铬碱性砖的典型性能

砖			无铬砖			镁铬砖
编号			A	B	MH	MK
品名			开发品	一般品	一般品	一般品
化学成分（质量分数）/%		MgO	84	85	85	76
		Al_2O_3	13	13	3	6
		Cr_2O_3	—	—	—	11
		Fe_2O_3	—	—	8	4
矿物成分/%（计算值）		MgO	79	79	83	MgO-尖晶石组合物
		$MgAl_2O_4$	19	19	—	
		$FeAl_2O_4$	—	—	5	
		$MgFe_2O_4$	—	—	8	
原料	镁砂	烧结	○	○	○	○
		电熔				
	尖晶石砂		○	○	—	—
	铁尖晶石（电熔）				○	—
	铬铁矿					○
显气孔率/%			16.8	14.4	15.0	16.3
体积密度/g·cm^{-3}			2.93	3.03	3.05	3.04

续表 4-13

砖	无铬砖			镁铬砖
常温耐压强度/MPa	46	58	70	46
高温抗折强度（1500 ℃）/MPa	2.4	4.0	2.2	3.1
弹性模量/GPa	15	32	33	12

注：○表示所用原料。

4.3.2 刚玉-尖晶石耐火材料

刚玉-尖晶石耐火材料是以刚玉与镁铝尖晶石为主要相组成的耐火材料。通常刚玉含量较高。

从图 4-17 中右侧可以看出，Al_2O_3 与 MgO 都可以固溶于尖晶石中。尖晶石可固溶 Al_2O_3 达 20%，比 MgO 固溶量大得多。尖晶石固溶 Al_2O_3 后带有阳离子晶格缺陷，而且，Al_2O_3 固溶越多，缺陷越多，从而影响它的活性以及与渣的反应。另外 Al_2O_3 与 MgO 的固溶还可能导致一定的体积膨胀。

从 Al_2O_3-MgO-CaO 三元系相图 4-26 可见，当材料组成点落在 Al_2O_3-MA-CA_6 或 MA-CA_6-CA_2 相区内时，CaO 对刚玉-尖晶石材料的高温影响较小。但 CaO 含量过多，系统将形成如 CA、$C_{12}A_7$ 等低熔点化合物，对高温性能不利。

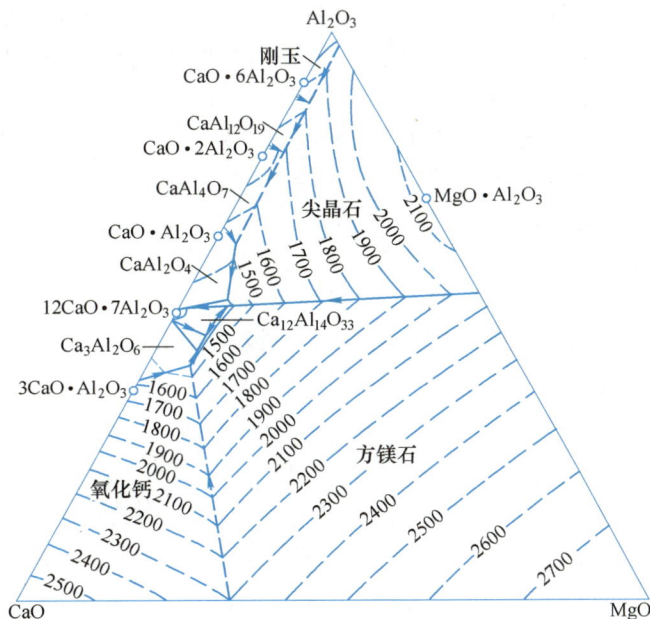

图 4-26 Al_2O_3-MgO-CaO 系相图

Al_2O_3-MgO-SiO_2 三元系相图 4-27 所示，Al_2O_3-MA-A_3S_2 子区无变量点温度为 1578 ℃，说明少量 SiO_2 引入 Al_2O_3-MgO 中对系统高温性能影响不大。为了保证高温下材料中同时存在刚玉、尖晶石相，组成点应落在 Al_2O_3-MA-A_3S_2 子区下部，如图 4-28 所示偏右阴影部分。SiO_2 含量增加将出现假蓝宝石、董青石低熔相，系统高温性能明显降低。对于系统

SiO_2 含量较高时，为避免低熔相出现，通常将基质组成转移到无变点温度 1710 ℃ 的 MgO-MA-M$_2$S 三角形中偏 MA 端点区域。

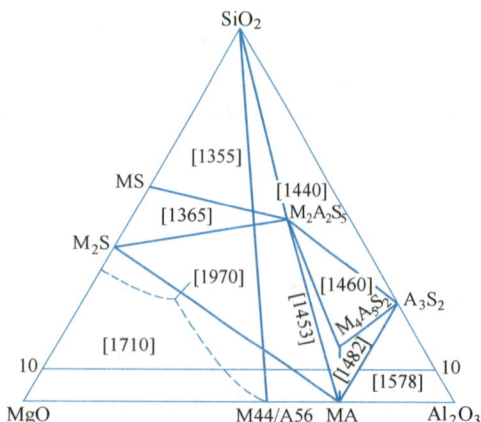

图 4-27 Al_2O_3-MgO-SiO_2 系固面图

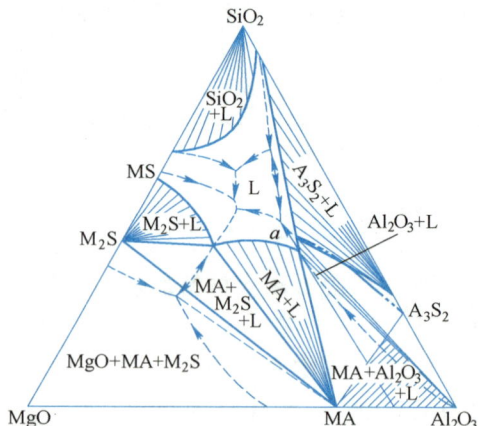

图 4-28 Al_2O_3-MgO-SiO_2 系 1600 ℃ 等温截面图

刚玉-尖晶石材料的性能与刚玉及尖晶石的组成、它们的相对含量与颗粒大小等有着重要的关系。

刚玉可以采用电熔白刚玉、烧结白刚玉、亚白刚玉、棕刚玉等。一般情况下，采用电熔白刚玉或烧结白刚玉制备的刚玉-尖晶石材料，后者抗热震性会强于前者，它们的抗渣性会优于采用亚白刚玉或棕刚玉制备的刚玉-尖晶石材料。近年研究表明，采用微孔刚玉制备的刚玉-尖晶石材料，具有强度更大、抗热震性更好、导热系数更小和抗渣性更优等特点，通过在钢包、滑板等试验，取得理想的使用效果。

刚玉可与渣中的 CaO 反应形成 CA$_6$、CA$_2$ 等高熔点化合物，并伴随体积膨胀，导致材料组织致密化；同时尖晶石可吸收渣中的 FeO、MnO 形成固溶体，所有这些将提高渣的 SiO_2 含量，使其黏度增大，材料的抗渣渗透性能增强。图 4-29 给出了尖晶石抑制熔渣渗透作用与尖晶石类型的关系。采用 Al_2O_3 含量为 90% 的尖晶石和增加尖晶石用量都有利于阻止熔渣渗透。图 4-30 给出理论组成尖晶石加入量对材料抗渗透与侵蚀的影响，其添加

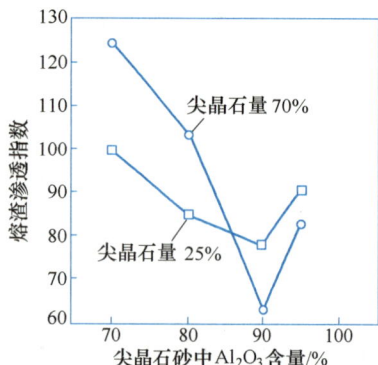

图 4-29   熔渣渗透指数与尖晶石砂中 Al_2O_3 含量的关系（LD 渣，1650 ℃，4 h）

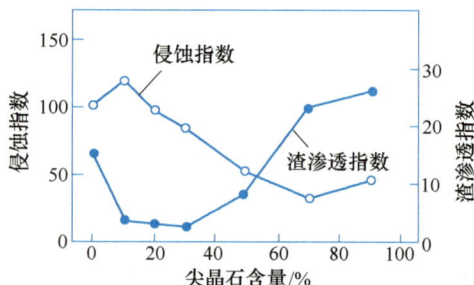

图 4-30   尖晶石含量对刚玉-尖晶石含量材料的作用

量在 10%～30% 的范围内，限制渣渗透的作用最大。尖晶石配入量低于 10% 时，渣中 FeO 和 MnO 在尖晶石中固溶少；而尖晶石配入量高于 30% 时，渣中 CaO 相对增多，不利于提高渣的黏度。两者都限制了熔渣黏度的提高而使抑制熔渣渗透的作用下降，但抗侵蚀性在尖晶石含量为 70% 左右时最好。

刚玉-尖晶石材料的抗渣性与尖晶石中 MgO 含量的关系如图 4-31 和图 4-32 所示。尖晶石中 MgO/Al_2O_3 比值越大，刚玉-尖晶石材料的抗渣侵蚀性越强。如将基质中的尖晶石以尖晶石微粉形式引入，使之在基质中均匀分布，可获得结构稳定、抗渣侵蚀和渗透性良好的耐火材料。

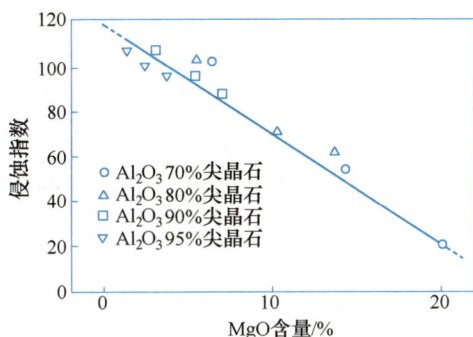

图 4-31　刚玉-尖晶石材料中 MgO 含量与耐侵蚀性
之间的关系（LD 渣，1650 ℃，4 h）

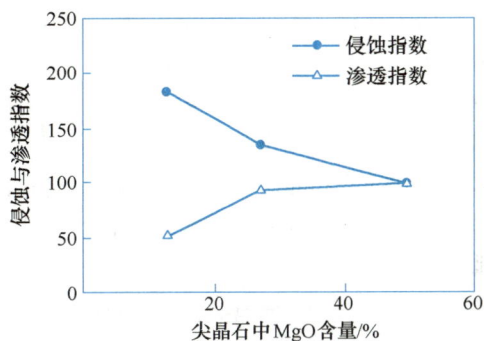

图 4-32　尖晶石中 MgO 组分与渣渗透
和侵蚀指数之间的关系

刚玉-尖晶石材料的抗侵蚀与抗渗透性与渣组成与性质密切相关。不同的使用条件可能有不同的结果，在实际应用中应有针对性地进行材料与尖晶石的组成设计。

刚玉-尖晶石材料中的尖晶石亦可以镁砂形式引入，让它在后续烧成与使用过程中与 Al_2O_3 反应生成尖晶石。这种尖晶石细小，在基质中分布均匀，能更有效地阻止渣中 FeO 和 MnO 的渗透。图 4-33 和图 4-34 给出某刚玉-尖晶石浇注料中 MgO 细粉含量与侵蚀指数和渗透指数之间的关系。

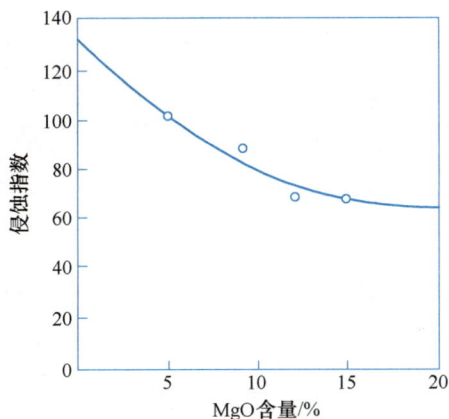

图 4-33　MgO 含量与熔渣侵蚀指数之间的关系

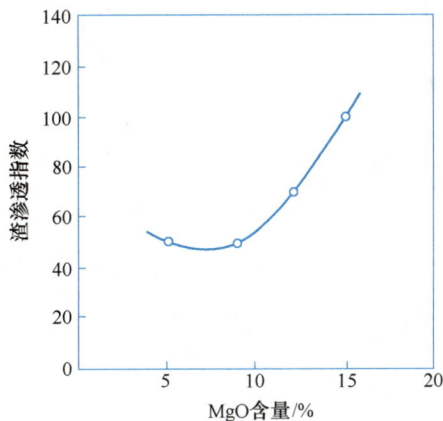

图 4-34　MgO 含量与熔渣渗透指数之间的关系

图 4-33 和图 4-34 中随着 MgO 细粉含量的增加，材料耐侵蚀性能提高。MgO 细粉含量为 5%~10% 时，熔渣渗透量最小。当 MgO 含量大于 10% 时，虽然抗渣侵蚀性能得到提高，但抗渗透性变差。而且由于 Al_2O_3 与 MgO 原位反应伴随较大的体积膨胀效应，产生裂纹，甚至开裂。可以通过添加氧化硅微粉来控制体积膨胀，SiO_2 微粉的加入促进烧结并形成少量液相，可抵消因尖晶石的形成而产生的膨胀。图 4-35 示出某铝镁浇注料细粉中 MgO/SiO_2 比与

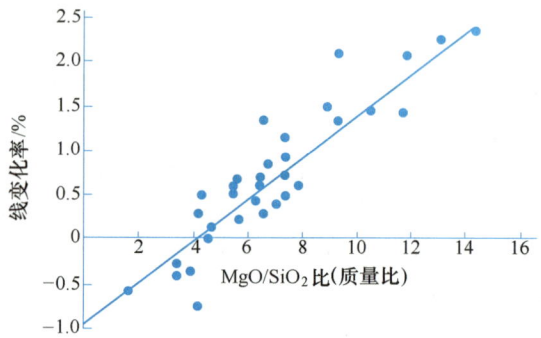

图 4-35   铝镁质材料中细粉部分 MgO/SiO_2 比对线变化率的影响（1500 ℃，3 h）

永久线变化率的关系。当 MgO/SiO_2 比大于 12 时，永久线变化率将高达 2% 以上，容易引起剥落。而当 MgO/SiO_2 比小于 3 时，却会产生收缩，从而加速裂纹的形成。一般认为这种材料的细粉中 MgO/SiO_2 比为 4~8 较适宜。同时，过多的 SiO_2 含量影响荷重软化温度等高温性能，因此需根据配料中的粒度、杂质含量及结合剂的种类与用量等因素确定最佳 SiO_2 微粉加入量。

表 4-14 中给出刚玉-尖晶石耐火材料的性质的示例。实际生产中，合成尖晶石的 MgO/Al_2O_3 比应根据其用途而定。化学计量尖晶石可用于不同类型的耐火材料。富镁尖晶石通常用于代替铬铁矿或镁铬尖晶石，与镁质原料配合制造碱性耐火砖，主要用作大型水泥窑的窑衬。富铝尖晶石则常与 Al_2O_3 质原料配合主要制造大、中型钢包浇注料或预制件和钢包透气砖、座砖等特殊部位。而天然原料合成的矾土基尖晶石则主要用于小型钢包浇注料和中间包挡渣墙等。

表 4-14   刚玉-尖晶石材料的性质

特　性		铝尖晶石质			铝镁质		
Al_2O_3 质量分数/%		92.7	93	88.9	83.9	89.9	91.6
MgO 质量分数/%		4.9	6	8.1	12.6	6.7	4.8
SiO_2 质量分数/%		0.1	0.1	1.5	2.5	0.5	0.5
CaO 质量分数/%		—	—	1.2	0.6	—	—
体积密度/g·cm⁻³	110 ℃，24 h	3.03	3.07	3.05	3.05	3.01	3.02
	1500 ℃，3 h	2.91	3.02	2.95	3.07	2.90	2.83
显气孔率/%	110 ℃，24 h	16.4	17.3	—	—	18.1	17.9
	1500 ℃，3 h	20.9	20.6	—	—	22.7	24.2
耐压强度/MPa	110 ℃，24 h	11.9	24.8	24.5	23.5	21.8	22.0
	1500 ℃，3 h	46.6	57.6	137.5	156.3	71.6	59.3
抗折强度/MPa	110 ℃，24 h	7.9	—	—	—	10.7	8.1
	1500 ℃，3 h	30.2	7.0[①]	—	—	29.9	36.3
线变化率/%	1500 ℃，3 h	−0.34	+0.08	+0.66	+0.19	+0.87	+1.16
使用部位		钢包，包壁	钢包，包底	钢包，包壁	钢包，包底	钢包，包壁	钢包，包壁

①高温抗折强度，1400 ℃。

4.4 白云石质耐火材料

白云石质耐火材料是指以白云石熟料为主要成分的碱性耐火材料。白云石熟料是指以天然或人工合成镁和钙的碳酸盐或氢氧化物经煅烧后而形成致密均匀的氧化钙与氧化镁混合物。按化学矿物组成白云石质耐火材料分为两大类：

（1）含游离 CaO 的镁钙质耐火材料，矿物组成位于 $MgO\text{-}CaO\text{-}C_3S\text{-}C_4AF\text{-}C_2F$（或 C_3A）系中，因其组成中含有难于烧结的 CaO，极易吸潮粉化，故又称不稳定或不抗水化的镁钙质耐火材料。

（2）不含游离 CaO 的镁钙质耐火材料，其矿物组成为 MgO、C_3S、C_2S、C_4AF、C_2F_x（或 C_3A）。组成中 CaO 全部呈结合态，无游离 CaO 存在。不易因水化崩裂而粉化，因而也称稳定性或抗水化性的镁钙质耐火材料。稳定性白云石砖即属于此类。

含氧化钙耐火材料早在 19 世纪就应用在欧洲冶金行业。20 世纪 50 年代后出现氧气顶吹转炉炼钢法，稳定性白云石耐火材料用于转炉炉衬曾起过积极作用。但因制品易发生水化，产量未有大幅提高。进入 60 年代后，碱性炼钢转炉法在全世界范围迅速推广，作为碱性耐火材料的镁钙质材料再次受到重视，有较快的发展。在原料制作方面，由单一的焦炭竖窑一步煅烧发展成为二步煅烧白云石熟料、人工合成二步煅烧白云石熟料和电熔镁白云石熟料等，生产的镁钙砂质量不断提高；在制品方面，由单一的沥青结合白云石砖，发展为轻烧油浸白云石砖、沥青结合镁白云石砖、烧成镁白云石砖、无水树脂结合镁白云石砖等。因为 CaO 抗水化问题没有得到彻底的解决，所以，总的来说，镁钙质耐火材料的应用受到严重影响。

近年，炼钢技术向高级化和洁净化方面发展。随着对杂质含量低的洁净钢需求日益增加，人们还希望耐火材料不污染钢水，最好具有一定洁净钢水的能力。在这种形势下，热力学稳定和抗碱性渣侵蚀强的含游离 CaO 的镁钙质耐火材料逐渐又引起国内外的普遍重视，特别是其所具有净化钢水的功能，使其成为现代钢铁工业中重要的耐火材料，具有广泛的开发应用前景。

4.4.1 与镁钙质耐火材料有关物系的相平衡

4.4.1.1 CaO-MgO 系

CaO-MgO 系相图如图 4-36 所示，MgO、CaO 两者的低共熔点为 2370 ℃。MgO 与 CaO 之间具有一定的互溶度，方镁石中能固溶 7%CaO，CaO 中能固溶 17% MgO。随温度下降，彼此间的溶解度降低。系统液线温度高，亚液线温度也高。所以，镁钙系耐火材料是一种耐火度高的耐火材料。

图 4-36 中，CaO/MgO = 58/42 为纯白云石，CaO/MgO<58/42 为富镁白云石或镁白云石，CaO/MgO>58/42 为高钙白云石。

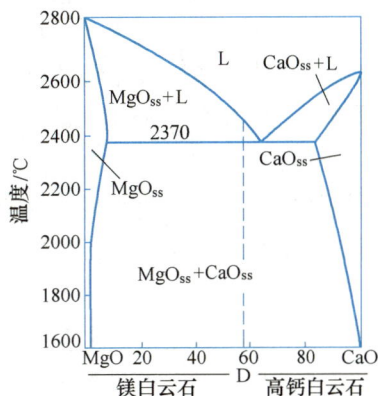

图 4-36　CaO-MgO 系相图

4.4.1.2 杂质-CaO-MgO 系

镁钙质耐火材料的杂质主要为 SiO_2、Al_2O_3、Fe_2O_3 等，当 $CaO/SiO_2>3$ 时，平衡矿物除 CaO、MgO 外，还有 C_3S（1900 ℃分解）、C_4AF（1415 ℃）、C_2F（1449 ℃）、C_3A（1535 ℃），如表 4-15 所列。

表 4-15   白云石耐火材料的平衡相组成（$CaO/SiO_2>3$）

Al_2O_3/Fe_2O_3 比	矿 物 相				
<0.64	CaO	MgO	C_2S	C_4AF	C_2F
>0.64	CaO	MgO	C_2S	C_4AF	C_3A
=0.64	CaO	MgO	C_2S	C_4AF	—

通过分析，最佳的 MgO/CaO 比例（白云石种类）取决于使用条件。对于转炉操作条件而言，提高 MgO/CaO 比例，虽然有熔渣易渗透的缺点，但却能够降低熔渣对耐火材料的熔损速度，因而其耐用性高。温度越高，高 MgO/CaO 比值的优点就越能显示出来，因而提高 MgO/CaO 比值对于苛刻的超高温操作条件是有效的。砖中的杂质相 C_4AF、C_3A、C_2F 使 CaO-MgO 系统的始熔温度降低 900~1000 ℃，氧化铝被认为是白云石质耐火材料最有害的杂质，如果同时有氧化铁存在，则影响更大。C_3S 本身熔点高，但也易与 SiO_2、MgO 反应生成低熔物。所以，为提高镁钙质耐火材料的高温性能，除了选择合适的 MgO/CaO 比例白云石外，还必须尽量降低其 Al_2O_3、氧化铁以及 SiO_2 等杂质含量。不过，纯度高的白云石材料难烧结，抗水化问题也十分突出。

4.4.2 镁钙质耐火材料的抗水化措施

CaO 和 MgO 都具有 NaCl 型的晶体结构，立方晶系，面心立方点阵，F_{m3m} 空间群。阴离子和阳离子都呈面心配位，离子配位数均为 6，Ca^{2+}、Mg^{2+} 处于 O^{2-} 的八面体间隙中。它们的晶格常数分别为 CaO $4.80×10^{-4}$ μm；MgO $4.20×10^{-4}$ μm。一个晶胞含有四个分子。Mg^{2+} 半径较小，它可以完全被包围在 O^{2-} 之间。而 Ca^{2+} 半径比 Mg^{2+} 半径大，不能被 O^{2-} 完全包围。因此，CaO 的晶格较为疏松，密度低，比 MgO 更容易水化。由计算得出 CaO 水化时体积增加 96.5%，导致含游离 CaO 耐火材料完全粉化而成粉末，从而限制了镁钙质耐火材料的推广应用。从这个意义上讲，镁钙质耐火材料最大的难题就是抗水化性的提高。

提高镁钙质材料抗水化性的途径包括降低材料的气孔率与增大 MgO 及 CaO 的晶粒尺寸以减少水蒸气通过气孔与晶界的渗透；控制 MgO/CaO 的比例以形成 CaO 被 MgO 包围的显微结构，以及在 MgO 与 CaO 颗粒表面形成抗水化保护层等。具体方法包括下面几方面。

4.4.2.1 烧结法

烧结法是通过活化烧结或提高烧结温度等方法来降低镁钙质材料的显气孔率，提高方镁石与氧化钙的晶粒尺寸，以提高其抗水化性。

A 活化烧结法（二步煅烧和消化）

二步煅烧与消化活化工艺过程共有三条技术路线。路线 1 为轻烧粉直接压球后再烧结。路线 2 与路线 3 中将部分轻烧粉或全部轻烧粉水化后压球，再经高温烧结。二步煅烧，可以提高坯体密度，加快坯体的致密化速度和显著降低烧结温度，使石灰和镁钙熟料抗水化性能得到有效提高；水化工艺则可借助水化过程中强烈的崩散作用，破坏轻烧白云石所残留的母盐假象。同时，所产生的 $Ca(OH)_2$ 和 $Mg(OH)_2$ 在烧结过程中可脱水生成更具活性的细小 MgO 和 CaO 晶粒，进一步促进了镁钙熟料的烧结性能。

B 添加外加剂烧结法

一方面，通过添加如 Al_2O_3、Fe_2O_3、SiO_2、TiO_2、CuO 等氧化物和氮化物、碳化硼、单质硼、铝等非氧化物及金属，在较低温度下生成液相，促进 MgO、CaO 晶粒的发育和长大，加速烧结致密化过程。另一方面，利用液相对 MgO、CaO 的良好润湿性，不仅有利于方镁石和氧化钙在表面张力的作用下进行颗粒重排，形成以 MgO 为基体、CaO 分布其间的网络结构，而且液相冷却后在晶界上形成的玻璃相物质也阻碍了水蒸气向颗粒内部的扩散，从而改善了 MgO-CaO 系耐火材料的抗水化性。

引入 CeO_2、La_2O_3、ZrO_2、Y_2O_3、Cr_2O_3 等氧化物，在较高温度下与 MgO、CaO 材料发生固溶反应，因此不会对白云石耐火材料的高温性能产生很大损害。同时由于固溶于 MgO、CaO 晶粒的添加物使 MgO、CaO 晶格发生畸变，造成晶格缺陷，活化了晶格，从而促进了 CaO、MgO 晶粒的发育、长大。此外，该添加物的加入还起到增加 CaO 与 MgO 之间固溶度的作用，有利于提高 MgO-CaO 系耐火材料的抗水化性能。

添加合适组分使 CaO 生成稳定化合物，如 $CaZrO_3$、$CaTiO_3$、Ca_2SiO_4、Ca_3SiO_5 和 $CaAl_{12}O_{19}$ 等，提高其抗水化性能。但在加入 ZrO_2 及 SiO_2 时，必须考虑 Ca_2ZrO_4 及 Ca_2SiO_4 的晶型转变。添加剂的加入量与粒度对其抗水化性有影响。图 4-37 为 ZrO_2 的含量与粒度对镁钙系材料水化增重率的影响。随 ZrO_2 含量的增大与粒度的减小水化增重率减小。

相比之下，选择 $Ca(OH)_2$、$CaCO_3$ 或 CaF_2 为抗水化添加剂可促进烧结，且不污染材料本身。

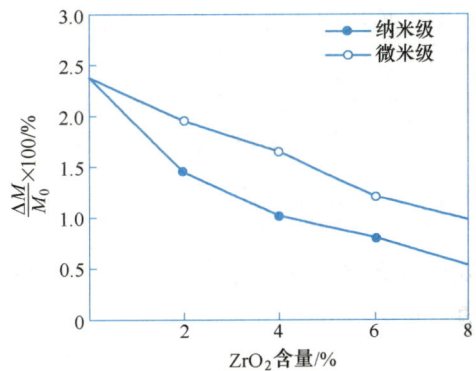

图 4-37 添加不同粒度 ZrO_2
白云石的抗水化性

4.4.2.2 表面处理法

采用有机物或无机物对镁钙质耐火材料进行表面处理，在其表面形成一层保护膜，隔离水蒸气，起到防止水化的作用。

A 有机物表面包覆

采用有机物如焦油、沥青、石蜡、脂醇类及各种树脂、有机硅化物、有机酸-有机酸盐复合（如乙醇酸-乳酸铝、柠檬酸-乳酸铝）等对镁钙质耐火材料进行表面处理。这种防水化处理方法不仅抗水化效果明显，而且还具有工艺简单和操作方便等优点。但随温度提高，抗水化效果减弱。

B 无机物表面包覆

如通过在 CO_2 气氛下对镁钙质耐火材料进行加热处理，使其表面游离 CaO 与 CO_2 发生反应而转变成较为稳定的一层 $CaCO_3$ 薄膜。也可采用磷酸、磷酸钠、硅酸钠盐、磷酸二氢铝、草酸等溶液浸渍镁钙质耐火材料，与镁钙质耐火材料表面的游离 CaO 反应生成难溶或微溶的化合物，附着在原料表面。当采用前述酸溶液浸渍后再进行 CO_2 气氛下处理，抗水化效果更加明显。

表 4-16 列出经 $H_2C_2O_4$ 与 H_3PO_4 溶液浸渍和热处理后镁钙熟料的抗水化实验结果。表 4-16 中 $H_2C_2O_4$ 溶液浸渍处理的镁钙熟料的粉化指数与增重指数低于 H_3PO_4 浸渍处理的同类材料。

表 4-16　抗水化实验结果

编号	处理条件	增重率/%	粉化率/%	增重指数	粉化指数
1	$H_2C_2O_4$	0.20	0.34	54	39
2	H_3PO_4	0.24	0.63	65	72
3	未做任何处理	0.37	0.87	100	100

C　密封包装法

热塑包装是最常用的防止镁钙质耐火制品水化的有效方法之一。以聚乙烯或聚氯乙烯等塑料薄膜为原料采用热塑真空包装方法使塑料薄膜紧贴在制品的表面。在包装过程中，一边抽真空一边对薄膜加热，使薄膜处于塑性状态，在大气压力作用下紧贴制品表面。也有采用镀铝薄膜以增加其隔水能力。

除了热塑包装以外，其他的密封包装还有金属密封包装。将镁钙质制品密封于集装箱等容器中，抽真空去除箱中的空气以防止水化。在未拆除包装的情况下抗水化性良好。一旦拆除包装制品极易水化。因此，应尽快完成砌筑施工并尽快使用。在使用过程中也不应停炉，避免镁钙耐火材料的温度下降到 600 ℃ 以下，以保证其不水化。

4.4.3　镁钙质耐火制品

镁钙质耐火制品主要有焦油白云石砖、镁白云石砖、直接结合镁钙砖以及添加氧化锆的白云石锆砖等。

焦油白云石砖是以烧结白云石为主要原料或再加入适量烧结镁砂（通常以细粉的形式加入），并以焦油、沥青或石蜡等有机物作结合剂而制成的。镁白云石砖是在焦油白云石砖的基础上开发的，主要采用合成镁白云石砂为主要原料制得。前者为不烧制品，后者为烧成制品。配料时可全部采用镁白云石合成砂，也可在基质料中引入部分或全部高纯镁砂细粉，以便提高其抗渣性（尤其是氧化铁含量高的炉渣）和抗水化能力。

烧成镁白云石砖基本采用三级配料，通常由 5～3 mm、3～0.5 mm 的颗粒和<0.088 mm 的细粉构成，用石蜡或焦油作结合剂。典型配比为 5～3 mm 占 10%；3～0.5 mm 占 60%；<0.088 mm 占 30%，外加石蜡 2.7%。石蜡使用前需经加热脱水，并在 80～100 ℃ 下保温。泥料用摩擦压砖机成型，在高温窑内烧成，烧成温度视杂质总含量而定，当其含量小于 3% 时，烧成温度在 1700 ℃ 或更高。烧成制度中应重点注意脱蜡温度，在该温度范围内，最好快速升温，以免因脱蜡使砖坯强度显著降低而造成砖坯塌落或开裂。另一点需要注意的是燃料和一、二次风中不能带入过量的水分，否则将会引起砖坯的水化而粉化。烧后镁白云石砖要采取防水化措施，严防其水化。

油浸镁白云石砖实质上为烧成镁白云石砖在沥青液中进行真空浸渍，使沥青进入砖内覆盖颗粒及砖体表面，这既起到防水化作用，也能提高砖的抗渣侵蚀性能。它在碱性氧气转炉中的使用效果较烧成镁白云石砖更优。

直接结合白云石砖或直接结合镁白云石砖的生产工艺与烧成镁白云石砖相似。但其原料要求较高，$SiO_2+Al_2O_3+Fe_2O_3$ 杂质总质量分数必须小于 2%。合成白云石砂的体积密度应大于 3.15 g/cm^3，合成镁白云石砂的体积密度应大于 3.20 g/cm^3。砖的烧成温度也较镁白云石砖高，物理性能也较镁白云石砖好些。直接结合白云石砖主要应用于炉外精炼 AOD、VOD 炉的渣线高侵蚀区，使用效果明显较原使用的直接结合镁铬砖为好，更优于直接结合高纯镁砖，是一种取代镁铬砖的优质材料。

由于烧成制品工艺复杂、投资大、能耗高，并且采用沥青还造成环境污染，近年有采用无水酚醛树脂为结合剂制造不烧镁白云石砖。其在钢包渣线应用亦取得与烧成镁白云石砖相接近的使用效果。

4.4.4 镁钙质耐火制品的性能

（1）耐高温性：镁钙质耐火材料中的主要成分 MgO、CaO 均为高熔点氧化物，氧化镁的熔点为 2800 ℃，氧化钙的熔点为 2600 ℃，二者共熔温度也在 2370 ℃，因此，这类材料具有良好的耐高温性。

（2）热力学稳定性：图 4-38 示出一些氧化物的自由能及氧分压的关系，图中氧化物中，CaO 的自由能最负，MgO 次之，CaO 最稳定，对钢水再供氧的可能性最小。MgO-CaO 质耐火材料这一热力学稳定性适合于使用在具有高温真空工作环境的炉外精炼中。

（3）净化钢液功能：MgO-CaO 质耐火材料的游离 CaO 能较好地捕捉钢中 Al_2O_3、SiO_2、S、P 等非金属夹杂，对钢水的脱磷、硫的效率也有一定的影响。图 4-39 给出以 CaSi 为脱硫剂时三种不同钢包衬的脱硫率与喷入 CaSi 之间的关系。由图 4-39 可见，当以白云石为包衬时，相同 CaSi 喷入量的脱硫率高于其他两种耐火材料。

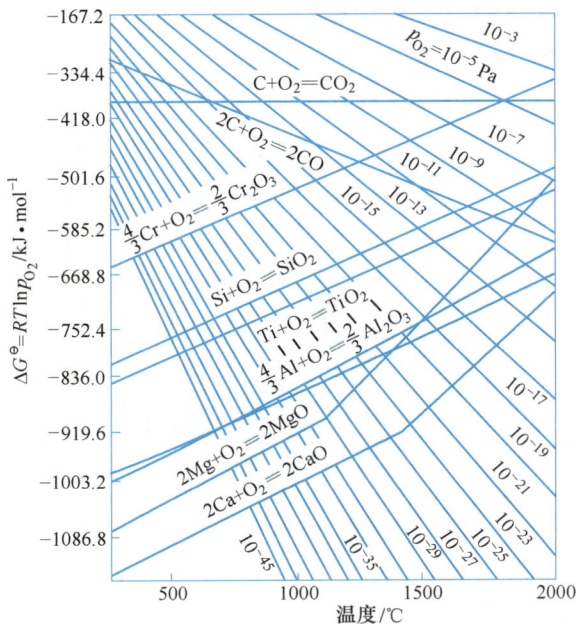

图 4-38 氧化物生成自由能与温度的关系

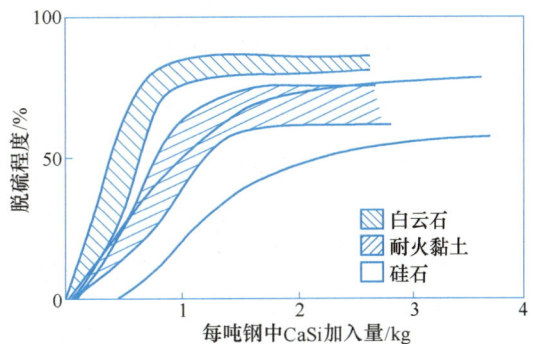

图 4-39 耐火材料对脱硫的影响

（4）抗渣性：镁钙质耐火材料的游离 CaO 对炉渣有广泛的适应性。它对高碱性渣有较强的耐侵蚀性，随着渣碱度的提高，炉渣侵蚀量迅速下降。此外，在精炼初期炉渣碱度低时，游离 CaO 也可能优先与炉渣中的 SiO_2 反应，生成高熔点、高黏性的硅酸二钙保护层附着在炉衬砖工作表面，堵塞气孔，抑制炉渣向内渗透和减轻炉渣的侵蚀。

MgO-CaO-SiO_2 系统中贫 SiO_2 部分固面图如图 4-40 所示。CaO/MgO 比越低的材料吸收 SiO_2 后的固化温度越低，从而导致高温性能恶化，说明镁白云石耐火材料抗低碱度渣侵蚀能力不及白云石和高钙白云石耐火材料。

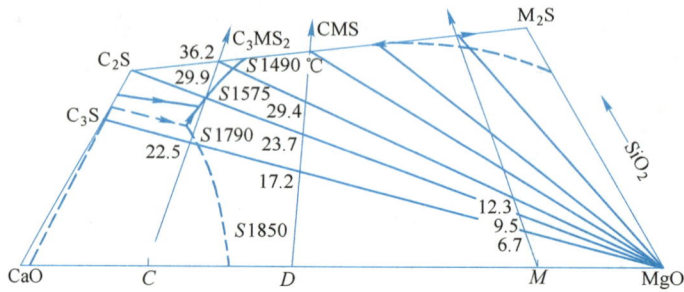

图 4-40　CaO-MgO-SiO_2 系统贫 SiO_2 部分固面图

S—固化温度（℃）；数字—材料吸收的 SiO_2 含量（%）

对于氧化铁含量高的炉渣，由 MgO-CaO-氧化铁系等温截面图（图 4-41）计算可知，富镁白云石耐火材料与氧化铁接触时，比钙含量较高的白云石耐火材料更能抵抗氧化铁炉渣的侵蚀，在还原条件下尤其如此。图 4-41 中，1500 ℃ 开始形成液相时吸收氧化铁的数量如下：氧化气氛下，$M = 3.5\%$，$D = 2.0\%$，$C = 1.0\%$；还原气氛下，$M = 26.5\%$，$D = 16.7\%$，$C = 11.4\%$。同样，在 1500 ℃ 吸收相同数量的氧化铁时所形成的液相量为：氧化气氛下，设 Fe_2O_3 含量为 15%，$L_M = (m-1)/(m-L') = 23.8\%$，$L_D = (d-2)/(d-L') = 26.3\%$，$L_C = (c-3)/(c-L') = 28.4\%$；还原气氛下，设 FeO 含量为 30%，$L_M = (m'-4)/(m'-L') = 9.4\%$，$L_D = (d'-5)/(d'-L') = 27.1\%$，$L_C = (c'-6)/(c'-L') = 36.8\%$。

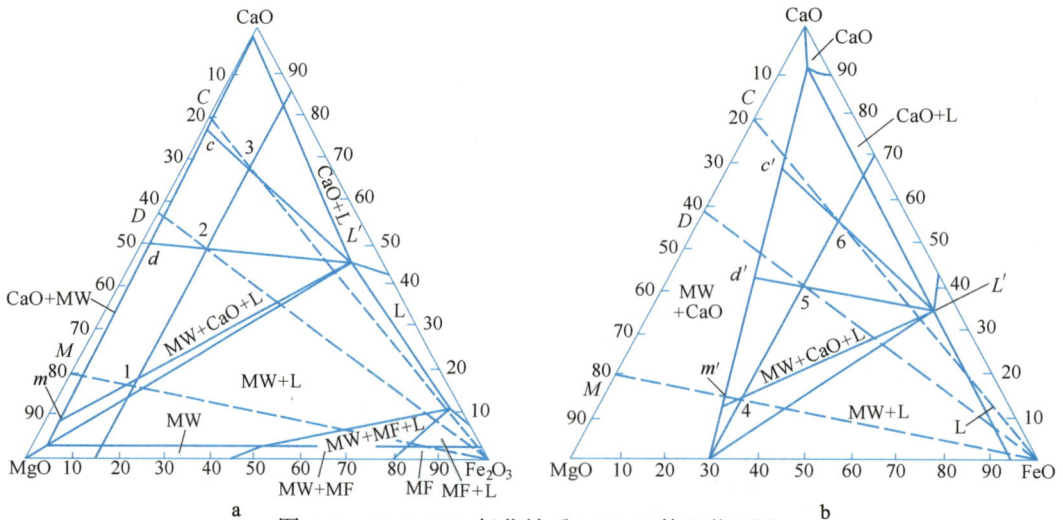

图 4-41　MgO-CaO-氧化铁系 1500 ℃ 等温截面图

a—氧化气氛；b—还原气氛

与 CaO-SiO$_2$ 系渣相比，镁钙质耐火材料在 CaO-Al$_2$O$_3$ 系渣中损耗相当严重，并随砖中 CaO/MgO 比值的提高而加大。其原因是砖中的游离 CaO 会立即熔于 CaO-Al$_2$O$_3$ 系渣中，生成 12CaO·7Al$_2$O$_3$ 等低熔点物质，以熔融状从砖的表面排出，使砖表面不能形成保护层，从而加快砖的损毁。

表 4-17 与表 4-18 分别列出不同含锆镁钙质及常见镁钙质耐火制品的理化性能。研究表明，添加 ZrO$_2$ 后，材料弹性模量和常温抗折强度下降，高温抗折强度基本接近，侵蚀指数忽高忽低，但渗透指数明显降低。

表 4-17　纯白云石及锆白云石质耐火制品的理化性能

类型		纯白云石砖		白云石锆砖		白云石镁锆砖	
牌号		LD1	BD2	LDZ1	LDZ2	LDM1	BDM2
体积密度/g·cm^{-3}		2.8	2.78~2.82	2.81	2.92	2.94	2.98
显气孔率/%		17	12~15	17	16	15	12~14
抗折强度/MPa		60	28~42	40	—	50	—
耐压强度/MPa		—	9.0~12.4	—	6.2~9.7	—	6.5~10
化学组成（质量分数）/%	MgO	40.0	40.0	38.8	39.0	57.0	60.0
	CaO	58.0	57.0	56.2	57	38.8	37.0
	SiO$_2$	0.8	0.9	0.8	1.2	0.8	1.1
	Al$_2$O$_3$	0.4	0.8	0.4	0.8	0.4	0.4
	Fe$_2$O$_3$	0.8	1.1	0.8	1.2	0.8	0.6
	ZrO$_2$	—	—	3.0	2.3~3.0	3.0	0.5~2.0

表 4-18　镁钙质耐火制品的理化性能

类型		镁白云石砖	白云石砖	烧成白云石砖	油浸白云石砖	烧成镁白云石砖	油浸镁白云石砖
SiO$_2$ 质量分数/%		0.4~0.9	0.9	0.9	1.1	1.62	≤4
Al$_2$O$_3$ 质量分数/%		0.1~0.3	0.8	0.3	0.4	0.45	
Fe$_2$O$_3$ 质量分数/%		0.4~1.4	1.1	1.0	1.8	1.98	
CaO 质量分数/%		7.2~34.8	40	56.5	58.0	14.86	15~20
MgO 质量分数/%		64.2~92.0	57	41.1	40.6	80.20	75~80
显气孔率/%		10~15	10	16.8	5	13	~2
体积密度/g·cm^{-3}		2.96~3.19	2.94	2.86	2.90	3.02	>3.10
耐压强度/MPa		63~119	49		26~46	73	82
抗折强度/MPa	1400℃	4.5~6.7		20.8（1200℃）	5.7（1200℃）	2.0	8.3（1200℃）
	1500℃	3.7					3.2（1350℃）
荷重软化开始温度/℃		1650~1720				>1700	

镁橄榄石质耐火材料

以镁橄榄石或橄榄岩为主要原料,氧化镁质量分数大于40%的耐火材料称为镁橄榄石质耐火材料,其主要矿物组成为镁橄榄石。纯的镁橄榄石的理论化学组成为MgO质量分数为57.3%,SiO_2质量分数为42.7%,MgO/SiO_2比为1.34,熔点1890 ℃,是$MgO\text{-}SiO_2$系统中唯一稳定的耐火相,如图4-42所示,由室温到熔点范围内M_2S没有同质异相转变。

镁橄榄石质制品具有较高的荷重软化温度,添加镁砂的制品开始变形温度可达1650~1700 ℃,甚至更高。镁橄榄石质制品抵抗熔融氧化铁作用的能力较强,但对CaO的抵抗作用较弱。其抗热震性较普通镁砖好。主要用作加热炉炉底、热风炉和玻璃窑、石灰窑等各种工业炉蓄热室的格子砖以及引流砂等。

由图4-43可以看出,镁橄榄石和铁橄榄石之间可形成无限固溶体,因此,富含镁、铁等矿物的橄榄岩的化学式可简单表示为$2(Mg\cdot Fe)O\cdot SiO_2$。但是,铁橄榄石的熔点较低,为1205 ℃,它的存在强烈降低了镁橄榄石的耐火度。所以,用作耐火材料的橄榄岩中,铁橄榄石的含量不应过多。FeO含量超过10%的橄榄岩不宜用作耐火原料。

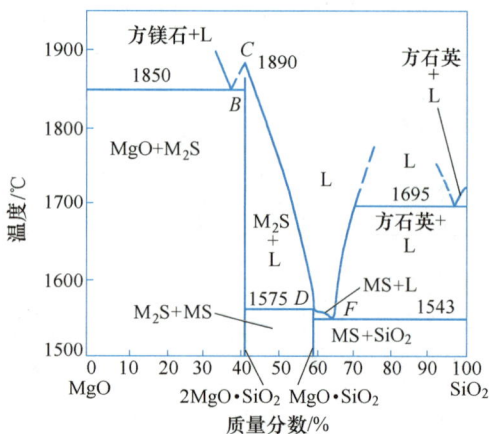

图4-42 $MgO\text{-}SiO_2$系相图

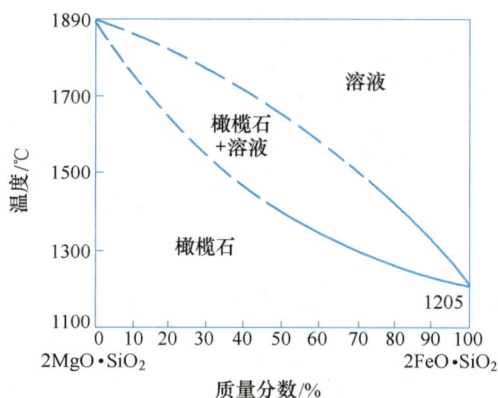

图4-43 $2MgO\cdot SiO_2\text{-}2FeO\cdot SiO_2$系相图

在氧化气氛中煅烧橄榄岩时,在700~750 ℃下铁橄榄石被破坏,其中的FeO氧化成Fe_2O_3。在1150 ℃以上,在镁橄榄石颗粒的周围形成高铁玻璃,并且镁橄榄石开始进行强烈的重结晶和再结晶。其化学变化可表示成:

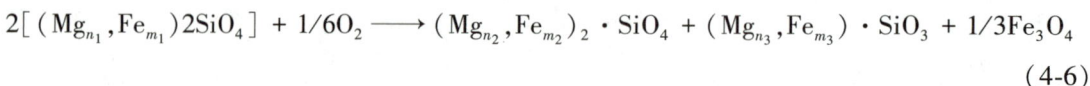

$$2[(Mg_{n_1},Fe_{m_1})2SiO_4]+1/6O_2 \longrightarrow (Mg_{n_2},Fe_{m_2})_2\cdot SiO_4+(Mg_{n_3},Fe_{m_3})\cdot SiO_3+1/3Fe_3O_4$$

$$(4\text{-}6)$$

$$n_1+m_1=n_2+m_2=n_3+m_3,\ n_1<n_2,\ m_1>m_2$$

上式说明开始生成的Fe_2O_3局部转变成Fe_3O_4,并且局部和正硅酸镁作用形成偏硅酸镁与磁铁矿。

由于橄榄岩中不含结合水和碳酸盐,在加热过程中收缩量和灼减量都很小。当采用橄榄岩作原料生产镁橄榄石制品时,原料可不经预烧直接使用。但当橄榄岩中含有较多的蛇纹岩时，常需经过煅烧后才能使用。

　　镁橄榄石质制品的生产工艺与普通镁砖大同小异。生产时主要应注意镁砂加入与否及其数量。

　　对于镁橄榄石质耐火制品，CaO、Al$_2$O$_3$ 是其最有害的杂质，一般要求其质量分数分别限制在 2.0% 以下。为了保证制品中的低温相全部转化为高温耐火相，在配料中应当配入镁砂（或苛性镁砂），且通常是以细粉方式引入。镁砂的配入量应保证全部 MgO·SiO$_2$ 转化成 M$_2$S、MF、MA 及 CMS，并应比理论计算的加入量高些，以保证在制品的平衡矿物中有方镁石存在。这不仅会改善制品的性质，而且有助于加速制品烧结过程。用橄榄岩作原料时加入 10% 左右的镁砂，生产不重要的制品也可不加镁砂。用钝橄榄岩作原料时，镁砂加入量应在 10% 以上，甚至达 20%～25%。以蛇纹岩作原料时，镁砂加入量为 15%～20%。烧成气氛应选择氧化性气氛。

　　由于镁橄榄石熔点较高，没有晶型转变，热稳定性较好，同时因为镁橄榄岩中通常伴有一定数量的铁橄榄石，可以促进材料烧结，所以，利用这些特性，近些年成功开发了镁橄榄石质转炉大面料和中间包干式料及水口座砖等。另外，还利用镁橄榄石导热系数仅为方镁石的 1/4～1/3，开发了膨胀蛭石-镁橄榄石保温材料；利用镁橄榄石良好抗碱侵蚀性能，开发的电熔镁橄榄石质匣钵应用于工业合成钴酸锂的推板窑中，使用效果优于莫来石-堇青石匣钵。

思 考 题

4-1　结合碱性耐火材料，说明耐火材料热剥落、结构剥落、机械剥落的区别及主要影响因素。

4-2　陶瓷结合和直接结合对镁质耐火材料性能有何影响？如何提高镁质耐火材料的直接结合率？

4-3　镁铝尖晶石质耐火材料中镁铝尖晶石的引入方式有哪几种？它对镁铝尖晶石质耐火材料的性能有何影响？

4-4　镁铬质耐火材料是碱性耐火材料的重要品种，但是可能造成六价铬污染。六价铬是如何形成的？有何防治措施？

4-5　镁钙质耐火材料被认为是洁净钢冶炼的理想材料，试分析镁钙质耐火材料主要性能优势、缺陷及主要解决措施。

4-6　结合镁橄榄石的特性，说说镁橄榄石质耐火材料有哪些主要用途。

5 氧化物-碳复合耐火材料

本章要点

(1) 掌握碳-氧、碳-耐火氧化物反应的一般性规律，并能运用这些规律合理解释碳复合耐火材料生产和使用过程中碰到的问题；

(2) 理解碳复合耐火材料防氧化的机理，熟悉选择防氧化剂的原则及其抗氧化的热力学与动力学机理；

(3) 了解耐火原料质量对碳复合耐火材料使用性能的影响，熟悉碳复合耐火材料生产的一般性工艺流程；

(4) 熟练分析和解释不同使用环境条件下不同碳复合耐火材料的损毁机理。

5.1 概述

传统耐火材料是以耐火氧化物为主要原料，包括矿物与人工合成氧化物，如硅石（SiO_2）、锆英石、刚玉、镁砂、尖晶石、莫来石等。这些耐火氧化物大部分是离子晶体，熔点高，在自然界中储量丰富，因而成为耐火材料最常用的成分。耐火材料在使用时损毁的两个主要原因，一是炉渣的侵蚀及其渗透而引起的结构剥落，二是由于耐火材料承受温度变化及温度梯度所产生的热应力而产生的剥落损毁。提高耐火材料的抗渣性与抗热震性，是延长其使用寿命的重要手段。但在上述两个损毁原因中，氧化物存在明显的不足。首先，大部分炉渣是由氧化物构成的，它们与耐火氧化物的亲和性与润湿性好，因而氧化物耐火材料抵御氧化物熔渣的侵蚀和渗透能力低；其次，大部分氧化物为脆性材料，它们的韧性差；此外，它们的导热系数较小，因而影响了它们的抗热震性。20 世纪 70 年代，人们将石墨等碳材料引入耐火材料中，形成了氧化物-碳复合耐火材料。石墨的导热系数高，韧性好，对渣的润湿性差，作为耐火原料引入耐火材料组分中，可明显改善耐火制品的抗热震性与抗渣性，从而大大提高了钢铁工业用耐火材料的使用寿命。碳复合耐火材料已成为钢铁工业用耐火材料的一个十分重要的品种。

氧化物-碳复合耐火材料又称含碳耐火材料，它是氧化物-非氧化物耐火材料中最重要、应用最广的品种。许多耐火氧化物都可与碳复合获得碳复合耐火材料，最常见的有 MgO-C、MgO-CaO-C、Al_2O_3-C、Al_2O_3-MgO-C、Al_2O_3-SiC-C、Al_2O_3-ZrO_2-C 等。

碳被引入耐火材料中提高了耐火材料的抗渣性与抗热震性，但碳本身也有它自身的弱点，如易被氧化；另外由于碳的导热系数高，因此碳复合耐火材料作为高温窑炉内衬时的热损耗大，不利于节能；同时，与氧化物相比，碳更易溶入钢水中而造成钢水的增碳，这对于冶炼低碳钢、超低碳钢来说是一个严重的问题。因此，提高碳复合耐火材料的抗氧化性、减少碳复合耐火材料中的碳含量、降低碳向钢水中的溶解仍是碳复合耐火材料重要的研究课题。

5.2 碳-氧化物复合耐火材料相关物系热力学

5.2.1 碳-氧系的化学反应

碳-氧化学反应可以产生一系列只有碳和氧组成的化合物。最简单常见的碳氧化物有一氧化碳（CO）和二氧化碳（CO_2）。除了这两种为人熟知的无机物，碳与氧其实还能构成许多稳定或不稳定的碳氧化合物，但在现实生活中很难接触到其他碳氧化物，如 C_3O_2 等。

含碳耐火材料、碳热还原、无机非氧化物制备等都与碳氧反应有关。高炉、欧冶炉、化铁炉、煤气发生炉、气化炉等用耐火材料的选取及安全性评估也会涉及此反应体系。

5.2.1.1 碳-氧反应

在高温下，碳-氧系中存在着 C（s）、C_2（g）、C_3（g）、C_4（g）、C_5（g）、C_2O（g）、C_3O_2（g）、CO（g）、CO_2（g）、O（g）、O_2（g）等物种。含碳耐火材料的理论分析及计算中，一般只研究以下 4 个反应：

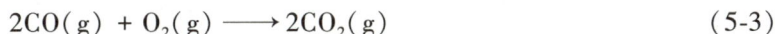

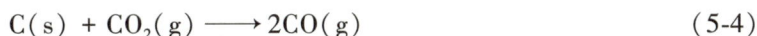

$$C(s) + O_2(g) \longrightarrow CO_2(g) \tag{5-1}$$

$$2C(s) + O_2(g) \longrightarrow 2CO(g) \tag{5-2}$$

$$2CO(g) + O_2(g) \longrightarrow 2CO_2(g) \tag{5-3}$$

$$C(s) + CO_2(g) \longrightarrow 2CO(g) \tag{5-4}$$

这 4 个反应中，式（5-1）称为碳的完全燃烧反应，式（5-2）称为碳的不完全燃烧，式（5-3）是 CO 气体的燃烧反应，式（5-4）称为碳气化反应或 Boudouard reaction（布都阿尔反应），碳气化反应的逆反应称为 CO 的歧化反应。

式（5-1）和式（5-2）很难在实验室中进行单独研究，这是因为这两个反应总是相伴进行，且这两个反应在高温下与固体碳平衡共存的氧非常少，由实验准确测量非常困难，式（5-3）和式（5-4）在不同温度时的平衡气相组成，均可通过实验分别加以测量，所以在 C-O 反应体系中，一般取反应式（5-3）和式（5-4）作为独立反应。

如 CO 的燃烧反应：

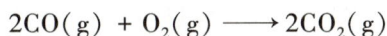

$$2CO(g) + O_2(g) \longrightarrow 2CO_2(g)$$

由实验测得其不同温度时的平衡气相组成，得出其平衡常数 K 与 T 的关系为：

$$\lg K_{(5\text{-}3)} = \frac{29502}{T} - 9.068 \tag{5-5}$$

由 $\Delta G^{\ominus} = -RT\ln K = -2.303RT\lg K$，可求得 CO 燃烧反应的标准自由能变为：

$$\Delta G^{\ominus}_{(5\text{-}3)} = -564777 + 173.64T \tag{5-6}$$

碳的气化反应：

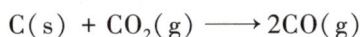

$$C(s) + CO_2(g) \longrightarrow 2CO(g)$$

由其不同温度时测得的平衡气相组成，求得的标准自由能变为：

$$\Delta G^{\ominus}_{(5-4)} = 175548 - 177.65T$$

由反应式（5-3）+式（5-4）可得反应式（5-1）：

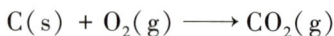

$$C(s) + O_2(g) \longrightarrow CO_2(g)$$

$$\Delta G^{\ominus}_{(5-1)} = \Delta G^{\ominus}_{f,CO_2} = \Delta G^{\ominus}_{(5-3)} + \Delta G^{\ominus}_{(5-4)} = -389.229 - 0.00401T$$

由式（5-3）+2×式（5-2）可得式（5-2）：

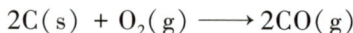

$$2C(s) + O_2(g) \longrightarrow 2CO(g)$$

$$\Delta G^{\ominus}_{(5-2)} = \Delta G^{\ominus}_{(5-3)} + 2\Delta G^{\ominus}_{(5-4)} = -213.681 - 0.18167T$$

反应式（5-2）除以 2 就是生成 1 mol CO 的反应：

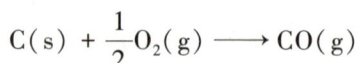

$$C(s) + \frac{1}{2}O_2(g) \longrightarrow CO(g)$$

从而可得：

$$\Delta G^{\ominus}_{f,CO} = \frac{1}{2}\Delta G^{\ominus}_{(5-2)} = -106.841 - 0.9083T$$

5.2.1.2 碳的气化反应

碳的气化反应为 $C(s) + CO_2(g) \rightarrow 2CO(g)$，在分析讨论有碳参与的反应时十分有用。碳的气化反应是吸热反应。它由二组元构成，存在两个相。根据相律，此体系的自由度 $f = C - p + 2 = 2 - 2 + 2 = 2$；即温度、压力和组成（CO 或 CO_2）参数中，只有两个是独立变数。

碳气化反应的平衡常数为：

$$K^{\ominus} = \frac{\left(\dfrac{p_{CO}}{p^{\ominus}}\right)^2}{\dfrac{p_{CO_2}}{p^{\ominus}}}$$

式中 p_{CO}，p_{CO_2}——分别为 CO 与 CO_2 的分压。

设总压力为 p，其平衡气相组成 $\varphi(\%)$ 为：

$$\varphi(CO) = \frac{p_{CO}}{p} \times 100\%, \quad \varphi(CO_2) = \frac{p_{CO_2}}{p} \times 100\%$$

$$p_{CO} = \varphi_{CO} \times p, \quad p_{CO_2} = \varphi(CO_2) \times p$$

则

$$K^{\ominus} = \frac{p^2_{CO}}{p_{CO_2}} \cdot \frac{1}{p^{\ominus}} = \frac{\varphi(CO)^2}{\varphi(CO_2)} \cdot \frac{p}{100p^{\ominus}}$$

又因为

$$\varphi(CO) + \varphi(CO_2) = 1$$

所以

$$\frac{\varphi(CO)^2}{1 - \varphi(CO)} \cdot \frac{p}{p^{\ominus}} = K^{\ominus}$$

解上述方程得：

$$\varphi(CO) = \left[-\frac{K^{\ominus}}{2} + \sqrt{\frac{(K^{\ominus})^2}{4} + \frac{K^{\ominus}p}{p^{\ominus}}} \right] \cdot \frac{p^{\ominus}}{p} \tag{5-7}$$

由式（5-7）可知，要计算出平衡气相组成 $\varphi(CO)$ 或 $\varphi(CO_2)$，必须知道 $K^{\ominus}$ 与 p。

式（5-4）的逆反应（CO的歧化反应）有C生成，当此反应在高炉中的矿石、耐火材料的裂隙或气孔中发生时，由于碳的沉积，将导致矿石的碎裂、炉衬耐火材料的损毁。CO在1000 ℃以上的高温下是相当稳定的，不会分解为C和CO_2。但在1000 ℃以下时，纯CO在热力学上是不稳定的。根据外部条件，CO可分解为C+CO_2，由于C—O键结合强（C与O原子形成CO的生成热为996 kJ/mol），CO在单相内的分解需要很高的活化能，因此CO在一般情况下是不容易分解的。但若容器内有Fe、Cr、Ni、Co或Mn等CO分解的催化剂存在时，CO就会分解，其中Fe最为有效。

5.2.1.3　C-O反应与生成气体的分压

碳在空气中加热时在500 ℃左右开始氧化，生成CO、CO_2，主要反应为：

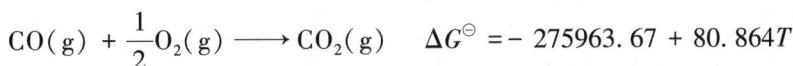

$$C(s) + O_2(g) \longrightarrow CO_2(g) \quad \Delta G^{\ominus} = -395767.49 - 0.364T$$

$$C(s) + \frac{1}{2}O_2(g) \longrightarrow CO(g) \quad \Delta G^{\ominus} = -119803.82 - 81.21T$$

$$CO(g) + \frac{1}{2}O_2(g) \longrightarrow CO_2(g) \quad \Delta G^{\ominus} = -275963.67 + 80.864T$$

$$C(s) + CO_2(g) \longrightarrow 2CO(g) \quad \Delta G^{\ominus} = 156159.85 - 162.056T$$

当反应达到平衡时，$\Delta G^{\ominus} = -RT\ln K_p = -2.303RT\lg K_p$，由此可得$\ln K_p$与温度$T$之间的函数关系式，见式（5-8）~式（5-11），相应的函数图如图5-1所示。

$$\ln K_{p(5-1)} = \frac{47602.54}{T} + 0.044 \tag{5-8}$$

$$\ln K_{p(5-2)} = \frac{14409.89}{T} + 9.768 \tag{5-9}$$

$$\ln K_{p(5-3)} = \frac{33192.65}{T} - 9.726 \tag{5-10}$$

$$\ln K_{p(5-4)} = -\frac{18782.66}{T} + 19.492 \tag{5-11}$$

由式（5-8）~式（5-11）可求得式（5-1）~式（5-4）在不同温度下的标准反应自由能和平衡常数，如表5-1所示。

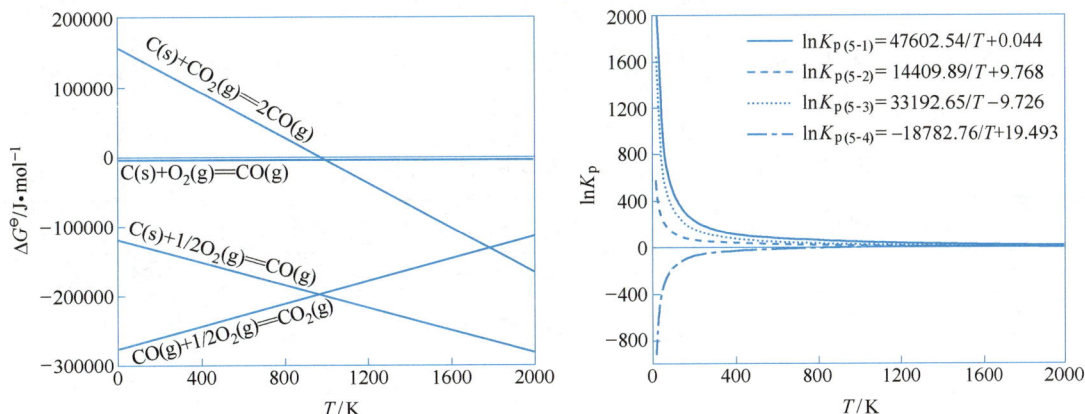

图5-1　C-O反应的$\Delta G^{\ominus}$和$\ln K_p$与T的关系

表 5-1   碳-氧反应的标准自由能 $\Delta G^{\ominus}$ 和平衡常数

温度/℃	反应							
	$C(s) + O_2(g) \rightarrow$ $CO_2(g)$		$C(s) + \frac{1}{2}O_2(g) \rightarrow$ $CO(g)$		$CO(g) + \frac{1}{2}O_2(g) \rightarrow$ $CO_2(g)$		$C(s) + CO_2(g) \rightarrow$ $2CO(g)$	
	$\ln K_p = 47602.54/T + 0.044$		$\ln K_p = 14409.89/T + 9.768$		$\ln K_p = 33192.65/T - 9.726$		$\ln K_p = -18782.66/T + 19.492$	
	$\Delta G^{\ominus} = -395767.49 - 0.364T$		$\Delta G^{\ominus} = -119803.82 - 81.21T$		$\Delta G^{\ominus} = -275963.67 + 80.864T$		$\Delta G^{\ominus} = 156159.85 - 162.056T$	
	$\Delta G^{\ominus}$	$\ln K_p$	$\Delta G^{\ominus}$	$\ln K_p$	$\Delta G^{\ominus}$	$\ln K_p$	$\Delta G^{\ominus}$	$\ln K_p$
727	-396131.5	47.639	-201016.8	24.176	-195086.7	23.4613	-5922.079	38.272
927	-396204.3	39.707	-217256.8	21.775	-178913.9	17.9309	-38333.28	35.142
1127	-396277.1	34.042	-233496.8	20.06	-162741.1	13.9803	-70744.48	32.907
1227	-396313.5	31.776	-241616.8	19.374	-154654.7	12.4001	-86950.08	32.012
1327	-396349.9	29.793	-249736.8	18.773	-146568.3	11.0173	-103155.7	31.23
1427	-396386.3	28.043	-257856.8	18.244	-138481.9	9.79725	-119361.3	30.54
1527	-396422.7	26.488	-265976.8	17.773	-130395.5	8.71272	-135566.9	29.926
1627	-396459.1	25.096	-274096.8	17.352	-122309.1	7.74234	-151772.5	29.377
1727	-396495.5	23.843	-282216.8	16.972	-114222.7	6.869	-167978.1	28.883
1827	-396531.9	22.71	-290336.8	16.629	-106136.3	6.07882	-184183.7	28.435

假定 $p_{CO} = 101$ kPa，由式 (5-2) 得：

$$K_{p(5-2)} = \frac{p_{CO}}{p_{O_2}^{1/2}}$$

则

$$\ln K_{p(5-2)} = \ln p_{CO} - \frac{1}{2}\ln p_{O_2} \tag{5-12}$$

将式 (5-12) 代入式 (5-9) 得：

$$\ln p_{O_2} = -\frac{28819.78}{T} - 19.536 \tag{5-13}$$

同理由反应式 (5-4) 和式 (5-11) 得：

$$\ln p_{CO_2} = \frac{18782.66}{T} - 19.492 \tag{5-14}$$

由式 (5-13) 和式 (5-14) 即可求得不同温度下的 p_{O_2} 和 p_{CO_2} 值，见表 5-2。$\ln p_{CO_2}$ 和 $\ln p_{O_2}$ 与温度的关系如图 5-2 所示。

表 5-2   在高温且 $\ln p_{CO} = 0$ 的条件下 $\ln p_{O_2}$ 与 $\ln p_{CO_2}$ 的变化趋势

温度/K	1400	1500	1600	1700	1800	1900	2000	2100
$\ln p_{O_2}$	-40.12	-38.75	-37.55	-36.49	35.55	-34.70	-33.95	-33.26
$\ln p_{CO_2}$	-6.08	-6.97	-7.75	-8.44	-9.56	-9.61	-10.10	-10.56

由图 5-2 和表 5-2 可以看出：与 $p_{CO} = 101$ kPa 相比，p_{CO_2} 和 p_{O_2} 小得可以忽略不计，说明在碳复合耐火材料的通常使用温度范围内，耐火材料中的气氛几乎全是 CO。

若 $\ln p_{CO} \neq 0$，则由反应式（5-1）和式（5-8）得 CO_2 分压与 O_2 分压间的关系：

$$\ln p_{CO_2} = \ln p_{O_2} + 0.044 + \frac{47602.54}{T} \qquad (5\text{-}15)$$

由反应式（5-2）和式（5-9）得 CO 分压与 O_2 分压间的关系：

$$\ln p_{CO} = \frac{1}{2}\ln p_{O_2} + 9.768 + \frac{14409.89}{T} \qquad (5\text{-}16)$$

用 $\ln p_{O_2}$ 对 $\ln p_{CO}$ 及 $\ln p_{CO_2}$ 作图，可得不同温度和不同氧压条件下 CO_2 和 CO 的分压，如图 5-3 所示。p_{CO} 随 p_{O_2} 的增加而增加，在很小的 p_{O_2} 下，p_{CO} 即可达到或超过 101 kPa，如在 $\ln p_{O_2} = -37.5$，含碳制品的工作温度为 2200 K 时，p_{CO} 已超过 101 kPa。碳复合耐火材料内气压的增加，有利于阻止炉渣的渗透及外界氧化性气体的进入。

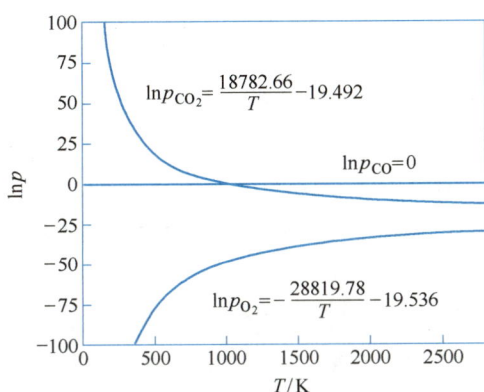

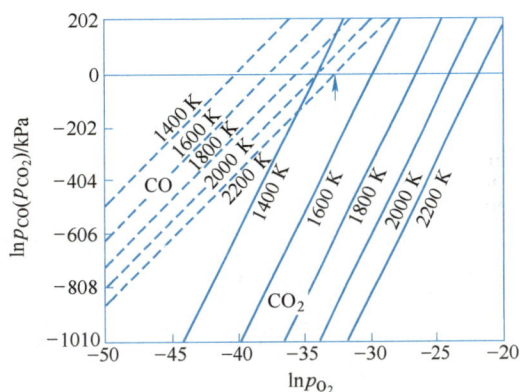

图 5-2　$\ln p_{CO} = 0$ 条件下 $\ln p_{O_2}$ 和 p_{CO_2} 与温度的关系　　图 5-3　不同温度和氧压条件下 CO_2 和 CO 的分压

5.2.2　碳-耐火氧化物反应

在氧化物-碳复合耐火材料的制备和使用过程中，都涉及碳与氧化物之间的反应。这就要求耐火氧化物具有高的稳定性，只有那些在高温下可与碳稳定共存的氧化物才有可能构成碳复合耐火材料，如 MgO-C、MgO-CaO-C、Al_2O_3-C、Al_2O_3-ZrO_2-C 复合耐火材料等。而 SiO_2 与 Cr_2O_3 不能与碳在高温下稳定共存，因此没有单独的 SiO_2-C 及 Cr_2O_3-C 复合耐火材料。

5.2.2.1　碳与氧化物反应的一般规律

碳与氧化物（MO）间可能发生以下反应：

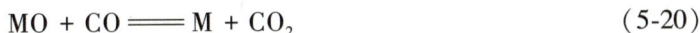

$$MO + C \Longrightarrow M + CO \qquad (5\text{-}17)$$
$$2MO + C \Longrightarrow 2M + CO_2 \qquad (5\text{-}18)$$
$$C + CO_2 \Longrightarrow 2CO \qquad (5\text{-}19)$$
$$MO + CO \Longrightarrow M + CO_2 \qquad (5\text{-}20)$$

在 M-O-C 体系中，其 $m=3$（组元数，即 M、O、C），$n=5$（反应体系的物种数，即 MO、M、C、CO、CO_2），故独立反应数为 2，即在上列 4 个反应中，只有两个反应是独立的，其他反应可由独立反应组合求得。在此体系中常取反应式（5-19）和式（5-20）作为独立反应。式（5-19）即 5.2.1.2 节中讲的碳的气化反应，其反应热为 $\Delta H_{298}=172500$ J。

对热力学稳定性大的氧化物，式（5-20）一般为吸热反应（$\Delta H>0$）；对于热力学稳定性小的氧化物，则一般为放热反应（$\Delta H<0$）。但不管是放热反应还是吸热反应，式（5-20）的 ΔH 绝对值一般都小于 172500 J，故式（5-17）的 ΔH 值总是正值，即一般都是吸热反应。

图 5-4 为在一定压力条件下式（5-19）与式（5-20）的平衡气相组成与温度的关系。因式（5-19）在反应前后气体摩尔数发生变化，而式（5-20）没有变化，因此总压力对式（5-19）的位置有影响，而对式（5-20）的位置没有影响。当压力一定时，二曲线相交于 a 点，表明只有在 T_a 温度下，式（5-19）和式（5-20）才可能处于平衡，即 MO、M、C、CO 和 CO_2 才能同时平衡共存。在 T_a 以外任何温度都是不能同时平衡共存的，不是碳消失，就是 MO 或 M 消失。

当温度高于 T_a 时，只要有过剩的碳存在，则不管最初气相组成位于图 5-4 中哪一点，最

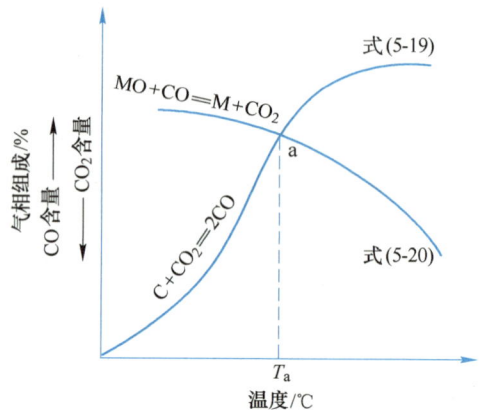

图 5-4　在一定压力条件下式（5-19）与
式（5-20）的平衡气相组成与温度的关系

后气相组成总是力图到达式（5-19）曲线上，以满足碳气化反应平衡；而式（5-19）是位于式（5-20）的上部，即气相中 CO 的含量总是大于式（5-20）平衡时的 CO 含量，因此 MO 都将被还原成 M，即反应式将按 $2MO+C \rightarrow 2M+CO_2$ 方向进行，故当温度大于 T_a 时，只有 M 能稳定存在。

当温度低于 T_a 时，只要有过剩碳存在，同样不管最初气相组成如何，最后气相组成也要力图到达式（5-19）曲线上。而此时式（5-19）曲线在式（5-20）曲线的下部，即气相中 CO 含量总是比式（5-20）平衡时的低，或者说气相中 CO_2 含量总是比式（5-20）平衡时的高，因此反应将按 $M+CO_2 \rightarrow MO+CO$ 方向进行。在此条件下，如将 M 放入，M 将氧化成 MO，因此当温度低于 T_a 时，只有 MO 能稳定存在。由此可知，T_a 是在一定压力下，固体碳与氧化物反应的开始温度（或开始还原温度）。该温度随氧化物或压力的不同而不同。氧化物越稳定，开始反应温度越高；当总压力 $p=p_{CO}+p_{CO_2}=p^{\ominus}=101.325$ kPa 时，对 FeO、Cr_2O_3、MnO、SiO_2、TiO_2、MgO、Al_2O_3、ZrO_2、CaO 而言，它们与碳开始反应温度分别约为：710 ℃、1230 ℃、1420 ℃、1640 ℃、1720 ℃、1850 ℃、2050 ℃、2140 ℃、2150 ℃。

对于热力学稳定性大、难还原的氧化物，如 Al_2O_3、ZrO_2、CaO 等，它们与碳反应的开始温度都很高，根据碳气化反应的特征，此时 CO 含量几乎为 100%。因此对于这类氧化物，其被固体碳还原的反应式应为式（5-17）。

由此可知在高温冶炼的条件下，只有 CaO、Al_2O_3、ZrO_2 能与碳平衡共存，而 Cr_2O_3 由于在高温下与碳反应，不能与碳共存，以及 Cr 是变价元素，因此 Cr_2O_3 不能与碳单独制成铬碳复合材料。

5.2.2.2　C 与 MgO 反应开始温度

在标准状态下（图 5-5），C 与 MgO 反应的开始温度可由 MgO 和 CO 的标准生成 Gibbs 自由能求得：

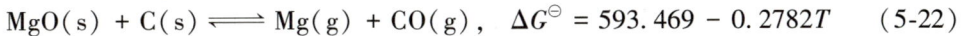

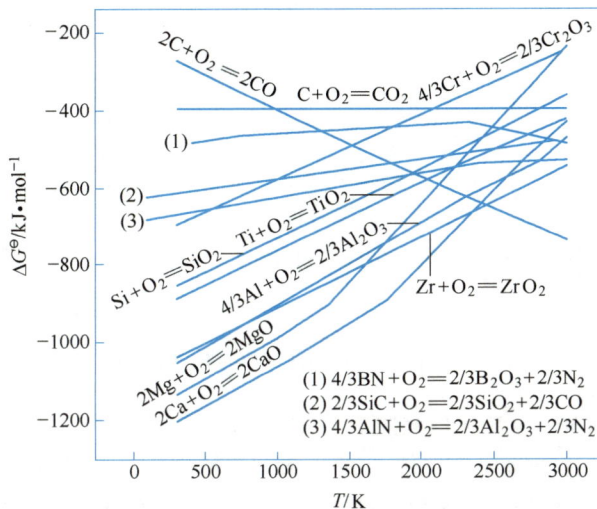

$$Mg(g) + \frac{1}{2}O_2(g) \rightleftharpoons MgO(s), \qquad \Delta G_{f,MgO}^{\ominus} = -713.272 + 0.197T \qquad (5\text{-}21)$$

$$C(s) + \frac{1}{2}O_2(g) \longrightarrow CO(g), \qquad \Delta G_{f,CO}^{\ominus} = -119.804 - 0.08121T$$

$$MgO(s) + C(s) \rightleftharpoons Mg(g) + CO(g), \quad \Delta G^{\ominus} = 593.469 - 0.2782T \qquad (5\text{-}22)$$

图 5-5　耐火材料中典型元素/化合物与氧气反应生成氧化物时，标准吉布斯自由能的温度依赖性

对于非标准态时，反应式 $MgO(s) + C(s) \rightleftharpoons Mg(p'_{Mg}) + CO(p'_{CO})$ 的开始反应温度可通过 MgO 与 CO 的生成反应求得：

$$2Mg(p'_{Mg}) + O_2(p^{\ominus}) \rightleftharpoons 2MgO(s) \qquad (5\text{-}23)$$

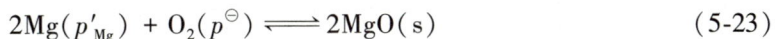

$$\Delta G = 2\Delta G_{f,CO}^{\ominus} + RT\ln_{(5\text{-}23)} = -1426.544 + 0.394T - 2RT\ln\frac{p'_{Mg}}{p^{\ominus}}$$

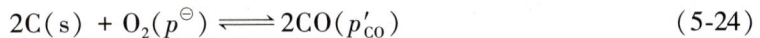

$$2C(s) + O_2(p^{\ominus}) \rightleftharpoons 2CO(p'_{CO}) \qquad (5\text{-}24)$$

$$\Delta G = 2\Delta G_{f,CO}^{\ominus} + RT\ln_{(5\text{-}22)} = -239.608 - 0.1624T + 2RT\ln\frac{p'_{CO}}{p^{\ominus}}$$

由上述各式结果可绘制出在不同 p'_{Mg} 与 p'_{CO} 时，其 ΔG 与 T 的关系直线，如图 5-6 所示，由二直线的交点，即可读出在某一 $\frac{p'_{CO}}{p^{\ominus}}$ 值与 $\frac{p'_{Mg}}{p^{\ominus}}$ 值时 MgO 与 C 反应的开始温度，如在 $\frac{p'_{CO}}{p^{\ominus}} = 0.1$、$\frac{p'_{Mg}}{p^{\ominus}} = 0.1$ 时 MgO 与 C 发生反应的开始温度为 1878.5 K（1605.4 ℃）。

由图 5-6 可以看出，当系统压力不断降低时，MgO 与 C 的开始反应温度也不断下降。MgO 与 C 反应的开始温度，还可以直接由 MgO 与 CO 的标准生成 Gibbs 自由能求得。反应 $MgO(s) + C(s) \rightleftharpoons Mg(p'_{Mg}) + CO(p'_{CO})$ 在非标准状态时的 $\Delta G(kJ)$ 为：

$$\Delta G = \Delta G^{\ominus} + RT\ln Q_{p} = \Delta G^{\ominus}_{f,CO} - \Delta G^{\ominus}_{f,MgO} + RT\ln\left(\frac{p'_{CO}}{p^{\ominus}} \times \frac{p'_{MgO}}{p^{\ominus}}\right)$$

$$= 593.469 - 0.2782T + RT\ln\left(\frac{p'_{CO}}{p^{\ominus}} \times \frac{p'_{Mg}}{p^{\ominus}}\right)$$

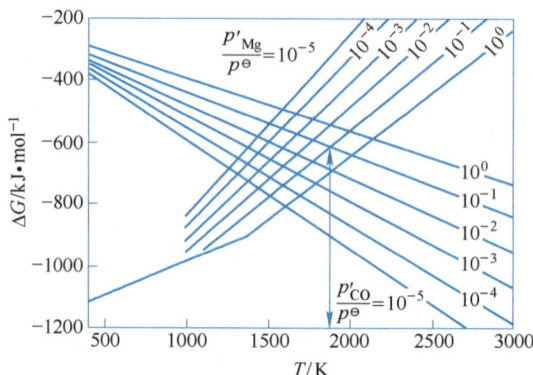

图 5-6　压力 p'_{CO} 与 p'_{Mg} 对 CO 与 MgO 生成 Gibbs 自由能及对 MgO 与碳开始反应温度的影响

如当 $\dfrac{p'_{CO}}{p^{\ominus}} = 10^{-3}$、$\dfrac{p'_{Mg}}{p^{\ominus}} = 10^{-3}$ 时，得 $\Delta G = 593.469 - 0.3932T$；令 $\Delta G = 0$，得 MgO 与 C 发生反应的开始温度为 1509.3 K（1236.15 ℃）。

因 MgO 与 C 反应的产物都是气体，降低压力或抽真空，都会使 MgO 与 C 反应的开始温度大幅下降。因此，在真空冶炼的容器中，用 MgO-C 质耐火材料做内衬并不合适。由于转炉炼钢或电炉炼钢温度都在 1600 ℃ 以上，可以推断 MgO-C 质耐火材料中 MgO 与 C 将会发生自耗反应。

通过对使用后 MgO-C 残砖显微结构的分析，发现吹氧转炉使用过的 MgO-C 砖，在脱碳层与原砖层之间均存在一层致密的 MgO 层，这种致密的 MgO 层同样能起到减缓或阻止 MgO-C 质耐火材料的自耗反应。MgO 致密层的形成是由制品在使用过程中 MgO 与 C 反应形成的金属镁蒸气，向工作面扩散过程中，在氧分压相对较高的工作面附近区域，又被氧化沉积而成。在高温使用时能否形成 MgO 致密层，可通过热力学数据计算得知：

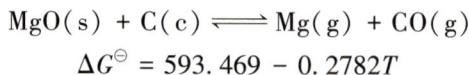

$$MgO(s) + C(c) \rightleftharpoons Mg(g) + CO(g)$$
$$\Delta G^{\ominus} = 593.469 - 0.2782T$$

上述反应在平衡时有：

$$\Delta G^{\ominus} = -RT\ln K_{p} = -RT\ln p_{Mg}p_{CO}$$

由此得：

$$-RT\ln p_{Mg}p_{CO} = 593.469 - 0.2782T$$

因 $p_{CO} = 101$ kPa，则得：$\ln p_{Mg} = \dfrac{1}{RT}(0.2782T - 593.469)$，此即为一定温度下，体系平衡时的镁蒸气分压。

这时的平衡 O_2 分压可由下式求得：

$$C(s) + \frac{1}{2}O_2(g) \longrightarrow CO(g)$$

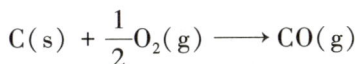

$$\Delta G^{\ominus} = -119.804 - 0.081T$$

平衡时：

$$\Delta G^{\ominus} = -RT\ln K_p = RT\ln \frac{p_{CO}}{p_{O_2}^{1/2}}$$

因 $p_{CO} = 101$ kPa，所以：$\ln p_{O_2} = \frac{2}{RT}(-119.804 - 0.081T)$，此即为一定温度下体系平衡时的氧气分压。

在 1627 ℃时，由 $\ln p_{Mg} = \frac{1}{RT}(0.2782T - 593.496)$ 得 $\ln p_{Mg} = -4.11$。

对于反应：

$$2Mg(g) + O_2(g) \rightleftharpoons 2MgO(s) \tag{5-25}$$

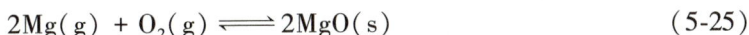

$$\Delta G = \Delta G^{\ominus} + RT\ln Q_p = -1416.544 + 0.394T + 8.314 \times 10^{-3}T\ln\frac{1}{p_{Mg}^2 p_{O_2}}$$

$$= -667.944 - 15.8\ln(p_{Mg}^2 p_{O_2})$$

将 $\ln p_{Mg} = -4.11$ 代入式（5-25），得 $\Delta G = -538.068 - 15.8\ln p_{O_2}$。

当 $\Delta G \leq 0$ 时，即 $\ln p_{O_2} \geq -34.058$，$p_{O_2} \geq 1.167 \times 10^{-13}$ kPa 才能形成致密 MgO 层。即在 1627 ℃温度条件下，形成致密氧化镁保护层的最低氧气分压应为 1.17×10^{-13} kPa。

5.2.3 非氧化物-氧的反应

在碳复合耐火材料中常添加一些非氧化物（包括金属）作为各种不同用途的添加剂。它们可能与碳或氧反应。在耐火材料中常遇到的一些非氧化物的标准生成 Gibbs 自由能与温度的关系式见表 5-3。

表 5-3　一些非氧化物的标准生成 Gibbs 自由能 $\Delta G_f^{\ominus}$ 与温度的关系式

反 应 式	$\Delta G_f^{\ominus} = A + BT$	
	A	B
$4Al(l) + 3C(s) \rightleftharpoons Al_4C_3(s)$	−266.520	0.09623
$Al(l) + 0.5N_2(g) \rightleftharpoons AlN(s)$	−326.477	0.1164
$23Al(l) + 13.5O_2(g) + 2.5N_2(g) \rightleftharpoons Al_{23}O_{27}N_5(s)$	−16467.302	3.324
$4B(s) + C(s) \rightleftharpoons B_4C(s)$	−41.500	0.00556
$Ce(l) + 0.5S_2(s) \rightleftharpoons CeS(s)$	−534.900	0.09096
$Si(s) + C(s) \rightleftharpoons SiC(s)$	−63.764	0.00715
$Si(l) + C(s) \rightleftharpoons SiC(s)$	−114.400	0.0372
$3Si(l) + 2N_2(g) \rightleftharpoons Si_3N_4(s)$	−722.836	0.31501
$3Si(l) + 2N_2(g) \rightleftharpoons Si_3N_4(s)$	−874.456	0.40501
$2Si(l) + N_2(g) + 0.5O_2(g) \rightleftharpoons Si_2N_2O(s)$	−951.651	0.29057
$4Si(l) + 2Al(l) + 2.5N_2(g) + 0.5O_2(g) \rightleftharpoons Si_4Al_2O_2N_6(s)(z=2)$	−2598.808	0.8681

反 应 式	$\Delta G_f^{\ominus} = A + BT$	
	A	B
$3Si(l) + 3Al(l) + 2.5N_2(g) + 1.5O_2(g) \rightleftharpoons Si_3Al_3O_3N_5(s)\,(z=3)$	-2967.720	0.86265
$Ti(s) + 2B(s) \rightleftharpoons TiB_2(s)$	-284.500	0.0205
$Ti(s) + 0.5N_2(g) \rightleftharpoons TiN(s)$	-336.300	0.09326
$Zr(s) + 2B(s) \rightleftharpoons ZrB_2(s)$	-328.000	0.0234
$Zr(s) + C(s) \rightleftharpoons ZrC(s)$	-196.650	0.0092
$Mo(s) + 2Si(s) \rightleftharpoons MoSi_2(s)$	-132.600	0.0028

注: β-SiAlON (赛隆) 的分子式可表示为 $Si_{6-z}Al_zO_zN_{8-z}$, 其中 z 为 β-Si_3N_4 中 Si 原子被 Al 原子取代的数目, 在常压下 $0 < z \leq 4.2$。

由表 5-3 所列的标准生成自由能与温度的关系式, 可绘制出由单质与 1 mol N_2 或 1 mol C 或 1 mol B 或 1 mol Si 等, 生成耐火非氧化物的 Gibbs 自由能与温度的关系图, 如图 5-7 所示。

一般来说对 Al、B、Si、Ti、Zr 等金属元素, 其与氧生成氧化物的 Gibbs 自由能都小于 (亲和力都大于) 其与氮或碳等生成的氮化物或碳化物的 Gibbs 自由能。而且碳化物或硼化物中的碳或硼都易于氧化成 CO、CO_2 或 B_2O_3 等。因此, 氮化物、碳化物以及硼化物等的抗氧化性都不如耐火氧化物, 在大气或氧化性气氛中易被氧化, 例如:

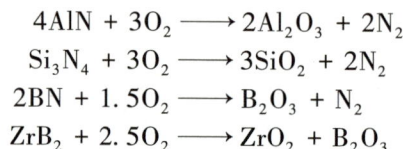

图 5-7 由单质与 1 mol N_2 (或 C、B、Si) 生成耐火非氧化物的 Gibbs 自由能与温度的关系图

$$4AlN + 3O_2 \longrightarrow 2Al_2O_3 + 2N_2$$
$$Si_3N_4 + 3O_2 \longrightarrow 3SiO_2 + 2N_2$$
$$2BN + 1.5O_2 \longrightarrow B_2O_3 + N_2$$
$$ZrB_2 + 2.5O_2 \longrightarrow ZrO_2 + B_2O_3$$

如能在这些非氧化物制品表面, 形成连续致密的氧化物层, 且其氧化物在高温下又不易被破坏, 则此氧化物层将起到保护耐火非氧化物制品的作用, 从而使之在大气与氧化气氛中能较长时间使用。例如, SiC 氧化后会在 SiC 颗粒表面生成 SiO_2 膜附在 SiC 颗粒的表面, 保护其内部 SiC 不被氧化, 称为自保护氧化。但当温度较低 (800~1140 ℃) 时, 生成的 SiO_2 保护膜疏松, 起不到自保护作用。

5.3 典型炭素材料的结构及性能

炭素材料是碳复合耐火材料的重要构成组分, 通常有两种存在形式。一种是加入配料中去的, 大多数情况下为石墨; 另一种是由结合剂碳化而生成的, 也称结合碳, 为无定形结构。近年来为了提高碳复合耐火材料的性质, 将纳米炭以及炭黑等引入碳复合耐火材料中。本小节仅讨论石墨等炭材料的结构与性质。

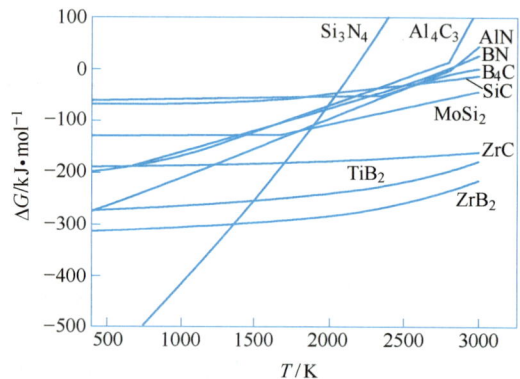

5.3.1 石墨

石墨分为天然石墨和人造石墨两种。含碳物质在常压下经高温热分解处理，最终得到人造石墨，其石墨化程度决定于原料分子的结构、炭化条件。

理想的石墨晶体结构如图 5-8 所示。碳原子呈六角形排列，并向三维方向无限延伸，成为周期性点阵结构。在层平面内，碳原子排成六角形。在层平面内每一个碳原子都和其他三个碳原子以 σ 共价键相连接，其键长为 1.4211×10^{-10} m，三个 σ 键互成 120°角。在层平面之间则由很弱的范德华力（π 键）相连接，层与层之间有规则地排列。层间距离为 3.354×10^{-10} m，利用石墨层间距大这一特点，可以用石墨制备石墨层间化合物和膨胀石墨。层面与层面之间的碳原子具有一定的位置，它们互相对应。已知有两种排列形式：一种是每隔一层重复，形成 ABABAB... 式结构，属于六方晶系；另一种是每隔两层重复，形成 ABCABCA... 式结构，属于菱面体晶系。在天然石墨和人造石墨中，前者占绝大多数，后者只占百分之几到十几。图 5-8 为六方晶系石墨及菱面体晶系石墨结构示意图。

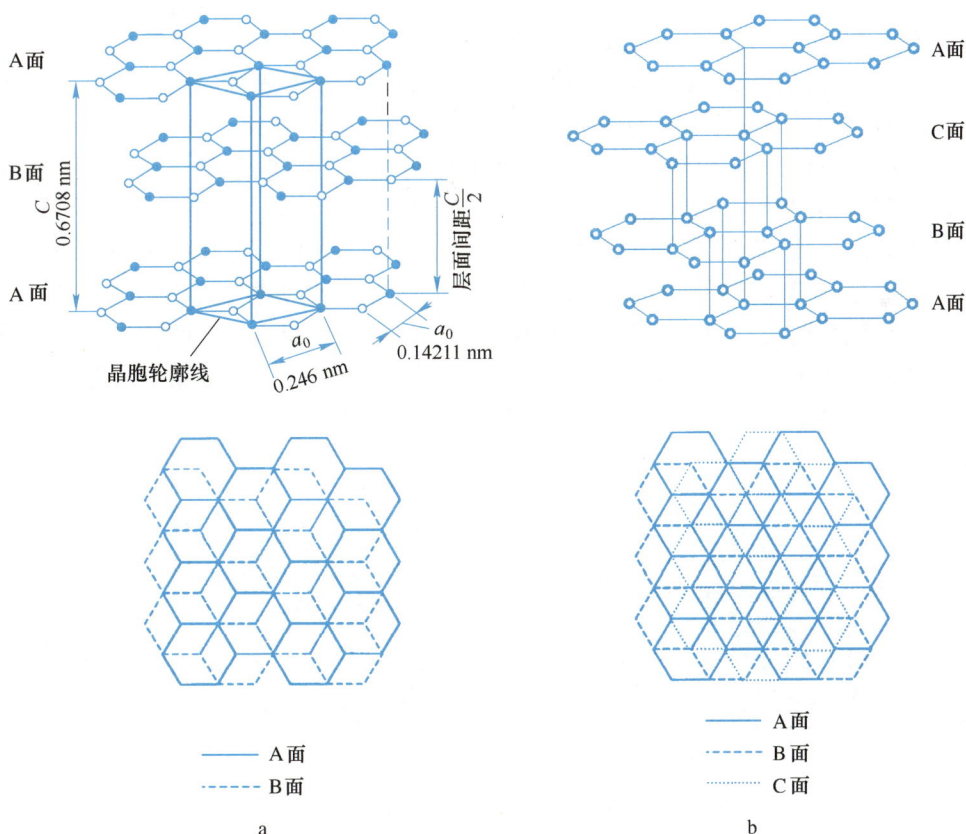

图 5-8　石墨结构示意图

a—六方晶系石墨结构；b—菱面体晶系石墨结构

由于石墨中每个碳原子的 π 电子不固定，在平行于石墨六角层平面内能起到近似金属性质的电子传导作用，因此导电性良好，在电气、冶金等工业上用它制造电极。由于石墨的层与层之间的结合力很弱，各层容易滑动，故石墨可用做润滑剂。石墨耐烧灼、耐腐蚀。因石墨是层状结构，因此各向异性。例如在平行于层平面方向，导电良好，电阻值仅为 $(4 \sim 7) \times 10^{-5} \ \Omega \cdot cm$，而在垂直于层平面方向则具有半导体性质，电阻值为 $5 \times 10^{-3} \ \Omega \cdot cm$，相差两个数量级。另外，层平面中 σ 键强度为 618 kJ/mol，层平面之间的 π 键强度仅为 5 kJ/mol。因此，在平行于层平面方向杨氏模量为 1015×10^3 MPa，而在垂直于层平面方向仅为 35300 MPa，也差两个数量级。

5.3.2 无定形炭

煤炭、焦炭、木炭、骨炭、炭黑等都是无定形炭。无定形炭被认为是不像金刚石和石墨那样具有一定的晶型。但根据近代研究结果，无定形炭也并非完全是非晶态的，它的晶型结构与石墨一样。无定形炭与石墨不同之处在于：它们的晶粒小，而且碳原子六角形环所构成的层皆为零乱的、不规则的堆积，不像石墨那样三维有序，焦炭粉的 X 射线衍射结果说明，它也和石墨一样，具有（002）、（004）峰，并具有层状结构。但是，在衍射图上没有出现（112）峰，表明它不是三维有序结构。因此，有人称它们为乱层结构。乱层石墨结构与石墨晶体结构有相同之处，也有不同之处。相同之处是两者的层平面是由六角环构成；不同之处是乱层石墨结构的层与层之间的碳原子没有规则的固定位置，缺乏三维有序性，并且层间距比石墨晶体层间距（3.354×10^{-10} m）大得多，在 $(3.360 \sim 3.440) \times 10^{-10}$ m 之间。它的微晶平均厚度和平均宽度也比石墨微晶的小得多。日常生活及工作中所接触的各种炭素材料，大多数是属于乱层石墨结构。

富兰克林还提出了乱层结构的概念，而且把炭材料分为难石墨化碳和易石墨化碳，前者又叫硬炭，后者又叫软炭。石油和煤沥青、聚氯乙烯和蒽等炭化后属于软炭；纤维素、呋喃树脂和酚醛树脂及聚偏二氯乙烯等炭化后属于硬炭。一般认为，固相炭化为硬炭，液相炭化为软炭。所谓固相炭化是指材料先固化后炭化，而液相炭化是指材料在液态状态下炭化。材料的种类不同，其炭化状态也不同，在下面的结合剂一节中我们还要讨论。乱层石墨结构的模型如图 5-9 所示。

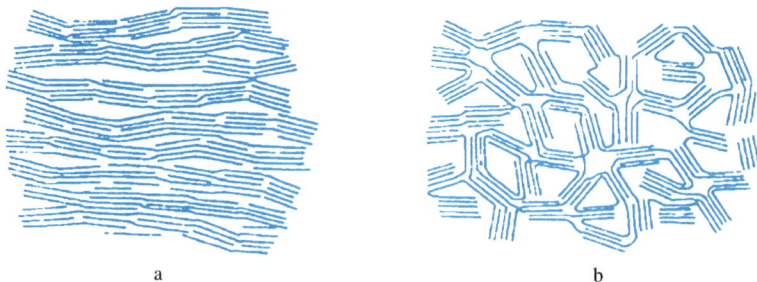

图 5-9 易石墨化碳（a）和难石墨化碳（b）结构模型

5.4 结合剂

在碳复合耐火材料中常用的含碳有机结合剂有沥青、树脂、焦油等。作为碳复合耐火材料结合剂，必须满足下列条件：

（1）对石墨等炭质材料及氧化物耐火材料都有良好的润湿性，黏度不能太高，以利于在混练过程中结合剂均匀分布在氧化物与炭材料之上，保证良好的混合与成型性能。

（2）经热处理固化后，能在材料中形成某种网络结构以保证制品或砖坯的强度。

（3）在高温碳化处理后，能在制品中形成较多的残留炭，以形成一定程度的碳结合，这种残留炭的抗氧化性越高越好。残留炭的量一般用残炭率表示。残炭率（炭化率）是指结合剂经一定条件处理后留下的炭的质量与结合剂质量之比。

结合剂的上述性质与其结构有关。一般结合剂的相对分子质量越大，它的黏度就越大，残炭率也越高。不同结合剂因其结构不同而具有不同的特性。

5.4.1 沥青

沥青是煤焦油或石油经蒸馏处理或催化裂化提取沸点不同的各种馏分后的残留物，是由芳香族和脂肪族结构为主构成的混合物，其组成和性能随原料种类、蒸馏方法和加工处理方法的不同而异，但一般为稠的液体、半固体或固体；色黑而有光泽，有臭味，不溶于水，熔化时易燃烧，并放出有毒气体。煤沥青是很多种高分子碳氢化合物的混合体，一般难于从煤沥青中提取单独的具有一定化学组成的物质。

5.4.1.1 沥青的种类

根据其来源，沥青分为煤焦油沥青（煤沥青）和石油沥青两大类，前者芳香烃含量比后者多，耐火材料用沥青结合剂主要是煤焦油沥青。煤焦油沥青在常温下是固体，没有固定的熔化温度，因而用软化点表示其由固态转变为液态时的温度。按软化点（环球法测定）的不同可分为低温沥青（软沥青，软化点<60 ℃）、中温沥青（中沥青，软化点60~80 ℃）和高温沥青（硬沥青，软化点90~140 ℃）等，在耐火材料领域，中温沥青应用最多，其次是高温沥青。

5.4.1.2 沥青的碳化

作为碳复合耐火材料的结合剂，沥青碳化后的残碳量越高越好。至今为止，沥青之所以仍作为碳复合耐火材料的结合剂之一，是因为其残碳量高、价格便宜、使用可靠。同时沥青碳化后得到的碳的结晶状况、真密度和抗氧化能力都比树脂碳好。

沥青碳化率的高低，主要取决于沥青的组成及高分子芳香族化合物的含量。沥青中苯或甲苯不溶物含量越高，则碳化率越高。可以采用多种方法使沥青改性以提高其高分子芳香族化合物含量和降低挥发分，从而提高其碳化率。此外，碳化率还受碳化时的升温速度、环境压力等条件的影响。升温速度越慢，碳化率越高。800 ℃时的残碳量是碳复合耐火材料结合剂的主要指标。表5-4给出沥青和其他炭素结合剂的残碳率。

表 5-4　沥青和其他炭素结合剂的残碳率（800 ℃）

沥　青	残碳率/%	酚醛树脂	残碳率/%
中温沥青（88 ℃）	50.10	热塑性树脂	46.70
高温沥青（138 ℃）	56.57	热固性树脂	46.60
改性沥青（114 ℃）	52.03	沥青改性树脂	29.90

5.4.2　树脂

酚醛树脂是碳复合耐火材料最常用的结合剂。由酚类化合物（如苯酚、甲酚、二甲酚、间苯二酚、叔丁酚、双酚 A 等）与醛类化合物（如甲醛、乙醛、多聚甲醛、糠醛等）在碱性或酸性催化剂作用下，经加成缩聚反应制得的树脂统称为酚醛树脂。

碳复合耐火材料开始生产之初主要以多元醇与沥青为结合剂，酚醛树脂做结合剂是从20 世纪 80 年代后期才开始的。与沥青相比，酚醛树脂对耐火骨料和石墨有良好的润湿性能，可以在常温下进行混练和成型，黏性好，坯体强度高，有害物质含量少，可大大改善生产和作业环境，此外还具有较高的残炭量。因此酚醛树脂已成为目前耐火材料行业广泛使用的炭素结合剂。

5.4.2.1　酚醛树脂的合成、固化与分类

A　酚醛树脂的合成

目前大规模工业化生产的酚醛树脂，主要是以苯酚和甲醛为原料。苯酚分子在苯环上有一个羟基，在羟基的邻位和对位上的氢原子特别活泼，它们与苯环的连接不很牢固，易于参加化学反应，因此苯酚是个三官能团的化合物（图 5-10）。甲醛分子中含有活泼的羰基，与苯酚在催化剂作用下可反复发生加成反应和缩合反应而形成酚醛树脂。

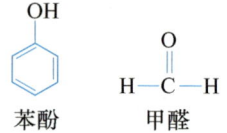

当酚和醛作为原料的比例不同及所采用的催化剂不同时，可得到具有不同结构和性能的热塑性酚醛树脂和热固性酚醛树脂，如图 5-11 所示。

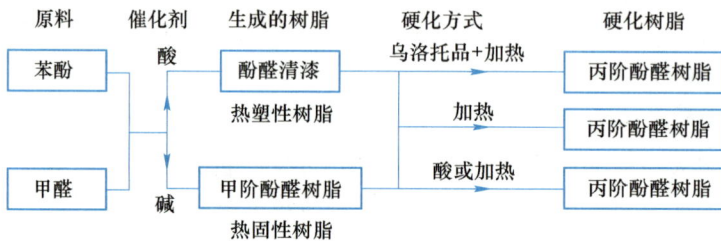

图 5-10　苯酚与甲醛的结构式

图 5-11　酚醛树脂生成过程示意图

B　酚醛树脂的固化与分类

用不同生产工艺生产的不同种类的树脂有不同的固化方式，按固化方式，酚醛树脂可分为如下几种：

（1）热塑性酚醛（novolak）树脂，又称酚醛清漆或线性酚醛树脂，是甲醛（F）与过量的苯酚（P）（摩尔比 F/P = 0.6~0.9），在酸性催化剂（盐酸、草酸、硫酸、甲酸等）作用下反应生成的酚醛树脂，其结构通式可简写为：

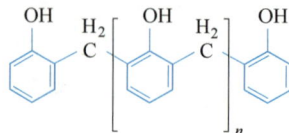

结构式中省略了对位结构和支链结构。反应结果一般形成缩合度 n（核体数）为 4~12 的酚醛树脂，相对分子质量为 400~1000。因为这类树脂的分子中不存在未反应的羟甲基，所以在长期或反复加热条件下，它本身不会相互交联转变成体型结构的大分子，因而呈热塑性。

（2）热固性酚醛树脂，又称甲阶酚醛树脂，是过量的甲醛与苯酚（F/P = 1~3）在碱性催化剂（如氢氧化钠、氢氧化铵、氢氧化钡和氢氧化钙等）作用下反应形成的酚醛树脂，其结构通式如下：

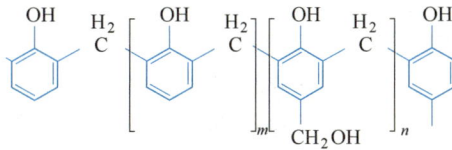

5.4.2.2　酚醛树脂的性质

由酚醛树脂的合成方法可知，按其加热性状和结构形态，酚醛树脂可分为热塑性和热固性两类；若按产品的形态分类，有液态酚醛树脂和固态酚醛树脂，液态酚醛树脂又分为水溶性和醇溶性两种，固态酚醛树脂又有块状、粒状和粉末状之分；按固化温度分类，有高温固化型（固化温度 130~150 ℃）、中温固化型（固化温度 105~110 ℃）和常温固化型（固化温度 20~30 ℃）三类。

5.4.2.3　酚醛树脂的碳化

酚醛树脂结合剂受热时，在 200~800 ℃分解，放出 CO_2、CO、CH_4、H_2 及 N_2O 等气体，留下残余碳，即树脂被碳化。所谓残余碳是指有机物在受热超过一定温度时通过分解、聚合而沉淀形成的碳。它不同于固定碳，后者是指煤、石墨等含碳材料经隔绝空气加热处理除去挥发分后的残留物。酚醛树脂受热时的分解情况可概括如下：

（1）第一阶段：至 300 ℃为止，气体状成分占 1%~2%，放出 H_2O、酚、甲醛等；

（2）第二阶段：300~600 ℃，在此阶段，几乎排出所有气体状成分，如 H_2O、CO、CO_2、CH_4、酚、甲醛、二甲苯酚类等；

（3）第三阶段：600 ℃以上，产生 H_2、CO、CH_4、苯、甲酚类、二甲苯酚类等气体，此阶段发生收缩，密度增加，因而气体和液体的透过性减少。

5.4.2.4　改性酚醛树脂

酚醛树脂改性的目的主要是强化它某一方面的性能。作为碳复合耐火材料的结合剂，一是通过改性使其不含游离水又尽可能在硬化时少放出缩合水，从而可以用于含游离 CaO 的白云石碳质耐火材料、镁白云石碳质耐火材料和钙碳质耐火材料等的生产；二是通过改性提高碳复合耐火材料的抗氧化能力。改性的途径一般是通过封锁酚醛树脂分子中的酚羟基或引进其他组分。

一般的热塑性酚醛树脂由于采用亲水性乙醇系溶剂，游离水含量在 5%左右（最高达 13%），再加上在热处理过程中产生大量缩合水，均会使含 CaO 耐火材料水化。市场上所谓的无水树脂是指游离水少的树脂，通常游离水的含量在 0.5%以下。但不能排除在加热过程中放出的缩合水。

5.4.2.5　酚醛树脂结合剂使用要点

酚醛树脂可以作为镁碳质、镁钙碳质、铝碳质以及铝碳化硅质等多种碳复合定型及不定型耐火材料的结合剂。它与骨料的润湿性及混练物料的稳定性、成型性或施工性、生坯强度、干燥后的热态强度都能满足生产要求，既可作为临时性结合剂，又可作为永久性结合剂。

酚醛树脂的形态及用量、硬化热处理温度、混练机的种类及加料顺序等都会对碳复合耐火材料的性能产生显著的影响。对镁碳质耐火材料而言，一般酚醛树脂的用量为 3% ~ 5%，随树脂用量的增加，制品的常温耐压强度明显升高，但体积密度下降，显气孔率上升。对于固态热塑性酚醛树脂，宜采用六胺作硬化剂，六胺用量为树脂用量的 5% ~ 7% 时，坯体具有较高的耐压强度和体积密度。采用固态热塑性酚醛树脂作结合剂时，为了使树脂能良好地润湿镁砂和石墨，一般应添加润湿剂。硬化处理温度对制品的耐压强度、体积密度都有影响，应根据树脂结合剂的种类而确定合适的硬化温度。

混练时的加料顺序也是十分重要的，图 5-12 是常见的几种加料顺序。

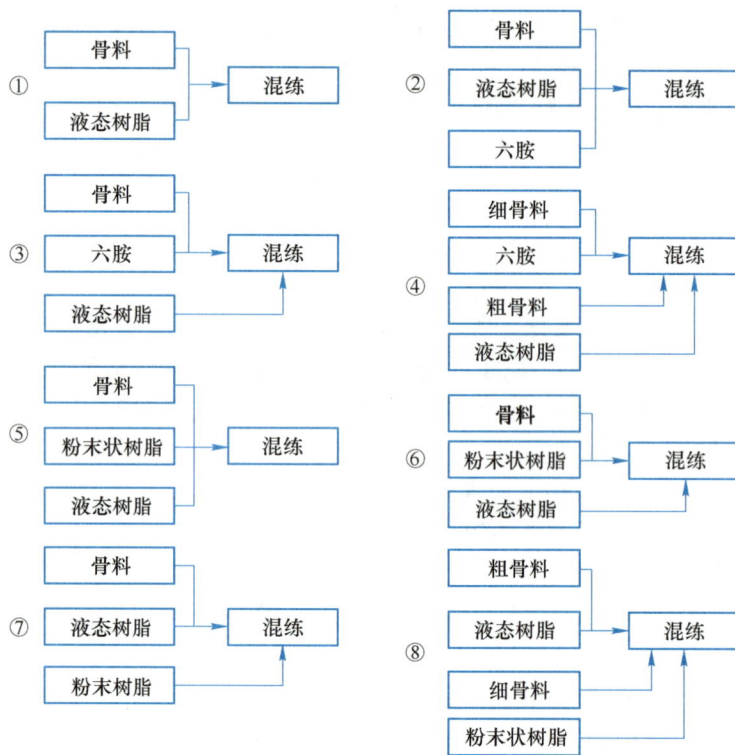

图 5-12   酚醛树脂结合剂常见加料混合顺序

5.4.3 其他有机结合剂

其他有机结合剂较常见的有煤焦油、蒽油和洗油。煤焦油（coal tar）又称煤膏，为煤干馏过程中所得到的一种黑色或黑褐色稠状液体，具有特殊的臭味，可燃并有腐蚀性，是一种高芳香度的碳氢化合物的复杂混合物。煤焦油是煤炭在焦化过程中产生的。煤焦油含有上万种成分，其中很多有机物是生产塑料、合成纤维、染料、橡胶、医药、耐高温材料等的重要原料。煤焦油分为高温煤焦油和低温煤焦油。高温干馏（即焦化）得到的焦油称为高温煤焦油，低温干馏得到的焦油称为低温煤焦油。两者的组成和性质不同，加工利用方法也各异。高温煤焦油，黑色稠液体，含大量沥青，密度较高，为 $1.160 \sim 1.220 \ g/cm^3$，主要由多环芳香族化合物组成，烷基芳烃含量较少，高沸点组分较多，热稳定性好。其组分中萘含量较多，其余相对含量较少，工业上将煤焦油集中加工，有利于分离提取含量很少的化合物。

蒽油，又名绿油（anthracene oil），是煤焦油组分的一部分，通过蒸馏焦油获取 $280 \sim 360 \ ℃$ 的馏分，比水重，主要组分是蒽、菲、咔唑等。洗油是煤焦油精馏过程中的重要馏分之一，占煤焦油的 $6.5\% \sim 10\%$。洗油为棕色油状液体，沸程 $230 \sim 300 \ ℃$，属可燃物品。

焦油、蒽油和洗油在低温下具有良好的结合性，作为耐火材料结合剂可使泥料具有一定的塑性和结合性，有利于不定形耐火材料的整体施工。使用过程中，它们均受热分解，残留的炭素在高温下易石墨化，形成炭素骨架，可增加材料的高温强度。焦化后残留下炭素，有利于提高施工体的抗渣性。因此，焦油、蒽油和洗油常作为含碳不定形耐火材料的结合剂，如高炉炮泥、转炉填缝料、传统的焦油镁砂大面修补料等。

5.5 碳复合耐火材料添加剂

除了炭素原料与结合剂外，添加剂是影响碳复合耐火材料性能的重要因素。添加剂早期的作用主要是抗氧化。近年来，随着研究的深入，碳复合耐火材料中添加剂对其性能的影响相当广泛，主要包括有下列几个方面：

（1）抗氧化作用，阻止碳的氧化；

（2）通过还原 CO（g）生成固态炭来减少碳复合耐火材料中碳的损失；

（3）降低气孔率，提高制品的密度，同时也提高抗氧化性；

（4）促进由结合剂所生成的无定形炭的结晶；

（5）通过形成表面保护层来提高制品的抗氧化性与抗渣性。

常见的添加剂包括金属、合金、氮化物与硼化物：

（1）金属：Al、Si、Mg；

（2）合金：Al-Si、Al-Mg、Al-Ca-Mg-Si；

（3）碳化物：SiC、B_4C、Al_4SiC_4、$Al_8B_4C_7$、Al_4O_4C、Al_2OC、Cr_7C_3、MAX 相；

（4）硼化物：ZrB_2、CaB_2；

（5）氮化物：Si_3N_4、AlN、Ti_2AlN。

添加剂的抗氧化作用通常从两个方面来考虑，一是优先于碳被氧化从而对碳起到保护作用，二是形成某种化合物阻塞气孔。因此，需要了解这些添加剂与碳及氧作用的热力学。添加剂的抗氧化作用包括以下几个方面。

5.5.1 添加剂与碳的亲和力

含碳耐火材料中添加的金属添加剂，在使用或埋碳烧成时会与碳或空气中氮形成碳化物或氮化物。金属 M 与 1 mol 碳反应生成 M_xC_y 为：

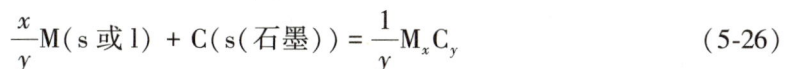

$$\frac{x}{y}M(s\ 或\ l) + C(s(石墨)) = \frac{1}{y}M_xC_y \tag{5-26}$$

由于参与反应的各物质为纯固态或纯液态，因此上述反应能否向右进行，可由反应的标准 Gibbs 自由能来确定。用式（5-26）的标准 Gibbs 自由能变化，来定义元素对碳的亲和力（affinity）：

$$\Delta G^{\ominus} = -RT\ln K^{\ominus} = RT\ln a_C \quad (5\text{-}27)$$

元素对碳的亲和力也称为碳势。由式（5-27）可知，碳势的值越负，碳化物越稳定。

图 5-13 示出了一些金属与 1 mol 碳生成碳化物的标准 Gibbs 自由焓与温度的关系。由图 5-13 可知，除金属镁外，Al、Si、B、Zr、Cr、Ti 等都能形成碳化物。

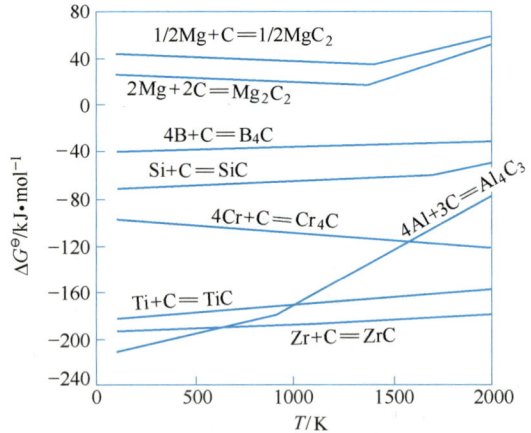

图 5-13 金属与 1 mol 碳生成碳化物的标准 Gibbs 自由焓与温度的关系

5.5.2 添加剂与氧的亲和力

金属或元素与 1 mol O_2 反应生成氧化物的标准 Gibbs 自由能 $\Delta G^{\ominus}$ 称为氧势。通过氧势可以比较各种元素对氧的亲和力的大小或其氧化物的稳定程度。氧势越小，对氧的亲和力越大。

在含碳耐火材料中，为了防止碳的氧化，一般均要加入防氧化的添加剂。添加剂能否抑制氧化，就涉及添加剂与氧的亲和能力的大小。图 5-14 为部分元素、氮化物及碳化物与 1 mol O_2 反应生成氧化物的标准 Gibbs 自由能与温度的关系。

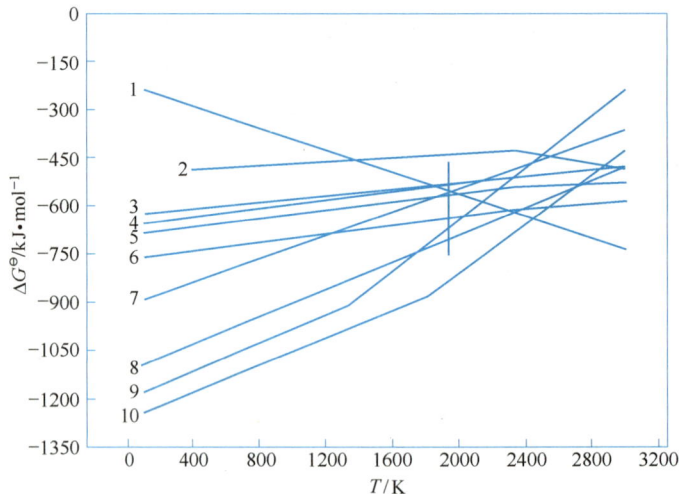

图 5-14 部分物质与 1 mol O_2 反应生成氧化物的标准 Gibbs 自由能 $\Delta G^{\ominus}$ 与温度的关系

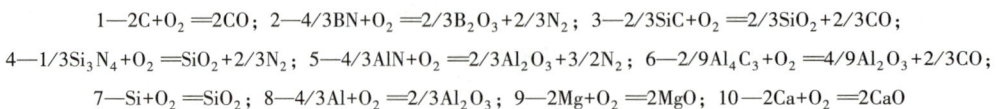

1—$2C+O_2 = 2CO$；2—$4/3BN+O_2 = 2/3B_2O_3+2/3N_2$；3—$2/3SiC+O_2 = 2/3SiO_2+2/3CO$；

4—$1/3Si_3N_4+O_2 = SiO_2+2/3N_2$；5—$4/3AlN+O_2 = 2/3Al_2O_3+3/2N_2$；6—$2/9Al_4C_3+O_2 = 4/9Al_2O_3+2/3CO$；

7—$Si+O_2 = SiO_2$；8—$4/3Al+O_2 = 2/3Al_2O_3$；9—$2Mg+O_2 = 2MgO$；10—$2Ca+O_2 = 2CaO$

对比在不同温度下，各种金属、碳化物、氮化物和碳对氧的亲和力大小，即可对它们的抗氧化作用作出判断。例如炼钢用的不烧 MgO-C 耐火材料，若镁碳耐火材料中加有 Al 和 SiC，在 1650 ℃时，Al 对氧的亲和力大于碳，可优先于碳与氧作用，能起到抑制碳氧化的作用；而 SiC 对氧的亲和力小于碳，不能优先于碳被氧化。但 SiC 仍广泛用作含碳耐火材料的抗氧化剂，其作用机理稍后有交代。

在 Al₂O₃-C 质浸入式水口中，虽然加入的 Al 与 Si 在 1300 ℃的埋碳烧成中，因有部分转变为 AlN、SiC 与 Si₃N₄，而不能在使用中起抑制碳氧化的作用，但在烧成中这些新形成的纤维状或晶须及粒状碳化物与氮化物确能使制品中刚玉、碳等"桥接"起来或充填于气孔，使烧成 Al₂O₃-C 质制品的常温与高温强度大为提高，同时，因阻塞气孔提高了材料的抗氧化性。

5.5.3 降低碳损失与降低气孔率

石墨在 700 ℃以上会迅速氧化产生 CO(g) 与 CO₂(g)。如前所述，在 1000 ℃以上的高温下，在固态碳存在时，CO(g) 的分压大大高于 CO₂(g)。在大气压下，CO(g) 的分压为 0.1 MPa 左右。如果在一定条件下，抗氧化添加剂能与 CO(g) 反应而生成稳定的氧化物与碳，就可以起到减少碳损失的作用，主要反应为：

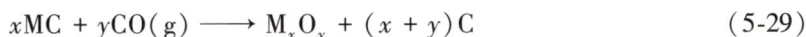

$$x\mathrm{M} + y\mathrm{CO(g)} \longrightarrow \mathrm{M}_x\mathrm{O}_y + y\mathrm{C} \tag{5-28}$$

$$x\mathrm{MC} + y\mathrm{CO(g)} \longrightarrow \mathrm{M}_x\mathrm{O}_y + (x+y)\mathrm{C} \tag{5-29}$$

这类添加剂包括 Al、AlN、SiC 等，当这类添加剂被氧化时，还伴随着发生一定的体积膨胀。例如：

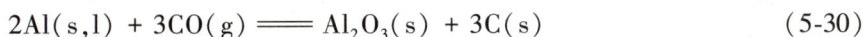

$$2\mathrm{Al(s,l)} + 3\mathrm{CO(g)} = \mathrm{Al}_2\mathrm{O}_3(s) + 3\mathrm{C(s)} \tag{5-30}$$

5.5.4 提高碳复合耐火材料的强度

添加剂与 C、CO 及空气中的 N₂ 可形成各种碳化物与氮化物，可起到增强材料强度的作用。这是因为添加剂可与 C、CO(g) 及 N₂(g) 形成板状或纤维状的碳化物或氮化物沉积在气孔中，提高了强度。同时，添加剂也可能与骨料反应形成新的物相，加强颗粒之间的结合而提高了强度。

5.5.5 促进无定形炭的结晶

从前面的讨论中已经知道，不同的结合剂碳化后产生的炭的结晶形态及石墨化能力是不同的。树脂炭不易石墨化，同时由式（5-28）和式（5-29）所生成的炭也为无定形炭，它也有结晶化的问题。加入添加剂可以促进这些无定形炭的石墨化。图 5-15 为无添加剂的酚醛树脂碳和含有 5%（质量分数）B₄C 的树脂碳，在 Ar 气中不同温度下保温 3 h 后的 X 射线衍射图。

5.5.6 形成保护层提高抗氧化及抗侵蚀能力

在碳复合耐火材料中加入金属、合金、碳化物及氮化物等可促进在耐火材料内部形成保护层以提高材料的抗氧化与抗侵蚀能力。下面介绍几个实例。

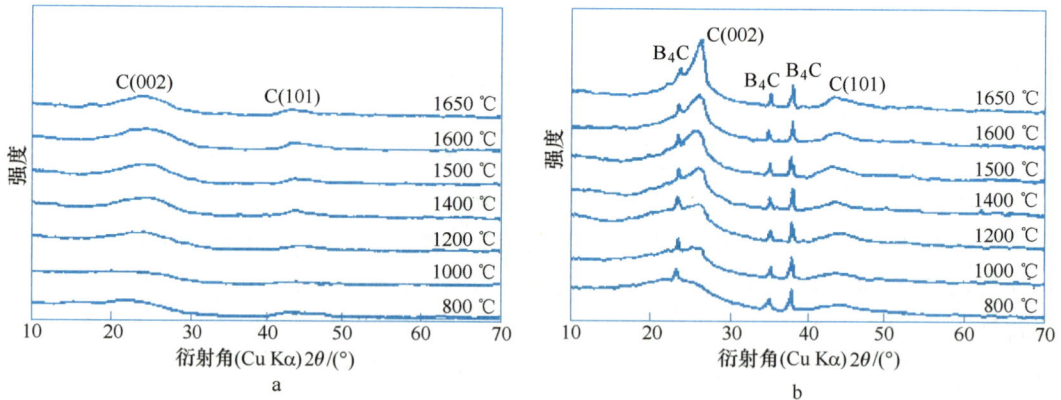

图 5-15　不同热处理温度下有无添加剂的树脂炭的 X 射线衍射图谱

a—无添加剂的酚醛树脂；b—加有 B_4C 的酚醛树脂

（1）加入 Mg-Al 合金促进在 MgO-C 制品中形成 MgO 致密层。在前面的讨论中，我们曾经提到，在一定条件下，通过下面反应可在 MgO-C 制品内部生成 MgO 致密层。

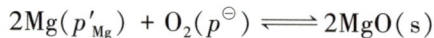

$$MgO(s) + C(s) \Longleftrightarrow Mg(g) + CO(g)$$

$$2Mg(p'_{Mg}) + O_2(p^\ominus) \Longleftrightarrow 2MgO(s)$$

当加入 Mg-Al 合金为添加剂时，Mg 与 Al 金属共存，Al 可以与 CO 反应，见式（5-30），降低气孔中 CO 分压，增大 Mg(g) 分压，促进 MgO 致密层的生成。

此外，当 MgO 致密层与渣接触时，渣中的 Fe_2O_3 与 MgO 反应形成 $MgFe_2O_4$，进而铁离子扩散进入到这一层中导致（Mg,Fe）O（Wustite，方铁矿）生成。Mg(g) 可与（Mg,Fe）O 反应生成 MgO(s) 与 Fe，有利于氧化镁致密层的形成。

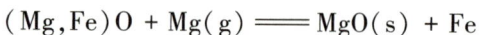

$$(Mg,Fe)O + Mg(g) \Longrightarrow MgO(s) + Fe$$

$$(5\text{-}31)$$

加入 Al-Mg 合金的 MgO-C 耐火材料中 MgO 致密层的显微结构如图 5-16 所示。

（2）在 Al_2O_3-C 耐火材料中加入 SiC 在其表面形成高黏度的液相保护层。当 Al_2O_3-C 砖中加入 SiC 时，在耐火材料与渣之间可形成 SiO_2 致密层或高 SiO_2 含量的高黏度的液相层，保护耐火材料，如图 5-17 所示。在耐火材料内部发生如下反应生成 CO(g) 与 C。

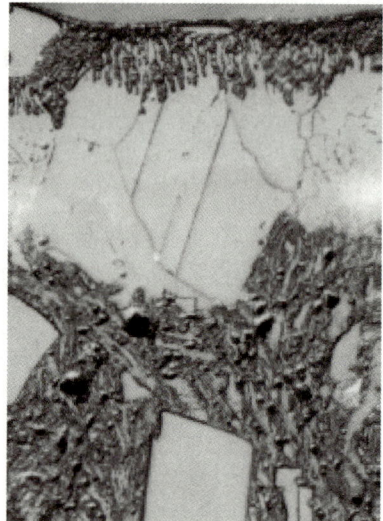

图 5-16　加入 Al-Mg 合金的 MgO-C 中 MgO 致密层的生成

$$SiC(s) + CO(g) \Longrightarrow SiO(g) + 2C(s) \tag{5-32}$$

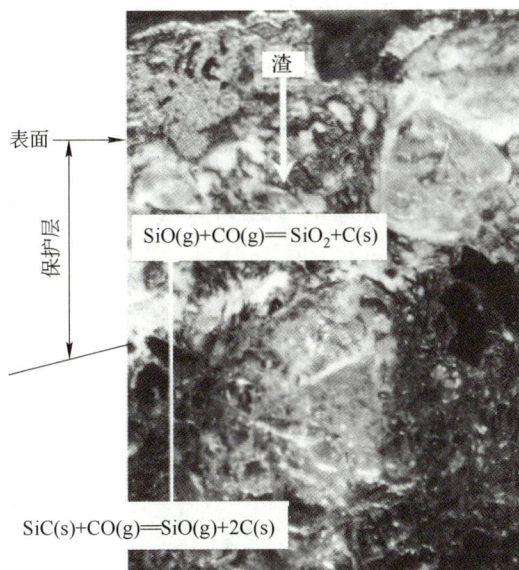

图 5-17　添加 SiC 的 Al_2O_3-C 耐火材料中保护层的形成

5.6　镁碳质耐火材料

镁碳（MgO-C）质耐火材料是由高熔点的氧化镁和难于被炉渣浸润的高熔点的石墨为主要原料，添加不同添加剂，用碳质结合剂结合而成的不烧碳复合耐火材料。添加有金属 Al 粉、Si 粉和 B_4C 的 MgO-C 砖的显微结构如图 5-18 所示。

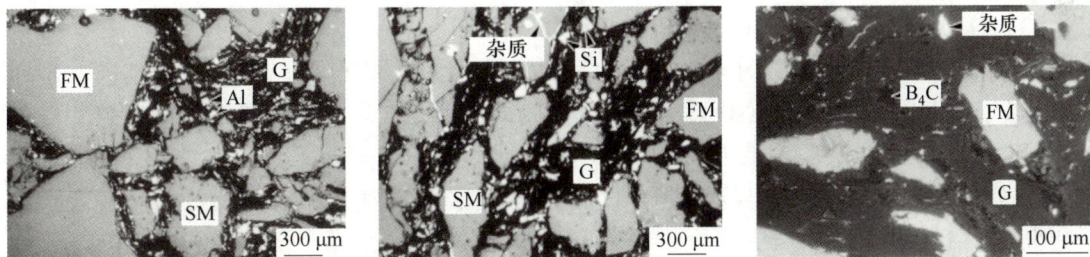

图 5-18　MgO-C 砖耐火材料的显微结构

FM—电熔镁砂；SM—烧结镁砂；G—石墨

镁碳质耐火材料主要用于转炉、交流电弧炉、直流电弧炉的内衬，钢包的渣线等部位。

5.6.1　镁碳质耐火材料的性能

MgO-C 质耐火材料是在镁质耐火材料中引入了高导热性、低膨胀性及对渣不湿润的石墨，补偿了镁砖耐剥落性差的最大缺点，使其具有如下优异性能：

（1）耐高温性能。它们的熔化温度分别为 $T_{M \cdot p_{MgO}} = 2825\ ℃$，$T_{M \cdot p石墨} > 3000\ ℃$，且 MgO 与 C 之间在高温下无共熔关系，因而耐火材料具有很好的高温性能。但在高温下，MgO 可与 C 反应。

（2）抗渣能力强。镁砂对碱性渣及高铁渣具有很强的抗侵蚀能力，加上石墨对渣的润湿角大，与熔渣的润湿性差，因而镁碳质耐火材料具有优良的抗渣性。

（3）抗热震稳定性好。石墨具有高的导热系数（$\lambda_{石墨}^{1000\ ℃} = 229W/(m \cdot K)$，$\lambda_{镁砂}^{1000\ ℃} = 24\ W/(m \cdot K)$），低的线膨胀系数（$\alpha_{石墨}^{0 \sim 1000\ ℃} = 1.4 \times 10^{-6} \sim 1.5 \times 10^{-6}/℃$，$\alpha_{MgO} = 14 \times 10^{-6} \sim 15 \times 10^{-6}/℃$），小的弹性模量：$E = 8.82 \times 10^{10}\ Pa$，且石墨的机械强度随着温度的升高而提高，因此镁碳质耐火材料具有良好的抗热震性。

（4）高温蠕变低。MgO-C 质耐火材料中的 C 与 MgO 无共熔关系，与其他陶瓷结合耐火材料相比，显示出好的抗蠕变特性。这是因为 MgO-C 质耐火材料的基质是由高熔点的石墨和镁砂细粉组成，液相少，不易产生滑移。

5.6.2　原料选取原则

生产 MgO-C 质耐火材料所需的主要原料有镁砂、石墨、结合剂和添加剂，这些原料的质量直接影响着 MgO-C 质耐火材料的性能和使用效果。

5.6.2.1　镁砂

镁砂是生产 MgO-C 质耐火材料的主要原料，镁砂质量的优劣对 MgO-C 质耐火材料的性能有着极为重要的影响，如何合理地选择镁砂是生产 MgO-C 质耐火材料的关键之一。镁砂有电熔镁砂和烧结镁砂，它们具有不同的特点。生产 MgO-C 质耐火材料用的镁砂质量应着重考虑下列内容：

（1）MgO 含量（纯度）；
（2）杂质的种类与含量；
（3）镁砂的体积密度、气孔率以及方镁石晶粒尺寸等。

镁砂的纯度对 MgO-C 质耐火材料的抗渣性能有着重大的影响。MgO 含量越高，杂质相对越少，硅酸盐相分割程度降低，方镁石直接结合程度提高，抗高温熔渣的熔损和渗透能力提高。镁砂中的杂质主要有 CaO、SiO_2、Fe_2O_3、B_2O_3 等，天然镁砂中 B_2O_3 含量极低，镁砂中如果杂质含量高，特别是 B_2O_3 的化合物，将对镁砂的耐火度及高温性能产生不利影响。

镁砂中的杂质主要有以下几个方面的不利影响：

（1）降低方镁石的直接结合程度；
（2）高温下与 MgO 形成低熔物；
（3）Fe_2O_3、SiO_2 等杂质在 1500 ~ 1800 ℃时，先于 MgO 与 C 反应，留下气孔使镁炭质耐火材料的抗渣性变差。

生产 MgO-C 质耐火材料的镁砂一般要求体积密度不小于 3.34 g/cm^3，最好大于 3.45 g/cm^3。同时，如果方镁石晶粒越大则晶粒间直接结合程度越高、晶界越少、晶界面积越小，因而熔渣向晶界处渗透越难。一般情况下，电熔镁砂的抗侵蚀性比烧结镁砂好。原因就在于电熔镁砂的晶粒尺寸大，晶粒间的直接结合程度比烧结镁砂要高。

5.6.2.2　石墨

制备 MgO-C 质耐火材料用的炭素材料主要为鳞片石墨。

鳞片石墨按固定碳含量不同分为四类：高纯石墨、高碳石墨、中碳石墨和低碳石墨。另外，按石墨粒度不同，石墨分为多种不同的牌号，石墨牌号及其意义见表 5-5。

表 5-5　石墨的牌号及意义

牌号	意　义
LC300-99.9	高纯石墨，粒径 300 μm，筛余量≥80.0，固定碳 99.9%
LG180-95	高碳石墨，粒径 180 μm，筛余量≥75.0，固定碳 95%
LZ(−)150-90	中碳石墨，粒径−150 μm，筛余量≤20.0，固定碳 90%
LD(−)75-70	低碳石墨，粒径−75 μm，筛余量≤25.0，固定碳 70%
LG−196	高碳石墨，粒径−100 μm，筛余量≤20.0，固定碳 96%
LG +196	高碳石墨，粒径 100 μm，筛余量≥75.0，固定碳 96%

用不同纯度的石墨作为炭素原料生产出的 MgO-C 质耐火材料，在结构上存在着明显的差异。用低纯石墨生产的 MgO-C 质耐火材料，经高温处理后，由于石墨伴生矿物熔化成玻璃相并与镁砂或碳反应，产生内部结构缺陷，从而使制品的结构局部劣化，高温强度降低。图 5-19 为石墨纯度与用三种不同工艺生产的 MgO-C 质耐火材料高温抗折强度间的关系。随着石墨纯度的提高，高温抗折强度提高。石墨中的挥发分在 MgO-C 质耐火材料热处理过程中会产生较多的挥发物，使制品的气孔率变大，因此对制品的使用性能不利。

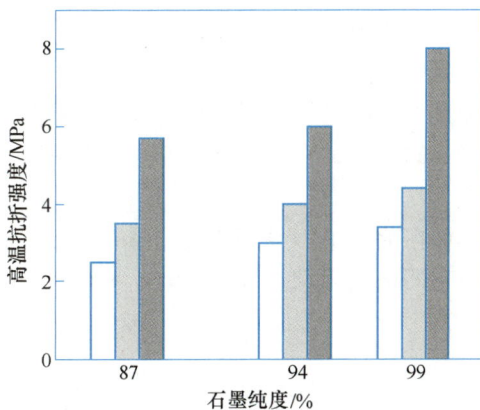

图 5-19　石墨纯度对 MgO-C 质耐火材料高温抗折强度的影响

5.6.3　镁碳质耐火材料的生产

按照所用结合剂的不同，MgO-C 质耐火材料的生产工艺流程有以下两种：

（1）当用酚醛树脂作为结合剂时，MgO-C 质耐火材料生产工艺流程如图 5-20 所示。如用热塑性酚醛树脂，则需加六次甲基四胺又名乌洛托品作固化剂。如用热固性酚醛树脂，则不用另加固化剂。

图 5-20　MgO-C 质耐火材料生产工艺流程图

该生产工艺流程的特点是：室温下进行混练、成型，工艺简单。

（2）当用煤沥青作为结合剂时，该生产工艺流程的特点是：在配料、混练及成型过程中需对混合料进行加热处理，工艺稍复杂。但当沥青被破碎成细粉，并加入一定量的蒽油或洗油作为助溶剂后，也可以采用冷成型工艺生产沥青结合 MgO-C 质耐火材料。为了保证含碳耐火材料的质量，降低树脂的消耗，在用树脂为结合剂时也可采用带加热装置的混合设备。

5.7 镁钙碳质耐火材料

镁钙碳（MgO-CaO-C）质耐火材料是由碱性氧化物氧化镁（熔点 2800 ℃）和氧化钙（熔点 2570 ℃）与难以被炉渣浸润的高熔点炭素材料为原料，添加各种添加剂，用无水碳质结合剂结合而成的不烧碳复合耐火材料。

5.7.1 镁钙碳质耐火材料的特性

由 5.2.2 节可知，CaO 比 MgO 与 C 共存的温度更高，因此含 CaO 的碳复合耐火材料应具有更好的使用性能。但 MgO-CaO-C 并没有像 MgO-C 质耐火材料这样被广泛使用的主要原因是 CaO 易水化，生产工艺过程较难控制。但 CaO 具有独特的化学稳定性，并具有净化钢液的作用，在冶炼不锈钢、纯净钢及低硫钢等优质钢种领域的作用正日益受到人们的重视。

例如在冶炼 IF（无间隙原子 interstitial atom free steel）钢高档轿车板时，对钢液中的杂质有着严格的要求，如 20 世纪 90 年代初对 IF 钢的要求为：

$$[C] + [N] + [S] + [P] + [H] + [O]$$
$$3\times10^{-5} \quad 3\times10^{-5} \quad 1\times10^{-5} \quad 2\times10^{-5} \quad 1.5\times10^{-6} \quad 5\times10^{-6}$$

总杂质含量小于 0.01%

20 世纪 90 年代末对 IF 钢的要求为：

$$[C] + [N] + [S] + [P] + [H] + [O]$$
$$1\times10^{-5} \quad 1.5\times10^{-5} \quad 4\times10^{-6} \quad 1.5\times10^{-5} \quad 1\times10^{-6} \quad 5\times10^{-6}$$

总杂质含量小于 0.005%

日本在 21 世纪初对 IF 钢提出的努力方向为：

$$[C] + [N] + [S] + [P] + [H] + [O]$$
$$6\times10^{-6} \quad 1.4\times10^{-5} \quad 1\times10^{-6} \quad 2\times10^{-6} \quad 2\times10^{-7} \quad 5\times10^{-6}$$

总杂质含量小于 0.00282%

要想达到上述 6 个成分要求的纯净度，冶炼必须在高真空度条件下进行，即真空度达到 67 Pa（0.5 托左右）时，才能实现并完成精炼任务。

在一个大气压下：

$$MgO_{砖} + C_{钢}^{砖} \xrightarrow{101 \text{ kPa}} Mg(g) + CO(g) \quad \Delta G = 655.88 - 0.2707T$$

上述反应必须在高达 1850 ℃ 以上才能进行。炼钢温度和精炼温度一般在 1700 ℃ 以下，所以理论上该反应不发生。

在真空度达 11.2 kPa（84 托）时，该反应温度降低到 1610 ℃，即在精炼温度范围内，上述反应就能够进行。

$$MgO_{砖} + C_{钢}^{砖} \xrightarrow{11.2 \text{ kPa}} Mg(g) + CO(g) \quad \Delta G = 606.8594 - 0.3222T$$

在高真空度条件下（如 67 Pa），该反应温度降低到 1230 ℃，即精炼温度远远高于 MgO 与 C 的反应温度，反应将激烈地进行。

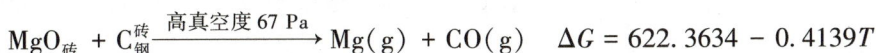

$$MgO_{砖} + C_{钢}^{砖} \xrightarrow{高真空度 67 \text{ Pa}} Mg(g) + CO(g) \quad \Delta G = 622.3634 - 0.4139T$$

在这种情况下，如果还是用镁碳质耐火材料作为精炼炉内衬，则砖中的 MgO 参加了炉外精炼的化学反应，MgO-C 耐火材料将遭到严重破坏。在特别高真空度条件下的冶炼，耐火材料将会遭到严重的挑战，单纯的镁碳质耐火材料已显然不适合于高真空冶炼操作，而含氧化钙质的碳复合耐火材料则有望作为高真空冶炼条件下的耐火材料。

图 5-21 所示为 MgO+C 和 CaO+C 反应在不同真空度条件下的自由焓与温度的关系。由图 5-21 可知，在相同真空度下，CaO-C 反应的理论温度比 MgO-C 反应要高 200 ℃ 以上，即在相同的条件下，含钙质的碳复合耐火材料性能更加稳定。

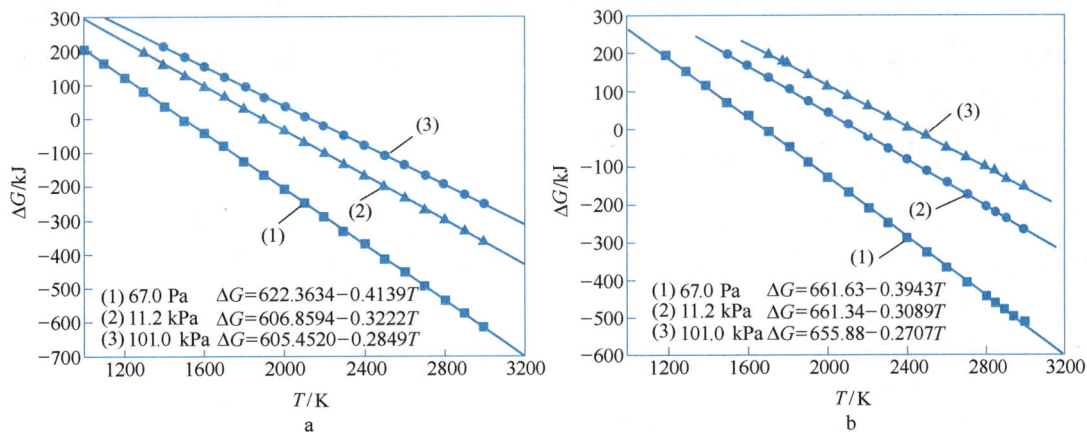

图 5-21   不同真空度下 MgO+C 和 CaO+C 反应的自由焓与温度关系
a—MgO+C；b—CaO+C

另外，在冶炼不锈钢时，耐火材料长期暴露于低碱度渣的条件下，而低碱度渣能提高 MgO 的溶解度。同时低碱度渣更容易向方镁石晶界浸润，并能促进晶粒的分离和溶出，因此，在这样的条件下使用 MgO-C 质耐火材料，镁砂损毁很大。此外，由于操作温度高，炉渣中 CaO/SiO$_2$ 比低、总铁含量小，在工作面附近难于形成致密 MgO 层，所以在制品内易于进行 MgO 与 C 的反应，造成组织劣化。因此，在冶炼不锈钢时，MgO-C 质耐火材料的损毁可以认为同时受到炉渣引起的镁砂的溶解与溶出及由 MgO-C 反应造成的碳的氧化产生的组织劣化两者的综合作用，制品的损毁速度显著增大。

用 MgO-CaO-C 质耐火材料取代上述操作条件和吹炼方法中使用的 MgO-C 质耐火材料，

具有如下优点：制品中的 CaO 溶解于炉渣中，在工作面形成高熔点和较厚的渣层，具有炉渣保护层的机能；由于 CaO 比 MgO 更能稳定地与 C 共存，所以由制品内部反应引起的组织劣化小。

5.7.1.1 原料及其显微结构特点

制备镁钙碳质耐火材料的原料有：烧结白云石、合成镁白云石、电熔白云石、电熔 CaO 熟料。

这些原料的显微结构随着其游离氧化钙含量的不同而各异。当 CaO 含量小于 10% 时，则在显微镜下不能明确找到 CaO 的聚集部分（即 CaO 晶簇）；当 10%<CaO 含量<30% 时，CaO 晶相被连续的方镁石晶相所包围，CaO 呈孤岛状分布于方镁石晶相之中，能明确找到 CaO 的聚集部分；当 CaO 含量大于 30% 时，则 CaO（石灰相）成为连续晶相，方镁石则被石灰晶相所包围。电熔原料比烧结原料有更大的晶体尺寸。

5.7.1.2 MgO 与 CaO 的抗渣特性

CaO 与 MgO 虽都是碱性耐火氧化物，但两者的抗渣性却不尽相同。CaO 抗酸性渣的能力强，原因是 CaO 与 SiO_2 反应生成高熔点的 C_2S，同时使靠近 CaO 工作面的渣碱度上升，从而使渣的黏度提高，降低了渣的侵蚀作用。因此 MgO-CaO-C 质耐火材料对低碱度渣的耐蚀性比 MgO-C 质耐火材料要强；而抗铁渣的能力 MgO 比 CaO 要强。

在一般的转炉冶炼过程中，炉渣对耐火材料的侵蚀可分两个阶段，即初期渣侵蚀阶段（酸性渣，SiO_2 含量高）和后期渣侵蚀阶段（FeO_t 与 CaO 含量高）。对于初期渣来说，CaO 的存在可降低熔渣对制品的侵蚀性，降低渣的渗透速度，所以一般 CaO 比 MgO 好；对于后期渣而言，一般是 MgO 比 CaO 的抗侵蚀性强。

5.7.2 镁钙碳质耐火材料的生产工艺及要点

MgO-CaO-C 质耐火材料生产工艺流程随所用结合剂的不同而有所差异。当用沥青作为 MgO-CaO-C 质耐火材料的结合剂时，其生产工艺流程如图 5-22 所示。

当用无水树脂作为结合剂时，其生产工艺流程与镁碳质耐火材料基本相同。

工艺要点如下：

（1）骨料与基质。为了提高 MgO-CaO-C 质耐火材料的抗水化性，一般采用含游离 CaO 的原料为骨料，基质部分为电熔镁砂和石墨，这样可提高制品的抗渣性能和抗水化性能。

（2）结合剂。由于 CaO 易水化，因此所用结合剂应尽量少含结合水或游离水，可用的结合剂有：煤沥青、石油重质沥青、高碳结合剂、无水树脂。

（3）石墨加入量。根据实际用途及操作条件来确定石墨的加入量。

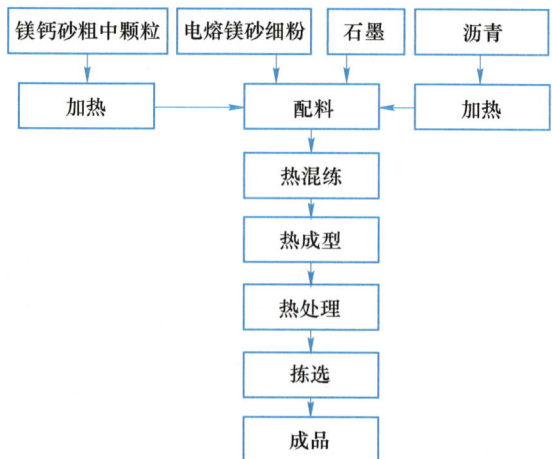

图 5-22 沥青为结合剂时镁钙碳质耐火材料的生产工艺流程

1）低 CaO/SiO_2 比、高总铁渣时，石墨的加入量不宜太多。这是由于除 CaO 与铁的氧化物反应生成低熔物外，渣中铁的氧化物和石墨反应，使制品的损毁增大。

2）低 CaO/SiO_2 比、低总铁渣时，石墨加入量越高，则 $MgO-CaO-C$ 质耐火材料的抗渣性越好，但这类制品的耐磨性变差，不适应于钢水流动剧烈的部位。

3）高 CaO/SiO_2 比、高总铁渣时，石墨含量增大，有利于制品熔损量的降低。

（4）混练与成型。当用无水树脂时与 $MgO-C$ 质耐火材料相同。当用沥青作为结合剂时，通常采用热态混练与成型。另外为了提高制品的体积密度，增强碳结合，对已压好的制品进一步经焦化处理后再用焦油沥青浸渍，可明显提高制品的性能。

（5）制品坯体表面处理。对于成型好的坯体，为了防止 CaO 的水化，同时为了防滑，一般要进行表面处理，表面处理剂为稀释后的无水树脂。也可以用石蜡或沥青等来浸渍。

5.8 铝碳质耐火材料

铝碳质耐火材料是指以氧化铝和炭素为原料，大多数情况下还加入添加剂，如 SiC、单质 Si 等，用沥青或树脂等有机结合剂结合而成的碳复合耐火材料。广义上讲，以氧化铝和碳为主要成分的耐火材料均称为铝碳质耐火材料。铝碳质耐火材料按其生产工艺不同可分为不烧铝碳质耐火材料和烧成铝碳质耐火材料。

不烧铝碳质耐火材料属于碳结合型耐火材料，在高炉、铁水包等铁水预处理设备中得到广泛的应用。烧成铝碳质耐火材料属于陶瓷结合或双重结合型耐火材料，由于其强度高、抗侵蚀和抗热震性能好，因而大量地使用于连铸用滑动水口系统的滑板砖（sliding gate bricks）、钢包上下水口、中间包水口及连铸三大件中。所谓连铸三大件，即长水口（ladle shroud）、浸入式水口（submerged nozzle）和整体塞棒（monoblock stopper）。它们在连铸系统中的位置如图 5-23 所示，由该图可见，连铸三大件在炼钢生产中处于十分重要的位置，它们质量的好坏对于连铸乃至整个钢厂生产的连续与稳定性有重要的意义。

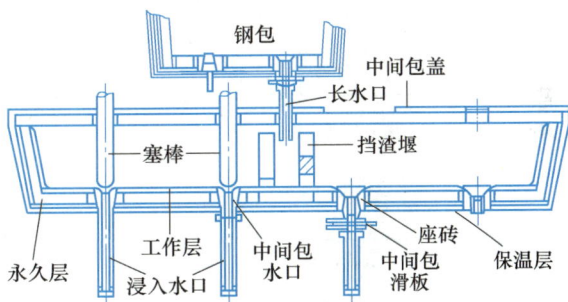

图 5-23 连铸系统的结构及耐火材料的应用

氧化铝具有高的抵抗酸碱性炉渣、金属和玻璃熔体作用的能力。它在氧化性气氛或是还原性气氛中使用时，均能得到良好的使用效果。而炭素原料特别是石墨具有高的导热系数和低的线膨胀系数，并对渣等高温熔液具有不湿润性。因此铝碳质耐火材料具有如下性能：

（1）优异的抗渣性能和抗热震性能。与镁碳质耐火材料相比，铝碳质耐火材料的抗高碱（Na_2O）和抗高 TiO_2 渣侵蚀能力更强。

（2）对于烧成铝碳质耐火材料，由于添加物硅与碳在高温下反应形成碳化硅，使其具有双重结合系统，即碳结合和陶瓷结合，因而烧成铝碳质耐火材料具有高的力学性能。

5.8.2 生产铝碳质耐火材料的原料及工艺流程

铝碳耐火材料中的 Al_2O_3 组分主要选用电熔刚玉、烧结刚玉。电熔或烧结氧化铝原料的价格昂贵，硬度大，制备的 Al_2O_3-C 滑板砖加工磨平困难。因此，根据我国资源特点，也可选用特级或 I 级优质矾土熟料作为颗粒，刚玉作为细粉生产 Al_2O_3-C 质耐火材料，既可降低成本，又可适当提高制品的热震稳定性和耐侵蚀性。但是，对于连铸时间长、温度高等苛刻条件下使用的耐火制品，必须提高制品的 Al_2O_3 含量，降低 SiO_2 含量，应选用刚玉或锆刚玉等为原料。

抗氧化剂有金属 Al、Si 粉及 SiC 粉。加入少量抗氧化剂能延缓含碳层氧化，提高制品的使用寿命。图 5-24 和图 5-25 分别为铝碳滑板及铝碳质连铸三大件的生产工艺流程图。

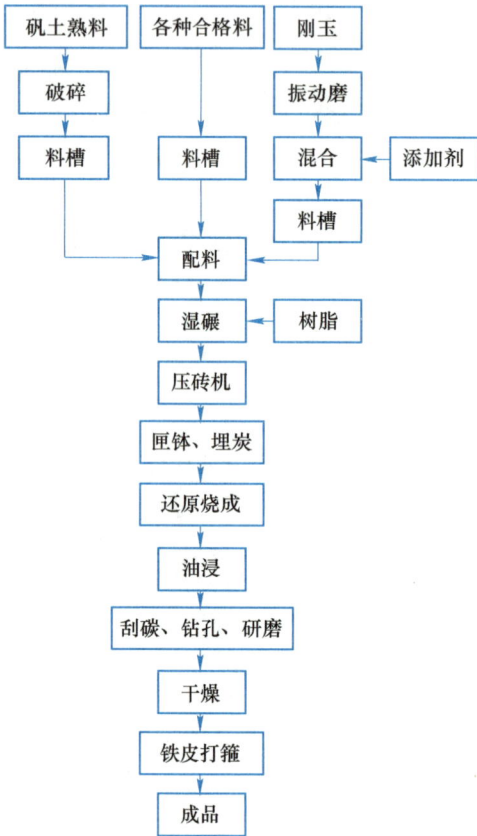

图 5-24　铝碳滑板生产工艺流程

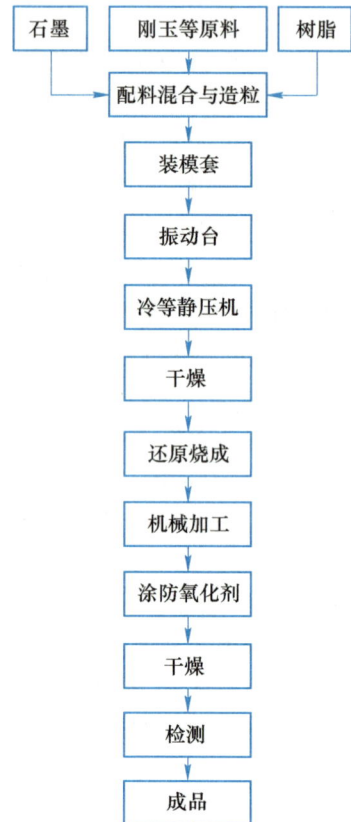

图 5-25　铝碳质连铸三大件生产工艺流程

碳在 Al_2O_3-C 制品中的作用包括如下几方面：在颗粒孔隙内或在颗粒之间形成脉状网络碳链结构，形成"碳结合"，从而降低制品的气孔率，提高制品的高温强度。碳还可形成不受金属和熔渣侵蚀的表面，提高制品的抗侵蚀能力和耐热冲击性。此外，碳的存在为铁、硅氧化物的还原创造了条件，生成的气体能够阻止渣向耐火材料内部渗透。碳还可提高制品的导热性，以避免制品的个别部位因温度过热而导致制品的剥落、断裂。铝碳质耐火材料中的炭素原料以鳞片状天然石墨为主，也可采用热解高纯石墨，有时还加入炭黑。

铝碳滑板砖是连铸用功能耐火材料，广泛使用于电炉、转炉、炉外精炼钢包和连铸中间包等滑动水口系统中。它作为控制钢水流量和流速的开关，要求具有较高的高温强度、优良的耐侵蚀性、抗冲刷性和抗热震性，同时还要求具有较高的尺寸精度。

目前国内外大中型钢包一般以烧成铝碳质滑板为主，小型钢包多使用不烧铝碳滑板，而中间包滑板基本上以铝锆碳质耐火材料为主。

在配料时一般采用两种或两种以上炭素原料，滑板中总碳含量波动在 5% ~ 15%。滑板砖的成型设备多为大型摩擦压砖机、油压摩擦压砖机。由于成型时铝碳滑板砖内不可避免地存在一定量的气孔和微裂纹，在烧成时由于制品中各固相成分的线膨胀系数大小不等，以及液相数量很小，不可能消除这些气孔和裂纹。这些分布不均匀的气孔和微裂纹影响制品的抗热震性能。当与钢水接触时，气孔部位首先遭到侵蚀，导致制品加速损坏。为克服上述缺点，可用中温沥青浸渍处理，使沥青充填气孔，并进一步提高制品的碳含量，增大制品强度和提高制品抗侵蚀能力。

为提高滑板砖铸孔边缘的抗侵蚀和耐冲刷性，滑板砖应整块成型，烧成后用金刚石钻头钻出所需大小的铸孔，使铸孔周边密度均匀。钻孔后进行浸渍处理，也可以在铸孔上套上 ZrO_2 或 ZrO_2-C 环来提高其抗侵蚀性能以满足特殊钢种的需要。还可以在滑板的铸口部位与周边区域使用不同的材料一次成型，以提高使用寿命，降低成本。

成型后的坯体经埋炭还原烧成、用真空油浸设备进行油浸处理、热处理和机加工后即得成品。在烧成铝碳滑板中，有机结合剂在还原烧成中碳化结焦，形成碳结合；加入物 Si，在 1300 ℃还原烧成时，与炭素生成 β-SiC，同时，还可能发生部分烧结，因而在砖体内形成陶瓷结合。所以烧成铝碳质耐火材料中存在着两种结合系统，它使铝碳质耐火材料的强度明显提高。即使在使用中炭素燃尽之后，由于陶瓷结合的存在也能保持足够的残余强度。另外，为防止滑板砖在使用时破裂或裂纹扩大，在滑板周围用铁皮打箍，以提高使用的安全性。

铝碳质长水口通常情况下是在钢包移至中间包上方时才套装上，多数情况下长水口是在不经预热或预热不充分的情况下直接接上钢包的，这就要求长水口具有优良的抗热震性，因此，长水口碳含量较高，一般为 20% ~ 40%。

铝碳质浸入式水口是连铸工艺过程中的关键部位，它对连续浇铸的时间和钢材质量有很大的影响，因此浸入式水口在连铸三大件中被研究得最多，其碳含量一般在 30% 左右。浸入式水口使用前都要经预热处理，所以使用时不易产生裂纹。而渣线部位的侵蚀、Al_2O_3 沉积堵塞铸口以及铸口的损坏是影响浸入式水口寿命的致命的因素。通常在侵入式水口渣线的外壁镶嵌 ZrO_2-C 层来提高其抗渣性。内衬采用 CaO-ZrO-C 质材料等方法可防止 Al_2O_3 沉积造成的铸口堵塞问题。

铝碳整体塞棒的使用条件与长水口相同，但整体塞棒在使用前与浸入式水口同时预热，受热震不大。而塞棒头部的抗冲刷蚀损是其损毁的主要原因，可通过加入添加物、降低临界粒度、控制烧成温度、加入钢纤维等措施来改善，配料中 C+SiC 含量一般在 30% 左右。

铝碳质耐火材料常用的结合剂有：树脂、焦油、沥青等。采用热固性酚醛树脂结合剂及乌洛托品 $[(CH_6)N_4]$ 硬化剂，生成不溶解、不熔融的固化物，高温时的残余碳量高，其使用性能优良。

由于外形的特殊性，长水口、浸入式水口和整体塞棒的成型设备一般采用冷态等静压机（CIP，cold isostatic pressing）。CIP 的工作原理是将配合料放入一个橡胶或塑胶制成的模型内，再将模型与料一起放置到密闭的容器中，采用液压方式向制品施加各向同等的压力，在高压的作用下，制品得以成型及致密化。同时通过造粒过程用树脂等结合剂将刚玉与石墨等混合制成小球状颗粒，以保证成分均匀与良好的颗粒流动性。这样可使坯体中的成分与密度均匀一致。此外，由于对这类制品性能的稳定性要求很高，而树脂等结合剂的性质受气温及湿度的影响很大，所以生产连铸三大件的车间，常要求恒温恒湿。

不烧铝碳质耐火材料常用的原料有：刚玉、莫来石、Ⅰ等和Ⅱ等高铝矾土熟料、鳞片石墨、SiC、Si 粉等。与烧成铝碳质耐火材料相比，不烧铝碳质耐火材料有如下特点：不用烧成、油浸及干馏热处理，工艺简单；但相对于烧成铝碳滑板而言，强度偏低，气孔率偏高。

5.9　铝锆碳质耐火材料

铝锆碳质耐火材料是为了满足连铸工艺对多炉连铸用滑板的要求，在铝碳质耐火材料的基础上，通过添加具有低线膨胀系数的锆莫来石以及具有优良抗侵蚀性能的锆刚玉而制成的，是铝碳质耐火材料的延伸。铝锆碳质耐火材料解决了连铸工艺中出现的铝碳质耐火材料因强度上升而导致的热震稳定性下降这一问题。

铝锆碳质耐火材料以烧结刚玉、含锆原料（主要是锆莫来石与锆刚玉）、石墨及添加剂等为原料，用酚醛树脂作为结合剂经烧成（或不烧）加工而成的碳复合耐火材料，它的强度高并具有优良的抗侵蚀性能和抗热震性能。

5.9.1　铝锆碳质耐火材料用原料特征

与铝碳质耐火材料相比，铝锆碳质耐火材料的配料中增加了 ZrO_2 系原料。我们知道，ZrO_2 有三种变体，即高温立方型（c-ZrO_2），$d = 6.27$ g/cm^3；中温四方型（t-ZrO_2），$d = 6.10$ g/cm^3；低温单斜型（m-ZrO_2）：$d = 5.65$ g/cm^3。三者的转变温度如下：

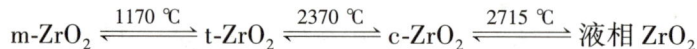

$$m\text{-}ZrO_2 \underset{}{\overset{1170\ ℃}{\rightleftharpoons}} t\text{-}ZrO_2 \underset{}{\overset{2370\ ℃}{\rightleftharpoons}} c\text{-}ZrO_2 \xrightarrow{2715\ ℃} 液相\ ZrO_2$$

ZrO_2 由单斜相向四方相的晶型转变过程中有 7%～9% 的体积变化（升温时，单斜→四方晶型有明显收缩，反之呈明显膨胀，体积变化效应 3%～5%）。这一转变对 ZrO_2 制品的生产有着极为重要的影响。该转变有以下特征：（1）从结晶学看，属母相结构剪切获得新相，具有无扩散性，新相与母相维持共格关系，所以该转变也称马氏体转变。（2）从相变速度看，因无扩散性，是非热激活转变，只要满足热力学条件 $\Delta G < 0$，即可发生转变，速度快，可达声速。（3）从相变温度看，马氏体相变无确定的终了温度。晶粒尺寸减小，t-$ZrO_2 \rightarrow m$-ZrO_2 温度降低。当晶粒尺寸足够小时，t-ZrO_2 在室温下也可稳定存在。

因 ZrO_2 的这种马氏体相变，使得含氧化锆的耐火材料，在高温下具有低的热膨胀率，如图 5-26 所示。它的膨胀率低于铝碳质耐火材料中常见的另外两种氧化物材料，有利于提高抗热震性。

5.9.2 铝锆碳质耐火材料用锆系原料及特性

制备铝锆碳质耐火材料用的 ZrO_2 系原料主要有锆莫来石、锆刚玉和部分稳定 ZrO_2。在铝锆碳质耐火材料中引入 ZrO_2 系原料，除了利用 ZrO_2 本身优良的抗侵蚀性能及锆莫来石的低热膨胀特性外，通过控制 ZrO_2 的"马氏体转变"可以提高材料的韧性和热震稳定性。

（1）锆莫来石：锆莫来石是氧化锆-莫来石复合材料的简称。有烧结锆莫来石和电熔锆莫来石之分。目前市场上销售的锆莫来石主要是电熔锆莫来石，其 ZrO_2 含量一般在 30%~35% 之间，具有较佳的热

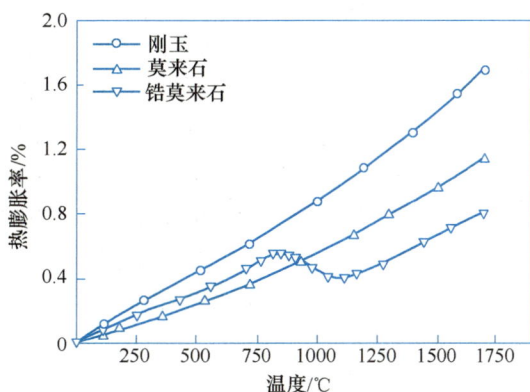

图 5-26   有关材料的热膨胀率

膨胀率和抗侵蚀性。制造方法是将工业氧化铝和锆英石在电弧炉中直接熔制。其反应过程为 $2ZrSiO_4+3Al_2O_3 \rightarrow 2ZrO_2+3Al_2O_3 \cdot 2SiO_2$。电熔锆莫来石的主要物相有：莫来石、斜锆石，可以伴有一定量的 t-ZrO_2 和刚玉相、玻璃相，理想的锆莫来石显微结构应为共晶结构，ZrO_2 均匀分布在 A_3S_2 基晶内。实际生产中受冷却工艺的制约，无法得到全共晶结构。常见的显微结构为：ZrO_2 以细微的针状或树枝状分散存在于莫来石晶体的内部或周边上。ZrO_2 的晶粒尺寸在零点几微米至十几微米，ZrO_2 的均匀性与 t-ZrO_2 的含量及粒径对铝锆碳质耐火材料的性能有重要影响。

（2）锆刚玉：由工业氧化铝和氧化锆原料经电熔或高温烧结而成，主晶相为刚玉、斜锆石及少量四方 ZrO_2，ZrO_2 分散于刚玉晶内及晶界。ZrO_2 粒度在零点几微米至数微米。同锆莫来石一样，理想的锆刚玉材料的晶体结构也应为共晶结构。在实际应用中，常控制 ZrO_2 的含量在 23%~25% 之间。

氧化锆的加入可以显著改善耐火材料的性能。原因是弥散分布的氧化锆在烧结过程中会发生相变，在基质材料内形成一定数量的微小裂纹，提高了材料的抗热震性。同时，氧化锆的加入，也会一定程度上促进刚玉质耐火材料的烧结。无论是烧结锆刚玉还是电熔锆刚玉，氧化锆在其中的作用基本一样：当温度发生变化时，氧化锆会发生相变，并伴有一定的体积变化，导致在氧化锆晶体的周围产生微裂纹。这些微裂纹在裂纹尖端张应力的作用下，成核并扩展，消耗和分散了主裂纹尖端的能量，阻碍了危险裂纹的扩展，提高了这类材料的抗热震性。

（3）部分稳定 ZrO_2：工业上制备氧化锆一般有化学法、等离子法、电熔还原法三类。化学法又分为碱熔法、钙熔法和酸化法。化学法的主要原料为锆英石，通常将锆英石与烧碱或碳酸钠混合，熔融生成锆酸钠，加入酸或氨水使之生成氢氧化锆，煅烧后制得，我国称此法为二碱二酸法。可以通过对所得到的氧化锆反复熔融提炼，以得到高纯度的产品。等离子法制备氧化锆，由于产品的二氧化硅含量高，一般较少使用。主要原理是利用等离子体的高温分解锆英石，得到氧化锆和二氧化硅的混合体，再通过碱熔融加以提纯。电熔法主要是将锆英石和炭素混合在电炉中加热到 2000 ℃ 以上，得到氧化锆熔体，冷却破碎

可得产品。

对于纯氧化锆来说，因在高温下会发生如前所述的马氏体相变而发生较大的体积变化，极易使制品发生炸裂，因此需要添加稳定剂来稳定其晶型，即在常温下保留部分四方相或立方相。这样，既减少了体积变化过大造成的不利影响，同时保留适量的相变还可起到增韧作用。一般常用的稳定剂有 CaO、MgO、Y_2O_3 等，即生成所谓的 Ca-PSZ、Mg-PSZ、Y-PSZ。

5.10 铝镁碳质耐火材料

铝镁碳质耐火材料是在铝碳质耐火材料中加入一定量的镁砂组分，以 Al_2O_3 为主成分的 Al_2O_3-MgO-C 系耐火材料，其在加热的过程中形成尖晶石，可保证材料具有良好的残余热膨胀。铝镁碳质耐火材料所具备的这种特性，使衬砖之间的接缝密实并减小炉渣的渗透。

铝镁碳质耐火材料所用的主要原料有高铝矾土熟料（或各种刚玉）、镁砂（或镁铝尖晶石）和石墨，用沥青或树脂等有机结合剂结合而成的不烧碳复合耐火材料。广义上讲，以氧化铝、氧化镁和碳为主要成分的耐火材料均称为铝镁碳系耐火材料。铝镁碳系耐火材料按其主成分的不同可分为两类，一类是以氧化铝为主成分的制品，常用 AMC 来表示；另一类是以氧化镁为主成分的制品，常用 MAC 来表示。

为防止高温使用过程中 MgO 和 Al_2O_3 反应的过分膨胀造成的开裂及钢包变形，一般在基质中引入适量的预合成尖晶石，减少镁砂与高铝粉的反应，达到控制膨胀的目的。

5.10.1 铝镁碳质耐火材料的性能

铝镁碳质耐火材料不仅具有优良的化学和热力学稳定性，而且具有优异的热学和力学性能。其优点包括如下几个方面：

（1）高的抗钢水渗透能力。由于在使用过程中氧化铝和氧化镁之间发生反应，可原位生成尖晶石产生膨胀，有效地阻止钢水从衬砖间的接缝处往砖内部的渗透。

（2）优良的抗渣性能。除了石墨的作用以外，由于使用过程中形成的尖晶石能吸收渣中的 FeO 形成固溶体，Al_2O_3 则与渣中的 CaO 反应形成高熔点 CaO-Al_2O_3 系化合物，起到堵塞气孔并增大熔体黏度作用，达到抑制渣渗透的目的。

（3）具有高的机械强度。相对于 MgO-C 和 Al_2O_3-C 耐火材料而言，铝镁碳质耐火材料含石墨的量较少，一般在 6%~12%，因此其体积密度大、气孔率低、强度高。

5.10.2 制备铝镁碳质耐火材料的主要原料

铝镁碳质耐火材料的生产工艺与镁碳质材料相同，仅仅是原料有所区别。含氧化铝原料可用特级高铝矾土熟料、Ⅰ等高铝矾土熟料、电熔刚玉、烧结刚玉及棕刚玉等。含 MgO 原料可用电熔镁砂、烧结镁砂。炭素原料主要用天然鳞片石墨，结合剂一般用合成酚醛树脂，另外还加入一定量的 SiC、Al 粉等作为防氧化剂。

尽管特级高铝矾土熟料、Ⅰ等高铝矾土熟料、电熔刚玉、烧结刚玉等都可以作为制备铝镁碳质耐火材料的氧化铝原料，但由于矾土中含有较高的氧化硅，对制品的抗渣性不利。烧结刚玉与电熔刚玉相比，结晶细小，存在的晶界较多，用其制得的铝镁碳质耐火材料抗渣性不如相同条件下用电熔刚玉制得的制品。在铝镁碳质耐火材料中，含氧化铝原料一般占配料总组分的80%~85%，在配料中以颗粒状和粉状形式存在。

含氧化镁原料主要有电熔镁砂和烧结镁砂，与烧结镁砂相比，电熔镁砂结晶粗大，体积密度大，抗渣侵蚀能力强，因此在不烧铝镁质耐火材料中，一般加入电熔镁砂，且主要以细粉形式加入，加入量一般在15%以内。加入量太多，制品在使用过程中形成的尖晶石量太多，制品内部会产生过大的应力和裂纹，削弱制品的强度。镁砂加入量适量时，生成尖晶石化的体积效应不但不会形成裂纹，还有利于堵塞气孔。

5.11　铝碳化硅碳耐火材料

Al_2O_3-SiC-C质耐火材料是指以Al_2O_3、SiC和炭素原料为主要成分，用有机结合剂或水化结合剂制得的定形或不定形碳复合耐火材料。

Al_2O_3-SiC-C质耐火材料中的Al_2O_3一般以高铝矾土、电熔刚玉或烧结刚玉的形式引入。Al_2O_3是一种对各种处理剂和铁鳞都有极好抗侵蚀性的氧化物。但Al_2O_3线膨胀系数大，耐剥落性差。基质部分易被熔渣渗透蚀损，导致骨料暴露，剥落而落入渣中。因而单纯的Al_2O_3耐火材料不能满足铁水预处理及铁沟料的要求。

C与Al_2O_3、SiC间无共熔关系，与炉渣的润湿角相当大，能阻止渣向制品内渗透。同时，C将熔渣中的氧化铁还原成为金属的化学反应，使熔渣高黏度化，可减少熔渣成分向耐火材料内部迁移渗透，从而达到减少侵蚀的效果。

SiC本身是一种很好的耐火材料，具有耐高温（2200 ℃分解升华）、化学稳定性好的特点。它的导热系数比Al_2O_3的高，线膨胀系数只有Al_2O_3的一半，耐磨性好，同时还可以起到防止碳氧化的作用。Al_2O_3、SiC与C的复合构成了性能优良的耐火材料。

Al_2O_3-SiC-C质定形制品主要用于鱼雷式混铁车、铁水罐等铁水预处理设备的内衬。Al_2O_3-SiC-C质不定形耐火材料主要用于高炉出铁沟及高炉炮泥。

（1）Al_2O_3-SiC-C质定形耐火材料：20世纪80年代中期以前，铁水罐只用作贮铁水的容器，其内衬大多采用黏土质、叶蜡石质耐火材料。但自采用铁水预处理技术后，铁水包及鱼雷式混铁车内衬的使用寿命大幅度下降，这主要是耐火材料受到各种脱硫、脱磷剂等的严重侵蚀所致。一般情况下，脱硫剂用CaO与CaC_2，脱硫和脱磷处理时，这些粉剂喷吹速度很高，最高可达600 kg/min。所以要求鱼雷式混铁车、铁水罐内衬应具有优良的抗渣侵蚀性、抗热震性和良好的抗冲刷性与耐磨性。

高铝质耐火材料受石灰质熔剂的侵蚀并不很快，但易剥落，因此鱼雷式混铁车、铁水罐内衬用耐火材料中必须含有石墨和SiC，以改善其抗剥落性。石墨可使砖具有高的导热性，并可阻止渣的渗透。SiC则具有很好的抗融钢融渣冲刷能力。因此Al_2O_3-SiC-C质耐火材料具有优良的抗渣性和抗热震性，同时具有很好的抗冲刷、耐磨损性能，是目前为止在铁水预处理容器上最理想的内衬材料。

（2）Al_2O_3-SiC-C质不定形耐火材料：Al_2O_3-SiC-C不定形耐火材料主要用于高炉铁沟及炮泥。在20世纪50年代以前，主要采用焦炭、黏土熟料及生黏土为原料，以焦油或糖浆作结合剂，经人工捣打成型。60年代起，由于冶炼条件的不断强化，出铁沟及炮泥用耐火材料承受更为苛刻的使用条件，开发出 Al_2O_3-SiC-C 质含碳捣打料，以磷酸盐、焦油（或树脂）为结合剂，显示出了优异的耐剥落性和抗侵蚀性。20 世纪 80 年代后期以来，开发出适应不同要求的 Al_2O_3-SiC-C 质浇注料，同时由于施工和维修技术的提高，多种新型结合剂，如胶体结合剂、微硅结合剂、可水合氧化铝结合剂以及超细粉和溶胶-微粉复合结合剂应用，大幅度地提高了铁沟及炮泥的使用性能，有关内容将在下一章中介绍。

思 考 题

5-1 碳，不管是晶态还是非晶态，在空气中遇高温都会发生燃烧，最终变为 CO 或 CO_2，而钢铁冶金正是在高温下进行，碳为什么能用做耐火材料原料呢？

5-2 什么叫石墨化度？了解硬炭与软炭的含义，举例说明工业生产中碰到的硬炭与软炭。

5-3 分别举例说明哪些是难石墨化碳，哪些是易石墨化碳。

5-4 沥青有哪两类？什么叫沥青的软化点？按软化点的不同，沥青分为哪几类？

5-5 沥青作为碳复合耐火材料结合剂时，常用哪些指标来衡量其质量？

5-6 沥青与酚醛树脂的炭化组织有何不同？

5-7 什么是残余碳？什么是固定碳？什么叫炭化率？

5-8 除了沥青和酚醛树脂外，还有哪些有机物可作为碳复合耐火材料的结合剂？

5-9 碳复合耐火材料中没有单独的 SiO_2-C 和 Cr_2O_3-C 质耐火材料，为什么？是否同样意味着没有 Al_2O_3-Cr_2O_3-C复合耐火材料？请说明原因。

5-10 CO 歧化反应在钢铁冶金工业中经常会发生，请举例说明。

5-11 含碳耐火材料，特别是 MgO-C 质、Al_2O_3-C 质耐火材料等在钢铁冶金领域获得了广泛的应用，请你思考并回答：含碳耐火材料能否应用于有色火法冶金（炼铜、炼锌等）领域"？为什么？

5-12 我们都知道"相图是耐火材料研究的基础"，你如何理解"相图在碳复合耐火材料研究、开发过程"中的作用？

5-13 炼钢转炉在砌筑内衬时，一般采用综合砌砖法，即把碳含量高的 MgO-C 砖砌在耳轴和渣线部位，碳含量低的 MgO-C 砖砌在炉底上，这样能确保炉衬的综合使用寿命。但随着"溅渣护炉"技术的应用，MgO-C 砖中碳含量高对炉渣不润湿或润湿程度差，不易黏结炉渣，对溅渣护炉不利；MgO-C砖中碳含量低对炉渣易润湿，易黏结炉衬，有利于溅渣护炉。针对此问题，是否可以将碳含量高的 MgO-C 砖砌在炉底上，而碳含量低的 MgO-C 砖砌在耳轴和渣线部位？请说明理由。

6 不定形耐火材料

本章要点

(1) 掌握不定形耐火材料的工程原理和基本制备工艺；
(2) 掌握不定形耐火材料用结合剂和外加剂的作用原理；
(3) 熟悉不定形耐火材料的种类、组成和应用特点；
(4) 了解不定形耐火材料性能的影响因素。

不定形耐火材料（也称散状耐火材料）是一类没有固定形状的耐火材料，是由骨料、细粉、结合剂与添加剂组成的混合物。与传统的耐火砖不同，它们在使用前通常处于粉末状、颗粒状或浆状状态，需要在现场通过浇注、喷涂、涂抹或振动成型等方式来施工，根据具体的施工工艺，不定形耐火材料在施工完成后会通过固化、烧结等过程形成具有一定强度和耐火性能的整体结构。也可以将不定形耐火材料在生产车间加工成预制块，经烘烤处理后送现场使用，这实际上是浇注成型的不烧砖或称为预制件。

不定形耐火材料使用前未经过高温烧成。在使用过程中它的组成是远离平衡状态的。因此，不定形耐火材料在使用过程中，不仅要注意各组分之间的反应，还要考虑与渣等介质的反应，与烧成砖相比，是一个更加复杂的体系。

6.1 不定形耐火材料的分类方法

不定形耐火材料分类的方法很多。可以按材质分类，还可以按结合剂分类，最常见是按施工方法分类。按施工方法可将不定形耐火材料分为如下几大类：

(1) 浇注料：成型后经养护完成结合剂的水化、凝固过程，使其获得强度，再经烘烤后使用。按流动特性及施工方式不同，又可分为振动浇注料、自流浇注料和泵送浇注料。

(2) 捣打料：使用前无形，用捣打方式施工的不定形耐火材料。经烘干后获得强度。

(3) 可塑料：用手工或机械捣打方式施工，施工后经自然干燥或烘烤后获得强度。

(4) 喷射料：是指用喷射方法施工的耐火混合物料，经干燥或烘烤而获得强度。按喷射方式及含水量的多少，分为干法、半干法、湿法、泥浆法与混合法多种。

(5) 涂抹料：可涂抹的不定形耐火材料，用手工或机械方法涂抹或喷涂在工作表面。

(6) 接缝料：用于砌筑和黏结耐火制品，采用涂抹、灌浆或浸渍等方法施工。

(7) 干混料：也称为干式振动料或干式料。采用振动或捣打在干状态下施工的不定形耐火材料，经烘烤后脱模。

(8) 压入料：用专用的压注机施工的混合料。压入料可分为硬质压入料与软质压入料，前者如高炉热态修复料等；后者如耐火材料之间及耐火材料与炉壳之间的填缝料等。

6.2 不定形耐火材料的作业性能

不定形耐火材料的作业性能是指它们易于充满模型或成型的能力，也称为施工性能，它表示不定形耐火材料施工操作的难易程度。不同的不定形耐火材料有各自重要的作业性能。

6.2.1 流动性

流动性是衡量耐火浇注料流动性能的重要指标，通常用流动值来表示。振动浇注料流动值可用跳桌测定仪来测定，流动值的测定示意图如图 6-1 所示。将一个高为 60 mm、上口内径为 70 mm、下口内径为 100 mm 的截头圆锥筒放在带同心圆刻度的跳桌的平板中央。将搅拌好的待测浇注料倒入圆锥筒内，抹平浇注料表面后抽出圆锥筒以每秒一次的速度上下跳动 15 次后，浇注料层铺展在跳桌面上，从相互垂直的两个方向测定铺展的浇注料在板上的 D_1 与 D_2，如图 6-1 所示。取平均值 D_m，按式（6-1）计算其流动值 f。

$$f = \frac{D_m - 100}{100} \times 100\% \tag{6-1}$$

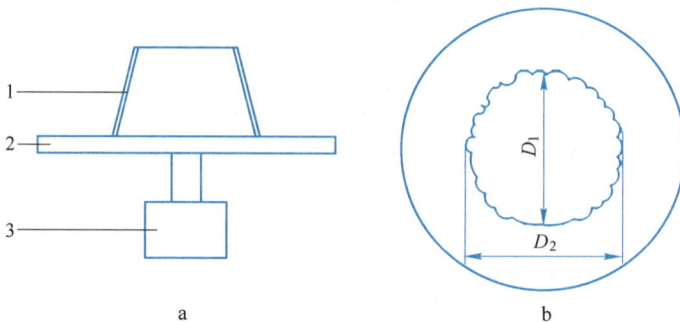

图 6-1   流动值测定方法示意图
a—主视图；b—俯视图
1—截头圆锥；2—跳桌；3—跳动装置

当测定自流浇注料时，由于自流料的流动性很好，测定时不需要跳动。表面抹平后，抽出截头圆锥，待浇注料自流 2~3 min 后再测定其铺展后的直径并计算其流动值。

6.2.2 稠度

稠度是评估浆体状不定形耐火材料流动性的一个重要指标。流动性越大，稠度越小；流动性越小，稠度越大。稠度直接影响材料的施工性能，包括和易性、流动值、铺展性等。常用一定质量的铜质或铝质圆锥体自由沉入浆体（装在一定容积的容器内）中的深度来衡量浆体的稠度。沉入的深度越大，浆体的稠度越小。对于耐火浇注料，可用固定容积的浇注料流出一定尺寸的流出口的时间来评估其稠度。流出的时间越短，其稠度越小。稠度与流动值的大小有关，流动值越大，稠度越小。

6.2.3　铺展性

铺展性是衡量泥浆、涂抹料等不定形耐火物质在耐火制品或砌体表面铺展能力的指标。它对于浆状与膏状不定形耐火材料在砌体或制品表面形成厚度均匀的涂层有重要意义。铺展性好的材料都具有一定的塑性，通常是通过添加增塑剂与保水剂来实现。常见的有塑性黏土、羧基纤维素、甲基纤维素钠盐、木质素磺酸盐、糊精、硅溶胶等。其中羧甲基纤维素具有增塑与保水两方面的作用。

6.2.4　凝结性

不定形耐火材料经搅拌混合后，拌合料逐渐失去触变性或可塑性而成凝固状态的性质称为凝结性。经历凝固过程所需要的时间称为凝固时间，拌合料由黏-塑性体或黏-塑-弹性体转变为塑-弹性体的时间为初凝时间，由塑-弹性体变为弹性体的时间为终凝时间。两者都是浇注料等施工中最重要的指标。如果初凝时间过短，不能满足施工时间的要求。终凝时间过长，不能及时脱模也给生产带来困难，对浇注料而言，通常希望初凝时间不少于40 min，终凝时间不超过8 h。但对于喷射耐火材料，如湿式喷射料，希望喷到受喷面上的材料能迅速凝固以防止涂层脱落。

凝结时间与结合剂的凝固过程密切相关，受气候及施工时的温度影响很大。在实际生产中，常需根据施工条件添加促凝剂或缓凝剂来调节初、终凝时间。常用维卡仪（凝结时间测定仪）等设备来测定水泥浆的凝结时间。该仪器的端头有一个测定指针，插入到一定厚度的泥浆中规定深度所需的时间作为凝结时间。

6.2.5　硬化性

不定形耐火材料加水或液状结合剂搅拌均匀并成型后，经一定时间养护、存放或加热干燥、烘烤固化而获得强度的性能称为硬化性，常用经一定时间养护或烘烤后的强度来衡量。

硬化过程实际上是材料由黏-塑性或黏-塑-弹性体转变为弹性体的过程。强度主要是通过结合剂在硬化过程中发生的物理化学反应而获得的。所用的结合剂不同，硬化所要求的条件也不同。在常温水中或潮湿条件下养护，通过水化反应而获得强度称为水化硬化。此类材料称为水硬性材料，如铝酸钙水泥结合的浇注料。通过干燥硬化而获得强度的材料称为气硬性材料，如以磷酸盐或水玻璃结合的不定形材料。需通过加热烘烤（温度在200～500 ℃之间）才能硬化的材料称为热硬性材料，如以有机树脂或沥青为结合剂的不定形耐火材料。

6.2.6　可塑性

不定形耐火材料的可塑性是指在外力作用下，块状耐火泥料发生变形但不开裂或溃散，外力消除后仍能保持变形后形状的能力。它对于可塑料非常重要。

不定形耐火材料的可塑性用可塑性指数来表示。可塑性指数是用专门的仪器与标准来测定的。其基本原理是在一个直径为50 mm、高为（50±2）mm的可塑料的圆柱形试样上，用冲击锤冲击试样三次，试样不开裂与溃散。测得冲击前试样的高度 L_0 与冲击后试样

的高度 L，按式（6-2）计算可塑性指数 W_a。

$$W_a = \frac{L_0 - L}{L_0} \times 100\% \qquad (6-2)$$

影响泥料可塑性的因素有物料的种类、配料、粒度组成、水分含量与添加剂的种类等。

一般情况下应控制可塑性指数在 15%～40% 之间。实际工作中常控制在 20%～35% 之间。低于 20% 则泥料较干硬，不易施工；高于 35% 时泥料较软，不易捣实且加热后收缩较大。

6.2.7　触变性

浆体或含浆体的不定形耐火材料（如浇注料）在外力（如搅拌或振动）作用下能流动与摊平，而静置后不再流动（或处于凝胶状态）的特性称为触变性。这种特性使得不定形耐火材料在施工和使用过程中表现出良好的可塑性和稳定性。

图 6-2 为有触变性浆体典型的流变曲线。由图 6-2 可见，随剪切速度 γ 的升高，剪切应力 τ 也逐渐升高。达到某一确定的最高值（C 点）后，逐渐降低剪切速度。剪切应力 τ 也随之下降，γ 与 τ 的关系为一直线。图 6-2 中上行线与下行线不重合，形成月牙形的圈，称为"滞后圈"。此圈面积的大小反映浆体触变性的相对大小（难易程度）。但是"滞后圈"的面积与时间及剪切速度有关，与测定仪器及操作人员的水平也有关。因此，在对比不同浆体的触变性大小时，应保证在同一条件下测定。

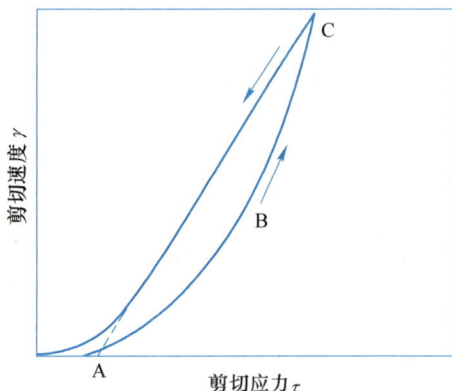

图 6-2　用转筒式黏度计测定触变性流变曲线

6.2.8　和易性

和易性是指不定形耐火材料干料与水（或液体结合剂）搅拌混合达到均匀的难易程度。影响和易性的因素有许多，首先是液体的黏度与它对固体颗粒表面的润湿能力。液体的黏度越小，它对颗粒的润湿性越好，泥料的和易性越好。其次是固体颗粒的粒度组成与颗粒形状对和易性也有影响。细粉越多，粉料的比表面积越大，泥料的和易性越差。颗粒的球形度越好，混合时的阻力越小，和易性越好。第三是加入添加剂，如减水剂可改善和易性。

除上述作业性以外，还有一些其他指标要求，如附着率是喷射耐火材料的重要性能，马夏值是铁口炮泥的重要性能等，将在有关不定形耐火材料章节中讨论。

6.3　不定形耐火材料的粒度级配与颗粒形状

不定形耐火材料中常用的粒度级配有两种类型：间断式粒度分布与连续式粒度分布。

（1）间断式颗粒堆积：指配料是由尺寸大小不连续的颗粒混合而成的。通常分为几个颗粒尺寸段（级），各段（级）之间颗粒尺寸大小是不相连的，如 5~3 mm、2~1 mm、0.088~0 mm 等。间断粒度堆积理论是由 Furnas 提出的，根据该理论，当泥料含有大、中、小三种颗粒时，中、小颗粒应填入到由大、中颗粒形成的空隙中，由此形成最紧密堆积。按此理论，如果引入越来越细的颗粒，采用更多级的粒度时可使气孔率最终趋近于零。此时，各级颗粒的量要形成几何级数。当粒级被推广到连续分布时，可用式（6-3）来表示：

$$\frac{CPFT}{100} = \frac{r^{\lg D} - r^{\lg D_S}}{r^{\lg D_L} - r^{\lg D_S}} \tag{6-3}$$

式中　$CPFT$——直径小于 D 的颗粒的百分数；

　　　　r——相邻两粒级的颗粒量之比；

　　　　D——颗粒尺寸；

　　　　D_S——最小颗粒尺寸；

　　　　D_L——最大颗粒尺寸。

（2）连续颗粒堆积：连续粒度颗粒堆积理论是由 Andreassen 提出的。其分布方程式可用式（6-4）来描述：

$$\frac{CPFT}{100} = \left(\frac{D}{D_L}\right)^q \tag{6-4}$$

式中　q——粒度分布系数。

Andreassen 方程中没有最小粒度的限制，其下限是无穷的。这与实际情况有差别。Dinger 和 Funk 根据 Furnas 方程，对 Andreassen 方程进行了修订，得到 Dinger-Funk 方程式（6-5）：

$$CPFT/100 = (D^q - D_S^q)/(D_L^q - D_S^q) \tag{6-5}$$

不定形耐火材料，特别是浇注料对粒度控制的要求较高。它不仅影响材料的显微结构与性能，对施工性能更有重要影响。通常，对于振动型浇注料，q 值可以在较大范围内波动，如 0.26~0.35 之间。而对于自流料 q 值应控制在 0.21~0.26 之间，大于 0.26 后自流性会变差。自流料与泵送料对粒度组成的要求严格，颗粒组成配合不当会产生对施工很不利的结果。

高流动值浇注料的粒度组成在一个很窄的范围内。对自流料而言，需要严格控制粒度组成。除了粒度组成以外，颗粒形状对不定形耐火材料，特别是浇注料的流动性影响较大。

球形颗粒有利于提高粉料的填充性，可改善浇注料的流动性，减少加水量，以颗粒形式加入的效果比细粉加入的形式好，在细粉流动性较差的情况下，作用显著。研究表明，采用球形颗粒进行配料，因其"拱桥效应"导致材料的强度将得到大大提高。

6.4　不定形耐火材料的结合剂

结合剂是指添加到不定形耐火材料中，使其具有作业性能和生坯强度或干燥强度的物质。

6.4.1　不定形耐火材料结合剂的分类

6.4.1.1　按化学成分与性质分类

按化学成分与性质，结合剂可分为无机结合剂与有机结合剂两大类。

无机结合剂按其化学成分又可分为如下几类：

（1）硅酸盐类：硅酸盐水泥、水玻璃以及结合黏土等。

（2）铝酸盐类：铝酸钙水泥（包括高纯的与普通的）、铝酸钡水泥等。

（3）磷酸盐类：磷酸与各种磷酸盐，如磷酸二氢铝、磷酸镁、磷酸二氢铵、铝铬磷酸盐、三聚磷酸钠、磷酸钠等。

（4）硫酸盐：常见的有硫酸铝、硫酸镁等。

（5）氯化物：如氯化镁与卤水、聚合氯化铝等。

（6）溶胶（或凝胶）及微粉：氧化硅溶胶、氧化铝溶胶、氧化硅-氧化铝复合溶胶、ρ-氧化铝、活性氧化铝及氧化硅微粉等。

有机类结合剂包括有下列几类：

（1）天然有机物或从天然有机物中分离出来的物质：主要有淀粉、糊精、阿拉伯树胶、糖蜜、纸浆废液及木质磺酸钙、海藻酸钠、焦油、沥青与蒽油等。

（2）合成有机物：包括各种树脂，如酚醛树脂、环氧树脂、脲醛树脂、呋喃树脂等。此外，还有聚乙烯醇、羧甲基纤维素、硅酸乙酯、聚醋酸乙烯酯等。有机结合剂分为水溶性与非水溶性两类。通常后者碳化后所获得的残碳较高。

6.4.1.2　按硬化条件分类

（1）水硬性结合剂：指加水混合后经养护，通过水化反应而凝结与硬化的结合剂。各种水泥即为这类结合剂。

（2）气硬性结合剂：指在常温自然干燥条件下养护即可凝结、硬化的结合剂。如水玻璃、磷酸盐类多为这种结合剂。通常需添加促凝剂。有时也要通过干燥以获得较高的强度。

（3）热硬性结合剂：需要经过一定温度烘烤才凝结、硬化的结合剂，如酚醛树脂结合剂。有时也需加入促凝材料。

6.4.1.3　按结合机理分类

按结合机理，结合类型可分为如下 6 类：

（1）水化结合：在常温下通过水化反应生成水化物而凝结、硬化并获得强度。常见的这类结合剂有铝酸盐水泥、ρ-Al_2O_3 等水硬性结合剂。

（2）化学结合：通过结合剂与被结合物料之间或者结合剂与外加的促凝剂之间的化学反应生成具有结合作用的物相而形成结合。形成化学结合的结合剂有磷酸盐、水玻璃等。

（3）凝聚结合：在固体小颗粒-水体系的悬浮液中加入凝聚剂或调节 pH 值使微颗粒（胶体颗粒）发生凝聚而产生结合。

（4）缩聚结合：通过加入催化剂或交联剂使结合剂发生缩聚反应形成的结合。大多数树脂类结合剂形成的结合属这类结合。

（5）黏着结合：通过物理或化学作用将固体黏结在一起所形成的结合。首先是通过物理吸附（范德华力）作用而形成的结合以及通过在固体颗粒表面形成化学键产生的化学吸附；其次是通过结合剂的渗透、扩散在颗粒表面上形成相互连接的膜而产生的结合；再有就是通过结合剂与被结合物质界面上存在的双电层，在静电引入作用下被结在一起而形成的结合。常见的有机类结合剂，如糊精、羧甲基纤维素、木质素磺酸盐等多形成此类结合。

（6）高温液相结合：也称为陶瓷结合，常见于干式料中。如用硼酐（B_2O_3）作为刚玉干式料的结合剂。硼酐在 $450\sim550$ ℃下可形成黏度高的液相将刚玉颗粒结合在一起。随温度的升高，Al_2O_3 通过固-液反应生成 $2Al_2O_3 \cdot B_2O_3$，最后生成 $9Al_2O_3 \cdot 2B_2O_3$。

6.4.2　铝酸钙水泥

铝酸钙水泥是目前使用最广泛的结合剂。它是以氧化铝或矾土与碳酸钙为原料经煅烧或电熔而得到的。也有用高铁矾土与石灰石为原料经熔融制得高铁铝酸钙水泥的。近年来，虽然耐火材料工作者试图尽量降低浇注料等耐火材料中 CaO 的含量，以减少其对高温性能的影响，生产出低水泥浇注料（CaO 含量为 $2.5\%\sim0.2\%$）、超低水泥浇注料（CaO 含量为 $1.0\%\sim0.2\%$）与无水泥浇注料（CaO 含量小于 0.2%），使水泥在浇注料中的用量减少。但是，它仍然是最广泛使用的结合剂，与其他的结合剂相比，其优点之一是可以在短时间（$6\sim24$ h）内获得高强度。

按杂质含量，铝酸钙水泥可以分为低纯型、中纯型与高纯型三类。也可以按凝结时间分为快凝、中凝与慢凝等几类。表 6-1 给出按化学成分分类的方法供参考。

表 6-1　铝酸钙水泥的分类

类　型		低纯型	中纯型	高纯型
化学成分/%	SiO_2	$4.5\sim9$	$3.5\sim6$	$0\sim0.3$
	Al_2O_3	$39\sim50$	$55\sim56$	$70\sim90$
	Fe_2O_3	$7\sim16$	$1\sim3$	$0\sim0.4$
	CaO	$35\sim42$	$26\sim36$	$9\sim28$

低纯与中纯铝酸钙水泥可以用氧化钙与杂质含量不同的矾土制造，也被称为矾土水泥。

6.4.2.1　铝酸钙水泥的物相组成

图 6-3 为 CaO-Al_2O_3 二元系相图，它是纯铝酸钙水泥生产控制的基础。图 6-3 中最低共熔点在 CaO/Al_2O_3 比为 0.5 左右，共熔温度约为 1360 ℃。因此，用烧结法生产铝酸钙水泥的烧结温度不高，在 $1300\sim1430$ ℃之间，为液相反应烧结。

大部分铝酸钙水泥的化学成分主要为 CA、CA_2、CA_6 和 $C_{12}A_7$。当使用矾土为原料时，SiO_2 与 Fe_2O_3 及 TiO_2 参与反应，还会生成 C_2S、C_4AF、C_2AS、CT 等物相。

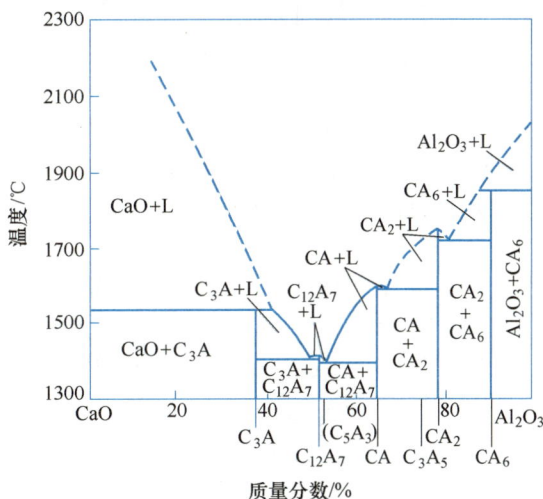

图 6-3　CaO-Al_2O_3 二元相图

表 6-2 中给出低纯、中纯及高纯铝酸钙水泥中的主要物相及它们的水化速度。

表 6-2　铝酸钙水泥中的矿物相与水化速度

水化速度	水 泥 纯 度		
	低纯	中纯	高纯
快速水化	$C_{12}A_7$	$C_{12}A_7$	$C_{12}A_7$
中速水化	CA	CA	CA
慢速水化	CA_2	CA_2	CA_2
	C_2S	C_2S	—
	C_4AF	C_4AF	—
不水化	C_2AS	C_2AS	CA_6
	CT	CT	A
	A	A	—

表 6-3 中给出它们的化学成分与性质。一铝酸钙、二铝酸钙与七铝酸十二钙为最重要的水化物质。

表 6-3　铝酸钙水泥的主要物相的成分与性质

物相	化学成分(质量分数)/%				熔点 /℃	密度 /g·cm⁻³	耐压强度 /MPa	出现初凝时间～ 出现终凝时间/min	晶系
	CaO	Al_2O_3	Fe_2O_3	SiO_2					
C	99.8	—	—	—	2570	3.32	—	—	立方
$C_{12}A_7$	48.6	51.4	—	—	1415～1495	2.69	15	5～7	立方
CA	35.4	64.6	—	—	1600	2.98	60	7～8	单斜
CA_2	21.7	78.3	—	—	1750～1765	2.91	25	18～20	单斜
C_2S	65.1	—	—	34.9	2066	3.27	—	—	单斜
C_4AF	46.2	20.9	32.9	—	1415	3.77	—	—	斜方
C_2AS	40.9	37.2	—	21.9	1590	3.04	—	—	四方
CA_6	8.6	91.6	—	—	1830	3.38	—	—	六方
α-A	—	99.8	—	—	2051	3.98	—	—	菱形

6.4.2.2　铝酸钙水泥的水化及影响因素

水泥的水化是由水泥中的可水化组成与水发生化学反应而凝固、硬化并获得强度的过程。CA、CA_2 与 $C_{12}A_7$ 与水发生反应生成不同的物质。主要水化反应如图 6-4 所示。铝酸钙水泥水化物的性质见表 6-4。

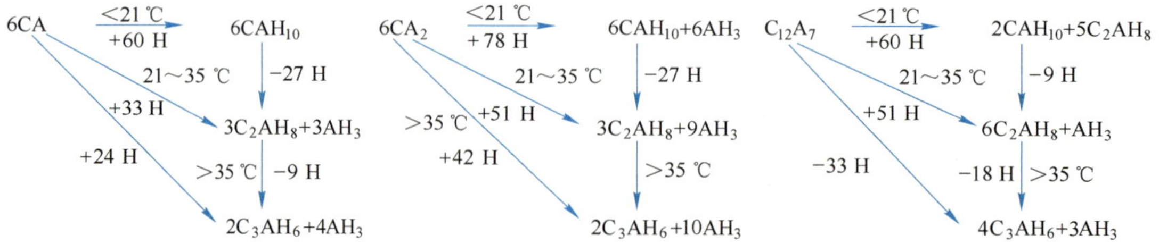

图 6-4　铝酸钙水泥水化阶段的水化反应

(C＝CaO；A＝Al_2O_3；H＝H_2O)

表 6-4　铝酸钙水泥水化物的性质

水化物	化学成分/%			晶系	密度 /g·cm^{-3}
	CaO	Al$_2$O$_3$	H$_2$O		
CAH$_{10}$	16.6	30.1	53.5	六方	1.72
C$_2$AH$_8$	31.3	28.4	40.3	六方	1.95
C$_3$AH$_6$	44.4	27.0	28.6	六方	2.52
AH$_3$	—	65.4	34.6	六方	2.42

A　水化反应机理

铝酸钙水泥的水化机理是水泥中的 CA、CA$_2$ 与 C$_{12}$A$_7$ 与水混合后，Ca^{2+} 与 Al(OH)$_4^-$ 等离子迅速溶入水中，形成 Ca^{2+} 与 Al(OH)$_4^-$ 水溶液并很快达到饱和，达到饱和后又从溶液中结晶出来形成水化物。这些水化产物相互连结形成交错的网状结构从而发生凝固与硬化。此过程可划分为表 6-5 所示的 5 个阶段。

表 6-5　铝酸盐水化反应进程

反应阶段	控制步骤	化学过程	对浇注料的影响
水化初期	化学反应控制，快	离子溶解	
诱导期	成核控制，慢	离子继续溶解，成核	影响初凝时间
加速期	化学控制，快	水化产物开始形成	决定终凝时间与初始硬化速度
减速期	化学及扩散控制，慢	水化产物继续形成	决定早期强度增进率
稳定期	扩散控制，慢	水化产物缓慢形成	决定后期强度增进率

常用测定水化过程中试样的温度与电导率以及超声波传输的变化来研究水泥的硬化。

水溶液的电导率与溶液中离子浓度有关，离子浓度越大，电导率越大，因而可以通过测定水泥浆体的电导率来判断水泥浆体中 Ca^{2+} 与 Al(OH)$_4^-$ 离子的浓度。另外，由于水泥的水化反应是放热反应，可以通过测定水泥浆体以及浇注料的温度随时间的变化来了解水化反应的进行情况。通常把水泥浆体或浇注料试样放在一个绝热良好的容器中，在容器中插入一个热电偶等温度测定设备并与记录器相连即可得到温度与水化时间的关系。也可以在试样的两端安装超声波送入与输出的装置测定超声波传输情况的变化来判断其凝固情况。

B　影响水泥水化的因素

a　水泥的组成与性质

由表 6-2 及图 6-4 中可见 CA、CA$_2$ 与 C$_{12}$A$_7$ 的水化速度与水化产物不同。其中 CA$_2$ 的耐火度最高，水化速度最慢。相反，C$_{12}$A$_7$ 的耐火度最低，但水化速度很快。因此，铝酸钙水泥中 C$_{12}$A$_7$ 的含量越高，它的水化速度越快，凝结时间也越短。水泥的细度，即它的比表面积也是影响其水化性能的重要性质，水泥越细，水化反应进行得越快。

b　温度

温度影响水泥组分的溶解、Ca^{2+} 与 Al(OH)$_4^-$ 达到饱和的快慢以及沉积等化学反应的速度，因而对凝固产生很大的影响。同时，水泥浆的温度也会对其水化产物产生很大的影响。

水泥中的主要矿物的水化产物与温度的关系可用下列诸式表示：

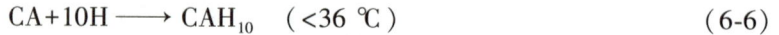

$$CA+10H \longrightarrow CAH_{10} \quad (<36 \ ℃) \tag{6-6}$$

$$2CA+11H \longrightarrow C_2AH_8+AH_3 \quad (36\sim64 \ ℃) \tag{6-7}$$

$$3CA+12H \longrightarrow C_3AH_6+2AH_3 \quad (>64 \ ℃) \tag{6-8}$$

$$C_{12}A_7+51H \longrightarrow 6C_2AH_8+AH_3 \quad (很快) \tag{6-9}$$

$$3CA_2+21H \longrightarrow C_3AH_6+5AH_3 \quad (很慢) \tag{6-10}$$

可见，同一种物相在不同的温度下水化会生成不同的水化产物。各水化产物的结构不同，C_3AH_6 通常呈立方体，C_2AH_8 呈盘板状，CAH_{10} 呈针状或六边棱柱体，三水铝石呈板状。CA 在高温下养护直接生成较致密稳定水化物，如 AH_3 或 C_3AH_6，导致较大的气孔率与较大的气孔尺寸，从而降低坯体的强度，但有利于减少干燥过程中的爆裂。相反，在低温下养护生成亚稳定的、致密度较低的水化物 CAH_{10} 与 C_2AH_8。这种情况下凝固后的坯体气孔率较小，强度较大，但是透气性较差。水化物，特别是三水铝石在干燥过程中会放出大量气体容易产生干燥爆裂，因此，铝酸钙水泥结合浇注料的养护温度一般在 27 ℃ 以上。

　　c　水灰比

水泥的用水量与水泥用量之比称为水灰比。水灰比越高，越有利于水化进行。但当水灰比大到某一临界值后，再增加水的用量的作用非常有限。另外，随着水加入量的增加，固化与干燥后的坯体的气孔率增大，强度下降。同时干燥过程中爆裂的危险性增大。

　　d　杂质与添加剂

无论骨料还是细粉中的杂质含量如 Na_2O 都可能对水化过程中的溶解—沉积过程产生影响。

6.4.3　ρ-Al_2O_3 结合剂

ρ-Al_2O_3 是 Al_2O_3 变体中在常温下有水化性的唯一变体。其水化反应如式（6-11）所示：

$$2\rho\text{-}Al_2O_3+(4\sim5)H_2O \longrightarrow Al_2O_3 \cdot 3H_2O+Al_2O_3 \cdot (1\sim2)H_2O \tag{6-11}$$
$$\qquad\qquad\qquad (三水铝石) \qquad (勃姆石凝胶)$$

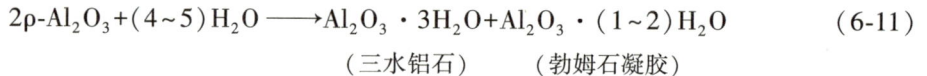

ρ-Al_2O_3 与水反应生成三水铝石（三羟铝石）与勃姆石凝胶。首先，在水化初期先生成一厚的氧化铝凝胶层，然后转化为以三水铝石为主的三水铝石与勃姆石，使坯体获得强度。

研究表明，当温度为 5 ℃ 时，ρ-Al_2O_3 的水化速度非常慢。随温度的升高，水化速度加快，当温度达到 30 ℃ 时，水化 48 h 后，三水铝石与勃姆石的含量基本上与养护时间无关。此外，添加碱金属盐在低养护温度下可以促进三水铝石的生成。但在高养护温度下，加入有机羧酸会抑制三水铝石的生成，却促进勃姆石的生成，有利于提高强度。在实际生产中，由于 ρ-Al_2O_3 的水化作用较慢，常需加入某些添加剂或其他结合剂。

ρ-Al_2O_3 水化物会在加热过程中脱水而失去强度，最后成为 α-Al_2O_3。

6.4.4 磷酸及磷酸盐结合剂

6.4.4.1 磷酸铝结合剂

在磷酸盐结合剂中以磷酸铝最重要，通常是用磷酸与活性较大的氢氧化铝反应而制得，可分为磷酸二氢铝、磷酸一氢铝和正磷酸铝（$AlPO_4$，磷酸铝）。通常用 P_2O_5/Al_2O_3 比（M）或 Al/PO_4 摩尔比来衡量氢被取代的程度。表 6-6 为各种磷酸铝的化学组成。

表 6-6   各种磷酸铝的化学组成

名称	化 学 式	相对分子质量	M	化学组成/%		
				Al_2O_3	P_2O_5	H_2O
磷酸二氢铝	$Al(H_2PO_4)_3$ 或 $Al_2O_3 \cdot 3P_2O_5 \cdot 6H_2O$	317.89	3.0	16.0	67.0	17.0
磷酸一氢铝	$Al_2(HPO_4)_3$ 或 $2Al_2O_3 \cdot 3P_2O_5 \cdot 6H_2O$	341.87	1.5	29.8	62.3	7.9
正磷酸铝	$AlPO_4$ 或 $Al_2O_3 \cdot P_2O_5$	121.95	1.0	41.8	58.2	0

通常磷酸铝结合剂的 $M = 3 \sim 5$，即以磷酸二氢铝为主要成分。磷酸铝水溶液的黏度对其施工性能有较大影响，黏结剂中 $Al(H_2PO_5)_3$ 含量越高，黏度越大。

磷酸铝结合剂加热变化对材料的性能有很大影响。当温度低于 1300 ℃时，随温度升高各磷酸铝发生的变化不同，到 1300 ℃左右时都转变为 $AlPO_4$，其结构与鳞石英相似。这种结构使得磷酸盐结合剂具有较好的高温性能，获得较高的高温强度。通常，磷酸铝结合的耐火材料经 500 ~ 800 ℃烘烤后可获得较高的强度。

6.4.4.2 聚磷酸盐结合剂

A 聚合磷酸钠的分类

聚合磷酸钠按照 Na_2O/P_2O_5 摩尔比（R）可分为：正磷酸钠 Na_3PO_4，$R = 3$；聚磷酸钠 $Na_{n+2}P_nO_{3n+1}$，$1 \leqslant R \leqslant 2$；偏磷酸钠（$NaPO_3$）$_n$，$R = 1$；超聚磷酸钠 $xNa_2O \cdot yP_2O_5$，$0 < R < 1$。按聚合度（n）可以分为：$n = 2$ 时（即 $Na_4P_2O_7$）为二聚磷酸钠（也称焦磷酸钠）；$n = 3$ 时（即 $Na_5P_3O_4$）为三聚磷酸钠；$n = 6$ 时（即 $Na_6P_6O_{18}$）为六偏磷酸钠。一些常见聚合磷酸钠的成分见表 6-7。

表 6-7   常见聚合磷酸钠的组成

名称	分子式	理论含量/%		Na_2O/P_2O_5 摩尔比（R）	1%水溶液的 pH 值
		P_2O_5	Na_2O		
焦磷酸钠	$Na_4P_2O_7$	53.4	46.6	2	10.2
三聚磷酸钠	$Na_5P_3O_{10}$	57.9	42.1	5/3	9.7
四聚磷酸钠	$Na_6P_4O_{13}$	60.4	39.6	3/2	9.0
五聚磷酸钠	$Na_7P_5O_{16}$	61.3	38.7	7/5	8.6
六聚磷酸钠	$Na_8P_6O_{19}$	63.3	36.7	4/3	8.0
六偏磷酸钠	$Na_6P_6O_{18}$	69.7	30.3	1	6.4

三聚磷酸钠和六偏磷酸钠是最为常见的耐火材料结合剂与减水剂。

B 三聚磷酸钠

三聚磷酸钠为白色粉末，纯度较低时略带黄色或灰色，堆积密度为 0.48~0.72 g/cm^3，熔点为 622 ℃。三聚磷酸钠在低于 0 ℃时几乎不溶于水，0~50 ℃时其溶解度为 14.5~16.5 g/(100 g 水)，50 ℃以上时溶解度随温度升高而增加较快。水溶液的 pH 值为 9.4~9.7。

三聚磷酸钠加水溶解后形成磷酸一氢钠和磷酸二氢钠，它们会与碱性耐火材料中的 MgO 反应生成钠镁磷酸盐而产生结合作用。它用作碱性耐火材料的结合剂时，无论是制成喷补料还是不烧制品，其硬化速度都较快，强度也高。三聚磷酸钠与碱性耐火原料生成的反应物的熔点也较高。三聚磷酸钠受热时可发生有助于提高材料强度的聚合作用，并不会发生因相变而使坯体结构疏松的现象，因此用其结合的材料从常温到中温都具有较高的强度。在高温下出现液相之后，尽管热态强度有所降低，但仍比用硫酸镁、氯化镁和水玻璃结合的材料强度要高。此外，三聚磷酸钠为结合剂的镁质材料还具有良好的热震稳定性。

C 六偏磷酸钠

六偏磷酸钠是玻璃体状磷酸钠系列中的一种，因最早为格雷哈姆（Graham）发现，故又名格雷哈姆盐。它是由纯碱和正磷酸首先制得磷酸二氢钠，然后再经加热脱水和缩聚而制得。

市售的六偏磷酸钠为片状或块状玻璃体，粉碎后为白色粉末状，吸湿性较强，易溶于水，溶液呈碱性，pH 值为 6.0~8.6。六偏磷酸钠在水中会水解成磷酸二氢钠，而且随温度升高水解加速。工业六偏磷酸钠中含 P_2O_5 65%~68%（质量分数），水不溶物小于 0.15%（质量分数）。呈块状或片状玻璃体时在水中溶解缓慢，用作耐火材料结合剂时应先将其破碎成粉末状以加速其溶解。

六偏磷酸钠主要用作镁质和镁铬质不烧砖、浇注料和碱性喷涂料等的结合剂。在配制浇注料时，其水溶液浓度应选择 25%~30%（质量分数）为宜，加入量一般为 8%~18%（质量分数），在保证拌和料和易性的前提下应尽量少用，以保证材料的高温性能。促凝剂可以采用铝酸钙水泥或其他含钙材料（如石灰粉）。

6.4.4.3 磷酸结合剂与其他磷酸盐结合剂

A 磷酸结合剂

磷酸有正磷酸（H_3PO_4）、焦磷酸（$H_4P_2O_7$）和偏磷酸（HPO_3）三种。在各种磷酸中，正磷酸是最稳定的。用于耐火材料结合剂的磷酸主要是正磷酸（简称磷酸）。磷酸受热时失去水，逐步转变为焦磷酸和偏磷酸，反应过程如下：

$$H_3PO_4 \underset{20~215\ ℃}{\rightleftharpoons} H_4P_2O_7 \underset{>700\ ℃}{\rightleftharpoons} (HPO_3)_n$$

上述过程是可逆的。偏磷酸有毒，与水反应时首先转化为焦磷酸，然后再转变为磷酸。但在温度较低时，这个过程进行得很慢。正磷酸本身并无黏结性。当磷酸加入到耐火原料中时，在常温或加热时它能与多种耐火骨料和粉料中的金属氧化物反应生成复式磷酸盐，而大多数复式磷酸盐具有胶结能力，能将耐火骨料与粉料结合起来。

磷酸结合的不定形耐火材料一般需要加热才能产生强度，故称为热硬性不定形耐火材料。但当添加促凝剂后，在常温下也可获得较好的强度。常用的促凝剂有铝酸钙水泥、氧化镁、氢氧化铝、氟化铵（NH_4F）及其他铵盐、硅酸盐水泥等。最常用的促凝剂是铝酸钙水泥，而用矾土水泥的效果较好。

B　磷酸镁、磷酸锆与磷酸铬结合剂

许多磷酸盐都可以做结合剂用。除了磷酸铝以外，较常见的有磷酸锆、磷酸镁与磷酸铬。可以作为镁质材料、刚玉、尖晶石等耐火材料的结合剂。由于六价铬对人体有害及对环境的污染，磷酸铬结合剂应尽量少用。

6.4.4.4　磷酸及磷酸盐结合剂的结合机理及影响因素

关于磷酸及其盐的结合机理曾有过许多不同的观点。如薄膜理论，认为磷酸盐在耐火颗粒表面上形成膜，通过此膜将颗粒胶结起来。也有研究者认为，磷酸盐的胶结作用是由于氢键的作用。氢键将晶体一个个连接在一起。现在为大多数承认的是聚合作用。以磷酸铝为例，反应如式（6-12）所示。

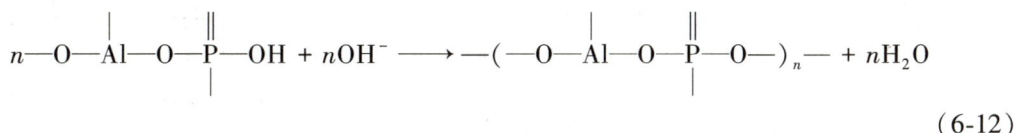

$$n\text{—O—Al—O—P—OH} + n\text{OH}^- \longrightarrow \text{—(—O—Al—O—P—O—)}_n\text{—} + n\text{H}_2\text{O}$$

$$\text{(6-12)}$$

这一缩聚反应不仅可形成链状结构，还可以形成二维及三维结构。影响磷酸盐结合的因素有磷酸及磷酸盐的浓度与用量、温度、添加剂等。

（1）磷酸及磷酸盐浓度与用量的影响：并非磷酸浓度越高、磷酸溶液用量越多浇注料的强度越大。随着磷酸用量加大，其荷重软化温度下降。同时，磷酸浓度与用量对料的施工性能有很大影响，磷酸用量少时，料发干，不易成型。用量多时，料稀，凝固慢，强度也低。

（2）外加剂的影响：用磷酸与磷酸盐等为结合剂时，常温强度不高。常添加促凝剂以促进其凝结，提高常温强度。常用的促凝剂有 MgO、铝酸盐水泥、氢氧化钠、滑石与NH$_4$F等。

（3）温度的影响：热处理温度对磷酸盐结合浇注料与不烧砖的性质有较大影响。强度的形成与结合剂的脱水缩聚反应有关。以磷酸铝为例，主要的反应如式（6-13）~式（6-16）所示。在有促凝剂的情况下，在常温下即可获得相当高的强度。

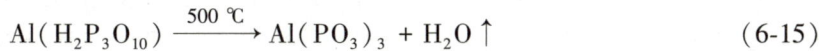

$$2\text{Al}(\text{H}_2\text{PO}_4)_3 \xrightarrow{200 \sim 300\,^{\circ}\text{C}} \text{Al}_2(\text{H}_2\text{P}_2\text{O}_7)_3 + 3\text{H}_2\text{O}\uparrow \qquad \text{(6-13)}$$

$$\text{Al}_2(\text{H}_2\text{P}_2\text{O}_7)_3 \xrightarrow{200 \sim 300\,^{\circ}\text{C}} \text{Al}_2(\text{H}_2\text{P}_3\text{O}_{10})_2 + \text{H}_2\text{O}\uparrow \qquad \text{(6-14)}$$

$$\text{Al}(\text{H}_2\text{P}_3\text{O}_{10}) \xrightarrow{500\,^{\circ}\text{C}} \text{Al}(\text{PO}_3)_3 + \text{H}_2\text{O}\uparrow \qquad \text{(6-15)}$$

$$n\text{Al}(\text{PO}_3)_3 \xrightarrow{780\,^{\circ}\text{C}} [\text{Al}(\text{PO}_3)_3]_n \qquad \text{(6-16)}$$

经500~800 ℃的温度处理后，由于脱水而逐渐失去化学结合，而在此时陶瓷结合并没有形成，因此，常温强度下降。当处理温度提高到800 ℃以上时，由于液相生成，促进烧结，并在冷却时形成玻璃相，因而常温强度上升。当温度上升到1200 ℃以上时，由于缩聚反应增强，放出 P$_2$O$_5$，使强度下降，如式（6-17）所示。同时，由于大量的液相生成，材料的高温性能，如热态强度、荷重软化温度下降。当有 MgO 等促凝剂存在时，这种影响会更显著。

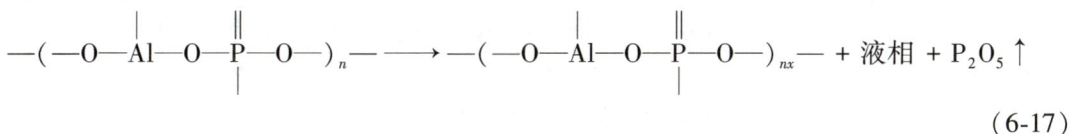

$$\text{—(—O—Al—O—P—O—)}_n\text{—} \longrightarrow \text{—(—O—Al—O—P—O—)}_{nx}\text{—} + \text{液相} + \text{P}_2\text{O}_5\uparrow$$

$$\text{(6-17)}$$

磷酸与磷酸铝结合剂容易与耐火组成中的杂质，如氧化铁以及碱性物料发生反应，使凝结时间缩短，也可能造成制品在烘烤中开裂。为了防止这种现象，可将混合好的料经过困料使其充分反应再成型。或者添加缓凝剂，如铵化合物、多元醇以及碘氧鞣酸铋等。

6.4.5 水玻璃结合剂

水玻璃是由碱金属硅酸盐组成的，它是一种既具有胶体特征又有溶液特征的胶体溶液。其化学式为 $R_2O \cdot nSiO_2$。根据碱金属氧化物种类水玻璃分为钠水玻璃（$Na_2O \cdot nSiO_2$）、钾水玻璃（$K_2O \cdot nSiO_2$）和钾钠水玻璃（$K \cdot NaO \cdot nSiO_2$）。根据水玻璃中含水的程度水玻璃分为以下三类：块状或粉状水玻璃；含有化合水的固体水玻璃，又称为水合水玻璃；块状水玻璃的水溶液即液体水玻璃。最常用的是液体钠水玻璃，简称为水玻璃。

水玻璃水解形成的溶胶具有良好的胶结能力，被广泛地用作耐火材料的结合剂。以水玻璃为结合剂的不定形耐火材料具有强度大、热震稳定性、耐磨性和耐碱腐蚀性较好的特点。但是，其中的 K_2O、Na_2O 会降低耐火材料的高温性能。因此，常用于中、低温用材料。

6.4.5.1 水玻璃的模数与分类

水玻璃的模数是指其中所含的 SiO_2 与 Na_2O 的摩尔比值，也称为硅氧模数或硅酸模数，用 M 表示：

$$M = \frac{m_{SiO_2}}{m_{Na_2O}} = 1.032 \frac{W_{SiO_2}}{W_{Na_2O}}$$

式中 $\dfrac{m_{SiO_2}}{m_{Na_2O}}$ ——SiO_2 与 Na_2O 的摩尔比；

$\dfrac{W_{SiO_2}}{W_{Na_2O}}$ ——SiO_2 与 Na_2O 的质量比。

商品水玻璃是按模数分类的，通常水玻璃的 M 为 1~4。$M \geqslant 3$ 时称中性水玻璃，$M<3$ 时称为碱性水玻璃。无论是中性水玻璃还是碱性水玻璃其水解后的水溶液均呈碱性（pH = 11~12）。随着 SiO_2 与 Na_2O 摩尔比的不同，SiO_2 与 Na_2O 反应可以形成三种二元化合物：N_2S（正硅酸钠 $2NaO \cdot SiO_2$）、NS（偏硅酸钠 $NaO \cdot SiO_2$）和 NS_2（二硅酸钠 $Na_2O \cdot 2SiO_2$）。水玻璃中这三种二元化合物都有存在。

6.4.5.2 水玻璃的水解

水玻璃遇水时首先与水结合，生成化学组成不固定的水合物：

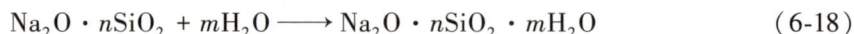

$$Na_2O \cdot nSiO_2 + mH_2O \longrightarrow Na_2O \cdot nSiO_2 \cdot mH_2O \qquad (6\text{-}18)$$

水合物进一步溶解变成溶液，溶解度的大小取决于水玻璃中 SiO_2 的含量，SiO_2 含量越高，溶解度越小。$Na_2O \cdot nSiO_2 \cdot mH_2O$ 水解产生游离的 NaOH。

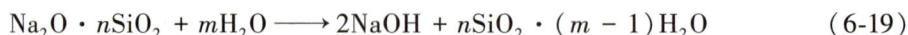

$$Na_2O \cdot nSiO_2 + mH_2O \longrightarrow 2NaOH + nSiO_2 \cdot (m-1)H_2O \qquad (6\text{-}19)$$

NaOH 又会进一步电离成 Na^+ 和 OH^-，从而使水玻璃溶液呈碱性。水玻璃中（特别是 $M>2$ 时）复杂的复合物分解生成的 SiO_2 能被生成的 NaOH 所胶溶。同时硅酸钠溶液也会电离生成简单离子和复杂离子：

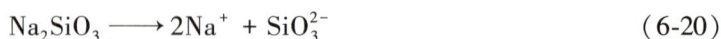

$$Na_2SiO_3 \longrightarrow 2Na^+ + SiO_3^{2-} \qquad (6\text{-}20)$$

6.4.5.3 水玻璃的物理性质

较纯的水玻璃溶液稍带灰色或几乎完全透明，含有杂质时多为暗淡的浑浊液体，也有呈浅蓝色或暗黑色（因制备时带进了 FeO 或 FeS）的。由于化学成分不同，水玻璃没有恒定的熔融温度。而在 1000 ℃ 附近，有一个较大的软化温度范围，中性水玻璃和碱性水玻璃的软化温度分别为 1100 ℃ 和 1000 ℃。

模数 M、相对密度和黏度是液体水玻璃的最重要物理性质。黏度不仅与水玻璃溶液的相对密度有关，而且与模数 M 也有很大关系。在相对密度相同的情况下，模数越高则黏度越大。$M>3$ 的水玻璃溶液，随相对密度增大黏度增大特别剧烈；而 M 为 1~2 时，其黏度随相对密度的变化较为缓慢。这是由于 M 越大，溶液中 SiO_2 含量越大，则复杂的胶体生成物数量也随之增加，溶液的胶体性质也就越强，所以黏度随相对密度的变化就大。而当 M 较小时，溶液中含有的胶体 SiO_2 颗粒较少，整个体系内表现出的非胶体性质也就越强，故黏度随相对密度的变化也就较为平缓。

黏度随温度的升高而降低，两者呈直线关系，直线的斜率取决于 SiO_2 的含量。M 越大，随温度升高黏度直线下降越陡。M 越小，黏度直线下降越平缓。

水玻璃的相对密度与其组成有关，SiO_2 含量增加，则相对密度下降。因为水玻璃的相对密度不仅与固体物质的总量有关，也与其化学组成（模数 M）有关。增加 Na_2O 含量比增加 SiO_2 含量对相对密度的提高作用要略大一些。应用水玻璃结合剂时应当注意，即使两种相对密度完全相同的水玻璃，若模数不同，则其中的固体物含量完全不同。

在水玻璃溶液中加入苛性碱，不仅会降低其模数，也会降低其黏度。加入 NaCl 能提高其黏度而不影响其他性能。加入尿素，可以不改变黏度而使其结合能力提高很多。不定形耐火材料用水玻璃溶液的模数一般为 2.4~3.0，相对密度为 1.3~1.4，用量通常为耐火骨料和粉料总质量的 13%~16%。

6.4.5.4 水玻璃的组成与化学性质

水玻璃的主要化学成分是 SiO_2 和 Na_2O，含有的杂质成分为 Al_2O_3、Fe_2O_3、CaO、MgO 等。固态水玻璃的 SiO_2、Na_2O 含量取决于模数；水玻璃溶液的成分则与模数、相对密度有关。表 6-8 为市售水玻璃的一般化学成分。

表 6-8 市售水玻璃物化指标

类别	品种	颜色	相对密度	模数	化学成分/%			
					SiO_2	Na_2O	H_2O	$RO+R_2O_3$
固态水玻璃	中性纯碱水玻璃	淡黄		3.2~3.5	76	23	—	1
	中性硫酸钠水玻璃	蓝绿		3.2~3.5	76	23	—	1
	碱性水玻璃	淡棕		2.0~2.2	66	32		2
	中性钾水玻璃	淡棕		3.5~3.8	72	26	—	1
水玻璃溶液	稀的		1.41	3.3	29.0	8.9	62.1	—
	稠的		1.53	2.6	35.0	13.5	51.5	—
	黏滞的		1.71	2.1	37.0	18.0	45.5	—
	很黏的		1.92	1.6	37.0	23.0	40.0	—

水玻璃可与酸、碱和金属盐发生反应：

（1）水玻璃溶液呈碱性，因此能与无机酸（如盐酸、磷酸、硼酸、碳酸等）和可溶性有机酸（如柠檬酸、醋酸、丙酸、丁酸、酒石酸等）发生反应。

（2）水玻璃溶液可以与碱性物质发生反应。与碱金属氢氧化物，如 NaOH 或 KOH 作用时，溶液中 SiO_2 绝对含量不变，SiO_2 胶体的稳定性不变，只是碱度增加，使水玻璃模数降低。加入的苛性碱越多，模数降低越大；反之，若往水玻璃溶液中加入硅酸或无定形的二氧化硅，则模数增大。利用此性质可以调整水玻璃的模数，以适应施工的需要。

（3）与碱金属盐及 NH_4Cl 可使水玻璃分解：

$$Na_2O \cdot nSiO_2 + 2NH_4Cl + H_2O \longrightarrow 2NaCl + 2NH_3 + nSiO_2 + 2H_2O \tag{6-21}$$

6.4.5.5 硬化与凝结

以水玻璃为结合剂的不定形耐火材料为气硬性材料，即在常温自然条件下可以发生凝结和硬化而使其产生强度。其自然硬化过程一方面是由于水玻璃结合不定形耐火材料中的水分蒸发使溶胶凝聚；另一方面是水玻璃结合剂吸收空气中的 CO_2 产生酸碱置换反应，析出二氧化硅胶体并凝聚成凝胶：$Na_2O \cdot nSiO_2 + CO_2 + xH_2O \rightarrow Na_2CO_3 + nSiO_2 \cdot xH_2O$。析出的 SiO_2 凝胶把骨料、粉料黏结起来，完成了硬化过程。

但是，水玻璃结合的不定形耐火材料在自然条件下硬化时，表面易形成一层硅酸钠和碳酸钠硬壳，妨碍其内部水分的继续蒸发和 CO_2 气体的渗入，故硬化过程十分漫长，不能满足施工要求。为加速凝结和硬化，往往需要加入氟硅酸钠等促凝剂。

在水玻璃中加入氟硅酸钠 Na_2SiF_6 后，Na_2SiF_6 首先水解，生成氢氟酸 HF：

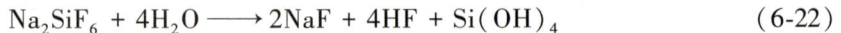

$$Na_2SiF_6 + 4H_2O \longrightarrow 2NaF + 4HF + Si(OH)_4 \tag{6-22}$$

HF 与已处于水解状态的水玻璃溶液中的 NaOH 发生酸碱反应，生成溶解度较小的氟化钠（NaF）。综合反应式为：

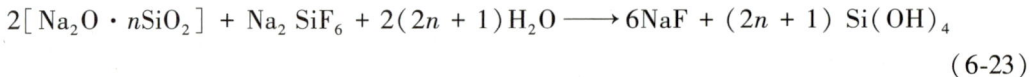

$$2[Na_2O \cdot nSiO_2] + Na_2SiF_6 + 2(2n+1)H_2O \longrightarrow 6NaF + (2n+1)Si(OH)_4$$

$$\tag{6-23}$$

随着反应的进行，溶液中的 NaOH 逐渐被 HF 中和，其碱度逐渐下降，二氧化硅凝胶不断析出，形成了坚固的硬化产物。凝胶中的—Si—OH 基是不稳定的，它倾向于形成稳定的 Si—O—Si—键，这种缩聚反应首先形成线型结构，然后进一步失水变为网型结构，最终变为体型结构。硅氧凝胶经凝聚和重结晶促进水玻璃的硬化，硬化速度在很大程度上取决于 Na_2SiF_6 的加入量，加入量越多硬化越快。硅氧凝胶体的形成如下式所示：

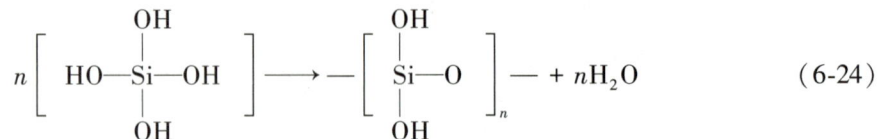

$$n\begin{bmatrix} & OH & \\ HO-&Si&-OH \\ & | & \\ & OH & \end{bmatrix} \longrightarrow -\begin{bmatrix} & OH & \\ & Si&-O \\ & | & \\ & OH & \end{bmatrix}_n - + nH_2O \tag{6-24}$$

不加 Na_2SiF_6 促凝剂，而采取干燥和加热的方法也可以使水玻璃脱水，导致发生凝胶反应而产生胶结作用。

当有 NaCl、Na_2SO_4 等盐类存在时，由于同离子效应而使 Na_2SiF_6 的溶解度降低。因此作为促凝剂的 Na_2SiF_6 中含其他钠盐要尽可能低。用作水玻璃促凝剂的氟硅酸钠的一般技术条件如表 6-9 所示。

表 6-9   Na₂SiF₆ 的技术条件

级别	成分要求/%						细 度
	纯度	游离酸	NaF	NaCl	Na₂SO₄	水分	
一级	≥95	≤0.2	≤0.2	≤0.2	≤0.2	≤1.0	全部通过 1600 孔/cm² 筛
二级	≥90	≤0.3	≤0.3	≤0.3	≤0.3	≤1.0	

可用作水玻璃促凝剂的物质很多。凡具有一定酸性或能与水玻璃反应生成氧化硅凝胶或难溶硅酸盐的化合物均可使水玻璃硬化，如含氟盐类（氟硅酸、氟硼酸、氟钛酸的碱金属盐）、酸类（无机酸和可溶性有机酸）、酯类（乙酸乙酯）、金属氧化物（铅、锌、钡等的氧化物）、易水解的氟化物（如氟化铝）以及 CO_2 气体等。

水玻璃在不定形耐火材料中的用途广泛，可用作不同化学属性的耐火材料的结合剂。促凝剂 Na₂SiF₆ 的用量一般为水玻璃质量的 10%～12%。在满足强度和硬化时间要求的前提下，应尽量减少其用量，以提高不定形耐火材料的高温性能。

6.4.6   硫酸盐和氯化物结合剂

硫酸盐结合剂有硫酸铝、硫酸铁、硫酸镁等，以硫酸铝较为常用；氯化物类结合剂有氯化镁、氯化铁、聚氯化铝，以氯化镁较为常用。

6.4.6.1   硫酸铝结合剂

硫酸铝为白色鳞片或针状结晶颗粒或粉末，能溶于水、酸和碱溶液中，水溶液呈弱酸性。其分子式为 $Al_2(SO_4)_3 \cdot 18H_2O$，其中 Al_2O_3 理论含量为 15.3%，密度为 1.62 g/cm³，熔点为 865 ℃。作结合剂用的硫酸铝溶液，其密度一般为 1.2～1.3 g/cm³，相应浓度为 33.1%～44.4%。浓度过大，残留的硫酸铝过多，受热分解时降低其强度；浓度过小，黏结性差，也影响强度。

硫酸铝的凝结硬化机理是先水解生成碱式盐，然后生成氢氧化铝，最后逐渐形成氢氧化铝凝胶体而凝结硬化。其反应式如下：

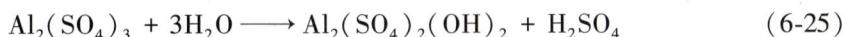

$$Al_2(SO_4)_3 + 3H_2O \longrightarrow Al_2(SO_4)_2(OH)_2 + H_2SO_4 \qquad (6-25)$$

$$Al_2(SO_4)_2(OH)_2 + 2H_2O \longrightarrow Al_2(SO_4)(OH)_4 + H_2SO_4 \qquad (6-26)$$

$$Al_2(SO_4)(OH)_4 + 2H_2O \longrightarrow 2Al(OH)_3 \downarrow + H_2SO_4 \qquad (6-27)$$

纯硫酸铝在常温下水解作用较缓慢，因而在常温下凝结硬化速度很低。但是，若其中含有适量其他金属盐，如 Na₂SO₄，则水解速度明显加快。

硫酸铝结合体的强度随温度提高而增加，当处理温度升至近 600 ℃时达最高值。这是因为加热过程中，游离水排出，氢氧化铝凝胶体形成并逐渐凝聚。$Al_2(SO_4)_3 \cdot 18H_2O$ 中的 18 个分子结晶水也不是一次脱出，而是分几次脱出，故对结合体结构影响不大。但随着处理温度的进一步提高，强度下降。结合体的常温强度在约 800 ℃处理后达最低值，这是因为 $Al_2(SO_4)_3$ 受热分解，生成 Al_2O_3 和 SO_3 所致。当处理温度超过 1000 ℃时，结合体的常温强度又上升。经 1200 ℃热处理后，常温强度为 800 ℃时的 3.5～5.0 倍。这是因为硫酸铝分解生成高活性的 Al_2O_3 促进了烧结以及与耐火材料中其他组分反应生成新相所致。为了提高中温强度，可适当引入磷酸盐类结合剂。值得注意的是，该结合剂在水解过程中产生的 H_2SO_4 会与原料中某些金属反应产生氢气。混练好的泥料应放置一定时间（即困料），总困料时间一般应在 24 h 以上，困料后再成型。

硫酸铝结合剂通常用于黏土质、高铝质和刚玉质耐火浇注料、捣打料、可塑料及不烧砖。制备浇注料时硫酸铝结合剂的加入量一般为 12%～18%，促凝剂矾土水泥 2%～4%，还可加入 5%～10%的结合黏土改善施工性能，并可以加入蓝晶石等膨胀材料以抵消高温下的收缩。

6.4.6.2 聚氯化铝

聚氯化铝（PAC），又称羟基氯化铝或碱式氯化铝。用作耐火材料结合剂的特点是其在加热时会分解生成高分散度的活性 Al_2O_3 而促进坯体的烧结，并不会降低材料的耐火度。

聚氯化铝结合剂是一种氢氧化铝溶胶。它是由 $AlCl_3$ 和 $Al(OH)_3$ 构成的一种水溶性无机高分子聚合物。其化学通式为 $[Al(OH)_nCl_{6-n}xH_2O]_m$（$1 \leqslant n \leqslant 5$，$m \geqslant 10$），其中 m 代表聚合程度，n 表示 PAC 产品的酸碱性。颜色呈黄色或淡黄色、深褐色、深灰色树脂状固体，若 $n=6$ 或接近于 6，则可称为铝溶胶。PAC 在水解过程中伴随发生凝聚、吸附和沉淀等物理化学过程。

PAC 溶液可用作不定形耐火材料、定形制品（不烧或烧成）的结合剂。用于不定形耐火材料时，一般其碱化度在 40%～70%。相对密度在 1.17～1.23 之间，结合坯体的强度较好。凡是能提高 PAC 溶液 pH 值的化合物对 PAC 均有促凝作用，常用的促凝剂有合成镁铝尖晶石、电熔或烧结镁砂、白云石、硅酸锂、合成锂辉石、锆酸镁、钛酸钙、矾土水泥和固体水玻璃等。还可采用有机化合物作促凝剂，如异丙醇铝 $[Al(C_2H_3O)_4]$ 和六亚甲基四胺（乌洛托品）。用 PAC 作结合剂的可塑料若不加保存剂，在塑料袋中密封存放 24 h 即会发生凝结硬化。常用的保存剂有草酸、酒石酸、柠檬酸和油酸等。

PAC 溶液呈酸性（pH<5），易与原料中的铁质反应逸出氢气使坯体产生鼓胀与开裂。因此用聚氯化铝作捣打料、可塑料和浇注料的结合剂时，需经二次混练，困料 24 h 才能避免成型好的制品发生膨胀与开裂。聚氯化铝碱化度和相对密度对捣打料的结合强度有显著的影响，用聚氯化铝或氯化铝结合的硅酸铝质可塑料热态抗折强度在 900 ℃时最高。聚氯化铝结合剂在加热过程中，脱水分解后生成一种高分散度的活性氧化铝，有助于降低制品的烧结温度，约在 1100 ℃即出现显著的烧结，形成陶瓷结合。

6.4.7 软质黏土结合剂

软质黏土的胶结作用是通过黏土-水系统的胶体性质实现的，即黏土与水作用后先胶解而成为具有胶体性质的胶结系物质，与电解质作用或脱水使该胶结系物质解胶发生絮凝和硬化，产生一定的结合强度。

6.4.7.1 黏土-水体系特性

软质黏土与适量的水混合时，能形成黏结性的物料；与过量的水混合时，能形成悬浮液即泥浆，而且能保持数天不澄清。这是由于黏土-水系具有胶体特性的缘故。

胶体颗粒都带有电荷。对于黏土胶粒来说，由于同晶取代和断键的作用，其颗粒表面有负电荷，因此，它可以吸附正离子，如水溶液中的 H^+ 与其他金属阳离子或水分子。形成一双电层结构如图 6-5 所示。被吸附的正离子可以被吸附能力更强的正离子所取代，称为离子置换。阳离子置换能力的强弱按下列顺序排列：

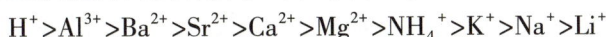

$$H^+>Al^{3+}>Ba^{2+}>Sr^{2+}>Ca^{2+}>Mg^{2+}>NH_4^+>K^+>Na^+>Li^+$$

图 6-6 为黏土带电颗粒的离子分布状态。图 6-6 中 A 线代表黏土颗粒的边界，其表面带有负电荷并与水相接触；AB 的距离为黏土颗粒表面吸附层的厚度。C 代表扩散层的边界线，由于黏土颗粒带有负电荷，其表面牢固地吸附着水分子或阳离子。当黏土颗粒移动时，吸附的水分子或阳离子也随之移动，该层称为吸附层。在吸附层外边还有不随之移动的水分子或阳离子，其自身在做布朗运动，距离黏土颗粒越远，离子浓度越低，该层称为扩散层。因为吸附层与扩散层各带有不同的电荷，因此在吸附层与扩散层之间形成一个电位差，称为 ζ 电位或动电位。也就是说，ζ 电位是存在于固定水层和悬浮介质之间界面上的电位。改变 ζ 电位，就能使黏土解胶，放出自由水、降低黏性，增强流动性。另外，当 ζ 电位较大时，颗粒之间的斥力也增大。如果其斥力超过范德华引力时，黏土颗粒之间则难以互相靠拢，故泥浆的流动性增加。

图 6-5　黏土胶团结构示意图

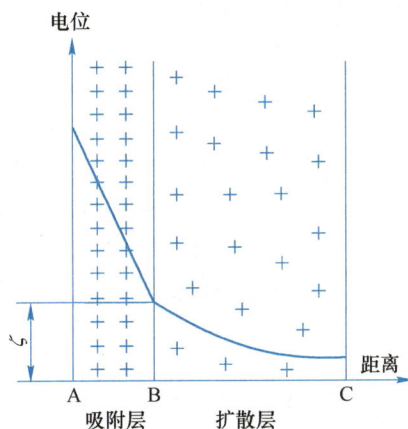

图 6-6　黏土带电颗粒的离子分布状态

在黏土泥浆中，掺加碱金属离子时，就会被带有负电的黏土颗粒所吸附，并迅速形成碱离子-黏土结构，形成较高的 ζ 电位，黏土颗粒之间的斥力增加，即分散了黏土泥浆。因此，含有碱金属离子的电解质，能使黏土胶体解胶和分散，故称之为分散剂。常用的分散剂有三聚磷酸钠、六偏磷酸钠、焦磷酸钠、碳酸钠、硅酸钠、草酸钠、酒石酸钠和海藻酸钠等。对黏土结合耐火浇注料来说，结合黏土被解胶分散了，可减少用水量，改善成型性能。

6.4.7.2　黏土结合剂的硬化机理

黏土结合剂的硬化机理是利用其阳离子置换特性，改变 ζ 电位使黏土发生絮凝和硬化。当 ζ 电位较小时，黏土颗粒之间的斥力也减小。如果斥力小于范德华引力，颗粒之间靠拢相连接，并形成网状结构，同时包裹了部分自由水，使黏土胶粒发生絮凝。

在碱离子-黏土泥浆中掺入碱土金属离子时，根据阳离子置换顺序，它将置换黏土颗粒表面所吸附的碱金属离子，压缩扩散层，降低 ζ 电位，因此黏土颗粒之间的斥力也降低到小于引力，致使黏土颗粒聚集而絮凝，黏土泥浆失去了流动性。对黏土结合不定形耐火材料来说，即发生了凝结和硬化，从而获得了强度。含有碱土金属离子的电解质，能使黏土泥浆失去流动性而发生絮凝，故称该类物质为絮凝剂，也叫促凝剂。

加水泥的黏土结合不定形耐火材料加水拌和后，可以认为形成了黏土-水泥-水系统。含钠的电解质的分散作用，使黏土颗粒带有正电荷（Na⁺）且被分散，具有良好的流动性，能振动成型。凝结硬化时，水泥促凝剂发生水化作用，形成 CA 和 C₃S 等矿物的水化物，这时所含的钙离子 Ca²⁺方能释放出来。根据阳离子置换顺序可知，Ca²⁺可置换黏土颗粒表面上所带的 Na⁺，从而使黏土结合浇注料发生凝结硬化。同时，由于结合黏土的存在，也能促进铝酸盐水泥中的 CA 和硅酸盐水泥中 C₃S 等水化矿物的水化速度，使其胶凝作用有所加强。

6.4.8 硅酸乙酯结合剂

硅酸乙酯的分子式为 $Si(OC_2H_5)_4$，也称正硅酸乙酯，可用作耐火材料与精密铸造型砂的结合剂，硅酸乙酯为无色或淡棕色液体，密度为 $0.932\ kg/m^3$，沸点为 $168.8\ ℃$，熔点为 $-82.5\ ℃$。它不溶于水，但可溶于甲醇、乙醇、异丙醇及丁醇等醇类溶液中。

硅酸乙酯本身并无结合性，须经过水解它才有结合性能。它在酸（H⁺）或碱（OH⁻）的催化下发生水解。但用碱为催化剂时会很快发生凝胶作用使水溶液失去稳定性。所以常用酸（如盐酸）为催化剂，水解反应如式（6-28）所示。水解反应实际上是以水中的羟基（—OH）取代硅酸乙酯基（—C₂H₅）转变为硅醇基。后者活性很高，它会进一步发生酯交换反应（式（6-29））与醚化反应（式（6-30）），而起结合作用。

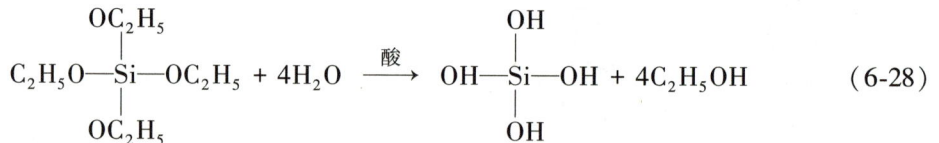

$$\tag{6-28}$$

酯交换反应：

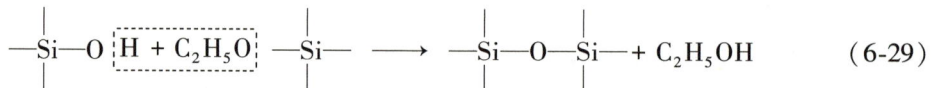

$$\tag{6-29}$$

醚化反应：

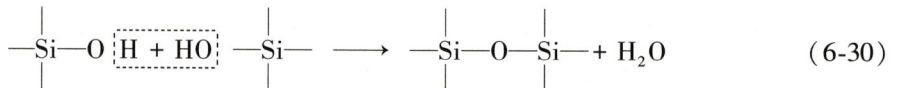

$$\tag{6-30}$$

为保持作业性能，通常通过控制溶液的 pH 值来控制硅酸乙酯溶液的稳定性。当 pH 值在 1.5~2.5 之间时凝胶的时间较长，当 pH 值在 5~6 之间时易出现凝胶。如果在成型之后希望促使成型体的凝结与硬化，需要加入一种迟效促硬剂，使其在成型后发挥促凝作用。这类物质包括铝酸钙水泥（CA、CA₂）、轻烧氧化镁、聚磷酸钠以及各种脂肪族胺及杂环族胺有机类化合物。

由于硅酸乙酯中的杂质较少，不会给制品的高温性能带来很大的影响，但其价格较高。

6.4.9 氧化硅微粉结合剂

6.4.9.1 氧化硅微粉的基本性质

氧化硅微粉是在耐火材料中大量使用一种微米级的氧化硅灰产品，也简称为硅灰，它是生产多晶硅与硅铁的副产品，成分与性质常在一定范围内波动，是无定形结构，颗粒的球形度高，平均粒径在 0.15 μm 左右。由于颗粒的团聚，所测得的颗粒尺寸常为团聚直径，因而较大。氧化硅微粉的基本性质见表 6-10。

表 6-10　氧化硅微粉的基本性质

编　号		1	2	3	4	5	6
化学成分 （质量分数）/%	SiO_2	93.0	95.1	95.2	97.5	98.3	98.2
	C	1.0	2.16	2.11	0.5	0.40	0.86
	Fe_2O_3	0.7	0.08	0.08	0.1	0.05	0.01
	Al_2O_3	0.8	0.37	0.27	0.4	0.20	0.13
	CaO	0.2	0.21	0.32	0.2	0.20	0.07
	MgO	0.6	0.23	0.17	0.1	0.07	0.16
	K_2O	1.0	0.52	0.46	0.3	0.25	0.30
	Na_2O	0.6	0.05	0.09	0.1	0.04	0.09
	H_2O	0.5	1.1	1.0	0.4	0.30	—
	LOI	1.50	3.07	2.75	0.60	0.60	—
松散密度/kg·m^{-3}		280	350	290	400	400	580
比表面积/m^2·g^{-1}		20	26.4	25.4	20	—	21
pH 值		6.0	5.8	6.3	6.0	5.3	
大于 45 μm 的比例/%		0.2	0.28	0.25	0.20	0.20	—

6.4.9.2　氧化硅微粉的结合机理

硅微粉的结合机理是由其结构决定的。在颗粒的表面由于有断键存在，很容易形成硅醇基（Si—OH），并在水中离解成 Si—O$^-$ 和 H$^+$。同时由于其颗粒处于微米级，很容易形成带有双电层的胶团结构，胶团之间存在引力与斥力。引力即范德华力，斥力主要取决于 ζ 电位。通过加入含有 M$^+$ 的分散剂与含有 M^{2+} 及 M^{3+} 的促凝剂可以对氧化硅微粉进行分散或促凝。当加入分散剂时，氧化硅微粉胶团之间的 ζ 电位提高，斥力加大，胶团分散可起到减水的效果。当用加入碱土金属离子时，它置换吸附于胶团上的碱金属离子，使 ζ 电位减小，胶团互相吸引形成网状的絮凝结构。这一结构吸收一定量的水而发生凝固。活性高的氧化硅微粉的表面上存在大量的羟基。如图 6-7 所示，氢键作用提高了结合强度。此外，在较低温度处理时发生如式（6-31）所示的脱水反应使氧化硅微粉颗粒之间形成 Si—O—Si 键结合，从而提高了氧化硅微粉在低温下的结合强度。

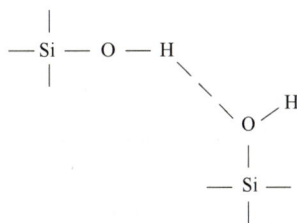

图 6-7　氢键作用

$$\widehat{SiO_2}—Si—OH + HO—Si—\widehat{SiO_2} \longrightarrow \widehat{SiO_2}—Si—O—Si—\widehat{SiO_2} + H_2O \qquad (6\text{-}31)$$

研究表明：在浇注料中，SiO_2 微粉有减弱基质中氧化镁水化的作用。同时，在 MgO-SiO_2-H_2O 体系中，MgO 颗粒表面有镁硅氧化物水化物 $Mg_3Si_4O_{10}(OH)_2$ 生成。这可能是氧化硅微粉-氧化镁结合浇注料获得高强度的原因。

6.4.10 硅溶胶结合剂

硅溶胶是 SiO_2 胶体粒子分散在水中形成的胶体溶液，准确的叫法应该是氧化硅溶胶。

6.4.10.1 硅溶胶的性质

工业上常见的硅溶胶为乳白色透明的液体。按用途不同，硅溶胶中 SiO_2 的质量分数在 15%~50% 之间波动。在耐火材料中用的硅溶胶的 SiO_2 质量分数在 25%~30% 范围内。Na_2O 质量分数不大于 0.3%，密度为 1.1~1.18 g/cm^3，黏度为 0.005~0.03 $Pa \cdot s$，pH 值为 8.5~9.5。

6.4.10.2 硅溶胶的结合作用

硅溶胶可以作为不定形耐火材料的结合剂，也可以用为不烧或烧成定形耐火制品坯体的结合剂。当作为定形制品的结合剂时可以直接使用不同浓度的硅溶胶，砖坯经加热后，获得强度而不需加促凝剂等外加剂。

当硅溶胶作为不定形耐火材料，如喷涂料、浇注料等的结合剂时必须加入促凝剂来破坏硅溶胶的胶粒结构，促进凝结。硅溶胶的胶团结构如图 6-8 所示。

硅溶胶中的 H_2SiO_3 在水中电离出来的 SiO_3^{2-} 被胶核所吸附，而放出的 H^+ 中的一部分（$2n+2x$）被吸附在 SiO_3^{2-} 的周围形成吸附层。而另一部分 H^+（$2x$）扩散到溶液中与吸附层松散结合，形成扩散层，其结构如下：

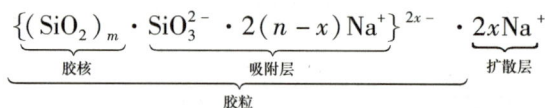

图 6-8 硅溶胶胶粒结构示意图

$$\underbrace{\underbrace{\{(SiO_2)_m}_{胶核} \cdot \underbrace{SiO_3^{2-} \cdot 2(n-x)Na^+\}^{2x-}}_{吸附层} \cdot \underbrace{2xNa^+}_{扩散层}}_{胶粒}$$

由胶核与吸附层构成胶粒带负电，它们互相排斥不能靠近，不能凝聚。使其成为凝胶的方法是加入正离子，中和胶粒表面的负离子，减小胶粒之间的斥力，使其凝结。

硅溶胶的稳定区与 pH 值有密切关系，如图 6-9 所示。由图 6-9 可见，在强碱性与较强酸性的条件下硅溶胶都是不稳定的。这是由于在酸性条件下有较大的 H^+ 浓度。在强碱性条件下，由于加入 NaOH 与 KOH 等，带入了较多的阳离子的原因。

图 6-9 硅溶胶的稳定区

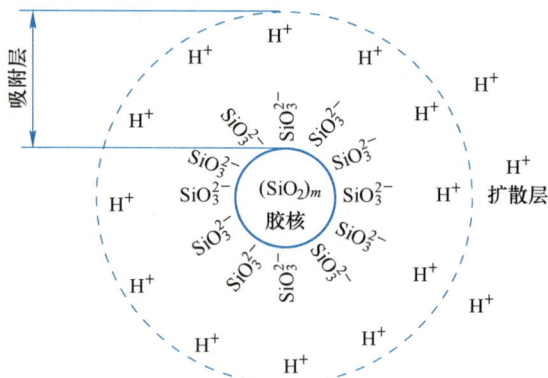

因此，通常硅溶胶的 pH 值控制在 8.5~9.5 之间，以利保存。使用时再加酸或碱使其凝聚。除了酸与碱外，加入适量的 Na_2SO_4、$NaCl$、KCl、$BaCl$、$Al(SO_4)_3$ 等电解质，增加硅胶中的阳离子浓度也可以使其凝结。

6.4.11 有机结合剂

6.4.11.1 亚硫酸纸浆废液结合剂

亚硫酸纸浆废液结合剂是用生产纸浆的废液经发酵提取酒精后得到的。纸浆废液中起结合作用的主要是木质素磺酸盐，它们是相对分子质量在 4000~150000 之间的聚合物。相对分子质量的大小对纸浆的黏度与结合强度有一定影响。相对分子质量太小时，黏度低，结合强度也小；相对分子质量太高时，黏度太高，造成纸浆废液在混合过程中易分布不均，强度也会下降。一般控制其相对分子质量在 41000~51000 之间为好。用于耐火材料的纸浆废液的木质素磺酸盐的平均相对分子质量在 31000~51000 之间，黏度 1.0~29.0 Pa·s。

木质素磺酸盐溶液广泛作为半干法生产坯体的结合剂及不烧砖的结合剂，可以单独作用也可以与其他结合剂联合使用。其水溶液的密度一般控制在 1.15~1.25 g/mL 之间。单独使用时的加入量为 3%~3.5%（质量分数）。在制品或坯体被加热到 300 ℃以上时，木质素磺酸盐会分解并烧掉。最后剩下少量的氧化钠与氧化钙，对制品的性质不会带来大的影响。

另外，木质素磺酸盐也是阴离子表面活性剂。因此，当它在不定形耐火材料中使用时可起到减水剂的作用。当它以粉末形式或溶液形式加入到耐火泥料中时，可改善泥料中细粉的分散状况，降低泥料之间的摩擦力，因而提高泥料的可塑性与成型性能。

6.4.11.2 纤维素结合剂

纤维素结合剂是用含有纤维素的天然植物原料经碱化、醚化所得到具有黏结性的高分子化合物，在耐火材料等工业中最常用的是甲基纤维素（MC）与羧甲基纤维素。甲基纤维素的分子式为 $(C_6H_{12}O_5)_n$。羧甲基纤维素是纤维素醚的一种，分子式为 $(C_6H_9O·OCH_2COOH)(CMC)$。常用的为其钠盐 $(C_6H_9O_4·OCH_2COONa)(CMC-Na)$。

甲基纤维素为白色的无味无毒的纤维状有机物，可溶于水及乙醇、乙醚及冰醋酸等有机溶剂，水溶液有黏性，随温度升高黏性下降，加热到某一温度可能有突然凝胶化现象发生，但冷却后又会恢复呈溶胶状。甲基纤维素的性能如表 6-11 所示。

表 6-11　甲基纤维素的性质

外观	白色
甲氧基含量/%	26~32
2%MC 溶液的黏度/Pa·s	0.02~0.04
0.2%水溶液的凝胶温度/℃	755
不溶物含量/%	0.72
2%水溶液的透光率/%	约80

甲基纤维素可以作为耐火制品生坯及不烧耐火制品的临时结合剂，它被加热烧失后几乎不在制品中留下任何有害的无机杂质，因而适合于高纯制品。在不定形耐火材料，如泥浆中它可以作为悬浮剂，使泥浆中的粉粒不沉淀，还可改善泥浆的铺展性与提高结合力。此外，甲基纤维素又是一种非离子型表面活性剂，因此，它还可以起减水剂与增稠剂的作用。羧甲基纤维素是一种合成的聚合物电解质，它可以作为结合剂、分散剂与稳定剂使用。

羧甲基纤维素是一种絮状白色粉末，易溶于水，不溶于一般有机溶剂，但可溶于乙醇水溶液中。市售的羧甲基纤维素的基本性质大致如下：取代度 45%~80%，2%水溶液的黏度为 0.3~1.2 Pa·s，水溶液的 pH 值为 6.5~8.5，氯化物含量小于 7%。

6.4.11.3　聚乙烯醇结合剂

聚乙烯醇（PVA）是一种在纺织、陶瓷与耐火材料等工业中广为使用的有机结合剂。PVA 大体上是非晶质聚合体。常温下在水中的溶解度不大，需要加热才能溶解。而且，溶解温度与水解作用水平有关，水解作用水平越高，其溶解所需要的温度越高。有效溶解是制造 PVA 结合剂的关键步骤之一。当 PVA 颗粒在水中分散时，颗粒的边缘迅速膨胀后会成团。因此，要将 PVA 粉末加入冷水（<38 ℃）中，并不断搅拌使颗粒在膨胀并开始溶解前就均匀地分散在水中，然后在不断搅拌中逐渐升温。部分水解级 PVA 至少要加热到 85 ℃。完全水解或超水解级要加热到 95 ℃，保温约 30 min。不可直接将 PVA 粉末直接加入到热水中。搅拌也不可太剧烈以免带入过多的空气。

PVA 溶液的黏度与加入量及相对分子质量有关。随聚合度与相对分子质量的增加，PVA 水溶液的黏度增大。PVA 常用于耐火材料中作为临时结合剂。在高温下被烧失而不影响耐火材料的纯度。最常用的为相对分子质量较大的、部分水解级的 PVA。其浓度不宜太高，否则容易在颗粒表面形成薄膜，不利于成型。

6.5　不定形耐火材料的外加剂

外加剂也称添加剂，主要作用是调节材料组成与显微结构、改善其性质尤其是不定形耐火材料施工性能。按化学组成，外加剂可分为无机外加剂与有机外加剂两大类：

（1）无机外加剂包括无机盐、矿物、无机电解质、氧化物与氢氧化物等。

（2）有机外加剂包括许多表面活性剂。其中能在水中电离的称为离子型表面活性剂，不发生电离的称为非离子型表面活性剂。离子型表面活性剂又可分为阴离子型与阳离子型与两性型几类。除了离子型表面活性剂以外，还有一些高分子表面活性剂、有机酸等。

按作用功能，可将外加剂分为以下几种：

（1）改善作业性能：其中包括减水剂（分散剂）、增塑剂（塑化剂）、絮凝剂（胶凝剂）与反絮凝剂（解胶剂）等。

（2）调节凝结、硬化速度：包括促凝剂、缓凝剂、快速促凝剂与迟效促凝剂等。

（3）调整内部组织结构：包括引气剂（加气剂）、消泡剂、防缩剂及膨胀剂等。

（4）保持材料的施工性能：保存剂、防沉剂（泥浆稳定剂）、防冻剂及保水剂等。

上述分类不是绝对的，一些外加剂可能同时具有两种功能。

减水剂

减水剂的目的在于在保证施工性能的前提下减少浇注料的用水量、提高其流动值。由于水在后续烘烤过程中蒸发形成气孔，因而减水剂还可以减小浇注料烘烤后的气孔率、提高其强度。此外，减水剂改善了浇注料的和易性，可减少水泥用量。

6.5.1.1　减水剂的分类

按其化学成分减水剂可分为如下几种：

（1）无机盐类：1）磷酸盐及其聚合物，包括焦磷酸钠（$Na_4P_2O_7$）、三聚磷酸钠（$Na_5P_3O_{10}$）、四聚磷酸钠（$Na_6P_4O_{13}$）、六偏磷酸钠以及超聚磷酸钠等。2）硅酸钠（$NaO \cdot nSiO_2 \cdot mH_2O$）。

（2）有机类：1）木质素磺酸盐及其衍生物；2）高级多元醇；3）羟基羧酸及其盐类；4）聚氧乙烯醚及其衍生物；5）多元醇复合体；6）聚丙烯酸盐及其共聚物；7）萘磺酸盐甲醛缩合物；8）多环芳烃磺酸盐甲醛缩合物；9）三聚氰胺磺酸盐甲醛缩合物。

不同的固体颗粒的表面特性是不同的，因而须有针对性地选择减水剂。

6.5.1.2　减水剂的减水原理

水泥等细粉分散在水中的体系是一个热力学不稳定体系，小粒径的粒子容易絮凝（或凝聚）形成如图 6-10 所示的絮凝状结构。絮凝状结构的形成原因很多：可能是水泥矿物在水化后所带的电荷不同而相互吸附形成；也可能是由于细颗粒在热运动碰撞过程中相互吸引、咬合而成或者是范德华力作用而成。

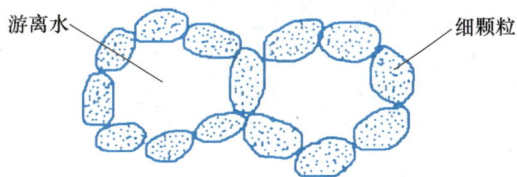

图 6-10　絮凝状结构

絮凝体中包含了大量的水，增加了浇注料等不定形耐火材料的用水量。粉料的絮凝特性取决于它们的物理与化学特性以及细度。通常细度越高，越容易絮凝，包含的水量就越大。

减水剂的作用就是要破坏这种絮凝结构，释放出被包裹的水以达到减水的目的。绝大多数的减水剂为表面活性剂，离子型表面活性剂是两端各带有一个亲水基与一个憎水基的分子。加入到浇注料中后，憎水基团定向吸附到颗粒的表面，而亲水基团指向水溶液，构成单分子或多分子吸附膜。这种定向吸附的结果使颗粒表面带有相同符号的电荷，在同性相斥的作用下，絮凝结构破坏放出被包裹的游离水，这种作用称为电保护（静电斥力）作用。对于高分子类等非离子表面活性剂，它们可能吸附在水泥颗粒的表面形成水化膜，防止它们絮凝，这种作用称为空间保护（水化膜）作用。

由上所述，减水剂的作用实际上就是分散颗粒，因而也称为分散剂。

促凝剂与缓凝剂

能促进浇注料凝结与硬化、缩短凝结与硬化时间的添加物称为促凝剂。缓凝剂则是能延缓浇注料凝结与硬化的添加剂。由于促凝剂与缓凝剂是用来调节凝结时间的，因而又合称为调凝剂。

水泥结合的浇注料是不定形耐火材料中最大宗的产品，所以，本节以水泥结合剂为代表，介绍水泥水化结合用的促凝剂与缓凝剂。水化结合的调凝剂的种类较多，调凝机理也较复杂，很难用统一的理论来统一说明其调凝的作用原理。常见的促凝剂有碳酸锂等锂盐、氢氧化钙、波特兰水泥、消石灰、水化氧化铝、碳酸钾与钠、硅酸钠以及其他一些碱金属与碱土金属化合物。常见的缓凝剂有柠檬酸、磷酸、稀醋酸、硼酸、硼砂、柠檬酸钠、葡（萄）糖酸盐（酯）、羟基羧酸盐、糖化物、氢氧化镁、氢氧化钡、硫酸钠、氯化钠、淀粉、糖、海水以及其他一些酸或者酸性化合物。

下面以最常见的锂化物为例来说明促凝作用的原理。Oliveira 等人研究了碳酸锂对两种水化氧化铝 Alphabond 300 与 Alphabond 500 以及 4 种牌号铝酸盐水泥 CA14M、CA270、Secar71、Plennium 的凝结性能的影响。结合剂的化学成分与物理性能如表 6-12 所示。图 6-11 与图 6-12 分别表示 Li_2CO_3 对不同结合系统凝结时间与电导率的影响。

表 6-12　结合剂的化学组成与性质

结合剂类型		Alphabond 300	Alphabond 500	CA14M	CA270	Secar71	Secar Plennium
化学成分（质量分数）/%	Al_2O_3	88	83	72	73	68	82
	CaO	0.1	0.6	27	26	31	18
	SiO_2	0.3	0.3	0.3	0.3	0.8	0.3
	Na_2O	0.5	0.3	0.3	0.3	0.5	0.7
烧失（质量分数）/%	25~250 ℃	4.1	6.5	—	—	—	—
	250~1100 ℃	7.0	9.2	—	—	—	—
密度/g·cm⁻³		3.20	3.20	2.96	3.15	2.95	3.25
BET 表面积/m²·g⁻¹		194	165	1.87	1.88	1.17	5.78
D_{50}/μm		3.3	6.2	9.4	7.8	13	10

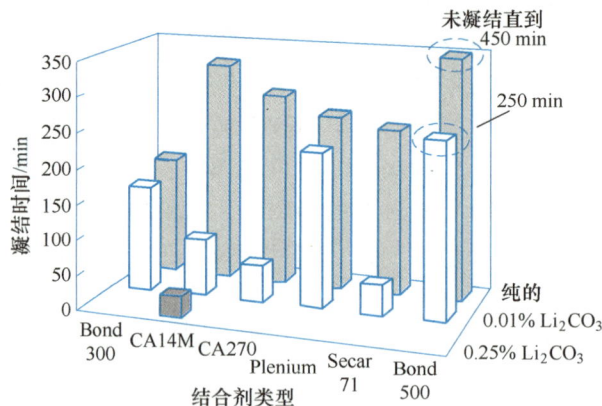

图 6-11　Li_2CO_3 对不同结合系统凝结时间的影响（温度 30 ℃）

由图 6-11 可以看出，Li_2CO_3 可显著降低 CA14M、CA270 与 Secar71 水泥浆体的凝结时间。但对 Plenium 水泥的影响很小，对 Bond 500 及 Bond 300 的影响也不明显。由图 6-12

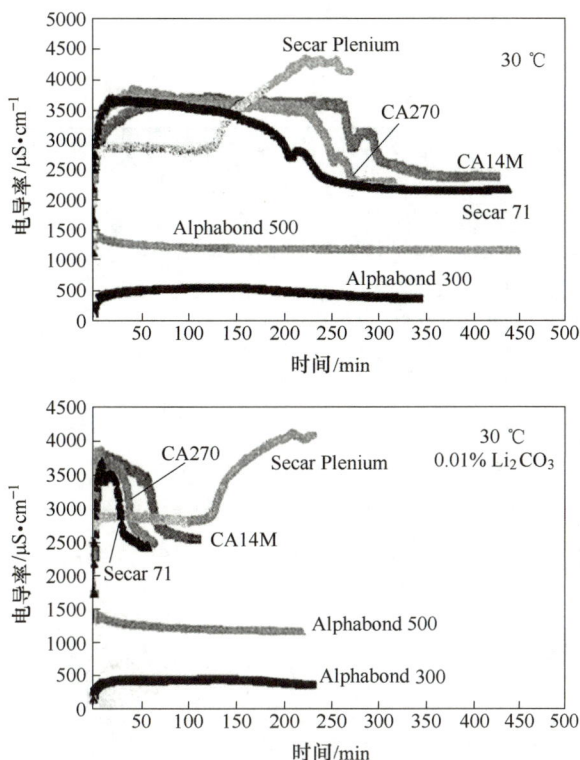

图6-12　Li_2CO_3（质量分数为0.01%）对不同结合体系水浆电导率的影响（温度30 ℃）

中电导率的变化也可得出同样的结论。水泥的凝聚固化是由溶解-成核-沉积-凝聚几个步骤进行的。加入锂盐后，在溶液中的Li^+形成不溶解的氢氧化物，如$LiAl(OH)_4$，使溶液中$Al(OH)_4^-$离子的浓度降低，促进水泥中CA、CA_2进一步溶解并使溶液中溶解离子的化学计量发生变化，有利于形成低溶解度的铝酸钙水化物，如C_2AH_8生成，促进了沉积过程。此外，所生成的这些锂化物可以作为C_2AH_8形成的晶种促进在任何温度下C_2AH_8的成核。Li_2CO_3对Plenium的促凝作用效果不显著，这是由于Plenium的钙含量较低。钙离子在水溶液中的浓度也较低，形成低溶解度的水化物C_2AH_8也较少，因而Li_2CO_3的促凝作用受到限制。

通常认为，促进与延缓凝结时间和分散性有一定的关系。如果浆体分散得越好，未水化水泥颗粒表面与水的接触表面就越大，它们就溶解得越快，溶液中的Ca^{2+}与$Al(OH)_4^-$离子的浓度增加得越快，很快达到饱和而开始沉积，有利于凝聚。相反，分散性差，溶液中的Ca^{2+}与$Al(OH)_4^-$的浓度增大的速度慢，不能很快达到饱和，从而延缓凝聚。由表6-13中可见，FS30与FS40分散剂可大大降低CA14M水泥浆体的黏度，说明其分散效果很好。柠檬酸与枸橼酸二铵有显著的延迟凝聚的作用。这是因为这类化合物在溶液中生成R-OH或R-COO-基团。它们对钙离子的吸收作用很强。它们与Ca^{2+}的反应对水泥水化过程产生两方面的影响。首先，在碱性环境下，这些阴离子与Ca^{2+}之间的反应生成不溶解的盐，从而降低了溶液中Ca^{2+}与$Al(OH)_4^-$之间的比例，使得水化物的成核及长大的速度减小，因此有利于易溶相AH_3的生成；其次是这些阴离子与钙离子反应生成的不溶相可能沉积在水泥颗粒的表面上，形成一硬壳，阻碍了水泥颗粒的进一步溶解，从而延缓了水化与凝聚过程。

表 6-13　CA14M 水泥浆（体积分数为 40%）黏度最小时的添加剂量

添　加　剂	最佳加入量/mg·m^{-2}	50 s^{-1} 下的最小黏度/MPa·s
无	0.0	386
Darvan	0.1	454
柠檬酸	0.1	381
枸橼酸二铵	0.1	419
六偏磷酸钠（HMP-Na）	0.2	487
FS20	0.1	456
FS30	0.9	83
FS40	0.9	97

在应用中应根据实际情况，合理地选用减水剂、凝结调节剂以获得较好的施工性能。

6.6　浇注耐火材料

浇注料是由骨料、细粉、结合剂及外加剂组成的没有黏附性的混合料，通常以干料交货，加水或其他液体混合后浇注施工而成，是最常见且大量使用的不定形耐火材料。本节将以铝酸钙水泥结合的浇注料为例讨论其施工、养护、烘烤与加热过程中性质与组成的变化，再分别讨论主要的浇注料品种。高水泥含量带来三方面的缺点：（1）由于用的水泥量大，所需的水量也大，产品干燥或热处理后的能耗高。（2）由于水泥用量大，浇注料中存在的水化物量也较大。经中温（538～982 ℃）处理后，由于水化物脱水，浇注料的强度下降大。（3）水泥带入的氧化钙较多，影响材料的高温性能。

因此，从 20 世纪 70 年代以来，低水泥及超低水泥浇注料发展迅速。低水泥浇注料是指由水泥带入的氧化钙质量分数在 1.0%～2.5% 之间。超低水泥浇注料是指由水泥带入的氧化钙质量分数在 0.2%～1.0% 之间。按施工方式不同浇注料还可分为自流浇注料与泵送料等，前者指无须振动等外力作用即可自行流动填满模具的浇注料，后者是指可以用泥浆泵输送的浇注料。

6.6.1　浇注料的生产过程

这里所指的浇注料的生产过程是指从配料开始到混合、浇注施工、干燥与烘烤直到达到最终使用温度的整个过程，本节将讨论影响各阶段的因素。

6.6.1.1　微粉在浇注料中的作用

在不定形耐火材料中，微粉的作用主要包括以下几个方面：

（1）做结合剂用，形成凝聚结合或者与其他的结合剂反应生成新的结合相。

（2）填充大、中、小颗粒之间的气孔以提高浇注料坯体的体积密度与降低气孔率。此外，由于排挤出气孔中的水，可以降低浇注料的加水量。

（3）由于微粉有较大的比表面积与反应活性，可以在较低的温度下烧结或与其他成分反应生成某种物相，有利于在较低温度下形成陶瓷结合。

6.6.1.2 浇注料的混合

耐火浇注料的生产通常包括两个混合过程：干混与湿混。干混通常是在生产厂家进行，使各种颗粒级配及添加剂混合均匀，尽量接近设计的配料组成，破坏团聚结构；湿混通常在施工现场进行，除了使各种物料与颗粒混合均匀以外，水分的均匀分布是其重要任务。

混合过程中的加水顺序，如一次加水与二次加水方式对浇注料的流动性会产生一定的影响。采用二次加水的方式可以显著提高浇注料的流动值。在第一次加水搅拌后，水及分散剂即可较好地分散到颗粒表面，可以有效防止第二次加水过程中水分被颗粒的包裹，更有效地发挥了减水剂的作用。

6.6.1.3 浇注料的干燥与脱水

图 6-13 为一超低水泥浇注料在不同升温速度下的脱水曲线。

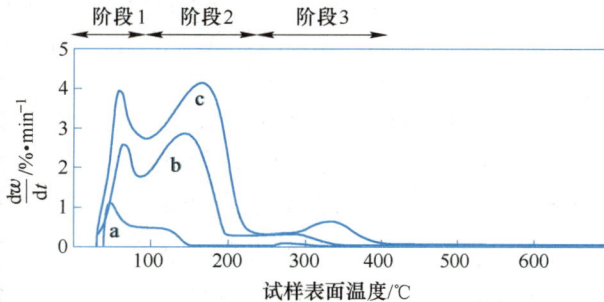

图 6-13 不同加热速度下浇注料的失重速度与试样表面温度的关系
a—1 ℃/min；b—5 ℃/min；c—10 ℃/min

干燥过程大致分为三个阶段：（1）第一阶段在温度从室温到 102 ℃ 之间，其主要机理为失去自由水，其最高脱水速度在温度为 50~60 ℃ 之间。（2）随着温度的升高，固液界面的温度达到沸点，第二阶段开始。这个阶段中产生大量的水蒸气。水蒸气压力成为传导过程的主要推动力，加快脱水速度。同时，从坯体表面到内部产生较大的收缩，减缓水蒸气排出，导致最大的脱水速度在 100~170 ℃ 的温度范围内。在此阶段中，已经有部分水化物开始脱水。（3）第三个阶段发生在 200~400 ℃ 之间，主要是水化物的脱水。

铝酸钙水泥水化物的脱水温度如表 6-14 所示。实际脱水过程比表所示的要复杂一些，如 CAH_{10} 可能在接近 100 ℃ 时已部分脱水转变为 CAH_x。x 值受升温速度等许多因素的影响。

表 6-14 铝酸钙水泥水化物的脱水温度

水化物	CAH_{10}	C_2AH_8	C_3AH_6	AH_3
温度/℃	100~130	170~195	300~600	210~300

CAH_x 的脱水过程如式（6-32）所示。另外，三水铝石（AH_3）及其凝胶的脱水温度

为 210~300 ℃。但它可以转化为勃姆石（AH），其脱水温度为 530~550 ℃。所以，铝酸钙水泥水化产物的脱水直到 550 ℃ 左右才会结束。

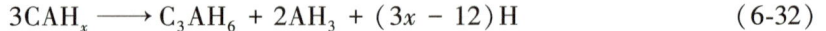

$$3CAH_x \longrightarrow C_3AH_6 + 2AH_3 + (3x - 12)H \tag{6-32}$$

脱水过程导致组成、显微结构的变化，使强度下降。导致强度下降的主要因素包括：（1）铝酸钙水泥在低温下养护时，通常生成 CAH_{10}。它是亚稳定的六方柱体，其密度为 1.72 g/cm^3。随时间的延长或温度的升高，它最终会转化为稳定的立方体，C_3AH_6 密度提高到 2.52 g/cm^3。由于密度的变化导致结构的变化，降低强度。（2）水化物脱水，放出大量的水蒸气形成大量气孔，导致强度下降。（3）最后，由于水化物完全脱水而导致坯体强度大幅度下降。

耐火浇注料的脱水过程造成结构的松弛，强度下降。同时又有大量的水蒸气排出，在坯体内造成很大的压力。所以，浇注料在烘烤过程中容易产生爆裂。人们常用"抗爆裂性"来衡量浇注料等不定形耐火材料的抗爆裂的能力。为了提高浇注料的抗爆裂性，需加入一些抗爆裂剂（也称防爆剂）。防爆剂作用的基本原理是在水化及养护过程中，在低于脱水的温度下形成微气孔，从而有利于脱水过程中水蒸气的排出。常见的抗爆裂剂有：（1）活性金属粉，如金属铝粉；（2）有机化合物，如乳酸铝 $Al(OH)_{3-x}(CH_3CHOHCOO)_x \cdot nH_2O$ 以及偶氮酰胺 $C_2H_4N_4O_2$；（3）可燃有机纤维，如纸纤维、稻草纤维、麻或棉纤维等天然纤维以及聚乙烯与聚丙烯类人工合成纤维。

6.6.2 铝-镁质浇注料

6.6.2.1 矾土基铝-镁质浇注料

矾土基铝-镁质浇注料是由特级或一级矾土为骨料（Al_2O_3 质量分数不小于 85%），以矾土与镁砂（MgO 质量分数不小于 92%）或矾土基铝镁尖晶石为细粉构成的，早期以水玻璃为结合剂。因为带入一定的 Na_2O，影响高温性能。目前常用 $MgO-SiO_2$ 微粉为结合体系。配料中的骨料与粉料之比通常为（30~35）:（65~70），氧化镁含量（质量分数）在 6%~15% 之间。矾土基铝-镁质浇注料主要使用在中、小型钢包上。

6.6.2.2 纯铝-镁质浇注料

纯铝-镁质浇注料是以电熔白刚玉、棕刚玉、烧结刚玉为骨料，在细粉中包含纯镁砂或尖晶石的浇注料，也有的浇注料使用部分尖晶石骨料。细粉中含有 Al_2O_3、铝酸钙水泥、氧化硅微粉等结合剂及各种添加剂等。其中：MgO 可以以镁铝尖晶石或氧化镁粉的形式加入；细粉中的氧化铝可以用烧结刚玉、电熔刚玉以及 $\alpha\text{-}Al_2O_3$ 微粉等；加入二氧硅微粉一方面改善浇注料的流动性，另一方面是调整与控制在使用过程中的膨胀。

目前，铝-镁质浇注料可采用三个结合体系：铝酸钙水泥、氧化硅微粉-MgO 以及水化氧化铝结合体系。其中，水泥结合的浇注料稳定性较好，但由于引入 CaO，对高温性能及抗侵蚀性可能有一定损害。用氧化硅微粉-MgO 为结合剂时引入少量的 SiO_2，SiO_2 的引入会对高温性能的影响较 CaO 的引入弱。但其要求 SiO_2 微粉与 MgO 充分混合分布均匀，否则会对常温与高温性能产生一定影响。用水化氧化铝 $\rho\text{-}Al_2O_3$ 为结合剂时，完全没有引入杂质。但是，单独使用时导致浇注料的强度较低，需加入少量氧化硅微粉以改善其施工性能与提高强度。

6.6.3 Al$_2$O$_3$-SiC-C 系浇注料

Al$_2$O$_3$-SiC-C 系浇注料是以 Al$_2$O$_3$、SiC 与 C 为主要成分的浇注料，主要用于高炉出铁沟等部位。Al$_2$O$_3$ 的来源主要有电熔致密刚玉、矾土基电熔刚玉、棕刚玉、电熔白刚玉与矾土熟料等。碳化硅一般采用含量（质量分数）不小于 97% 的黑碳化硅，常以小颗粒与细粉的形式加入。炭素材料可用沥青、焦炭、石墨或废石墨电极粉等。氧化铝-碳化硅-碳质浇注料可选用水泥结合或氧化硅微粉结合体系。

表 6-15 给出大型高炉主沟铁线与渣线用的 Al$_2$O$_3$-SiC-C 浇注料主要性质。在渣线料中 SiC 的含量普遍高于铁线料，这是因为提高 SiC 含量可以提高其抗渣能力。同时，各配方的组成有较大的不同。2 号渣线料中的 SiC 含量远高于 1 号渣线料中的含量，这是为了提高其抗渣性。但随 SiC 含量的提高其流动性变差，必须选择很好的分散剂，调整好粒度组成以改善其施工性能。此外，2 号铁线中的 MgO 含量高达 13%，而 1 号铁线料中没有 MgO。在铁线中 FeO 对耐火材料的侵蚀很强，它是耐火材料蚀损的主要原因。而尖晶石抗 FeO 的侵蚀能力较强，随铁线料中尖晶石含量的提高，铁线料的抗侵蚀能力提高。

表 6-15 大型高炉出铁主沟用 Al$_2$O$_3$-SiC-C 浇注料的性质

项　　目		渣　　线		铁　　线	
		1	2	1	2
化学成分（质量分数）/%	Al$_2$O$_3$	56~60	19	70~75	69
	SiC	15~30	73	12~12	12
	C	—	3.5	—	2.2
	MgO	—	—	—	13
	SiO$_2$	—	3.5	—	3.5
抗折强度 /MPa	110 ℃×24 h	4.0~8.0	5.4	3.5~4.5	6.2
	1450 ℃×3 h	6.0~7.0	12.1	5.5~7.0	10.4
耐压强度 /MPa	110 ℃×24 h	35~40	20	35~40	37
	1450 ℃×3 h	56~60	50	45~65	46
	110 ℃×24 h	—	17.0	—	12.8
	1450 ℃×3 h	—	20.1	—	18.6
体积密度 /g·cm^{-3}	110 ℃×24 h	2.9~3.0	2.58	2.9~3.0	2.88
	1450 ℃×3 h	2.85~3.90	2.55	2.85~2.95	2.84
烧后线变化率/%	1450 ℃×3 h	+(0.1~0.2)	—	+(0.1~0.3)	—

6.6.4 轻骨料浇注料

轻骨料浇注料是以轻质材料为骨料而得到的浇注料，也称为轻质浇注料。

6.6.4.1 轻质浇注料的分类

按使用温度，轻质浇注料可分为三类：（1）低温轻质浇注料。使用温度在 900 ℃ 以下。常使用膨胀蛭石、膨胀珍珠岩、陶粒等为骨料，以普通硅酸盐水泥、矾土水泥或者水玻璃等为结合剂。（2）中温轻质浇注料。中温轻质浇注料的使用温度为 900~1200 ℃ 之间。通常用多孔黏土颗粒、黏土质陶粒、页岩陶粒等为骨料，用矾土水泥、铝酸钙水泥或磷酸二氢铝为结合剂。细粉中可加入少量的氧化硅微粉与漂珠，以降低其体积密度。

（3）高温轻质浇注料。使用温度高于 1200 ℃ 以上的耐火浇注料。它们以刚玉质、高铝质、莫来石质、黏土质及镁质、镁铝尖晶石质等轻质颗粒或空心球为骨料，以铝酸钙水泥、磷酸二氢铝、硅溶胶、铝溶胶、二氧化硅微粉为结合体系的轻质浇注料。其中可加入耐火纤维以提高它们的强度。最常见的为黏土质及莫来石质轻质浇注料。

6.6.4.2 影响轻质浇注料性质的因素

影响轻质浇注料性质的因素包括骨料的组成、结构与性质、结合系统的选择与加入量、减水剂等添加剂的选择等。

（1）影响浇注料体积密度的因素主要有骨料的密度、基质的密度、加水量。

（2）轻骨料浇注料的强度主要取决于骨料的强度与基质的强度。可以通过增加结合剂的量或改变粒度组成来提高强度。此外，加水量等其他因素也会对强度产生影响。

（3）导热系数。在轻骨料浇注料中，减轻质量提高气孔率的主要贡献来自骨料的体积密度与粒度组成，基质的贡献相对较小。因此，骨料的体积密度、气孔尺寸大小与分布对导热系数有较大影响。

减小骨料气孔的尺寸，使气孔在骨料中分布均匀有利于提高强度、降低导热系数。此外，目前大量使用的骨料中含有大量的开口气孔，部分水泥与水会进入到气孔中，增大了水泥消耗与气孔率。所以，气孔分布均匀、小孔径以及闭气孔是轻骨料追求的目标。

6.6.5 钢纤维增强浇注料

在浇注料等不定形耐火材料中可以通过引入一定量的耐热钢纤维来提高其强度、韧性与抗热震性，可根据使用条件选择，加入量一般在 1%～3%。施工时，一般先将钢纤维与干料混匀再加水混合，振动时要避免用振动棒振动以保证钢纤维无取向混合均匀。

6.6.6 耐酸与耐碱浇注料

在 800～1200 ℃ 的温度下能抵抗酸性介质，如硝酸、盐酸、硫酸与醋酸等侵蚀的浇注料为耐酸浇注料。它们通常是由耐酸骨料，如硅石、铸石、蜡石、辉绿岩等颗粒以及废硅砖、硅石、废瓷器、铸石等耐酸材料粉为细粉，以水玻璃为结合剂所制得的浇注料。水玻璃的模数在 2.6～3.2 之间，密度在 1.38～1.42 g/cm^3 之间。加入量通常在 13%～16%（质量分数）之间。以氟硅酸钠为促凝剂，但是它抗磷酸、氢氟酸以及高脂肪酸的侵蚀性较差。

耐碱浇注料是指在中、高温下能抵抗碱金属氧化物（K_2O、Na_2O）侵蚀的浇注料。按使用温度可分为中温与高温耐碱浇注料两种，按体积密度可分为轻质与重质耐碱浇注料两类。中温耐碱浇注料通常采用铝硅系材料为骨料或细粉，如黏土熟料、废瓷器粉、膨胀珍珠岩等。其抗碱侵蚀的原理是它们与碱金属氧化物反应后在耐火材料表面生成一层 SiO_2 含量很高、黏度大的釉层，从而阻止了碱金属氧化物等进一步向耐火材料内部渗透，提高了抗侵蚀性能。SiO_2 含量（质量分数）在 20%～55% 之间，Al_2O_3 含量（质量分数）在 45%～75% 之间。使用温度越高，Al_2O_3 含量也越高。结合系统可以选用铝酸钙水泥、氧化硅微粉等。高温下使用的抗碱浇注料也可以使用铬刚玉、锆刚石、电熔尖晶石、锆英石等作为骨料或者细粉。

6.7 喷射耐火材料

6.7.1 干式喷射法

一种干式喷射装置如图 6-14 所示。干物料由料仓中进入旋转布料筒中。布好料的布料筒旋转一定角度，其上口与压机空气通道相连接，物料被压缩空气通过管道输送到喷嘴附近与水相遇，在喷嘴中料与水混合后被喷射到工作衬上。

喷射出去的料大部分被吸附在工作衬上，一部分回弹掉落到地上。回弹失去的物料的多少对喷射耐火料的施工有重要意义。通常用回弹率表示喷射料的吸附性能。回弹率由式（6-33）得到。回弹率越低越好。影响回弹率的因素很多，主要包括加水量、风压与风量等。

$$回弹率 = \frac{回弹落下的质量}{喷出的总质量} \times 100\% \tag{6-33}$$

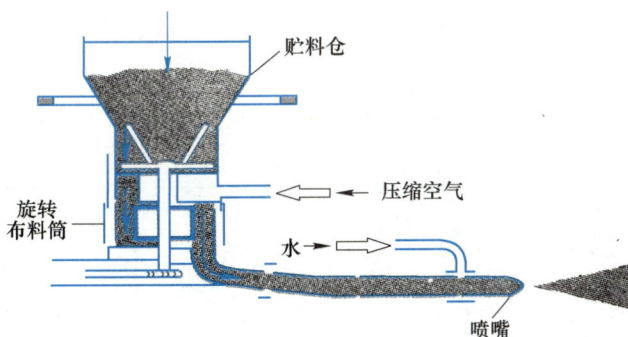

图 6-14　干式喷射设备示意图

6.7.2 湿式喷涂法

湿式喷涂法是将流动性好的浇注料用泵通过管道送到喷嘴，在喷嘴中被高压气流喷射到工作衬上的方法，其工艺流程示意图如图 6-15 所示。

湿式喷涂工艺过程包括四个主要阶段：混合、泵送、喷射与凝固。混合与泵送过程与普通浇注料与泵送料没有很大区别，要求混合均匀并有很好的泵送性能。以前喷射施工多用于炉衬的修补，湿式喷涂则可以直接用于造衬。它可以直接用于制造钢包及各种炉子的炉衬。

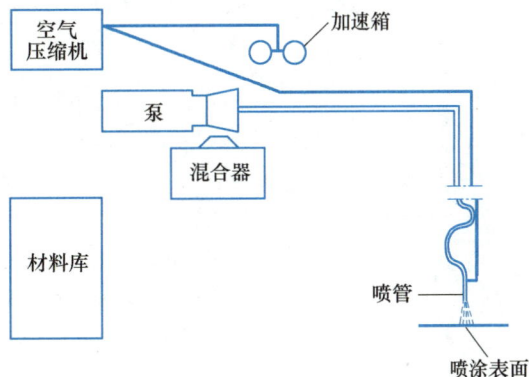

图 6-15　湿式喷涂工艺流程示意图

喷射过程对于喷射料的附着率十分重要。喷射设备以及料的性质都会对料的黏着带来很大的影响。其影响因素很多，在设备方面包括气体压力及喷射速度；在料的性质方面包括水分含量、骨料与基质的比例、颗粒大小、料的混合均匀程度以及添加剂的种类与用量等。

影响湿式喷射法的因素较多，主要的有如下几种：

（1）喷射料的组成，包括合理的粒度组成、骨料与基质的比例、水分的含量等。另外应选择好添加剂，特别是絮凝剂的种类与加入量以控制好凝结时间。常用的絮凝剂有铝酸钠、硅酸钠、聚合氯化铝、氯化钙、硫酸铝、硫酸钾铝等。

（2）喷射压力与喷射气流的速度。它们过小则颗粒不能很好地黏附于料上，过大则容易产生反弹。

（3）喷枪与被喷射体的距离与角度。它们对料层的附着率有一定影响。

6.7.3 喷射耐火材料

6.7.3.1 硅酸铝质喷射料

硅酸铝质耐火材料是使用最为广泛的喷射料品种。它分为重质的、轻质的与半轻质的几类，广泛应用于各种工业炉相关部位。表 6-16 为高炉用硅酸铝质喷射耐火材料的基本性质及用途。

表 6-16 高炉热风炉用硅酸铝质喷射耐火材料的性质及用及用途

项目	材料 1	材料 2	材料 3	材料 4	材料 5
耐火度/℃	≥1530	≥1580	≥1610	≥1580	≥1530
体积密度 /g·cm⁻³	≥1.7（1200℃）	≥1.7（1300℃）	≥1.8（1400℃）	≥1.4（1300℃）	≥2.0（1200℃）
抗折强度/MPa	≥4.0（110℃） ≥0.3（1200℃） （热态）	≥4.0（110℃） ≥0.3（1300℃） （热态）	≥4.0（110℃） ≥0.3（1400℃） （热态）	≥4.0（110℃） ≥0.3（1300℃） （热态）	≥4.0（110） ≥1.0（110℃） （酸处理后）
加热线变化率 /%	±1.0（1200℃，3h）	±1.0（1300℃，3h）	±1.0（1400℃，3h）	±1.0（1230℃，1h）	±0.4（110℃）（烘干后）
导热系数 /W·(m·K)⁻¹				≤0.3（150℃）	
化学成分/%	$Al_2O_3 \geq 30$ $Fe_2O_3 \leq 2.0$	$Al_2O_3 \geq 35$	$Al_2O_3 \geq 45$	$Al_2O_3 \geq 35$	$Al_2O_3 \geq 55$ $CaO \leq 0.5$
最高使用温度/℃	1200	1300	1400	1300	1200
主要用途	高炉煤气上升管、下降管内衬等	高炉炉壳，热风炉燃烧室和蓄热室直筒段的炉壳内衬等	高炉热风围管，热风炉混合室炉壳内衬等	高炉热风围管，热风炉热风管隔热内衬等	热风炉炉顶内衬等

6.7.3.2 碱性耐火喷射料

碱性耐火喷射料广泛用于电炉、转炉、钢包、中间包衬等，作为修补料或造衬材料，可以用磷酸盐或硅酸钠类结合剂。用于普通转炉或电炉的干式喷射料的理化性能指标大致为：MgO 质量分数 70%~95%，CaO 质量分数约 10%；体积密度 2.10~2.50 g/cm³；常温抗折强度 1000 ℃烧后 3~6 MPa，1500 ℃烧后 5~9 MPa。

中间包湿式喷涂料用于中间包衬。由于碱性耐火材料对钢水的污染小，有一定净化钢水的作用，因而在中间包衬有广泛应用。并且，其中最好保持一定的 CaO 含量。同时，为维持中间包内钢水的温度，包衬需保持一定的气孔率，有一定的保温性能。除此以外，要求中间包使用后，工作衬不与永久层粘连，容易脱出。表 6-17 给出了湿式喷涂碱性中间包衬的理化指标。镁钙质中含有一定的氧化钙，有利于净化钢水。同时，还可以与二氧化硅生成硅酸二钙，在冷却至 675 ℃时发生 β 相向 γ 相的转化，伴随体积膨胀，有利于改善翻包性能。

表 6-17 中间包湿式喷涂料的性质

材 质		镁质	镁钙质	镁钙质
化学成分/%	MgO	≥80	65~75	55~65
	SiO₂	4~6	≤5	≤5
	CaO	—	8~10	20~35
体积密度/g·cm⁻³	110 ℃，24 h	1.6~20	1.7~2.0	1.7~2.0
	1500 ℃，3 h	1.7~2.1	1.8~2.1	1.8~2.1
抗折强度/MPa	110 ℃，24 h	1.5~2.0	1.6~2.3	2.0~2.5
	1500 ℃，3 h	4~6	5~6	5~8
线变化率/%	110 ℃，24 h	-(1.0~1.5)	-(1.2~1.8)	-(1.2~2.5)
	1500 ℃，3 h	-(2.5~3.1)	-(2.0~3.0)	-(2.5~3.2)
导热系数/W·(m·K)⁻¹	1000 ℃	≤0.6	≤0.6	≤0.6

中间包喷涂料可以用聚磷酸盐、速溶硅酸盐或复合聚磷酸盐为结合剂。增塑剂有软质黏土、羧甲基纤维素、木质磺酸钙等。料中要加入纤维以增加其气孔率，降低导热系数，还可以提高其黏附性，加入量（质量分数）一般在 0.5%~3.0% 的范围内。纤维可以为合成纤维，也可以为纸纤维等天然纤维。纤维需先经松解处理，有利于均匀分布于料中。

6.7.3.3 高铝-碳化硅-碳及高铝-碳化硅喷补料

高铝-碳化硅-碳及高铝-碳化硅喷补料是以刚玉或矾土熟料、碳化硅与碳材料构成的喷射料。它主要用在高炉出铁沟、鱼雷罐、混铁炉、化铁炉等设备上。不含碳的高铝-碳化硅用的喷射料主要用于垃圾焚烧炉及回转窑出料口等部位。

6.8 可塑料

可塑料是由骨料、细粉、结合剂和液体组成，具有良好的作业性能，施工后加热硬化，按交货状态直接使用的不定形耐火材料。可塑料通常具有较好的塑性。我国标准规定，变形指数在 15%～40%（质量分数）之间的为可塑料。

可塑料与其他不定形耐火材料不同之处在于要加入增塑剂与保存剂等。前者可提高可塑料的塑性，后者是为了防止可塑料在长期保存后丧失其塑性等施工性能。

常见的增塑剂有塑性好的软质黏土（结合黏土），如球黏土、木节黏土等。要求黏土中的胶体微粒较多、吸湿性高，非胶质成分少，颗粒尺寸小，形态呈扁平状以扩大颗粒之间的接触面积。其他增塑剂大都为表面活性剂，它们吸附于颗粒表面以提高颗粒之间滑移性。常见的增塑剂有木质素磺酸盐、甲基纤维素、羧甲基纤维素、聚丙烯酸酯、聚乙烯醇、萘磺酸盐等。增塑剂与结合剂密切相关，应根据结合剂的性质，通过试验选用增塑剂的种类与数量。

当采用酸性物质，如磷酸为结合剂时，它们可能与粉料中所含的氧化铝反应生成不溶的正磷酸铝（$AlPO_4 \cdot xH_2O$）等沉淀物，使可塑料过早硬化而失去施工性能。需加入一定的保存剂抑制磷酸等酸性结合剂与氧化铝等的反应，延长可塑料的保存期。常见的保存剂有：草酸、柠檬酸、酒石酸、乙酰丙酮、ρ-醋酸水杨酸等。

可塑料粒度的配料可采用不定形耐火材料的配料原则。粉料加水经混练、制坯而成。当使用磷酸、磷酸铝、硫酸铝等酸盐结合剂时，应采用二步混练生产方式。即先将大部分结合剂（质量分数为 60%～70%）与配合料混合后，困料一段时间，让酸性结合剂与配合料中的杂质如铁等完全反应，以避免因此类反应放出氢气而造成坯体开裂。经充分困料后的料再加入剩下的结合剂再次混练后制坯，即可得到可塑料。制坯的方法可以为压制或挤泥，坯体一般预制成块状或条状交货。为了防止水分的蒸发或与空气接触，可塑料应采用聚乙烯薄膜密封包装。

6.9　捣打料

捣打料是由骨料、细粉、结合剂和必要的液体组成，使用前无黏附性，用捣打方式施工的不定形耐火材料。它的塑性小或无塑性，靠捣固而形成致密体，经烘烤或焙烧后硬化而获得强度。不过由于捣打料的施工作业时间较长，劳动强度较大，对工作环境的影响也较大，已逐步被其他的不定形耐火材料所代替。

捣打料的结合剂一般有水玻璃（通常采用的水玻璃的模数应大于 2.6）、磷酸或磷酸二氢铝等。含碳结合剂有焦油、蒽油、沥青、酚醛树脂以及它们的混合物等。对于碱性捣打料还可以用氯化镁水溶液，如卤水等为结合剂。

捣打料的生产是将配合料混合均匀、装袋、运送到现场加液体与结合剂，或者不加任何东西经捣打密实后，经烘烤获得强度后即可使用。

6.10　干式料

干式料也称干混料、干式振捣料。它是一种可以在干燥的状态下，采用振动或捣打方法施工的不定形耐火材料。通常在材料中加入一种临时结合剂与助烧结剂，开始形成临时结合，最终形成陶瓷结合，广泛应用于感应炉、铝熔炼炉、中间包以及炼钢电炉等设备上。施工时，将料放入模胆与永久层或炉壳之间的空间内，经振动捣实后使用。干式料的工作原理如下：

（1）在施工完成后或者经过加热烘烤后，在热面要形成一定的结合并具有一定强度。

（2）在冶炼过程中，接触熔融金属或渣的工作面应能迅速形成有足够强度与抗渣及金属侵蚀及渗透的致密烧结层，而在其后面仍保持松散的非烧结状态。随着耐火炉衬的被侵蚀，烧结层由内壁向外壁推进，松散层的厚度逐渐减薄。

（3）未烧结的松散层有三方面作用：首先，炉役结束后，松散层仍处于非烧结状态，翻转炉子就能很容易地使炉衬脱落；其次，有保温隔热作用，此作用不仅减少炉子的散热，而且可以降低松散层内的温度防止烧结；第三，具有防止金属渗透的作用。后二者是相互矛盾的，隔热要求堆积密度小，防渗透要求体积密度大。应根据实际情况权衡后确定其粒度组成。

6.10.1 刚玉、硅酸铝质与铝-镁质干式料

刚玉、硅酸铝质与铝-镁质干式料是广泛使用于感应炉的干式料。烧结温度主要取决于助烧结剂的种类与用量。它们所用料的颗粒尺寸在 0~6 mm 的范围内。在含氧化镁的料中，氧化镁可以用尖晶石或烧结镁砂的形式加入。利用原位生成尖晶石或者氧化铝固溶入尖晶石中产生的膨胀来抑制衬体的烧结收缩。

高铝及刚玉质干式料的主要原料有矾土与黏土熟料、烧结与电熔刚玉、棕刚玉等。助烧结剂有 MgO、CaO、SiO_2、TiO_2 与 B_2O_3 等。在刚玉质干式料中硼酐（B_2O_3）、硼酸及硼酸钠等是最常用的结合剂。B_2O_3 在 450~550 ℃ 的范围内熔化，使干式料获得一定的强度，但是最终会形成熔点高达 1950 ℃ 的 $9Al_2O_3 \cdot 2 B_2O_3$，不影响其高温性能，因而它是刚玉质干式料中常用的结合剂。

6.10.2 碱性干式料

碱性干式料根据化学成分可分为镁质、镁铝质、镁钙质和镁钙铁质等。它们是以烧结或电熔镁砂、烧结或电熔尖晶石、镁钙砂或预合成的镁钙铁砂等为主要原料，添加助烧结剂而成。

6.10.2.1 中间包用干式料

中间包用干式料是由镁砂、镁钙砂等为主要原料生产的，通常用热固性粉状酚醛树脂为低温结合剂，经带模烘烤至 200~300 ℃ 后可获得足够的脱模强度。但是，由于酚醛树脂在烘烤过程中发出有害气体，因此开始使用一些环境友好的无机结合剂。

中间包干式料的助烧结剂有硼酸盐、软质黏土、镁钙铁砂及铁鳞等。镁钙铁砂在 1200~1300 ℃ 时即能有效地使镁砂烧结形成烧结层。同样，软质黏土也在 1300 ℃ 左右促进镁砂烧结。随着温度进一步提高，最终形成以方镁石为主晶相，镁橄榄石、尖晶石及液相为基质相的烧结相。助烧结剂的量应严格控制，要保证在较短时间内在工作面附近形成厚度适当的烧结层，又不能使其背后的松散料有较高的烧结程度。中间包干式料的粒度组成不一定要求达到最紧密堆积，但也要适当。通常，临界粒度在 5 mm 左右。配料中大于 0.1 mm 的颗粒的质量与小于 0.1 mm 的颗粒的质量之比在 （35~40）:（60~65）。施工时要保证颗粒分布均匀。表 6-18 给出了中间包干式料性质的例子。中间包干式料中含有一定数量的 CaO 可以提高钢水的洁净度。但是当使用镁钙砂时应注意防止其水化。为了减少

水化，可在料中引入一定数量的碳酸钙或生白云石。

表 6-18　中间包碱性干式料的性质

材　质		镁质	镁钙质-Ⅰ	镁钙质-Ⅱ
化学成分(质量分数)/%	MgO	85	75	60
	CaO	—	10	35
冷态耐压强度/MPa	250 ℃，3 h	10~20	8~20	8~18
	1500 ℃，3 h	15~25	15~26	12~23
冷态抗折强度/MPa	250 ℃，3 h	3~4	3.4~4.5	4.0~5.0
	1500 ℃，3 h	5~6	5.5~6.5	6~7
250 ℃烧后体积密度/g·cm⁻³		2.3~2.4	2.3~2.4	2.2~2.4
250 ℃烧后线变化率/%		0~-0.3	0~-0.4	0~-0.5

6.10.2.2　电炉底用镁钙铁质碱性干式料

镁钙铁质碱性干式料是一种应用于电炉炉底的干式料，主要由烧结或电熔镁砂以及预合成的镁钙铁砂为原料制成。后者的化学成分（质量分数）一般为：MgO 82%~85%，CaO 7%~9%，Fe_2O_3 6%~7%，其主要物相为方镁石、铁酸二钙和玻璃相，玻璃相主要取决于 Al_2O_3、SiO_2 等杂质含量，杂质含量越多镁钙铁砂中出现液相的温度越低，产生的液相量越多。通常，镁钙砂中液相出现的温度在1100~1200 ℃之间。它是一种助烧结剂，有利于形成烧结层。但是，若杂质含量过高，生成的液相量过大，会使烧结层的厚度过厚（一般烧结层的厚度应控制在150~200 mm）。在电炉生产过程中，由于烧结层承受较大的温度波动，容易产生裂纹，导致钢水渗入未烧结层中，使换炉底时拆底困难，严重时甚至会造成漏钢事故。另外液相过多造成抗侵蚀性下降，使炉底的使用寿命下降。因此，镁钙铁砂中 Al_2O_3 的含量（质量分数）一般应小于 0.5%，SiO_2 的含量（质量分数）应小于1.2%。同时，所使用的镁砂中的杂质也不应太大。高档镁砂可吸收 Fe_2O_3 生成固溶体。但是，当杂质含量过多时，同样会产生过多的液相。$MgO\text{-}CaO\text{-}Fe_2O_3$ 干式料的性质见表6-19。

表 6-19　$MgO\text{-}CaO\text{-}Fe_2O_3$ 干式料的性质

项　目		MCF-86	MCF-84	MCF-82	MCF-77
化学成分/%	MgO	86.0	84.0	82.2	77.0
	CaO	5.5	9.0	9.2	16.0
	Fe_2O_3	7.0	5.2	5.8	5.5
自然堆积密度/g·cm⁻³		2.3~2.4	2.3~2.4	2.3~2.4	2.3~2.4
振捣后体积密度/g·cm⁻³		2.55~2.65	2.55~2.65	2.55~2.65	2.55~2.65
1600 ℃烧后体积密度/g·cm⁻³		2.9~3.1	2.9~3.1	2.9~3.1	2.9~3.1
1600 ℃烧后线变化率/%		-(1.0~2.0)	-(1.0~3.0)	-(1.0~3.0)	-(1.0~2.0)

6.10.2.3　感应炉用碱性干式料

工频感应炉使用碱性干式料。它是由纯度高的优质电熔或烧结镁砂与尖晶石为原料而得到的，临界粒度 5~7 mm。通常采用两种类型助烧结剂。一类是低温型的，如硼酸与硼酸盐类。B_2O_3 与 MgO 生成了 $3MgO \cdot B_2O_3$ 的熔化温度为 1358 ℃。再加上其他杂质存在，这种结合剂在 1200 ℃ 左右即可促进烧结层的形成。但由于 B_2O_3 是有害杂质，对镁质材料的高温性能及抗侵蚀性产生有害影响，加入量应严格控制，一般在 1% 以下。另一类高温促烧结剂以 Al_2O_3 粉为主，要求它们有较高的反应活性。通常加入 Al_2O_3 细粉或氧化铝微粉。在 1200 ℃ 左右，它们与 MgO 反应生成尖晶石，最后在 1600 ℃ 形成烧结层。

6.11　挤压料

挤压料是需用一定的压力将散装耐火材料压入炉内空隙中进行施工的不定形耐火材料。

6.11.1　炮泥

炮泥是由骨料、细粉、结合剂和液体组成，烧后形成炭结合，专为堵塞高炉出铁口用的耐火可塑料。炮泥的可塑性通常用所谓"马夏值"来衡量。马夏值是用专门的仪器来测定的，即马夏试验机，如图 6-16 所示。测定时，对模型中的炮泥旋压，使其从一定直径的出料孔中挤出，挤出时的压力称为马夏值，单位为 MPa。根据不同高炉泥枪的挤压力的大小，炮泥的马夏值波动在 0.45~1.4 MPa 之间。按结合剂的不同，炮泥分为有水炮泥与无水炮泥。

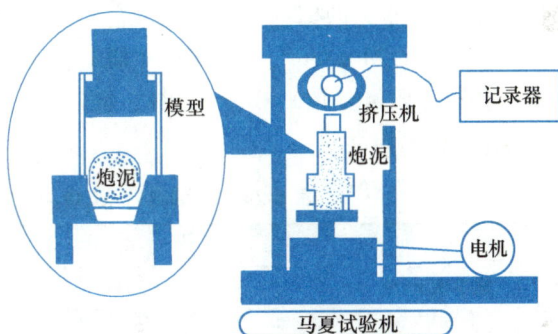

图 6-16　马夏值测定仪

6.11.1.1　有水炮泥

有水炮泥一般由矾土或黏土熟料、软质黏土、焦炭、碳化硅、高温沥青为主要原料加入调节施工性能与烧结性能的添加剂构成，以水泥等为结合剂制成的可塑料。

有水炮泥的组成对其性质有很大影响。在组成中焦炭、碳化硅、高铝与黏土熟料为瘠性物料，它们的可塑性差。它们的含量过高，炮泥的塑性差，炮泥打入的深度不够，不利于在出铁口内形成泥包，同时，烧结性也较差，不能对炉缸起到很好的保护作用。但是，这种炮泥的透气性好，有利于水蒸气与挥发分的排除，干燥速度快。反之，若软质黏土含量过高，则泥料的作业性能较好，易挤入、易烧结，但透气性差，干燥速度慢。因此，应综合考虑作业性与烧结性以及抗侵蚀性与耐冲刷性多方面的要求。根据所用原料的组成与性质的差别有水炮泥的组成（质量分数）大致如下：黏土熟料或高铝熟料 50%~60%，焦炭与碳化硅 15%~25%，软质黏土 10%~15%，高温沥青 5%~10%，添加剂 3%~5%。

有水炮泥主要用于中、小型高炉。其粒度组成（质量分数）大致为：3~0.21 mm 的占 35%~45%，小于 0.21 mm 的占 55%~65%。提高细粉的含量有助于提高可塑性与烧结性，但透气性变差。

6.11.1.2　无水炮泥

无水炮泥是用焦油-沥青或树脂为结合剂的炮泥，不加入水。无水炮泥的配料组成与粒度组成，以及它们对施工及烧结性能的影响，大致与有水炮泥相似。只是原料的纯度有时有所提高，如采用棕刚玉替代矾土熟料颗粒等。

在焦油-沥青结合炮泥中，沥青与焦油可分开加入，也可以先将沥青熔化与焦油混合调制成混合结合剂再加入，以改善施工性能。这种结合剂性能的参考指标为：恩氏度（$E_{50℃}$）14~16，密度 1.1~1.2 g/cm^3，固定碳含量 17%~18%。通常加入量控制在 18%~23%之间，加入量大有利于降低马夏值，提高作业性能，但其他理化性能指标可能下降。

焦油-沥青结合剂的优点是成本低，使用时不产生大量水蒸气，有利于保护高炉炉缸炭砖。但在生产与使用过程中产生有害气体，污染环境。因此，在现代大型高炉中多用树脂结合炮泥。与氧化物-碳复合耐火材料中的树脂一样，可以用液态线型酚醛树脂加乌洛托品等硬化剂，也可以用液态甲阶酚醛树脂或者二者的混合物为结合剂。树脂的平均分子质量对炮泥的硬化速度有显著的影响。平均分子质量越大，硬化速度越快，从而影响挤压作业。用于炮泥的树脂通常为淡棕色透明液体。它的性能大致如下：黏度（5~25℃）30~50 Pa·s，密度（25℃）1.21 g/cm^3，游离酚（质量分数）小于5%，游离甲醛（质量分数）小于0.9%，水分（质量分数）小于1.0%，固定炭（质量分数）40%~50%。表6-20给出了一个树脂结合炮泥的性质。

表6-20　树脂结合 Al_2O_3-SiO_2-SiC-C 质炮泥的性质

化学成分/%	Al_2O_3	36~40
	SiO_2	3.8~4.6
	SiC+C	25~35
烧后线变化率/%	300℃，24 h	-(0.1~0.2)
	1350℃，3 h	-(0.5~1.0)
抗折（耐压）强度/MPa	300℃，24 h	8~9
	1350℃，3 h	6.5~7.0
显气孔率/%	300℃，24 h	14~15
体积密度/g·cm^{-3}	1350℃，3 h	2.05~2.15
马夏值（40℃）/MPa	—	1.4~1.7

6.11.1.3　炮泥用添加剂

添加剂是炮泥中的重要组分，对其作业性能与使用性能有重要影响。添加剂的种类与作用有下列几种：（1）增塑剂与润滑剂。用以改善可塑性与润滑性。可塑料中常用的增塑剂都可以考虑采用。而润滑剂可用石墨或蜡石粉。（2）膨胀剂。利用加热过程中产生的膨胀以抵消干燥排水与烧结中产生的收缩。常用的膨胀剂有石英、蓝晶石等。（3）促进烧结及提高抗侵蚀性的添加剂。

近年来，为了促进烧结或改善炮泥烧结后的显微结构与提高抗侵蚀性，在大型高炉用炮泥中加入 Si_3N_4 或氮化硅铁，通过一系列反应在基质中生成了 SiC、AlN 等改善了炮泥烧后的显微结构，提高了其抗侵蚀能力。而且，生成的铁成为 SiC 生成的催化剂，促进了 SiC 结合相的生成。另外，由于放出了 N_2、CO，阻止了渣的渗入，提高了抗侵蚀能力。

6.11.2　压注料

压注料是指可以用泵进行挤压施工的不定形耐火材料，也称为压入料。通常所用的压力在 1~2 MPa 之间。它主要用于填充耐火材料之间的缝隙以及耐火材料与炉壳之间的缝隙，可用来修补由于炉衬过大的收缩或剥落所产生的裂缝。压注料应有很好的流动性。

6.11.2.1　水系压注料

水系压注料的粒度组成主要取决于它所填充的缝隙的大小与料的流动性。临界粒度取决于缝隙的宽度，用于 10 mm 左右缝隙的压入料的临界尺寸应不大于 2 mm。

根据使用环境的不同，压注料可以按材质分为硅石质、黏土质、高铝质、刚玉质、锆英石质等。水系压注料的结合剂多是水化结合剂或易溶于水的结合剂，如铝酸钙水泥、水玻璃、磷酸二氢铝等。添加剂主要有两类，一类是凝结时间调节剂，应根据施工时间的需要，适当加入促凝剂与缓凝剂；另一类是为防止泥料在放置与输送过程中偏析而加入的泥浆稳定剂，一般为水溶性有机物，如甲基纤维素、羧甲基纤维素与糊精之类。也可以通过调节液体结合剂的黏度或控制其 pH 值来保证水系压注料的稳定性。

6.11.2.2　非水系压注料

非水系压注料是以树脂等有机结合物为结合剂的压注料。其主要成分包括两部分：耐火氧化物与炭素材料，前者包括刚玉、硅酸铝系材料、镁质、镁铝质、镁钙质材料，炭素材料主要是石墨，还可能含有一部分碳化硅。非水系压注料的粒度组成与水系压注料相同。

非水系压注料的添加剂包括如下几个方面：（1）酚醛树脂的促硬剂。甲阶酚醛树脂的固化剂有苯磺酸、甲苯磺酸、氯苯磺酸与石油磺酸等。苯磺酸最常使用。使用时可先将苯磺酸溶入水中使其溶液密度达到 1.2 g/cm³ 左右再与树脂混合均匀后使用。（2）凝固时间与流动性调节剂。压注料需要经过长距离的输送，经压力（最高可达 18 MPa）压入炉内再凝结硬化，控制好凝结时间及流动性十分重要。应根据实际情况选用合适的添加剂。（3）防氧化剂。许多压注料中含有石墨等炭材料。

6.12　耐火涂料

耐火涂料是由耐火骨料、粉料与结合剂及添加剂混合而成的可以涂抹的不定形耐火材料。可以用手工或机械涂抹。它们可以涂抹在耐火材料上，也可涂抹在其他材料上。它的结合形式可以是化学结合、水化结合、有机结合与陶瓷结合等。

6.12.1　中间包涂料

中间包涂料是涂抹在中间包永久层的表面上作为工作衬的涂料，厚度一般在 35~40 mm 之间，作用与中间包干式料相似，要求涂料有一定寿命、一定的保温性能与良好的翻包性能。由于 MgO 与 CaO 特别是 CaO 有吸收钢中夹杂物的性能，不污染钢水，所以现在常用碱性涂料作为中间包涂料，其主要成分为 MgO 与 CaO。通常以烧结与电熔镁砂以及烧结与电熔镁钙砂为原料。也可以用碳酸钙或白云石为原料引进 CaO，涂料中 CaO 的含量（质量分数）在 10%~50% 之间。

中间包涂料的结合剂主要有硅酸盐类，如不同模数的硅酸钠与聚磷酸钠盐。后者较常使用。外加剂主要有分散剂、增塑剂与烧结剂等。除此以外，涂料中还需加入有机纤维，加入有机纤维的作用有两个：一是防止涂料在干燥与烘烤过程中产生裂纹与爆裂；二是在工作衬中形成一定的气孔，降低其导热系数，起一定的保温作用。使用的纤维可以用人工合成或天然纤维，采用天然短纤维较好，如用废报纸加工的纸纤维。根据体积密度的要求，纤维的加入量（质量分数）在 0.5%~2.5% 之间。根据钢水的品种与要求不同，中间包涂料的理化性能大致如下：MgO 质量分数 35%~75%，CaO 质量分数 10%~50%，体积密度（110 ℃、24 h 处理后）1.9~2.3 g/cm^3，常温耐压强度（110 ℃、24 h 处理后）4~10 MPa，烧后线收缩率（1500 ℃、3 h 处理后）≤3.0%。

6.12.2　热辐射涂料

热辐射涂料是指在红外波段具有高辐射能力或者选择性辐射特性的涂料，可以用涂刷或喷涂的方式附着在耐火材料的表面，以提高其对物料的辐射传热，达到节能的效果。

物质的辐射能力与其辐射率，即黑度 ε 有关。黑度取决于物质的结构与温度。黑度越高的物质其辐射能力越强。为了提高涂料的黑度，可增加高黑度的氧化物，如 Al_2O_3、Cr_2O_3、Fe_2O_3、MgO、CaO 等。它们的正离子 Al^{3+}、Cr^{3+}、Fe^{3+}、Co^{2+}、Mg^{2+} 等的半径与 Zr^{4+} 相近，可以取代 Zr^{4+} 或掺杂于 ZrO_2 晶体间隙中形成固溶体，增加杂质能级，提高远红外线波段的辐射能力。通常增加黑度的添加氧化物先与氧化锆或锆英石经预烧后再磨粉使用。

涂料的结合剂通常用磷酸二氢铝、硅溶胶和水溶性聚乙烯醇按 6∶3∶1（质量比）配制而成。添加剂有：分散剂，如六偏磷酸钠；防沉降剂，如羧甲基纤维及钛白粉；成膜剂，如蓖麻油等。涂料的组成与结合剂的选择对其寿命有较大影响。这里所说的寿命包括两方面：一方面是指涂层本身的使用寿命；另一方面是指辐射能力的变化，辐射能力随使用时间的延长而逐渐减弱，直至消失。所以辐射寿命指标是辐射涂料的关键。

6.12.3　防氧化涂料

防氧化涂层是涂于含碳材料表面，防止其在烘烤与使用过程中炭氧化的不定形耐火材料。其基本原理是此涂层在烘烤与使用温度下能在含炭耐火材料表面形成一层分布均匀、附着良好、有足够黏度而不流淌的釉层。它能将含炭耐火材料与空气间隔离，防止含炭耐火材料中炭的氧化。防氧化涂料主要由下列几种成分构成：

（1）在烘烤或使用温度范围（700~1300 ℃）内能形成稳定釉层的物质。要保证该釉层有足够的黏度。涂料的化学成分主要是钾、钠、铝、锂、钙等的硼硅酸盐与氟化物。所用的主要原料有钾长石、钠长石、石灰石、碳酸锂、氧化铝、石英、黏土与矾土、硼化物、氟化物以及钡的化合物等。

（2）结合剂与添加剂。常用的结合剂有硅酸乙酯水解液、硅溶胶、水玻璃及磷酸盐类。

调制的涂层应有适当的黏度与密度。密度一般在 $1.6 \sim 1.8 \ \text{g/cm}^3$ 之间。黏度控制在可涂抹的范围内。涂料的厚度不宜太厚，一般不超过 1 mm。因此，涂料用颗粒的尺寸不宜太大，一般为 0.03 mm 左右。

6.12.4 其他品种涂料

除了上述各种涂料外，其他品种的涂料还有很多，如耐酸涂料、耐碱涂料、保温涂料等。这些涂料的调制方法与上述各涂料基本相同。只要选择好粉料、结合剂与添加剂再混合均匀即可。

常用的结合剂有酸性磷酸铝、水溶性硅酸钠与铝酸钙水泥等。有时可引入一些水溶性树脂作为辅助性结合剂。添加剂包括分散剂、防沉降剂与烧结剂等。分散剂有聚磷酸钠、聚丙烯酸钠、柠檬酸钠等。防沉降剂有甲基纤维素、羧甲基纤维素、膨润土等。助烧结剂包括一些产生低熔相的物质。

粉料决定涂料的性质。耐酸涂料主要采用酸性与半酸性粉料，主要有硅石、叶蜡石、铸石与焦宝石等。耐碱涂料主要采用抗碱能力较强的粉料，如铝铬渣、铬刚玉、刚玉及高铝熟料等。隔热涂料则采用轻质保温材料为粉料，如膨胀珍珠岩、膨胀蛭石、硅藻土、轻质黏土与高铝料以及各种纤维材料。

6.13 耐火泥浆

耐火泥浆，又称火泥，属于接缝材料，用于定形耐火制品的砌筑，一般用抹刀涂抹在定形制品的表面后砌筑。泥浆的作用是联结定形制品，同时填实制品之间的砖缝以防止渣与金属熔体通过砖缝侵入耐火材料的内部。因此，泥浆必须具有好的施工性能，经烘烤加热后，应具有较好的烧结性能、足够的强度与抗侵蚀能力。

泥浆的主要施工性质是它的铺展性。铺展性是指浆状或膏状材料涂抹在被涂材料表面均匀铺展开来的难易程度。它与泥浆的含水量以及在涂抹过程中保水性的好坏有关。如果含水量少，在涂抹过程中保水性差，泥浆很快发生干涸，不容易涂抹铺展开。反之，若泥浆中水分含量过高，保水性很好，则泥浆易发生流淌，也不利于施工。

泥浆的种类很多，按结合剂硬化形式可分为气硬性泥浆、热硬性泥浆等；又可分为水系泥浆与非水系泥浆；现在也有无任何液体的接缝材料，习惯上也可称为干式泥浆。泥浆也可以按材质分，根据泥浆与被黏结的耐火材料同材质的原则，包括硅质泥浆、铝硅系耐火泥浆、碱性耐火材料泥浆、碳质泥浆以及碳化硅质泥浆等。

泥浆由粉料与液体调制而成。固/液质量比为 $(70 \sim 75)/(30 \sim 25)$，固/液体积比为 $(35 \sim 50)/(65 \sim 50)$。常用的结合剂有磷酸盐系列以及水玻璃等。添加剂包括减水剂、增塑剂以及膨胀剂等。泥浆所用的粉料的粒度不应太大。一般在 $0 \sim 0.5$ mm 范围内。

6.13.1 硅质泥浆

硅质泥浆由硅石粉、硅砖粉、结合黏土以及结合剂与外加剂配制而成。其粒度组成（质量分数）范围为：$0.5 \sim 0.074$ mm 的占 40%，小于 0.074 mm 的占 60%。硅石粉的主要成分为 β-石英。硅砖粉是用硅砖或废硅砖为原料制成的粉料，它的主要相成分为磷石英与方石英。β-石英在加热过程中发生相变化而产生一定的膨胀，可抵消泥浆因脱水与烧结产生的收缩，维持砖缝的体积稳定性。

硅质泥浆可以用磷酸盐、水玻璃类化学结合剂。和硅砖生产相似，要加入石灰乳、铁鳞、木质素磺酸盐等作为矿化剂，并改善作业性能。石灰乳与木质素磺酸盐还具有一定的结合性。此外，有时还可加入少量的氧化硅微粉以改善其作业性质。

硅质泥浆主要用于砌筑高炉热风炉、焦炉以及玻璃熔窑硅砖用。高炉热风炉用硅质泥浆的 SiO_2 含量（质量分数）应大于 94%，荷重软化开始温度应不低于 1600 ℃。焦炉硅砖用泥浆的氧化硅含量（质量分数）在 85%~92% 之间，荷重软化开始温度在 1420~1500 ℃ 之间。玻璃熔窑砖用泥浆的 SiO_2 含量（质量分数）在 94%~96% 之间，荷重软化开始温度在 1600~1620 ℃ 之间。

6.13.2　硅酸铝质耐火泥浆

根据对象的不同，硅酸铝质耐火泥浆分为黏土质、莫来石质、高铝质及刚玉质等。它们由黏土熟料粉、电熔或烧结莫来石粉、高铝矾土熟料粉以及软质黏土粉加结合剂与添加剂构成。其粒度范围一般为：0.5~0.074 mm 的颗粒与小于 0.074 mm 的各占 50%。

硅酸铝质耐火泥浆分为水系与非水系两类。水系泥浆的结合剂主要有硅酸钠（水玻璃），磷酸盐系，主要的添加剂有减水剂、稳定剂、增塑剂和防缩剂。减水剂可采用聚磷酸盐、聚丙烯酸钠及亚甲基萘磺酸盐等。加入稳定剂是为了防止泥浆固液分离，常见的稳定剂有甲基纤维素、羧甲基纤维素等有机高分子化合物。还可以通过调节泥浆的 pH 值来稳定泥浆。加入增塑剂是为了改善泥浆的作业性能，如铺展性。常用的增塑剂有有机高分子化合物、吸水性高的塑性黏土、膨润土等。加入氧化硅微粉也有助于改善泥浆的作业性能。防缩剂是为了抵消泥浆在脱水与烧结过程中产生的收缩，保证砖缝的密实。硅酸铝系泥浆中常用的防缩剂有蓝晶石族矿物及石英粉等。

非水系硅酸铝泥浆主要用于砌筑炭块以及铝炭制品等含炭材料，因为水系泥浆在烘烤过程中放出水蒸气对炭砖有损害。非水系硅酸铝泥浆用酚醛树脂为结合剂，可以用乙醇等溶剂来调节其黏度。非水系硅酸铝泥浆主要用于高炉炉缸、炉腹用耐火材料的砌筑。

6.13.3　碱性耐火泥浆

碱性耐火泥浆是以碱性耐火材料为粉料的泥浆，按材质分有镁质、镁铝质、镁铬质及镁硅质泥浆等，分别用于相应的耐火材料的砌筑。其粒度组成为 0.5~0.074 mm 的颗粒与小于 0.074 mm 的颗粒的质量比为 (70~75):(25~30)。

由于氧化镁等碱性氧化物容易水化，水化后生成 $Mg(OH)_2$，加热后又分解失去结合强度并开裂，所以碱性泥浆不能直接加水调制。可以用含镁盐及碱性物质的水溶液来调制，如氯化镁（卤水）、硫酸镁、硅酸钠（水玻璃）、三聚或六偏磷酸钠等。由于酸性化学结合剂，如磷酸、磷酸二氢铝等与氧化镁反应很快，瞬间凝固，使泥浆失去作业性能，因此很少用。

6.13.4　碳化硅泥浆与炭质泥浆

碳化硅泥浆由碳化硅粉料与结合剂及添加剂调制而成。临界粒度可取 0.5~1 mm 之间，其中大于 0.074 mm 的占 40%~50%（质量分数），小于 0.074 mm 的占 50%~60%（质量分数）。碳化硅泥浆分为无水泥浆及有水泥浆两类。前者以液态酚醛树脂或者焦油+蒽油+沥青为结合剂。后者的结合剂有水玻璃、酸性磷酸盐或者铝酸钙水泥加二氧化硅微粉等。添加剂包括减水剂、增塑剂及稳定剂等，主要有水溶性有机高分子、氧化硅微粉及软质黏土等。有些可以同时起到增塑与稳定的作用。

炭质与含炭质泥浆也称为炭糊，可用于砌筑大、中型高炉的炭砖以及混铁炉与鱼雷罐的铝炭砖，作为接缝料和填缝料用。按所填充缝隙宽度的不同，炭质泥浆可分为细缝糊与粗缝糊两类。填充缝隙较小（1~2 mm）的接缝料称为细缝糊，填充较宽缝隙的接缝料称为粗缝糊。它们的主要成分相近，但粒度不同。

（1）细缝糊的组成（质量分数）为：冶金焦炭（0~0.5 mm）50%~60%，土状石墨（0~0.5 mm）10%~20%，蒽油 0~28%，煤焦油 0~35%，柴油 0~6%。要求其灰分（质量分数）应小于 8%，挥发分（质量分数）应小于 35%。

（2）粗缝糊的组成（质量分数）为：冶金焦炭（0~1 mm）40%~60%，无烟煤（0~8 mm）20%，土状石墨（0~8 mm）0~20%，煤焦油 10~15%，煤沥青 5%~12%，蒽油 2%~4%。要求灰分（质量分数）小于 8%，挥发分（质量分数）小于 12%，1000 ℃热处理后的强度不小于 15 MPa。

除了上述用焦油-沥青-蒽油系结合体系外，还可以用酚醛树脂为结合剂。可以加入刚玉、矾土熟料及碳化硅制成氧化物-非氧化物复合材料泥浆，也可以加入含炭材料的抗氧化剂以提高其抗氧化能力。

思 考 题

6-1 铝酸盐水泥的主要矿物是什么？其胶结硬化机理是什么？

6-2 请写出水玻璃、卤水（氯化镁溶液）、磷酸铝和硫酸铝的胶结硬化方程式。

6-3 减水剂的主要作用机理是什么？

6-4 防爆裂外加剂的作用原理是什么？

6-5 不定形耐火材料的作业性能有哪些？并给出相关的定义解释。

6-6 不定形耐火材料是如何分类的？和定形制品相比，不定形耐火材料的优缺点有哪些？

6-7 什么是耐火浇注料、可塑料、捣打料、喷涂料、涂抹料和耐火泥浆？

6-8 什么是干式振动料？其特点有哪些？

6-9 促凝剂和缓凝剂的性质和作用是什么？

6-10 不定形耐火材料结合剂是如何分类的？

6-11 什么是不定形耐火材料外加剂？它们是如何分类的？

6-12 可塑料的生产工艺是什么？什么是困料？

6-13 什么是低水泥浇注料和无水泥浇注料？它们的生产工艺特点是什么？

6-14 什么是耐火喷补料？其特点是什么？其颗粒级配有什么工艺要求？

6-15 什么是耐火涂料？涂料有哪些材质？耐火涂料的生产工艺要求是什么？

6-16 不定形耐火材料的颗粒级配有什么要求？

6-17 浇注耐火材料中加入钢纤维的作用是什么？

6-18 浇注耐火材料如何防爆裂？防爆裂的原理分别有哪些？

6-19　什么是耐火材料预制件？其生产工艺有什么特点？

6-20　低水泥浇注料如何进行养护？

6-21　转炉前后大面常用镁碳质补炉料进行维护，由于其中含有沥青，在使用过程中会对环境造成危害。请问如何解决这一问题？请从结合剂的使用和使用方式等方面加以考虑。

6-22　某钢厂钢包使用镁碳砖作为渣线材料，由于冶炼苛刻，渣线侵蚀速率较快，钢厂采用了一种渣线修补用镁质喷补料进行维护。喷补过程中发现喷补料的反弹率较大。请问如何提高喷补料的附着率？请从外加剂的选择和施工要求等方面加以分析。

6-23　钢包底部有采用水泥结合浇注料整体造衬的施工方式，由于其施工效率高、整体性能好等优点而受到现场欢迎。一次在施工过程中发现，浇注料凝固速率较快，即使在振动装置的作用下流动性也较差。请问，这是什么原因造成的，如何解决？请提出具体的解决方案。

6-24　镁质中间包干式料由于具备施工简便和使用寿命高等优点，在炼钢厂广泛使用。请问镁质干式料在施工后如何获得强度，其机理是什么？并写出有关的反应方程式。

6-25　炮泥是高炉使用的重要耐火材料之一。炮泥在制备后通常要采用特殊的包装方式，如使用塑料薄膜单独包装。请问这是为什么？请结合铁厂对炮泥的性能要求加以分析。

6-26　欧美炼铁厂通常采用铝硅系耐火材料作为鱼雷罐车的工作衬，在使用一段时间后对炉衬进行喷补维护。某牌号喷补料的主要化学成分为：Al_2O_3 77.5%、SiO_2 19.8%、CaO 1.5% 和 TiO_2 0.8%，请分析该牌号的喷补料采用了哪些原料？为什么？提示：耐火材料在化学分析过程中通常会经过中温处理。

6-27　钢包底部冲击区由于使用条件苛刻，受损较严重，通常会采用专制的冲击区耐火材料进行砌筑，比如预制件。请你设计一种钢包底部冲击区用预制件，需要详细说明预制件原料的选择（含外加剂等）、颗粒的级配、生产工艺和施工要求等。已知钢包容量为 150 t，出钢温度上限不超过 1650 ℃。

7 特种耐火材料

本章要点

（1）掌握特种耐火材料的定义和分类，了解特种耐火材料的基本性能；
（2）熟悉典型氧化物制品和非氧化物制品的制备方法及应用；
（3）理解金属陶瓷的设计原则，熟悉金属陶瓷的种类及生产工艺要点。

7.1 特种耐火材料概论

7.1.1 特种耐火材料定义和分类

采用特殊原料、使用特殊制备工艺或者具有特殊用途的耐火材料称为特种耐火材料。亦即，特种耐火材料可能在组成、生产工艺以及使用条件上不同于传统的耐火材料。

特种耐火材料按材质可以分为：氧化物制品、非氧化物制品、金属陶瓷、高温无机涂料等。它们的组成大多数已超出硅酸盐范围，以碳氮化合物为主。表 7-1 为周期表中硼、碳、氮、硅四种元素与深灰色背景的金属在 Si-B-C-N 四元系统中形成二元和三元化合物的情况。大多数非氧化物是由人工合成的，其中 SiC、Si_3N_4、ZrB_2、$MoSi_2$ 等是最常见的。它们也可以与氧化物构成复合耐火材料，其中有些已经应用比较广泛。

表 7-1 能形成耐火非氧化物的元素分布周期表

1A	2A	3B	4B	5B	6B	7B	8	8	8	1B	2B	3A	4A	5A	6A	7A	0
1 H																	2 He
3 Li	4 Be											5 B	6 C	7 N	8 O	9 F	10 Ne
11 Na	12 Mg											13 Al	14 Si	15 P	16 S	17 Cl	18 Ar
19 K	20 Ca	21 Sc	22 Ti	23 V	24 Cr	25 Mn	26 Fe	27 Co	28 Ni	29 Cu	30 Zn	31 Ga	32 Ge	33 As	34 Se	35 Br	36 Kr
37 Rb	38 Sr	39 Y	40 Zr	41 Nb	42 Mo	43 Tc	44 Ru	45 Rh	46 Pd	47 Ag	48 Cd	49 In	50 Sn	51 Sb	52 Te	53 I	54 Xe
55 Cs	56 Ba	57 La	72 Hf	73 Ta	74 W	75 Re	76 Os	77 Ir	78 Pt	79 Au	80 Hg	81 Tl	82 Pb	83 Bi	84 Po	85 At	86 Rn

特种耐火材料的原料大部分是人工合成的，具有纯度高、熔点高的特点，多采用微米级甚至纳米级粉体。

　　特种耐火材料的成型方式和烧结方法也明显不同于传统耐火材料。就成型方式来说，除了传统耐火材料常采用的干压和冷等静压外，还包括挤压成型、热压铸成型、注射成型等在内的塑性成型，以及注浆成型、流延成型、凝胶注模等浆料成型方式。就烧结方法而言，除了传统的一步常压烧结外，还有两步常压烧结法；另外有热压烧结、热等静压烧结和气压烧结等静态压力烧结法，微波烧结、放电等离子烧结、闪烧和超快高温烧结等场辅助烧结法，以及动态压力辅助烧结法——振荡压力烧结。

　　特种耐火材料可应用于钢铁有色冶金、高温工业炉窑、新一代信息技术、新能源、绿色环保、航天航空、国防军工等领域（表7-2）。例如，在冶金工业中，特种耐火材料应用于耐高温、抗氧化、还原或化学腐蚀的部件；熔炼稀有金属、贵金属、难熔金属、超纯金属、特殊合金等坩埚；熔融金属的过滤装置等。在航天航空技术中，用于火箭导弹的头部保护罩、燃烧室内衬、尾喷管衬套，喷气式飞机的涡轮叶片、排气管、机身、机翼的结构部件。在电子工业中，用作熔制高纯半导体材料和单晶材料的容器；电子仪器设备中的各种高温绝缘散热部件；集成电路的基板，蒸发涂膜用的导电舟皿等。

表 7-2　特种耐火材料的主要用途

应用领域	用　途	使用温度/℃	应用材料
特殊冶炼	熔炼 U 的坩埚	1700	BeO、CaO、ThO_2
	熔炼 Pd、Pt 坩埚	>1500	ZrO_2、Al_2O_3
	钢水连续测温套管	1700	ZrB_2、MgO、$MoSi_2$
	钢水快速测氧探头	>1500	ZrO_2
	单晶坩埚	1200	AlN、BN
	大型钢包滑动水口	>1600	Al_2O_3-ZrO_2-C
	高级合金二次精炼炉	1700	MgO-Cr_2O_3
	冶炼半导体 Ga、As 单晶坩埚	1200	AlN、BN
航天	导弹的头部保护罩	≥1000	Al_2O_3、ZrO_2、HfO_2 特耐纤维+塑料
	重返大气层的飞船	约5000	石棉纤维+酚醛
	洲际导弹头部保护材料		C 纤维+酚醛
	火箭发动机、燃烧室内衬、烧嘴	2000～3000	SiC、Si_3N_4、BeO、石墨纤维复合材料
	导弹瞄准用陀螺仪	800	Al_2O_3、B_4C
飞机、潜艇	涡轮喷气发动机的压缩机叶片	≥1000	碳纤维+塑料、Si_3N_4
	涡轮叶片	850～1000	TiC、Cr_3C_2 基金属陶瓷、硼纤维+塑料
	机身、机翼结构部件	300～500	碳纤维+塑料复合材料
	潜艇外壳结构材料	300～500	碳纤维+塑料复合材料
原子反应堆	原子反应堆核燃料	≥1000	UO_2、UC、ThO_2、BeO
	核燃料的涂层		BeO、Al_2O_3、ZrO_2、SiC、ZrC
	吸收中子的控制棒	≥1000	HfO_2、B_4C、BN
	中子减速剂	1000	BeO、BeC、BN
	反应堆反射材料	1000	BeO、WC、石墨

续表 7-2

应用领域	用　　途	使用温度/℃	应用材料
新能源	磁流体发电通道材料	2000~3000	Al_2O_3、MgO、BeO、Y_2O_3、La_2O_3、ZrO_2
	磁流体发电电极材料	2000~3000	$ZrSrO_3$、ZrB_2、SiC、LaB_6、$LaCrO_3$
	电气体发电通道材料	>1500	Al_2O_3、MgO
	钠硫电池介质隔膜	300	$\beta\text{-}Al_2O_3$
	高温燃料电池固体介质	>1000	ZrO_2
特种电炉	高温发热元件	1500~3000	ZrO_2、$MoSi_2$、SiC、$LaCrO_3$、ZrB_2 等
	炉膛结构材料	1500~2200	Al_2O_3、ZrO_2、MgO
	炉膛隔热材料	1200~1800	泡沫 Al_2O_3
	高温炉观测孔	1000~1600	透明 Al_2O_3
	炉管	1500~1800	Al_2O_3、SiC、C

7.1.2 特种耐火材料性能

不同的特种耐火材料，化学组成和结构不同，其性能也存在一定的差异，但与传统耐火材料相比，特种耐火材料具有许多优良的性能。

7.1.2.1 热学性能

（1）热膨胀性。常见的特种耐火材料的线膨胀系数列于表 7-3 中。大多数特种耐火材料的线膨胀系数都较大，仅熔融石英、氮化硼、氮化硅的线膨胀系数较小。

（2）导热系数。特种耐火材料的导热系数相差较大，氧化铍（BeO）与金属的导热系数相当；硼化物也有较高的导热系数，氮化物、碳化物次之。

表 7-3　某些特种耐火材料的线膨胀系数

材　料	线膨胀系数/℃$^{-1}$	材　料	线膨胀系数/℃$^{-1}$
MgO	13.5×10^{-6}（20~1000 ℃）	BN	7.5×10^{-6}（∥，20~1000 ℃）
TiC	10.2×10^{-6}（20~1000 ℃）		0.75×10^{-6}（⊥，20~1000 ℃）
稳定 ZrO_2	10.0×10^{-6}（20~1000 ℃）	TiB_2	6.4×10^{-6}（20~1350 ℃）
UO_2	10.0×10^{-6}（20~1000 ℃）	SiC	5.9×10^{-6}（20~2000 ℃）
TiN	9.3×10^{-6}（20~1000 ℃）	AlN	5.6×10^{-6}（20~1000 ℃）
ThO_2	9.2×10^{-6}（20~1000 ℃）	$3Al_2O_3\cdot2SiO_2$	5.3×10^{-6}（20~1000 ℃）
BeO	8.9×10^{-6}（20~1000 ℃）	B_4C	4.5×10^{-6}（20~900 ℃）
Al_2O_3	8.6×10^{-6}（20~1000 ℃）	Si_3N_4	2.5×10^{-6}（20~1000 ℃）
$MgAl_2O_4$	7.6×10^{-6}（20~1000 ℃）	SiO_2（熔融石英）	0.5×10^{-6}（20~1000 ℃）
ZrB_2	7.5×10^{-6}（20~1350 ℃）		

注：∥表示平行于热压方向；⊥表示垂直于热压方向。

（3）高熔点。特种耐火材料的熔点都在 1728 ℃以上，碳化铪（HfC）熔点最高，为 3887 ℃（表 7-4）。特种耐火材料都具有很高的使用温度，但超高的使用温度需要相应的气氛条件。氧化物制品可以在氧化气氛中稳定地使用，而非氧化物制品在中性或还原性气氮中可使用到比氧化物制品更高的温度。例如，TaC 在 N_2 气氛中可用到 3000 ℃，BN 在 Ar 气氛中可使用到 2800 ℃。

表 7-4　特种耐火材料的熔点

氧化物	熔点/℃	碳化物	熔点/℃	氮化物	熔点/℃	硼化物	熔点/℃	硅化物	熔点/℃
ThO_2	3220	HfC	3877	HfN	3310	HfB_2	3250	Ta_5Si_3	2500
MgO	2800	TaC	3877	TaN	3100	TaB_2	3100	Zr_5Si_3	2250
HfO_2	2810	ZrC	3530	BN	3000	ZrB_2	3060	$TiSi_3$	2200
UO_2	2800	NbC	3500	ZrN	2980	WB	2920	WSi_2	2150
ZrO_2	2710	VC	2830	TiN	2950	TiB_2	2850	$ThSi_3$	2120
CaO	2570	WC	2730	UN	2650	ThB_2	2500	$MoSi_2$	2030
BeO	2550	SiC	2700	ThN	2630	MoB	2180		
Y_2O_3	2450	MoC	2692	AlN	2400	LaB_6	2530		
Cr_2O_3	2310	ThC	2626	Be_3N_2	2200				
La_2O_3	2300	B_4C	2450	NbN	2050				
Al_2O_3	2050	UC	2350	Si_3N_4	分解				

（4）抗热震性。抗热震性直接关系到材料的使用安全可靠性和使用寿命。在特种耐火材料中，氧化铍的导热系数特别高，熔融石英的线膨胀系数特别低，大多数硼化物有较高的导热系数。某些纤维制品及纤维复合材料有较高的气孔率或高的抗张强度，所以这些材料都具有很好的抗热震性。其他材料，如碳化硅、氮化硅、氮化硼等，抗热震性也较好。

7.1.2.2　力学性能

当特种耐火材料作为工程材料使用时，还需要考虑其力学性能。比较重要的力学性能有弹性模量、强度、硬度和高温蠕变。特种耐火材料的弹性模量都较大，多数具有较高的强度，但与金属材料相比，因其脆性，抗冲击强度较低；绝大多数特种耐火材料具有较高的硬度，因此耐磨性、耐气流冲刷性较好；多数特种耐火材料的高温蠕变都较小。表 7-5 中列出几种特种耐火材料的力学性能。

表 7-5　几种特种耐火材料的力学性能

材质	耐压强度 /MPa	抗折强度 /MPa	莫氏硬度	显微硬度[①] /MPa	弹性模量 /GPa
Al_2O_3	2900（25 ℃）	210（25 ℃）	9	29420	363
	790（1000 ℃）	154（1000 ℃）			
ZrO_2	2100（25 ℃）	140（25 ℃）	7.5	—	147
	1197（1000 ℃）	105（1000 ℃）			
TiC	1380（25 ℃）	860（25 ℃）	8~9	29400	451
	875（1000 ℃）	280（1000 ℃）			
B_4C	1800（25 ℃）	350（25 ℃）	9.3	39226~49033	137
		160（1400 ℃）			

续表 7-5

材质	耐压强度 /MPa	抗折强度 /MPa	莫氏硬度	显微硬度[①] /MPa	弹性模量 /GPa
AlN	2100（25 ℃）	266（25 ℃）	7~9	12062	343
		126（1400 ℃）			
Si_3N_4	530~700（25 ℃）	140（25 ℃）	9	23536~31381	46.1
		110（1400 ℃）			
TiN	1290（25 ℃）	238（25 ℃）	9	19502	245
ZrB_2	1580（25 ℃）	200（25 ℃）	8	22050	343
	306（1000 ℃）				
TiB_2	1350（25 ℃）	245（25 ℃）	>9	33026	529
	227（1000 ℃）				
$MoSi_2$	1130（25 ℃）	—	—	11760	421
	227（1000 ℃）				
SiC	1500（25 ℃）	—	9.2	27440~35280	382

①显微硬度是一种压入硬度，反映被测试物体对抗另一硬物体压入的能力，单位为 MPa 或者 kg/mm^2。

7.1.2.3　电学性能

传统耐火材料，对于电学性能无特殊要求，因此在耐火材料性能的有关章节中，没有讨论耐火材料的电学性能。但对于特种耐火材料，在一定使用条件下，其电学性能却显得十分重要，如高温炉用发热元件材料的电阻率。材料在单位面积、单位长度上具有的电阻称为材料的电阻率，即

$$\gamma = R\frac{S}{L} \tag{7-1}$$

式中　γ——材料的电阻率；

　　　S——材料的截面面积；

　　　L——材料的长度；

　　　R——材料的电阻。

电阻率的倒数就是电导率。电阻率越小，则电导率越大，表示金属性越强，电绝缘性越差；反之，表示金属性越弱，非金属性越强，电绝缘性越好。

特种耐火材料中，多数高熔点氧化物为绝缘体，但氧化钍（ThO_2）和稳定氧化锆（ZrO_2），在高温时具有导电性（表 7-6）；碳化物、硼化物的电阻都很小；氮化物中有些是电的良导体，有些则是典型的绝缘体，例如，氮化钛（TiN）具有金属的电导率，电阻率为 $30\times10^{-6}\ \Omega\cdot cm$，氮化硼（BN）的电阻率为 $10^{18}\ \Omega\cdot cm$；所有硅化物都是电的良导体。

表 7-6　一些特种耐火材料的电学性能

材质	电阻率/$\Omega\cdot cm$	介电常数	介质损耗	绝缘强度/$kV\cdot mm^{-1}$
Al_2O_3	10^{14}（25 ℃）	8~10	2×10^{-3}	10~16
	10^5（1000 ℃）			

续表 7-6

材质	电阻率/Ω·cm	介电常数	介质损耗	绝缘强度/kV·mm⁻¹
ZrO_2	3×10^8（25 ℃） 3×10^3（1000 ℃） 3×1.6（1970 ℃）	20~30	—	—
SiO_2	10^{15}（25 ℃）	3.3~4.0	2×10^{-3}	16
SiC	10^{-3}~10^{-1}（20 ℃）	<10	—	—
Si_3N_4	1.1×10^{14}（20 ℃）	8.3	0.001~0.1	—
TiC	60×10^{-6}（25 ℃） 125×10^{-6}（1000 ℃）	—	—	—
B_4C	0.8×10^{-5}（20 ℃）	—	—	—
BN	10^{18}（20 ℃） 10^5（1000 ℃）	4	1×10^{-3}	30~40
TiN	30×10^{-6}（20 ℃）	—	—	—
ZrB_2	$(9$~$16)\times10^{-6}$（25 ℃）	—	—	—
$MoSi_2$	20×10^{-6}（20 ℃）	—	—	—

7.2 氧化物制品

7.2.1 氧化物制品概述

高熔点氧化物约有 60 种，但作为特种耐火材料，除了具有高熔点外，还要具备其他理化性能和成熟的制造工艺。作为特种耐火材料应用的氧化物有 10 余种，如氧化铝、氧化锆、氧化镁、氧化钙、氧化硅、氧化铍、氧化钍、氧化铀、莫来石、尖晶石等。

氧化物制品除了具有高的耐高温性能外，在高温下还要具有优良的强度、耐磨性、耐冲刷、耐热冲击、耐化学腐蚀等性能。

氧化物制品与熔融金属接触具有相当好的稳定性，适用于作为冶炼有色金属的耐火材料。

氧化物耐火材料与石墨接触，在不太高的温度下相互作用很小；但在较高的温度下，尤其在真空条件下，会发生化学反应。许多氧化物被还原成低价氧化物而挥发，如 Al_2O_3 变成 Al_2O，SiO_2 变成 SiO，ZrO_2 变成 ZrO 等；BeO 与石墨接触比较稳定。大多数氧化物制品具有很好的电绝缘性。

由于氧化物制品具有许多优良性能，并且原料丰富、工艺成熟，应用范围越来越广，所以氧化物制品发展很快，成为一类新兴的工业材料。

7.2.2 氧化铝制品

氧化铝制品是指 Al_2O_3 含量大于 98% 的耐火材料。它可以用先进陶瓷工艺生产得到结构均匀的材料，也可以用传统耐火材料方法生产，获得骨料基质型结构。其主晶相为 α-Al_2O_3，所以又称刚玉质耐火材料，是特种耐火材料中开发最早、用途最广、价格最低的一种特种耐火材料。

7.2.2.1　氧化铝性质

氧化铝是高熔点氧化物中被研究得最成熟的一种。其原料蕴藏丰富，约占地壳质量的25%，价格低廉，且具有多方面的优良性能，是一种使用最广泛的氧化物耐火材料。

氧化铝的熔点为 2050 ℃，呈白色，有许多同质异晶体，它们的晶体结构和物理性能各不相同。Al_2O_3 的晶型有 α、γ、η、δ、θ、κ、χ、ρ 等。外界条件改变时，晶型会发生转变。Al_2O_3 相变过程如图 7-1 所示。在 Al_2O_3 的变体中，只有 α-Al_2O_3（刚玉）是最稳定的，其他晶型都是不稳定的，加热时都将转变成 α-Al_2O_3。α-Al_2O_3 中的氧已是最紧密堆积，因此 α-Al_2O_3 密度大，一般在 3.96~4.01 g/cm³ 之间，莫氏硬度为 9。α-Al_2O_3 为六方晶型结构，晶体形状呈柱状、粒状或板状，一般所指氧化铝的性质主要是指 α-Al_2O_3 的性质。

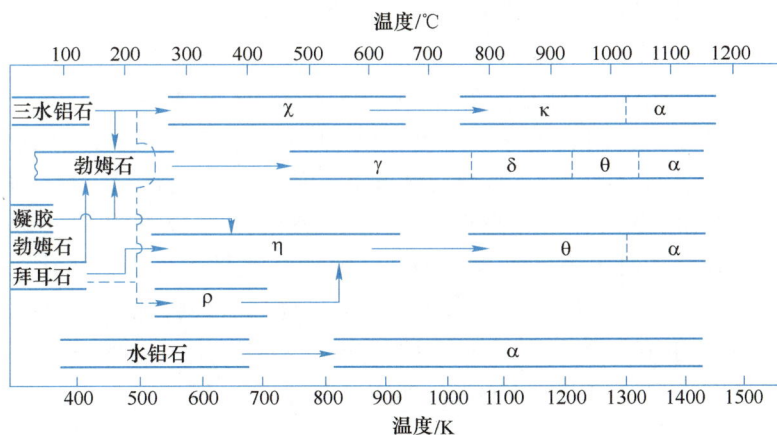

图 7-1　氢氧化铝→α-Al_2O_3 加热过程中的相变

除刚玉外，常见的 Al_2O_3 晶型为 γ-Al_2O_3。γ-Al_2O_3 是低温型立方晶型晶体，呈鳞片状。其真密度为 3.42~3.65 g/cm³，具有尖晶石型结构，在 1000 ℃ 以下开始转化为高温型 α-Al_2O_3 晶体。在其结构中，某些四面体的空隙没有被充填，因而 γ-Al_2O_3 的密度较刚玉小。氢氧化铝加热脱水时，约在 450 ℃ 形成 γ-Al_2O_3。γ-Al_2O_3 加热到较高温度转变为刚玉。但这种转变只有在 1000 ℃ 以上时，转化速度才比较快。

ρ-Al_2O_3 为无定形态，但也有人认为它是介于无定形与晶态之间的过渡态。由于 ρ-Al_2O_3 是 Al_2O_3 各种形态中唯一能在常温下自发水化的变体，可以作为耐火材料浇注料的结合剂，因此近年来越来越受到重视。

氧化铝制品具有高的强度。常温抗折强度可达 250 MPa 左右，在 1000 ℃ 时仍有 150 MPa 左右，常温耐压强度可高达 2000 MPa 以上。某些微晶结构的制品，其常温耐压强度甚至可达 5000 MPa。氧化铝制品的耐火度大于 1900 ℃，0.2 MPa 荷重软化开始点为 1850 ℃ 左右，它的极限使用温度为 1950 ℃，常用温度为 1800 ℃。氧化铝在 20~1000 ℃ 平均线膨胀系数为 8.6×10⁻⁶/℃。氧化铝的常温导热系数为金属的一半，并随着温度上升而降低。氧化铝制品的抗热震性取决于其显微结构及制品形状与大小，一般来说其抗热震性属中等。

氧化铝制品具有很好的化学稳定性，这种稳定性在很大程度上取决于它的纯度和致密度。高纯度的致密制品能较好地抵抗铍、锶、镍、铝、钒、钽、锰、铁、钴等熔融金属的侵蚀。在惰性气氛中，氧化铝对硅、磷、锑、铋等金属不起作用，许多复合的硫化物、磷化物、砷化物、氯化物、氮化物、溴化物、碘化物、氟化物，以及硫酸、盐酸、硝酸、氢氟酸等均不与氧化铝作用。不过在高温下，硅、碳、钛、锆、氟化钠、浓硫酸等对氧化铝有一定的侵蚀。氧化铝对氢氧化钠、玻璃、炉渣等有很高的抗侵蚀能力。

7.2.2.2 氧化铝原料

不同的制品选用不同规格和不同类型的氧化铝原料，工业生产氧化铝制品的原料大致有工业氧化铝、电熔氧化铝、烧结氧化铝、高纯氧化铝等。

A 工业氧化铝

工业氧化铝是用碱法从高铝矾土原料中分离提纯出来的。从铝矾土矿中提取氧化铝的方法之一为拜耳法，拜耳法的反应式为：

$$Al_2O_3 \cdot H_2O + 2NaOH =\!=\!= 2NaAlO_2 + 2H_2O \tag{7-2}$$

$$Al_2O_3 \cdot 3H_2O + 2NaOH =\!=\!= 2NaAlO_2 + 4H_2O \tag{7-3}$$

在高温下，这两个反应向右进行，NaOH 与矾土中的水铝石反应，生成高摩尔比的铝酸钠溶液。在低温及含有 $Al(OH)_3$ 晶种的情况下，反应则向左进行，$Al(OH)_3$ 从溶液中结晶出来。而析出 $Al(OH)_3$ 后的高摩尔比的铝酸钠又可以在高温下从矾土中提取 $Al(OH)_3$，如此循环可从矾土中提取 $Al(OH)_3$。但拜耳法只适合于铝硅比大于 8 的矾土，而对于铝硅比较低（3~5）的矾土则可采用烧结法。烧结法是将矾土与碱石灰组成的炉料在一定温度下烧结，生成易溶于水的铝酸钠（$Na_2O \cdot Al_2O_3$）与铁酸钠（$Na_2O \cdot Fe_2O_3$）以及不溶于水的正硅酸钙（$2CaO \cdot SiO_2$），如式（7-4）~式（7-6）所示。然后用稀碱水溶液处理上述熟料，使铝酸钠转化为易溶于水的 $NaAl(OH)_4$ 及不溶于水的 $Fe_2O_3 \cdot H_2O$，如式（7-7）与式（7-8）所示。经过滤后使后者从溶液中分离出去，最后再通入 CO_2 使 $Al(OH)_3$ 沉淀出来，如式（7-9）所示。

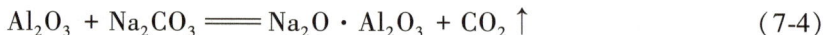

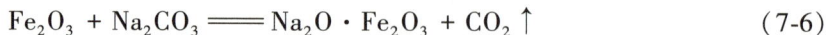

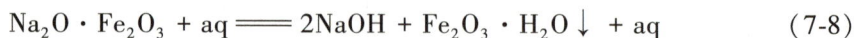

$$Al_2O_3 + Na_2CO_3 =\!=\!= Na_2O \cdot Al_2O_3 + CO_2 \uparrow \tag{7-4}$$

$$SiO_2 + 2CaO =\!=\!= 2CaO \cdot SiO_2 \tag{7-5}$$

$$Fe_2O_3 + Na_2CO_3 =\!=\!= Na_2O \cdot Fe_2O_3 + CO_2 \uparrow \tag{7-6}$$

$$Na_2O \cdot Al_2O_3 + aq =\!=\!= 2NaAl(OH)_4 + aq \tag{7-7}$$

$$Na_2O \cdot Fe_2O_3 + aq =\!=\!= 2NaOH + Fe_2O_3 \cdot H_2O \downarrow + aq \tag{7-8}$$

$$2NaAl(OH)_4 + CO_2 + aq =\!=\!= 2Al(OH)_3 \downarrow + Na_2CO_3 + aq \tag{7-9}$$

在实际生产中，常常两种方法联合使用，称为联合法。联合法又分为并联法、串联法与混联法等。工业氧化铝呈 γ 结晶形态，Al_2O_3 的含量约 98.5%，另外含有 0.5%~0.6% 的 Na_2O。若将此种氧化铝再用高纯度的浓盐酸进一步加热处理，可使其中的氧化钠含量降低到 0.2% 左右（即低钠氧化铝）。表 7-7 所示为工业氧化铝分级标准。

表 7-7 工业氧化铝分级标准

级别	Al_2O_3 的质量分数 /%	杂质的质量分数/%			
		SiO_2	Fe_2O_3	Na_2O	灼减
1	≥98.6	≤0.02	≤0.03	≤0.50	≤0.8
2	≥98.5	≤0.04	≤0.04	≤0.55	≤0.8
3	≥98.4	≤0.06	≤0.04	≤0.60	≤0.8
4	≥98.3	≤0.08	≤0.05	≤0.60	≤0.8
5	≥98.2	≤0.10	≤0.05	≤0.60	≤0.8

B 电熔氧化铝

电熔氧化铝是以高铝矾土或工业氧化铝为原料在电弧炉内熔融并除去杂质冷却后而得的熔块；其特点是氧化铝含量高，刚玉晶粒完整粗大，化学稳定性高。电熔刚玉有两种生产方法，一是间歇式熔块法（脱壳炉），二是半连续式倾倒法（炼钢电炉）。

根据所用原料及工艺的不同，电熔刚玉可分为白刚玉、致密刚玉、棕刚玉和亚白刚玉等。

a 白刚玉

白刚玉是以工业氧化铝或煅烧 Al_2O_3 为原料熔制的电熔刚玉，Al_2O_3 的含量（质量分数）一般大于 98.5%，主要杂质为 Na_2O 以及少量的 SiO_2 与 Fe_2O_3。Na_2O 与 Al_2O_3 在熔融过程中生成β-Al_2O_3。它的熔点与密度都比 α-Al_2O_3 低，因此在熔块冷却时，常偏析于熔块的中上部。Na_2O 的含量在 0.3%~0.5%之间。同一炉电熔刚玉中不同部位的 Na_2O 含量不同。制备高纯刚玉制品的电熔刚玉应选用纯度高的白刚玉。

由于熔融氧化铝的纯度很高，包裹在其中的气体不易排出，因此，白刚玉的特点是气孔率高。其显气孔率在 6%~10%之间，同时还包含有较多封闭气孔。

b 致密刚玉

致密刚玉以工业氧化铝为原料，加入一些外加剂在电弧炉中熔融而成。外观可呈灰白色、灰色或灰黑色。Al_2O_3 的含量（质量分数）一般大于 98%，主晶相为 α-Al_2O_3。因不同的添加剂，次晶相可以为 $FeTiO_3$、$CaAl_{12}O_9$、$Ca_3Si_8O_9$、Ti_4O_7 等，还存在少量玻璃相。其特点是致密、气孔率低。一般显气孔率小于 4%，体积密度大于 3.8 g/cm³。

c 棕刚玉

电熔棕刚玉是以高铝矾土轻烧料为主要原料，将它与少量炭及铁屑一起加入电弧炉中。通过如下反应降低矾土中 SiO_2 与 Fe_2O_3 等杂质。

$$Fe_2O_3 + 3C \longrightarrow 2Fe + 3CO \uparrow \qquad (7-10)$$

$$SiO_2 + Fe + 2C \longrightarrow FeSi + 2CO \uparrow \qquad (7-11)$$

生成的硅铁沉于炉底，而 CO 排出。

棕刚玉呈棕褐色，Al_2O_3 的含量在 94.5%~97%之间。主要杂质为 TiO_2、Fe_2O_3 以及少量的 MgO、CaO、Na_2O 与 K_2O 等。它们多以玻璃相或铝酸盐的形式存在，后者是冷却过程中析晶出来的。

d 亚白刚玉

亚白刚玉又称矾土基电熔刚玉，它是以一级或特级矾土为原料，通过加入炭、铁屑等添加剂，对矾土进行深度还原，尽量除去 SiO_2、Fe_2O_3 与 TiO_2 等杂质。在所有的杂质氧化物中，Fe_2O_3 和 SiO_2 是较易还原的，TiO_2 是较难还原的，需要更高的温度才能还原，如式（7-12）与式（7-13）所示，TiO_2 与铁生成的钛铁合金沉淀于炉底。

$$TiO_2 + 2C + Fe \longrightarrow FeTi\downarrow + 2CO\uparrow \tag{7-12}$$

$$Ti_2O_3 + 3C + 2Fe \longrightarrow 2FeTi\downarrow + 3CO\uparrow \tag{7-13}$$

由于温度高，在冶炼过程中会生成一些碳化物（如 Al_4C_3）与氮化物存于熔体中，因而熔炼的后期需要一个氧化精炼期以脱除碳化物与多余的炭。通常的方法是吹氧或加入脱碳剂，如铁鳞。

吹氧脱碳：

$$2C + O_2 \longrightarrow 2CO\uparrow \tag{7-14}$$

$$2Al_4C_3 + 9O_2 \longrightarrow 4Al_2O_3 + 6CO\uparrow \tag{7-15}$$

加铁鳞脱碳：

$$3C + Fe_2O_3 \longrightarrow 2Fe\downarrow + 3CO\uparrow \tag{7-16}$$

$$C + FeO \longrightarrow Fe\downarrow + CO\uparrow \tag{7-17}$$

$$Al_4C_3 + 3Fe_2O_3 \longrightarrow 2Al_2O_3 + 3CO\uparrow + 6Fe\downarrow \tag{7-18}$$

$$Al_4C_3 + 9FeO \longrightarrow 2Al_2O_3 + 3CO\uparrow + 9Fe\downarrow \tag{7-19}$$

亚白刚玉中 Al_2O_3 的含量一般大于 98%，显气孔率小于 4%，体积密度在 3.85 g/cm^3 以上。主要杂质相为六铝酸钙、钛酸铝等。亚白刚玉中常含有少量的碳化物与氮化物，它们遇水或在氧化气氛中烧成而水化或氧化并放出气体，造成制品开裂。因此，亚白刚玉在熔炼完成后常需要经过后处理。后处理的过程包括：氧化气氛下煅烧、水洗、酸洗以及后续的整形等。经处理后的亚白刚玉中碳化物与氮化物含量减少，有利于提高其使用性能。

C　烧结氧化铝

烧结氧化铝是以工业氧化铝为原料，经高温煅烧制得的低气孔率的氧化铝。其工艺过程如图 7-2 所示。

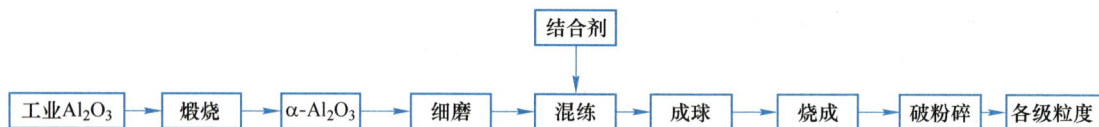

图 7-2　烧结氧化铝制备工艺流程

工业上广泛使用的烧结氧化铝为板状刚玉，目前主要采用高温竖窑烧成，最高烧成温度为 1750~1900 ℃并保温适当时间，烧成品的真密度约为 3.95 g/cm^3，总气孔率为 6%~9%，平均晶粒尺寸为 50~100 μm，Al_2O_3 的含量大于 99%。

近年来，为了满足节能减排的需求，轻量化刚玉（一般其体积密度为 3.00~3.20 g/cm^3，总气孔率为 18%~22%，导热系数为板状刚玉的一半左右）也在不断推广与发展。

D 高纯氧化铝

高纯氧化铝是人工合成原料，其制备方法主要包括硫酸铝铵热解法、碳酸铝铵热分解法、有机铝盐水解法和金属铝在水中火花放电法。

图7-3为一个以硫酸铝为原料的例子。此法的主要步骤是先合成硫酸铝铵，然后将硫酸铝铵焙烧，得到氧化铝。原料有化学纯硫酸铝和硫酸铵。将两者按适当比例混合，加入适量的蒸馏水煮沸，等完全溶解后，趁热过滤，去除杂质，让滤液冷却析晶，析出硫酸铝铵。然后倒去母液，将晶块表面冲洗干净，再加蒸馏水煮沸、过滤、冷却析晶。如此反复进行5~6次，得到相当纯净的含水硫酸铝铵结晶块。再在180~200 ℃烘箱中进行脱水处理，最后在800~1000 ℃电炉中加热分解，得到1~5 μm、纯度达99%~99.99%的γ结晶的高纯氧化铝。

硫酸铝铵的分解反应式为：

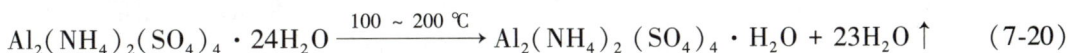

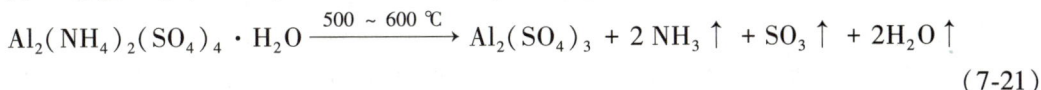

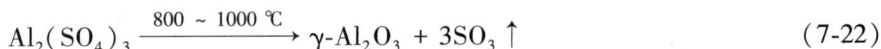

图 7-3 以硫酸铝为原料制备高纯氧化铝工艺流程

$$Al_2(NH_4)_2(SO_4)_4 \cdot 24H_2O \xrightarrow{100 \sim 200\ ℃} Al_2(NH_4)_2(SO_4)_4 \cdot H_2O + 23H_2O \uparrow \tag{7-20}$$

$$Al_2(NH_4)_2(SO_4)_4 \cdot H_2O \xrightarrow{500 \sim 600\ ℃} Al_2(SO_4)_3 + 2NH_3 \uparrow + SO_3 \uparrow + 2H_2O \uparrow \tag{7-21}$$

$$Al_2(SO_4)_3 \xrightarrow{800 \sim 1000\ ℃} \gamma\text{-}Al_2O_3 + 3SO_3 \uparrow \tag{7-22}$$

7.2.2.3 氧化铝制品生产工艺要点

氧化铝制品的生产工艺要点如下：

（1）原料预处理。将工业氧化铝原料经1300~1600 ℃预烧，使γ-Al₂O₃转变为稳定的α-Al₂O₃以减少制品的收缩，防止开裂。

（2）制粉。预处理的原料磨到小于5 μm的占90%以上，如用铁质球或内衬的磨机，要进行除铁。

（3）成型。可采用特种耐火材料的各种成型方法成型坯体。注浆法成型一般多采用中性泥浆浇注，即泥浆的pH值为6~7，水分含量为20%~30%，小于2 μm的细粉占比大于80%，最大粒径不得超过5 μm。多用来成型坩埚、管子及其他中空制品。机压法是在细粉中加入一定比例的粗颗粒（烧结或电熔刚玉），并加入结合剂（如糊精、羧甲基纤维素、聚乙烯醇等），在金属模具内机压成型，压力一般为80~100 MPa。除热压成型外，其他方法成型的坯体均需干燥，使水分含量小于1%。也可以采用冷等静压法或挤泥法生产管状或棒状制品。

（4）烧成。烧成温度为1600~1800 ℃，纯氧化铝制品烧成温度不低于1800 ℃，加入烧结助剂（如TiO₂等）可降低制品的烧成温度。

7.2.2.4 主要氧化铝制品

氧化铝制品很多，有砖类制品、异型制品、隔热制品、空心球制品、纤维制品、透明薄壁制品等。

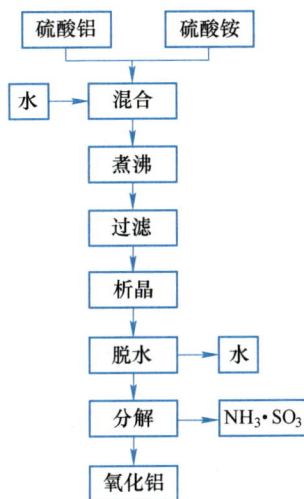

A 氧化铝砖类制品

氧化铝砖类制品采用电熔刚玉或烧结刚玉为原料，按传统耐火材料配料，半干法成型、烧成工艺制造。也可以采用全细粉制造。当全部使用 Al_2O_3 粉料模压时，为了改善成型性能，要先制造"假颗粒"，即用磨得很细的粉料加入黏结剂，制成流动性好的较粗的颗粒。制取假颗粒或称造粒的方法有如下几种：

（1）普通法。将适量的黏结剂水溶液加入粉料中，混合后过粗孔筛，依靠黏结剂的黏聚作用，得到粒度比较均匀的团粒。

（2）加压法。把与黏结剂混合好的粉料，先压成块，再破碎过筛成粗粒。其致密度和强度均较高，是工业生产中常用的方法。

（3）轻烧法。将球磨细粉用少量的水做成泥团，在较低的温度下煅烧，再破碎过粗孔筛。

（4）喷雾干燥法。粉料加黏结剂制成浆料，再喷入造粒塔内雾化，雾滴被塔内热空气干燥而成粒。

以电熔刚玉为主要原料制成的烧成砖称为烧结电熔刚玉砖或者电熔再结合刚玉砖，以区别以烧结刚玉为主要原料所制得的刚玉砖。用氧化铝空心球作骨料、氧化铝细粉作基质制成的砖，称为氧化铝空心球砖。在配料中，有时加入少量的氧化钛、氧化镁、高岭土等作为烧结助剂。坯料的成型黏结剂可用羧甲基纤维素、糊精、磷酸铝、硫酸铝、水等。例如，烧结纯刚玉砖的配比为 50%～60% 的氧化铝颗粒，40%～50% 的氧化铝细粉，外加质量分数为 2% 的羧甲基纤维素水溶液 7%～8%。按配方组成称量后，在搅拌机中均匀混合制成坯料。混料时，先将颗粒投入搅拌机中，加入 2% 的结合剂，混合数分钟后再加入细粉混合数分钟，最后再加入 5% 的结合剂，继续混合 15 min 左右后出料。然后将坯料称量入模，在油压机或摩擦压机上用 60～100 MPa 的压力成型，标准砖的砖坯密度应大于 $2.0 \ g/cm^3$。

氧化铝砖制品按化学成分可以分为纯刚玉砖、含钛刚玉砖、含铬刚玉砖、含莫来石刚玉砖、含碳刚玉砖等，对应的质量指标也有一定的差别。表 7-8 为氧化铝砖的理化指标。

表 7-8 氧化铝砖的理化指标

项目		烧结刚玉砖		烧结电熔刚玉砖	
		纯	含钛	纯	含莫来石
化学成分（质量分数）/%	Al_2O_3	≥98	≥97.5	≥98	≥84
	TiO_2	—	≤0.5	—	—
	Fe_2O_3	≤0.15	≤0.15	≤0.5	≤0.5
	SiO_2	—	—	≤0.5	≤12
	R_2O	≤0.55	≤0.55	—	—
物理性能	体积密度/g·cm⁻³	≥3.70	≥3.50	≥3.00	≥2.80
	显气孔率/%	≤2	≤12	≤23	≤24
	耐压强度（20℃）/MPa	≥500	≥250	≥50	≥40
	荷重软化温度/℃	≥1800	≥1800	≥1750	≥1750

B　透明氧化铝制品

透明氧化铝制品是在高纯氧化铝陶瓷工艺基础上发展起来的，主要用作高压钠灯的灯管、高温设备的观察窗口等。制备技术的关键是氧化铝晶体内气孔的排除，要求达到几乎无气孔，晶粒要生长得均匀且细小，晶界杂质要尽量减少（即第二相物质要少），使得光在氧化铝制品中的散射大大减少，从而使得透明度提高。要解决此问题，在生产过程中要采取相应的措施，如提高原料的纯度、抑制烧结过程中晶粒生长等，常采用如下两项措施：

（1）一般的工业氧化铝不符合制造透明氧化铝制品的要求，须采用 Al_2O_3 含量（质量分数）达99.9%以上的极纯氧化铝原料。常用硫酸铝铵制取高纯氧化铝。硫酸铝铵分解出来的 γ-Al_2O_3 的比表面积在 100 m^2/g 以上，且很松散，不适宜成型和直接烧成制品，只有经过 1300 ℃煅烧，使其转化为 α-Al_2O_3 之后，改变它的松散性，让其体积有一个较大的收缩后，才能用来生产制品。

（2）MgO、Y_2O_3 或 La_2O_3 等外加剂能抑制 Al_2O_3 晶粒的长大。加入质量分数为 0.1%~0.3%MgO 可达到抑制 Al_2O_3 晶粒长大的效果。一般以镁的硝酸盐和碳酸盐形式加入，若以 MgO 和 La_2O_3 混合形式加入到 Al_2O_3 中，效果会更好，能降低烧结温度 50~100 ℃。Y_2O_3 或 Y_2O_3 和 La_2O_3 混合物的加入，可调整镁铝尖晶石第二相物质的折射率，使尖晶石的折射率接近于 α-Al_2O_3 相。这样更有利于消除或减少由于晶界处第二相物质的富集而造成双折射和散射，使透光率进一步提高。在 H_2 和真空下烧结可以得到透明度高的氧化铝制品。透明氧化铝制品的烧成温度高于一般制品，烧成温度越高，烧结程度越好，制品的透明度越高，其前提是添加抑制晶粒长大的添加剂和不发生重结晶。

7.2.2.5　氧化铝制品应用

作为特种耐火材料，氧化铝制品的应用极为广泛，主要用途有：

（1）利用其耐高温、耐腐蚀、高强度等性能，用作冶炼高纯金属或生长单晶用的坩埚、各种高温窑炉的结构件（如炉墙、炉管等）、理化分析用器皿、航空火花塞、耐热抗氧化涂层及玻璃拉丝用坩埚等。

（2）利用其硬度大、强度高的特点，用作机械零部件、各种模具（如拔丝模、挤钢笔芯模嘴等）、刀具、磨具磨料、轴承球、研磨介质、装甲防护材料等。

（3）利用其高温绝缘性，用作热电偶的套丝管和保护管、原子反应堆用的绝缘瓷，以及其他各种高温绝缘部件。

（4）利用其优良的电绝缘性，用作电路基板、真空开关陶瓷管壳、电真空器件绝缘陶瓷等。其中氧化铝电路基板因其良好的介电特性和导热系数，尤其是其制造成本低（远低于 AlN 等高导热材料），因此目前仍是应用最广的陶瓷基板材料。

（5）利用其良好的生物相容性和稳定的物化性质，广泛应用于髋关节、牙齿、牙齿矫正用陶瓷托槽等氧化铝生物陶瓷。

（6）许多特殊氧化铝制品，如氧化铝中空球和氧化铝纤维，可作为高温隔热材料和增强材料。

7.2.3　氧化锆制品

氧化锆制品是以氧化锆为主要原料，经压制或泥浆浇注或振动法成型后，高温烧成得到的一种优质耐火材料。它具有荷重软化点高、抗热震性与耐磨性好、抗渣性强的优点，且对碱性炉渣、玻璃溶液以及钢水等具有很高的耐侵蚀性能，广泛用于玻璃、化工、冶金工业等领域。

7.2.3.1 氧化锆性质

氧化锆在地壳中约占 0.026%，在自然界中主要有两种含锆矿石：斜锆石和锆英石。斜锆石中 ZrO_2 含量为 80%~90%，最高品位可达 90%~99%，但极为少见。锆英石是由 ZrO_2 和 SiO_2 构成的化合物，晶体属正方晶系，其化学式为 $ZrSiO_4$，理论组成为 ZrO_2 67.23%、SiO_2 32.77%，锆英石的熔点为 2420 ℃，密度为 4.6~4.7 g/cm³，莫氏硬度为 7.5，颜色有红紫、褐、黄、灰色等，高纯的锆英石呈白色。

氧化锆有三种主要的同质异晶体：低温型的单斜氧化锆、中温型的四方氧化锆和高温型的立方氧化锆，它们之间的相互转变关系如表7-9所示。其中 m-ZrO_2 转变为 t-ZrO_2 的转变温度为 1170 ℃ 左右，并伴有 7%~9% 的体积收缩，而 t-ZrO_2 转变为 m-ZrO_2 的转变温度约为 1000 ℃，四方相转变为单斜相有滞后现象，同时这个过程伴有 3%~4% 的体积增加。不同氧化锆的膨胀曲线如图7-4所示。

表7-9 氧化锆的晶型转变

晶型	单斜氧化锆	四方氧化锆	立方氧化锆
晶系	单斜	四方	立方
转变温度	$\text{m-}ZrO_2 \underset{850\sim1000\ ℃}{\overset{1170\ ℃}{\rightleftharpoons}} \text{t-}ZrO_2 \overset{2370\ ℃}{\rightleftharpoons} \text{c-}ZrO_2$		
密度/g·cm⁻³	5.68	6.10	6.27

由于氧化锆有晶型转变和体积突变的特点，因此，只用纯氧化锆很难制造出烧结良好又不开裂的制品。常常向氧化锆中加入适量的氧化物（如 CaO、MgO、Y_2O_3、CeO_2 等，这些氧化物阳离子半径与 Zr^{4+} 离子半径相差在 12% 以内），再经高温处理后就可以得到稳定的四方或立方晶型的氧化锆固溶体，从而消除了在加热或冷却过程中的体积变化。这种固溶体氧化锆也称为稳定氧化锆。制备稳定氧化锆的过程称为氧化锆的稳定化，加入的氧化物称为稳定剂。

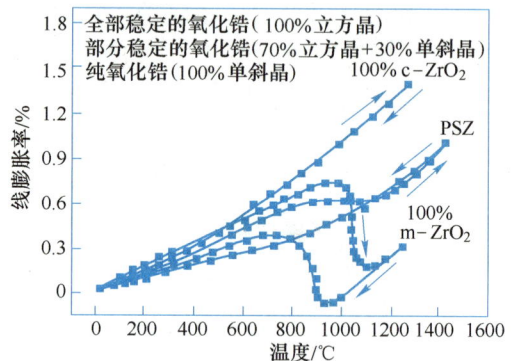

图7-4 不同氧化锆的膨胀曲线

由 Y_2O_3-ZrO_2 相图（图7-5）可知，如在 ZrO_2 中加入 Y_2O_3 作为稳定剂，ZrO_2 材料相组成和相变与 Y_2O_3 的含量直接有关。当 Y_2O_3 含量（摩尔分数）小于 2% 时，ZrO_2 以单斜相（m）存在；当 Y_2O_3（摩尔分数）大于 8% 时，ZrO_2 以立方相（c）存在；而当 Y_2O_3 含量在 2%~8% 的范围内时，ZrO_2 以二相或三相共存。当 Y_2O_3 含量在 3% 左右时，由于材料中 ZrO_2 晶粒间的相互抑制，可以通过控制适当的晶粒尺寸而制备出全部由四方 ZrO_2 组成的氧化钇稳定的氧化锆多晶体材料（Y-TZP）。Y-TZP 中的 t-ZrO_2 在应力诱导下可以转变为 m-ZrO$_2$ 而使材料增韧。一般说来，在一定温度下，ZrO$_2$ 晶粒尺寸较大的、稳定剂含量较少的 ZrO$_2$ 材料中容易发生较多的 t-ZrO$_2$ →m-ZrO$_2$ 相变。

按照图 7-6 示出的立方氧化锆固溶体的稳定范围，稳定剂的有效加入量分别为：氧化镁的摩尔分数为16%～26%；氧化钙的摩尔分数为 15%～29%；氧化钇的摩尔分数为 7%～40%；氧化铈的摩尔分数大于 13%。稳定剂视具体要求，可以单独用一种或同时配入几种。

按氧化锆的多晶相转化规律，常温下的氧化锆应为单斜型。但很多研究工作发现，氧化锆的晶型还与晶粒大小有关。四方氧化锆在两种条件下可以在常温下存在：一是在第二相抑制下可以残存少许四方相；二是当晶体的粒度不大于 25 nm 时，无须化学稳定介质便可以使 t-ZrO$_2$ 在室温下稳定下来。

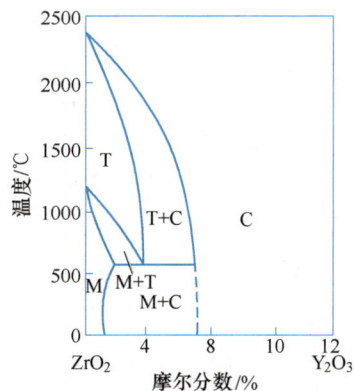

图 7-5 Y$_2$O$_3$-ZrO$_2$ 相图局部区域
M—单斜相；T—四方相；C—立方相

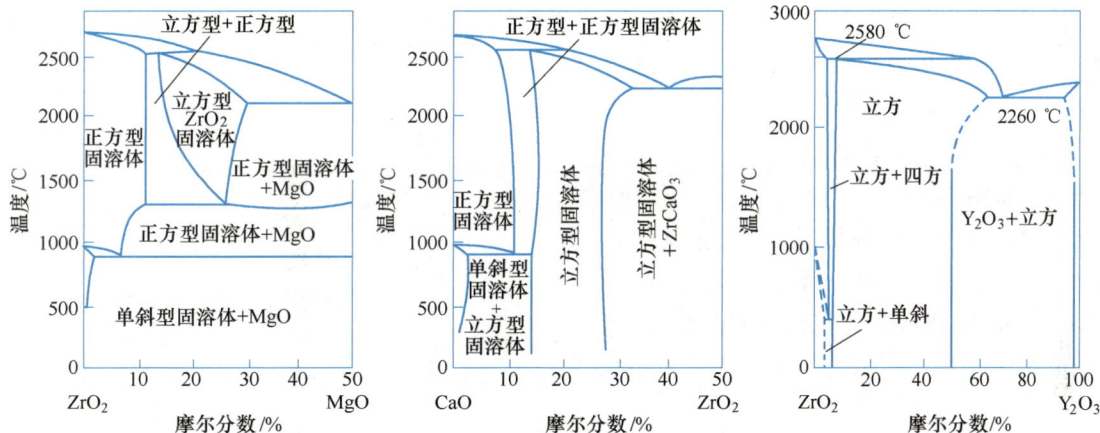

图 7-6 立方 ZrO$_2$ 的固溶范围

正是由于四方氧化锆的稳定存在，与其他陶瓷材料相比，氧化锆制品的韧性大幅提高。经过几十年的发展，目前被普遍接受的有关氧化锆制品的增韧机理主要有三种，分别是应力诱导相变增韧、微裂纹增韧和表面相变残余压应力增韧。

对于应力诱导相变增韧来说，它指的是材料内处于亚稳的四方氧化锆晶粒，在裂纹尖端应力的诱发作用下，发生从 t-ZrO$_2$ 到 m-ZrO$_2$ 的相变，并伴随体积膨胀，这个过程一方面可吸收或消耗裂纹尖端能量，同时在主裂纹作用区产生压应力，有效阻止了裂纹的扩展，提高了材料的韧性。通常，可以通过调控氧化锆的晶粒尺寸、化学组成、晶粒形状及其分布位置，来控制相变增韧的作用。

事实上，在材料冷却至室温过程中，某些四方氧化锆颗粒向单斜相转变，并发生体积膨胀，在相变颗粒的周围，产生许多小于临界尺寸的微裂纹，当大的裂纹扩展遇到这些微裂纹时，将诱发新的相变，由于微裂纹的延伸，可以释放主裂纹的部分应变能，使裂纹发生偏转，增加了主裂纹扩展所需的能量，从而有效地抑制主裂纹的扩展。这就是微裂纹增韧机理。一般可以通过调控氧化锆与基体的晶粒尺寸、弹性模量以及两者的线膨胀系数来获得良好的微裂纹增韧效果。

第三种增韧机理是表面相变残余压应力增韧。由于材料表层发生四方相转变为单斜相，引起体积膨胀，而使表面形成压应力，这种表面压应力有利于阻止来自表面裂纹的扩展，从而起到增韧和增强的作用。可以通过机械研磨、表面喷砂、快速低温处理等途径，来诱导材料表层四方相相变，产生残余压应力。

目前有两种典型的相变增韧氧化锆制品，一种是部分稳定氧化锆制品，简称 PSZ；另一种是四方氧化锆多晶体制品，简称 TZP。通常，它们具有不同的显微结构特征。例如，氧化镁部分稳定氧化锆制品的结构特征是，在立方相基体内均匀分散着细小呈透镜状的亚稳四方氧化锆析出相；而氧化钇稳定四方氧化锆多晶体制品的结构特征是，几乎全部由细小的亚稳四方氧化锆所组成。

氧化锆制品具有优异的强度和断裂韧性、耐磨性能好、优异的抗腐蚀性、线膨胀系数接近金属、适合与金属接合等性能特点。

7.2.3.2 氧化锆原料

不同的氧化锆制品选用不同规格和不同类型的氧化锆原料。工业生产氧化锆制品的原料主要包括电熔氧化锆、高纯氧化锆等。

A 电熔氧化锆

电熔氧化锆，也称脱硅锆，它的生产工艺流程如图 7-7 所示。它是以锆英石为原料，经电弧炉熔融制备而成。在电弧炉高达 2700 ℃ 的高温环境中，锆英石完全分解成为液态的 ZrO_2 和 SiO_2，同时 SiO_2 又被还原剂碳还原分解为气态的 SiO 和 CO_2。在脱硅锆制备过程中，为了降低熔体的黏度便于喷吹成球，提高制品的性能，一般还要添加外加剂。含有氧化铝的脱硅锆用于生产熔铸锆刚玉制品时，有助于提高制品理化性能，特别是提高制品中刚玉-斜锆石共析体的含量，从而增强制品的抗玻璃液侵蚀能力，所以在脱硅锆制备过程中可加入氧化铝。

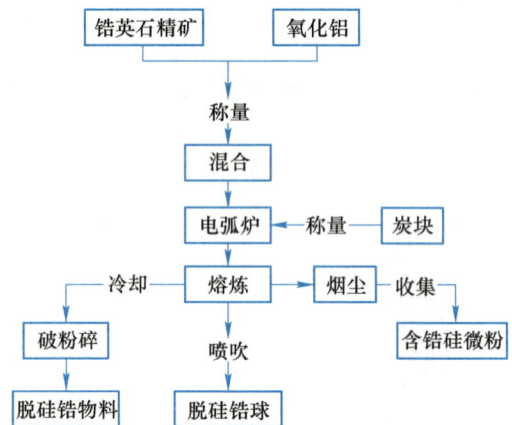

图 7-7 脱硅锆的生产工艺流程

B 高纯氧化锆

高纯氧化锆通常采用化学合成法，特点为纯度高、粒径细。目前工业上主要有两种方法，一种是共沉淀法，另一种是水热法。

对于共沉淀法制备氧化锆粉来说，一般通过锆盐、稳定剂和沉淀剂的相互作用，发生共沉淀，再过滤、洗涤、干燥、煅烧、研磨，最后喷雾干燥得到氧化锆粉。如国内江西泛美亚公司，以氧氯化锆和氯化钇为原料，采用共沉淀法制备了氧化钇稳定的氧化锆粉。这种方法设备工艺简单、成本低廉，但是存在团聚问题，粉体的分散性差，烧结活性低。

相比于共沉淀法，水热法的最大不同在于，采用了反应釜来水热处理锆盐和稳定剂。

如国内山东国瓷公司和日本 Tosoh 公司以氧氯化锆和氯化钇为原料，采用水热法制备了氧化钇稳定的氧化锆粉。这种方法的优点是，制备的氧化锆粉体粒度极细，可达到纳米级，并且粒度分布窄，颗粒团聚程度小，且主要物相为 t-ZrO_2。但是存在设备复杂、昂贵，反应条件苛刻等缺点。

7.2.3.3　氧化锆制品生产工艺要点

氧化锆制品的生产工艺与一般特种耐火材料的生产工艺大同小异。要点如下：

（1）原料稳定化预处理。将 ZrO_2 含量大于 96% 的氧化锆原料加入一定比例的稳定剂，如 CaO、MgO、Y_2O_3 和 CeO_2 等。在球磨机中湿磨到小于 2 μm 的细粉，经干燥、打粉，制成团块在 1700 ℃下煅烧，使之形成稳定型或半稳定型氧化锆。

（2）制粉。将稳定化处理后的氧化锆原料破碎，磨细到小于 5 μm 占 90% 以上，其中小于 2 μm 占 60%~70%。

（3）成型。成型方法有多种，其中应用比较多的有泥浆浇注法。将磨细的氧化锆原料用浓度 10% 的盐酸处理 48 h，然后用蒸馏水清洗到 pH=6~7，再脱水、干燥，配成中性泥浆，在石膏模中浇注成型。也可用 pH=2 的酸性泥浆浇注。

机压成型时，将颗粒料和细粉料按一定比例配合，加入结合剂（磷酸、糊精、羧甲基纤维素等）混练制成泥料，在压砖机上成型，一般压力为 80~100 MPa，或用冷等静压成型，压力为 100~250 MPa。

也可以将粉料与石蜡和油酸搅拌均匀，在热压铸机上成型，并在 110 ℃左右脱去石蜡等有机物。

（4）烧成。干燥后的坯体可在氧化性气氛中烧成，一般烧成温度为 1800~l950 ℃。也可以采用热压法，即将粉料装入石墨模内，在热压机上同时加热加压，一般压力为 20~50 MPa，最终温度为 1400~1600 ℃。

7.2.3.4　主要氧化锆制品

A　氧化锆固体电解质

在固体时呈离子状态存在，且具有很高的离子导电能力的物质，即可作为固体电解质。目前应用的固体电解质有三类：低温型（如 AgI、Ag_3Si、Ag_6I_4 和 WO_4）、中温型（如 β-Al_2O_3 和 Li_xFeS_2）和高温型（如 ZrO_2、CaF_2、AlN、SiO_2-MoO 和 $SrTiO_3$）等数十种。氧化锆陶瓷是一种高温型固体电解质。它是氧离子导体，具有传导氧离子的性质，同时还具有不渗透氧气等气体和铁一类液体金属的良好特性，因此用来制造高温燃料电池、测氧头等。

ZrO_2 是一种离子晶体，它的离解能（或迁移能）很大，所以在室温或低温时表现为很好的电绝缘性。在 ZrO_2 中添加某些阳离子半径与锆离子半径相差在 12% 以内的低价氧化物如 MgO、CaO、Y_2O_3 等，经高温处理以后，低价离子部分地置换了高价的锆离子（Zr^{4+}），为保持系统的电中性，该结构中就形成了氧空位。氧离子的空位以及在氧空位附近的氧离子的迁移能的降低使这种 ZrO_2 具备了传递氧离子的能力。如果在 ZrO_2 两侧涂上电极，在一定温度下，当在其两侧存在不同氧浓度时，在阴极一侧产生下列反应：

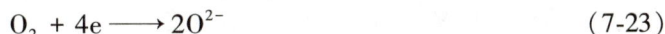

$$O_2 + 4e \longrightarrow 2O^{2-} \tag{7-23}$$

于是激活了 ZrO_2 中的氧离子，与氧空位相邻的氧离子就移位填补到空位上。这样，原来的空位消失了，而新的空位又产生了，新空位附近的氧离子又移来补充，这种空位的迁移称离子空穴传导，实际上是氧离子由阴极一侧到阳极一侧的连续迁移。在阳极产生的反应是：

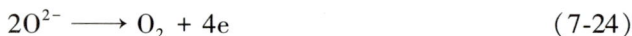

$$2O^{2-} \longrightarrow O_2 + 4e \qquad (7-24)$$

于是在电极上产生电动势 E，在回路中就产生了电流。如果一侧的氧浓度（氧分压）已知，则根据测得的温度和电动势值，按照奈斯特公式就可算出另一侧的未知的氧浓度（氧分压）。这就是浓差电池测氧的原理，如图 7-8 所示。

电池电动势与氧分压间的关系由 Nemst（奈斯特）方程计算：

$$E = \frac{RT}{nF}\ln\frac{p'_{O_2}}{p''_{O_2}} \qquad (7-25)$$

图 7-8　浓差电池测氧原理图

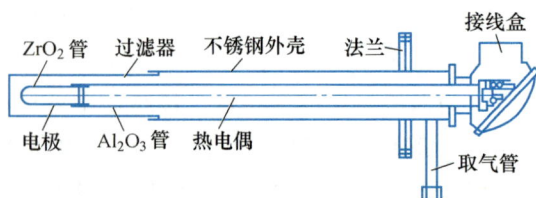

式中　E——浓差电池电动势；

　　　R——气体常数；

　　　F——法拉第常数；

　　　T——绝对温度；

　　　n——电池反应传递的电子数；

p'_{O_2}，p''_{O_2}——电解质两侧的氧分压。

ZrO_2 固体电解质还要求有高的离子迁移率。离子迁移率除与制造工艺过程有关外，还与添加剂种类、数量等有关。因为在与 ZrO_2 形成的固溶体中，所形成的氧空位的数目不同，氧空位附近氧离子激活能的大小也不同，从而使电解质的离子迁移数也不同。因此，为了提高 ZrO_2 固体电解质的离子迁移数，同时充分考虑在制造和使用时的抗热震性，选择适合的、适量的氧化物添加剂很重要。常采用的 $CaO\text{-}ZrO_2$ 与 $Y_2O_3\text{-}ZrO_2$ 系统的材料性能比较见表 7-10。

表 7-10　CaO 和 Y_2O_3 稳定 ZrO_2 材料的性能

项　目	离子迁移率/%	电导性	烧结性	抗热震性（20~900℃）	工作温度/℃	成本
全稳定 $CaO\text{-}ZrO_2$	>98	一般	差	裂	>750	低
部分稳定 $Y_2O_3\text{-}ZrO_2$	>98	好	好	10 次	>550	较高

ZrO_2 固体电解质可用泥浆浇注法、挤压法、模压法、等静压法、等离子喷涂法等不同工艺制成片状、柱状、管状和针状。

ZrO_2 气体测氧头主要由 ZrO_2 固体电解质、电极、过滤式保护套、测温热电偶、外壳和接线盒等组成。组装结构示意图如图 7-9 所示。

ZrO_2 气体测氧头固体电解质呈管状。采用含量大于 99% 的工业 ZrO_2 和含量 99.5% 试剂级 Y_2O_3 按一定比例称量混合，

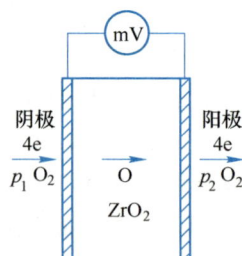

图 7-9　ZrO_2 气体测氧头组装结构示意图

在刚玉质球磨筒中进行干式混合，并在混合料中加入 7%~8% 的结合剂经拌和均匀后，在压机上压成坯体。然后在 1600~1700 ℃ 高温下煅烧成稳定的块状 ZrO_2。将稳定的块状 ZrO_2 先在颚式破碎机中粗碎成小于 3 mm 的粗颗粒，再在振动球磨机或旋转式球磨机中细磨至小于 5 μm 的细粉料。球磨料用盐酸浸泡 48~72 h，除去其中铁质，再用水清洗至 pH 值为 6~7，脱水干燥。干燥料块与水、树胶等在刚玉球磨筒中混合，配制成含水量为 26%~30% 的浇注用泥浆。用石膏模浇注成一头封闭的管子，注件在 60 ℃ 以下干燥。素坯经加工修正后，在 1800 ℃ 进行烧成。烧结管子的尺寸为外径 $\phi10$ mm、壁厚 1 mm、长 100~170 mm。具有密度为 5.80~5.95 g/cm³、气孔率小于 1%、无毛细裂纹、不透气、耐 1000 ℃ 热震等性能。管子的化学成分为 ZrO_2 90%~95%、Y_2O_3 5%~10%、Fe_2O_3<0.2%、Al_2O_3<1%；晶体结构以立方晶体为主，含有少量单斜相。

ZrO_2 气体测氧头可直接插入烟道或从烟道取样来测定烟气中氧的质量分数。测量时的参比气体一般均用空气，因为空气中氧的质量分数为 20.6%，因此计算时的奈斯特公式简化为：

$$E = 49.58 \times 10^{-3} T \lg \frac{20.6}{p_{烟气}} \qquad (7-26)$$

用 ZrO_2 固体电解质组装成的钢液测氧头来测量钢液中溶解氧（氧活度）含量，是20世纪 70 年代发展起来的一项冶金测试新技术，这个测量方法称为浓差电池法。

浓差电池测氧头由两个半电池组成：一个是已知氧分压的参比电极，另一个是待测氧含量的钢液回路电极，两电极之间是 ZrO_2 固体电解质。由于双半电池的氧分压不同，而 ZrO_2 固体电解质又是氧离子的导体，所以在一定温度下导致两电极产生电动势。由于电势和温度与钢液中氧含量存在一定的关系，因此，根据测量的温度和电势值，可由奈斯特公式计算出钢液中的氧含量。电池的构成形式为：

电极引线|参比电极‖固体电解质‖回路电极|电极引线

例如：当用 Cr 和 Cr_2O_3 的平衡分解氧分压作参比电极时，其电池的构成形式及溶解氧量 $a[O]$ 的计算式为：

钼电极引线|Cr + Cr_2O_3‖ZrO_2‖[O] 钢液|钼电极引线
　　　　　(-)　　　　　　　　　　　　　　(+)

$$\lg a[O] = 4.62 - \frac{13580 - 1008E}{T} \qquad (7-27)$$

当用 Mo 和 MoO_2 的平衡分解氧分压作参比电极时，其电池的构成形式及溶解氧量 $a[O]$ 的计算式为：

钼电极引线|Mo + MoO_2‖ZrO_2‖[O] 钢液|钼电极引线
　　　　　(+)　　　　　　　　　　　　　　(-)

$$\lg a[O] = 3.88 - \frac{7725 + 1008E}{T} \qquad (7-28)$$

由于钢液测氧头是直接插入钢液，根据电池瞬时反应所产生的浓差电势为测量结果，因此对 ZrO_2 固体电解质有很高的要求：（1）要具有优良的抗热震性能，在 20~1600 ℃ 的热震条件下，至少循环两次不开裂。（2）要具有很高的离子电导率。离子电导率的高低一般用离子迁移率来衡量，其数值应大于 96%，最好是 100%。（3）应无毛细缺陷，不泄漏，物理渗透量极低以至为零。（4）应不与其他物质发生反应，也不与之接触的所有元素产生热电效应，否则会造成化学电势和热电势的偏差而导致测量失败。

B 氧化锆发热元件

目前已知的 1800 ℃ 以上的高温发热元件，如石墨、金属钼丝或钼棒、金属钨丝或钨棒等，均需要在还原性气氛、惰性气氛或真空环境保护下才能使用，这样就限制了元件的使用范围，同时又可能给被加热物体带来一定程度的污染。其他如氢氧火焰炉或感应电炉等高温炉，则由于结构系统庞大、热效率低、不易严格控制温度，以及对人体健康有一定的影响等缺点，所以使用也不完全令人满意。氧化锆陶瓷材料具有高的熔点、在氧化性气氛中的稳定性好，以及在一定温度范围内可由绝缘体转变为导电体的特点，因此，用氧化锆制成的发热元件，不需要保护气氛就可直接在空气中间歇或连续使用。在 1800 ℃ 以上（最高温度可达 2400 ℃）可连续使用 1000 h 以上；在 2000 ℃ 到室温之间间歇使用可达数百次，所以是一种优良的高温发热元件。

氧化锆在空气中加热到 1000 ℃ 左右时，离子电导已占其全部电导的 95% 以上，因此，此时的电导形式为离子电导。影响氧化锆电导能力的主要因素有：稳定剂的种类及其加入量、氧化锆晶粒尺寸的大小、气孔率高低以及所处的温度环境等。例如，$91\%ZrO_2+9\%$ Y_2O_3 的固溶体中，氧离子的空位占体积的 4.1%，在 $88\%ZrO_2+12\%CaO$ 的固溶体中，氧离子空位占体积的 6%，虽然前者的空位浓度比后者低，但前者的电导性却比后者高 1.8 倍。又如，在温度为 1000 ℃ 下，用 12%CaO 稳定的 ZrO_2 的电导率为 5.5×10^{-2} S/cm，而用 15%CaO 稳定的 ZrO_2，其电导率为 2.4×10^{-2} S/cm。为什么稳定剂多、氧离子空位浓度高，电导率却反而低呢？这是由于允许氧离子迁移的通道因阳离子之间自由半径的减小而受到堵塞之故。在 1500~2000 ℃ 的温度范围内，用各种稳定剂稳定的 ZrO_2 发热元件的电阻变化值在 4~19 Ω 之间。

ZrO_2 发热元件可制成棒状或管状，两端用铂金或铬酸钙镧系材料作电极引体。

ZrO_2 电炉由 ZrO_2 发热元件、辅助加热装置、保温材料、炉壳、支座等部分组装而成，如图 7-10 所示。

组装时，先将 ZrO_2 发热元件与铬酸钙镧引线体和固紧件密配组合好，并在组合空隙处用 ZrO_2 细粉和铬酸钙镧细粉调制的泥浆料填充密实，置于炉体中心；然后在其外围套一支 MgO 管子，作为发热元件的保护管；再用 SiC 棒或 $MoSi_2$ 棒发热体均匀分布于 MgO 管周围，作为 ZrO_2 发热元件的辅助加热装置，因为 ZrO_2 发热元件的温度达到 1100 ℃ 左右时才能明显导电。

辅助加热元件的发热带长度应略大于 ZrO_2 发热元件的发热带长度，以利于 ZrO_2 发热元件的导通。在辅助加热元件的外围再套一支 MgO 保护管。内外两支 MgO 保护

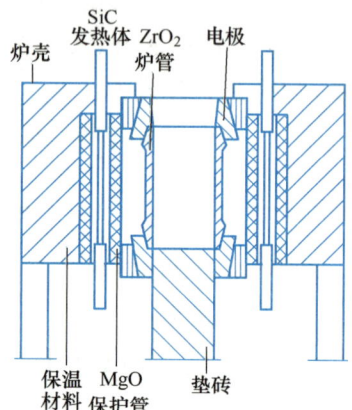

图 7-10 ZrO_2 电炉组装示意图

管，除了保护主、辅发热元件的安全和使装卸方便外，还具有对系统起到隔热保温作用。炉体的最外层为炉壳。在 MgO 管与炉壳之间充填耐火隔热绝缘材料，这些材料可选用泡沫氧化锆、泡沫氧化铝、陶瓷空心球以及高档级耐火纤维等。

当使用 ZrO_2 电炉时，先使辅助加热元件通电，逐步加热 ZrO_2 发热体到 1000 ℃ 左右，

然后给 ZrO_2 发热元件通电。开始时只产生微小电流，随着温度的持续上升，ZrO_2 元件的电流不断增加，同时电阻显著降低。当在一定电压下，主回路的电流迅速上升时就可以逐步降低辅助加热元件的功率，直至切断电源。同时，通过调节 ZrO_2 发热元件的电流值，使炉内温度按升温制度上升。

7.2.3.5　氧化锆制品应用

作为特种耐火材料，氧化锆制品的应用非常广泛，主要用途有：

（1）利用其耐高温、高强度、高抗蚀等性能，用作炼钢系统中钢包和中间包控制钢水流动的氧化锆滑板、小方坯连铸用氧化锆定径水口以及贵金属及合金冶炼用耐火坩埚等。

（2）利用其高的热反射率、化学稳定性好、与基材的结合力和抗热震性能均优于其他材料等特性，用作航空航天、潜艇发动机的热障涂层材料。

（3）利用稳定的氧化锆在高温下产生的氧离子导电特性，用作氧化锆氧传感器，用来测量熔融钢水及加热炉所排放气体的氧含量。

（4）利用稳定氧化锆会产生氧缺位形成离子电导且在高温下具有一定电导率，可用于制造高温阶段的发热元件；这种氧化锆发热元件可在空气中使用，最高温度可达约 2400 ℃。但是氧化锆发热元件在低温时电阻较大，需要使用其他加热元件预热到 1000 ℃ 以上。

（5）利用其高强度、高韧性、耐磨损、耐侵蚀等性能，用作研磨介质、陶瓷轴承、球阀、柱塞、零部件等。

（6）氧化锆制品还可以用作光纤连接器用的插芯和套筒，不但可达到高精度要求，而且使用寿命长，插入损耗和回波损耗非常低。

（7）利用其良好的生物相容性和稳定的物化性质，可以用作生物陶瓷，如口腔齿科材料和髋关节植入材料。

（8）利用氧化锆是室温抗弯强度和断裂韧性最优的陶瓷材料，同时也是质感强且颜色丰富的美学陶瓷，广泛用作穿戴产品，如手表、项链等。

（9）利用氧化锆具有高的介电常数和快速反应的指纹解锁功能，目前广泛用作智能手机的指纹识别片。随着 5G 时代的发展，由于氧化锆具备美感、防摔、耐磨等特性，同时对手机信号不产生屏蔽作用，适用于无线充电及 5G 时代，因此配备有氧化锆陶瓷外壳的手机不断发展。

7.3　非氧化物制品

7.3.1　非氧化物制品概述

非氧化物制品包括两大类：一类是由碳、氮、硼等非金属元素与过渡金属元素之间形成的间隙结构的固溶体；另一类是碳、氮、硼、硅、铝等元素之间形成的共价化合物。一些难熔化合物的性能见表 7-11。

非氧化物制品包括高熔点的碳化物、氮化物、硼化物、硅化物等。对于碳化物来说，工业上应用最多的是 SiC、B_4C、WC、TiC 和 HfC；氮化物中比较成熟和重要的是 Si_3N_4、BN、AlN、TiN 和 $SiAlON$（赛隆）；硼化物主要用作高温结构材料，应用最广泛的是 ZrB_2、TiB_2 和 HfB_2；而硅化物中具有工业生产意义的是 $MoSi_2$ 和 $ZrSi_2$。

表 7-11   某些难熔化合物的性能

化合物	晶型	熔点 /℃	相对密度	导热系数 (20 ℃)/W·(m·K)$^{-1}$	线膨胀系数 (20~1000 ℃) /℃$^{-1}$	电阻率 /Ω·cm	显微硬度 /kg·mm^{-2}	弹性模量 /GPa	耐压强度 /MPa
HfC	立方	3887	11.0	6.28	5.6×10^{-6}	45×10^{-6}	2910	35.9	—
TiC	立方	3160	4.9	24.28	7.7×10^{-6}	52×10^{-6}	3000	46.0	1380
TaC	立方	3877	14.3	22.19	8.3×10^{-6}	42×10^{-6}	1600	29.1	—
ZrC	立方	3530	6.9	20.52	6.7×10^{-6}	50×10^{-6}	2930	35.5	1670
VC	立方	2810	5.3	24.70	4.2×10^{-6}	65×10^{-6}	2090	43.0	620
NbC	立方	3480	7.5	14.24	6.5×10^{-6}	51×10^{-6}	1960	34.5	—
Cr$_3$C$_2$	斜方	1895	6.6	19.26	11.7×10^{-6}	75×10^{-6}	1350	38.8	—
Mo$_2$C	—	2410	9.2	6.7	7.8×10^{-6}	71×10^{-6}	1500	54.0	—
WC	立方	2720	15.5	29.31	3.8×10^{-6}	19×10^{-6}	1780	81.0	560
SiC (α)	六方	2600	3.21	8.37	$(5\sim7) \times 10^{-6}$	50×10^{-6}	3340	14.5	2250
B$_4$C	六方	2450	2.52	121.42	4.5×10^{-6}	0.44×10^{-6}	3340	14.5	2250
HfN	立方	2980	13.84	—	6.9×10^{-6}	33×10^{-6}	1640	—	—
TiN	立方	3205	5.2	19.26	9.4×10^{-6}	25×10^{-6}	1990	25.6	1290
TaN	—	3090	13.8	385.19	3.6×10^{-6}	128×10^{-6}	1060	—	—
ZrN	立方	2980	6.97	20.52	7.2×10^{-6}	21×10^{-6}	1520	—	1000
VN	立方	2360	6.04	11.72	8.1×10^{-6}	85×10^{-6}	1520	—	—
NbN	立方	2300	8.4	3.77	10.1×10^{-6}	78×10^{-6}	1400	—	—
Cr$_2$C	立方	1500	6.1	21.77	9.4×10^{-6}	76×10^{-6}	1570	—	—
Mo$_2$N	—	分解	8.0	18.00	4.5×10^{-6}	—	630	—	—
WN	—	分解	12.1	—	—	—	—	—	—
BN	六方	3000	2.27	25.12	0.72×10^{-6}	1022×10^{-6}		3.5~8.5	200~300
Si$_3$N$_4$	六方	分解	3.18	16.75	2.5×10^{-6}	1020×10^{-6}	3300	2.9~4.7	200~700
HfB$_2$	六方	3250	10.5		5.7×10^{-6}	9×10^{-6}	2900	—	—
TiB$_2$	六方	2980	4.45	24.28	8.1×10^{-6}	14×10^{-6}	3370	54	1350
TaB$_2$	六方	3100	11.7	10.89	5.1×10^{-6}	37×10^{-6}	2500	26	—
ZrB$_2$	六方	3040	5.8	24.28	6.9×10^{-6}	16×10^{-6}	2250	35	1580
VB$_2$	—	2400	4.6	—	7.5×10^{-6}	19×10^{-6}	2800	27	—
NbB$_2$	斜方	3000	6.0	16.75	7.9×10^{-6}	34×10^{-6}	2600	—	—
CrB$_2$	六方	2200	5.6	22.19	11×10^{-6}	84×10^{-6}	2100	21	1270
TaSi$_2$	—	2200	8.83	—	—	46×10^{-6}	1400	—	—
CrSi$_2$	—	1500	4.4	6.28	—	9×10^{-6}	1130	—	—
MoSi$_2$	—	2030	6.3	29.31	5.1×10^{-6}	21×10^{-6}	1200	43	1140

　　碳化物是一组熔点很高的材料，很多碳化物的熔点（或升华）都在 3000 ℃ 以上。碳化物的抗氧化性较差，一般在红热温度即开始氧化，不过多数的抗氧化能力比高熔点的金属强，比石墨和碳略好一些。大多数碳化物都有良好的导电及导热性。很多碳化物具有很高的硬度，如 B_4C 的硬度仅次于金刚石。

　　氮化物的熔点仅次于碳化物，一些化合物熔点在 2500 ℃ 以上，属脆性材料，抗氧化性能不佳。金属氮化物的电阻与碳化物属同一数量级，但氮化硼例外，它是典型的绝缘体。大多数氮化物不溶于碱、硝酸和硫酸。氮化物具有同金属及氧化物等熔体润湿性差的特点，与这些熔体接触时相当稳定。

　　硼化物的熔点在 2000~3000 ℃；硼化物有较高的强度、良好的导电和导热性，硬且耐磨。它的抗氧化性尚好，因为在高温下借助其氧化时生成一层含氧化硼的玻璃态物质来阻碍进一步氧化。但在 1250 ℃ 时，由于这层氧化膜变成多孔或是以 B_2O_3 形态挥发掉而失去了抗氧化能力。几乎所有的硼化物都具有金属的外观特征和一些类似金属的性质，如具有金属光泽、碰击时有金属声、有高的电导性和正的电阻温度系数，甚至有些金属硼化物的导电性比相应的金属还好。硼化物具有较低的线膨胀系数，加上好的热传导，因此，也有比较好的抗热震性。

　　硅化物的熔点一般都比较高，有相当一部分难熔金属硅化物的熔点都在 2000 ℃ 以上，如 Ta_5Si_3 的熔点为 2505 ℃，W_5Si_3 的熔点为 2370 ℃，能够满足高温结构材料使用温度要求（1600 ℃ 左右）。金属硅化物往往具有较低的电阻率，其值一般都低于 100 $\mu\Omega \cdot cm$，如 $TiSi_2$ 为 13.16 $\mu\Omega \cdot cm$，VSi_2 为 50~55 $\mu\Omega \cdot cm$，$ZrSi_2$ 为 35~40 $\mu\Omega \cdot cm$。硅化物一般都具有较好的化学稳定性，在碱和无机酸（除氢氟酸）的溶液中一般不溶解。一些金属硅化物还具有超导性，如 $ThSi_2$ 是一种超导体，其超导临界转变温度 T_c 为 2.41K。硅化物以其优异的高温抗氧化性和较好的导电性、传热性，在电热元件、高温结构材料等方面得到了广泛的应用。如硅化钼（$MoSi_2$），在空气中 1700 ℃ 下可连续使用数千小时。

　　总之，难熔化合物比高熔点氧化物有更高的熔点，但在高温下的抗氧化能力比高熔点氧化物差得多，因此，一般均需在非氧化性的气氛保护下使用。难熔化合物的原料来源大多是由人工合成的，而不像高熔点氧化物的原料那样可以从矿物中经过处理来制取。

7.3.2 碳化硅制品

7.3.2.1 碳化硅性质

　　碳化硅（SiC）主要有两种晶型，即立方晶系的 β-SiC 和六方晶系的 α-SiC。β-SiC 为低温型，合成温度低于 2100 ℃，它属于面心立方（fcc）闪锌矿结构。α-SiC 为高温稳定型，它有许多变体，其中最主要的是 4H、6H、15R 等。尽管 SiC 存在很多种多型体，且晶格常数各不相同，但其密度均很接近。β-SiC 的密度为 3.215 g/cm^3，各种 α-SiC 的变体的密度基本相同，为 3.217 g/cm^3。β-SiC 在 2100 ℃ 以下是稳定的，高于 2100 ℃ 时 β-SiC 开始转变为 α-SiC，但转变速度很慢，2300~2400 ℃ 时转变迅速。β→α 转变是单向、不可逆的。在 2000 ℃ 以下合成的 SiC 主要为 β 型，在 2200 ℃ 以上合成的主要为 α-SiC，而且以 6H 为主。15R 变体在热力学上是不稳定的，是低温下发生 3C→6H 转化时生成的中间相，高温下不存在。

碳化硅是一种硬质材料，莫氏硬度达 9.2。在低温下，碳化硅的化学性质比较稳定，耐腐蚀性能优良，在煮沸的盐酸、硫酸及氢氟酸中也不受侵蚀。但在高温下可与某些金属、盐类、气体发生反应，反应情况见表 7-12。碳化硅在还原性气氛中直至 1600 ℃ 仍然稳定，在高温氧化气氛中则会发生氧化作用：

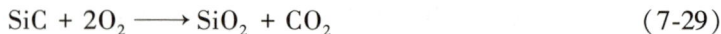

$$SiC + 2O_2 \longrightarrow SiO_2 + CO_2 \tag{7-29}$$

在温度 800~1140 ℃ 的范围内，它的抗氧化能力反而不如在 1300~1500 ℃ 时，这是因为在 800~1140 ℃ 范围内，氧化生成的氧化膜（SiO_2）结构较疏松，起不到充分保护底材的作用。而在 1140 ℃ 以上，尤其在 1300~1500 ℃ 之间，氧化生成的氧化层薄膜覆盖在碳化硅基体的表面，阻碍了氧对碳化硅的进一步接触，所以抗氧化能力反而加强，称为自保护作用。但到更高温度时，其氧化保护层被破坏，使碳化硅遭受强烈氧化而分解破坏。

表 7-12　SiC 与某些物质的反应情况

反应物质	反应条件	反应情况	反应物质	反应条件	反应情况
H_2、N_2、CO	<1300 ℃	无反应	NaOH	<500 ℃	不侵蚀
空气	<1300 ℃	稍氧化		>900 ℃	腐蚀
	1300~1600 ℃	形成氧化保护层	KOH	熔融	被分解
	1750 ℃	迅速氧化分解	K_2CO_3	熔融	被分解
水蒸气	低温加热	反应	Cr_2O_3	1370 ℃	形成金属硅化物
S	1300 ℃	激烈反应	MgO	1000 ℃	侵蚀
HCl	煮沸	无反应	CaO	1000 ℃	侵蚀
H_2SO_4			Cl_2	600 ℃	表面侵蚀
HNO_3				1300 ℃	完全被分解

7.3.2.2　碳化硅原料

经典的碳化硅工业制造方法是 1891 年由美国人艾契逊（Acheson）发明的。碳化硅是以天然硅石、碳、木屑、工业盐为原料，在电阻炉中加热反应合成。其中加入木屑是为了使块状混合物在高温下形成多孔结构，便于反应中产生的大量气体及挥发物从中排出，避免发生爆炸，因为合成 1 t 碳化硅，将会生产约 1.4 t 的一氧化碳（CO）。工业盐（NaCl）的作用是便于除去料中存在的氧化铝、氧化铁等杂质。

碳化硅的合成是在一种特殊的电阻炉中进行的，这个炉子实际上就只是一根石墨电阻发热体，它是用石墨颗粒或碳粒堆积成柱状而成的。这根发热体放在中间，上述原料按硅石 52%~54%、焦炭 35%、木屑 11%、工业盐 1.5%~4% 的比例均匀混合，紧密地充填在石墨发热体的四周。当通电加热后，混合物就进行化学反应，生成碳化硅，其反应式为：

$$SiO_2 + 3C \longrightarrow SiC + 2CO \uparrow \tag{7-30}$$

式（7-30）是一个强吸热的碳热还原反应，反应的开始温度约在 1400 ℃，产物为低温型的 β-SiC，其结晶非常细小，它可以稳定到 2100 ℃，此后慢慢向高温型的 α-SiC 转化。α-SiC 可以稳定到 2400 ℃ 而不发生显著的分解，至 2600 ℃ 以上时升华分解，挥发出硅蒸气，残留下石墨，所以一般选择反应的最终温度为 1900~2200 ℃。反应合成的产物为块状结晶聚合体，需粉碎成不同粒度的颗粒或粉料，同时除去其中的杂质。

二氧化硅的低温碳热还原法也被用来合成碳化硅。该方法由美国通用电气公司提出并于 1960 年申请专利，其工艺是将二氧化硅细粉与碳粉混合后，在 1500~1800 ℃ 温度下产生碳热还原反应获得非常细和纯的 β-SiC 粉末。此方法的反应类似于 Acheson 法，其差别在于合成温度较低，产生的晶体结构是 β 型，但还存在残留的未反应的碳和二氧化硅，所以需要有效的脱硅脱碳系统。

还可以采用硅-碳直接反应法，该方法最早于 1893 年由 Schutzon Bergen 提出，是利用金属硅粉与碳粉直接反应，在 1000~1400 ℃ 生成高纯度 β-SiC 粉。该反应为放热反应，因此一旦反应引发可自发进行，即 SiC 通过燃烧合成获得。其典型工艺是非常细的硅粉、炭黑和黏结剂混合，压制成型，在石墨炉内通过感应加热至 1200 ℃，一旦燃烧反应开始将以 0.1 cm/s 速率扩散到整个坯体，坯体内部温度可达 2250 ℃。该法可获得颗粒大小比较均匀（0.2~0.5 μm）的 β-SiC 粉末。

有时为了获取高纯度的碳化硅，可以用气相沉积的方法，即用四氯化硅与苯和氢的混合蒸气，通过炽热的石墨棒时发生气相反应，生成的碳化硅就沉积在石墨表面。其反应式为：

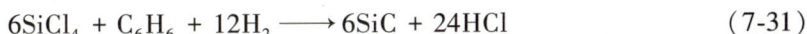

$$6SiCl_4 + C_6H_6 + 12H_2 \longrightarrow 6SiC + 24HCl \tag{7-31}$$

此外，还有自蔓延高温合成法，即利用金属镁作为引燃剂，产生的热量诱导硅源和碳源自发反应不断进行，最终获得碳化硅粉体。也有采用聚合物热分解法，如以聚碳硅烷为原料，在高温下分解转变形成碳化硅，但是这种方法的产率较低，仅为 40% 左右。

7.3.2.3 碳化硅制品生产方法

为最大限度地利用碳化硅本身的特性及获得纯碳化硅的特种耐火制品，研制了自结合（或称反应烧结法）SiC 制品。自结合碳化硅包含两类，一类是 β-SiC 自结合碳化硅，另一类是重结晶碳化硅。

β-SiC 自结合碳化硅是以低温型的 β-SiC 结合高温型的 α-SiC，又称反应烧结碳化硅。其生产方法是在 SiC 中加入单质硅粉和碳（石墨、炭黑、石油焦或煤粉等）。在 1450 ℃ 的温度下埋碳烧成，使硅粉和碳反应生成低温型 β-SiC，将原碳化硅颗粒结合起来。另一种方法是由碳与单质硅直接反应生成 SiC 制品，即用碳或碳与 SiC 成型后，埋 Si 或渗 Si 烧成。两种方法都可制得 β-SiC 自结合碳化硅，其特点是利用 SiC 自身优点，制成性能良好的 SiC 制品。反应烧结碳化硅制品一般含有 8%~15% 游离硅及少量游离碳，因游离硅的存在，使其使用温度限制于 1400 ℃ 以下。反应烧结碳化硅制品的强度为一般碳化硅制品的 7~10 倍，且抗氧化能力较高。

重结晶 SiC 制品是利用泥浆浇注法制成高密度的坯体后，在隔绝空气、高温（>2100 ℃）状态下产生蒸发-凝聚（重结晶）作用形成自结合的碳化硅制品。重结晶 SiC 制品中 SiC 含量达 99% 以上，晶界干净，不含玻璃相，含有 20%~30% 的残余气孔率（图 7-11），具有优异的抗热震性。

为了获得高密度碳化硅制品，可以用热压法制造，即将坯料置于耐高温的模具中，再将模具放入带有加压装置的高温炉中，在高温与压力同时作用下烧结。采用热压烧结，可以缩短制造时间，降低烧结温度，改善制品的显微结构，增加制品的致密度，提高材料的性能。选择适当的温度、压力和坯料粒度等热压工艺条件，可达到优良的热压效果。热压工艺常用高强度石墨作为模具。

基于热压工艺发展的烧结技术是放电等离子烧结（spark plasma sintering，SPS）。SPS

系统如图 7-12 所示。放电等离子烧结是利用脉冲电流来加热的，等离子体是物质在高温或特定激发下的一种物质状态，是除固态、液态和气态以外，物质的第四种状态。等离子体是电离气体，具有高温导电特性，它是由大量正负带电粒子和中性粒子组成的，并表现出集体行为的一种准中性气体。SPS 烧结原理是利用开-关式直流脉冲电流的通电烧结法。开-关式直流脉冲电流的主要作用是产生放电等离子体、放电冲击压力、焦耳热和电场扩散作用。在 SPS 加热中，电极通入直流脉冲电流时

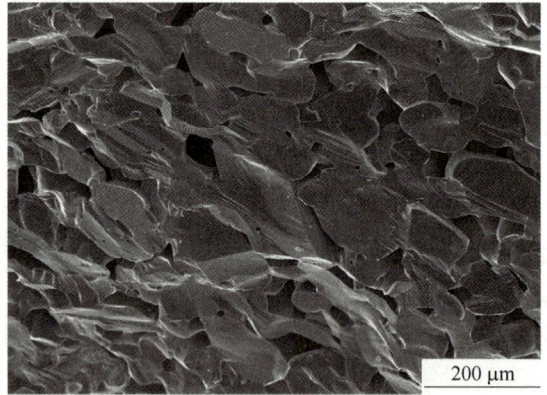

图 7-11　重结晶 SiC 制品显微形貌

瞬间产生的放电等离子体，使烧结体内部各个颗粒均匀地自身产生焦耳热并使颗粒表面活化。

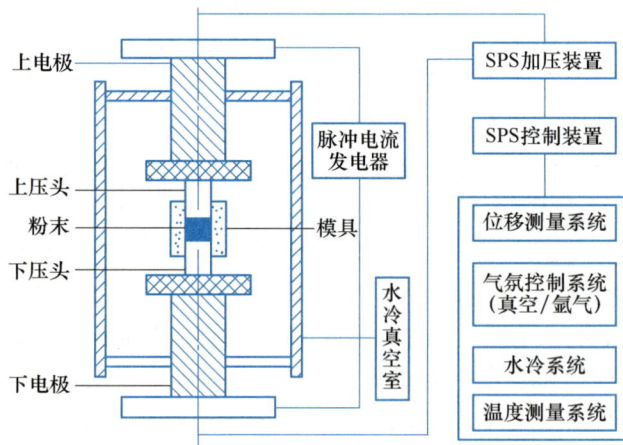

图 7-12　放电等离子烧结原理图

　　热压法的最大缺点是制品形状受到限制，且制造效率低，所以此法不如反应烧结法应用得广泛，但是热压制品的性能更好。

　　此外，热等静压烧结法也被用来制造碳化硅制品；振荡压力烧结、超快高温烧结等新型烧结技术也不断发展。工业生产中用得较多的反应烧结、常压烧结和重结晶烧结三种碳化硅制品制备方法均有其独特的优势，且所制备的碳化硅的显微结构和性能及应用领域也有不同。反应烧结的烧结温度低，生产成本低，制备的产品收缩率极小，致密化程度高，适合大尺寸复杂形状结构件的制备，反应烧结碳化硅多用于高温窑具、喷火嘴、热交换器、光学反射镜等方面。常压烧结的优势在于生产成本低，对产品的形状尺寸没有限制，制备的产品致密度高，显微结构均匀，材料综合性能优异，所以更适合制备精密结构件，如各类机械泵中的密封件、滑动轴承及防弹装甲、半导体晶圆夹具等。重结晶碳化硅拥有纯净的晶相，不含杂质，且有较高的孔隙率、优异的导热性和抗热震性，是高温窑具、热

交换器或燃烧喷嘴的理想候选材料。

除了纯碳化硅制品外，还有复合碳化硅制品，如黏土结合制品、氧化物结合制品、氮化硅结合制品、氧氮化硅结合制品、SiAlON 结合制品等。添加物的不同直接影响碳化硅制品的抗氧化能力。一般来说，Si_3N_4 结合 SiC 制品的抗氧化性优于黏土结合及氧化物结合的制品，但仍有氧化的可能性。SiAlON 结合及氧氮化硅结合碳化硅制品，比 Si_3N_4 结合的 SiC 制品具有更好的抗氧化性能及其他高温性能。

其中，SiAlON（赛隆）是 Al、O 固溶到 Si_3N_4 中而形成的固溶体的通称，分为 β-SiAlON、α-SiAlON、O′-SiAlON 和 SiAlON 多形体四种类型。赛隆相不同，熔点和分解温度也不相同，其中最稳定的是 β-SiAlON。β-SiAlON 是由 β-Si_3N_4 中的 Si、N 被 Al、O 所取代而形成的，因此它们具有非常相似的结构和性质，凡是 Si_3N_4 具备的优点，β-SiAlON 都具备。β-SiAlON 的线膨胀系数低于 β-Si_3N_4，导热系数比 β-Si_3N_4 低得多，热震稳定性和抗氧化性能优于 β-Si_3N_4。α-SiAlON 材料最大特点是硬度高，比 β-SiAlON 材料的洛氏硬度（HRA）要高 1~2 度；并且抗热震性较好，具有良好的抗氧化性和高温性能；但由于晶粒接近等轴状，强度要比 β-SiAlON 材料低。O′-SiAlON 是 Si_2N_2O 与 Al_2O_3 固溶体。由于结构上的特点及含有较多的氧，所以 O′-SiAlON 材料线膨胀系数低，抗氧化性良好；在三种 SiAlON 材料中，O′-SiAlON 材料的抗氧化性最佳。

7.3.2.4　碳化硅发热体

碳化硅发热体是一种常用的加热元件。由于它具有安装方便、使用寿命长、使用范围广等优点，广泛使用于试验与工业用电炉中。碳化硅发热体通常制成直棒形，中间部分直径细，为发热部分，称热端，两头直径粗，称冷端。SiC 发热体也可制成管形或 U 字形。普通碳化硅发热体的使用温度为 1400 ℃，采用高温均热烧结、表面喷涂陶瓷、添加特殊物质以及冷端在熔融硅中浸渍处理等技术而特制的碳化硅发热体的使用温度可提高到 1600~1650 ℃，在氩气氛中甚至可高达 1800 ℃。碳化硅的电阻率为 50 Ω·cm（20 ℃）、27 Ω·cm（300 ℃）、2 Ω·cm（1000 ℃）。

优质碳化硅发热体的热端部分是自结合烧结的碳化硅，冷端部分系同样结构，但在其中包含有足够量的硅，以增加其导电性。也有在发热带部分的碳化硅中加二硅化钼（$MoSi_2$），由此制成的发热体的长期使用温度可提高到 1700 ℃。

为保证硅碳棒的使用寿命，在使用时应充分注意硅碳棒的特性以及合理的使用方法。硅碳棒在空气中使用时会发生氧化反应，使用温度一般限制在 1600 ℃ 以下，普通型硅碳棒的安全使用温度为 1350 ℃。硅碳棒发热体在各种气氛中的使用温度列于表 7-13。

表 7-13　优质硅碳棒在各种气氛中的使用温度

气氛	空气	H_2	N_2	CO	Ar	真空
使用温度/℃	1600	1400	1400	1600	1800	1200

硅碳棒发热体的电阻随温度而变化，当温度在 500~700 ℃ 以下时，电阻随温度升高而下降，具有负的电阻温度系数。因此，在初期升温加热时，应控制电压，以免电流超载。随着温度进一步提高，由于晶格点阵中质点热振动加剧，阻碍了电子的迁移而使电阻值随温度升高而增加。另外由于空气的氧化作用，随使用时间的延长，氧化产物二氧化硅成分增加，使硅碳棒本身电阻增加。当电阻值为初始电阻的 3~4 倍时，便出现炉内升温速度

减慢，温度分布不均匀情况、已达硅碳棒的寿命限度，应换新棒。

硅碳棒发热体在氧化性气氛中使用时，在其表面生成的二氧化硅逐渐增加，随 SiO_2 膜的生成，氧化作用有所减弱。但在反复加热和冷却过程中，所形成的二氧化硅薄膜会被破坏，从而使新的表面暴露在空气中，发生进一步氧化会降低使用寿命。因此，连续使用的硅碳棒的使用寿命比间歇使用的长。

7.3.2.5　碳化硅制品应用

碳化硅制品具有很多优良性能，包括高温强度高，从室温直至 1400 ℃，其强度无明显下降；硬度高，摩擦系数较低，耐磨性好；导热系数高，线膨胀系数低，抗热震性好；化学稳定性好，耐腐蚀性能优异；低密度，高弹性模量；抗蠕变性能好。碳化硅制品的抗氧化能力较好，但高温下易造成体积胀大、变形等问题，从而降低其使用寿命。

作为特种耐火材料，碳化硅制品的应用广泛，主要包括：

（1）利用其硬度高、耐磨性好等性能，用作大型游轮螺旋推进系统中的 SiC 系列滑动轴承、SiC 防弹背心/装甲、机械泵用密封环等。

（2）利用其耐高温、抗氧化、抗侵蚀和高温强度高，用作高温喷嘴与燃烧器。

（3）利用其高导热系数、优良的耐化学腐蚀性和高硬度，在冶金化工领域用作换热器管。

（4）碳化硅制品也能像模块化钢结构一样进行组合，通过精确成型、烧结与精密加工，建立全陶瓷组合结构，满足高温腐蚀苛刻环境下的使用。

（5）利用其比刚度高和热稳定优，用作空间对地观测用反射镜。

（6）碳化硅制品在钢铁冶炼中用于高炉、化铁炉等冲刷、腐蚀严重部位，在有色金属（锌、铝、铜）冶炼中用于冶炼炉炉衬、熔融金属的输送管道、过滤器、坩埚等。

（7）在空间技术上可用于火箭发动机尾喷管、高温燃气透平叶片。

（8）在陶瓷与电子工业中大量用于各种窑炉的棚板和匣钵。

（9）在化学工业中用于石油气化器、脱硫炉炉衬等。

7.3.3　氮化硅制品

7.3.3.1　氮化硅性质

氮化硅是一种共价健化合物，常压下有两种晶型，$\alpha\text{-}Si_3N_4$（颗粒状晶体）和 $\beta\text{-}Si_3N_4$（长柱状或针状，图 7-13a），均属六方晶系，都是由 $[SiN_4]$ 四面体共用顶角构成三维空间网络。$\alpha\text{-}Si_3N_4$ 的晶格常数为：$a = 0.77491 \sim 0.77572$ nm，$c = 0.56164 \sim 0.56221$ nm，c/a 相对恒定。$\beta\text{-}Si_3N_4$ 的晶格常数为：$a = 0.7608$ nm，$c = 0.2911$ nm，$c/a = 0.383$。通常 $\alpha\text{-}Si_3N_4$ 在 1400 ℃ 以上可以转变成 $\beta\text{-}Si_3N_4$，再冷却时这种转变是不可逆的，因此 $\beta\text{-}Si_3N_4$ 是稳定相，而 $\alpha\text{-}Si_3N_4$ 是一种亚稳相。β 相是由几乎完全对称的六个 $[SiN_4]$ 组成的六方环层在 c 轴方向重叠而成，如图 7-13b 所示，而 α 相是由两层不同且有变形的非六方环层重叠而成。α 相结构对称性低，内部应变比 β 相大，故自由能比 β 相高。α 相的密度为 $3.1884 g/cm^3$，β 相的密度为 $3.187 g/cm^3$。α 相的平均线膨胀系数为 $3.0 \times 10^{-6} ℃^{-1}$，$\beta$ 相则为 $3.6 \times 10^{-6} ℃^{-1}$；$\alpha$ 相的显微硬度为 $10 \sim 16$ GPa，而 β 相则为 $24.5 \sim 32.6$ GPa。

由于 $\alpha\text{-}Si_3N_4$ 在高温下转变成 $\beta\text{-}Si_3N_4$，因而人们曾认为 α 和 β 相分别为低温和高温两

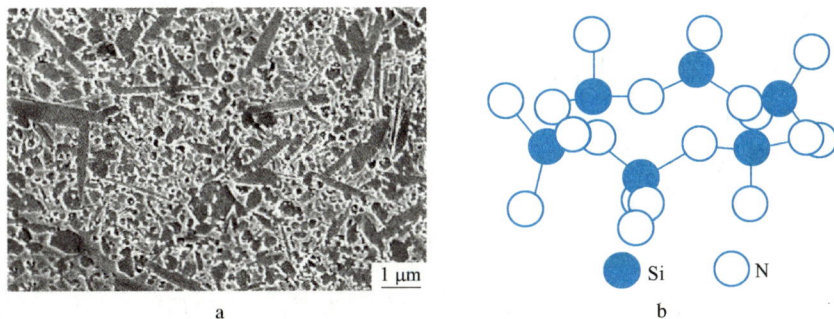

图 7-13　β-Si₃N₄显微形貌及晶体结构

a—显微形貌；b—晶体结构

种晶型。但随着研究的不断深入，很多现象不能用高低温型的说法来解释。最明显的例子是在低于相变温度下得到的反应烧结 Si_3N_4 中，α 和 β 相可同时出现，反应终了 β 相质量分数为 10%～40%。又如在 $SiCl_4-NH_3-H_2$ 系统中加入少量 $TiCl_4$，1350～1450 ℃可直接制备出 β-Si_3N_4。若该系统在 1150 ℃生成沉淀，然后于 Ar 气中 1400 ℃热处理 6 h，则得到的仅是 α-Si_3N_4。看来该系统中的 β-Si_3N_4不是由 α 相转变过来的，而是直接生成的。

α-Si_3N_4和 β-Si_3N_4的晶格常数 a 相差不大，而 α 相的晶格常数 c 约为 β 相的 2 倍。这两个相的密度几乎相等，所以在相变过程中不会引起体积的变化，它们的平均线膨胀系数较低，β 相的硬度比 α 相高得多，同时 β 相呈长柱状晶粒，有利于材料力学性能的提高，因此要求材料中的 β 相含量尽可能高。

7.3.3.2　氮化硅原料

氮化硅粉可通过氮和硅两种元素的直接反应（即硅粉直接氮化法）或在氮气氛中使二氧化硅还原氮化反应（即碳热还原法）或在氨气氛中热解硅的卤化物（即化学气相沉积法）等方法来合成，生成 Si_3N_4的反应为：

（1）硅的氮化反应如下：

$$3Si(s) + 2N_2(g) \xrightarrow{298.15 \sim 1685.0 \text{ K}} Si_3N_4(s) \tag{7-32}$$

$$\Delta G^{\ominus} = -722.836 + 0.315T$$

$$3Si(l) + 2N_2(g) \xrightarrow{1685.0 \sim 2628.0 \text{ K}} Si_3N_4(s) \tag{7-33}$$

$$\Delta G^{\ominus} = -874.456 + 0.405T$$

（2）一氧化硅的氮化过程如下。一氧化硅的生成可通过如下反应实现：

$2Si+O_2 \rightarrow 2SiO$，当 $T<1685$ K 时，$\Delta G^{\ominus} = 142.208-0165T$；当 $T>1685$K 时，$\Delta G^{\ominus} = -332.63-0.0902T$。

$Si+H_2O \rightarrow SiO+H_2$，当 $T<1685$ K 时，$\Delta G^{\ominus} = 142.208-0.137T$；当 $T>1685$ K 时，$\Delta G^{\ominus} = 855.66-0.103T$。

$$3SiO + 2N_2 \longrightarrow Si_3N_4 + \frac{3}{2}O_2 \tag{7-34}$$

$$\Delta G^{\ominus} = -414.429 + 0.558T$$

$$K = p_{O_2}^{\frac{1}{2}} / (p_{SiO}^3 p_{N_2}^2)$$

当 $t = 1665$ ℃时，设气氛中 $p_{SiO} = 1.01 \times 10^{-3}$ kPa、$p_{N_2} = 101$ kPa，那么必须 $p_{O_2} < 1.01 \times 10^{-19}$ kPa、$p_{H_2O} < 1.01 \times 10^{-8}$ kPa，反应式（7-34）才能向右进行；但气氛中 H_2（体积分数）为 10%时，p_{O_2} 可降至 1.01×10^{-6} kPa、$p_{H_2O} \leqslant 1.01 \times 10^{-4}$ kPa，反应即可进行。

其他生成 Si_3N_4 的反应还有：

$$SiCl_4 + NH_3 \xrightarrow{1400\ ℃} Si_3N_4 + HCl \tag{7-35}$$

$$3SiO_2 + 6C + 2N_2 \xrightarrow{1300 \sim 1650\ ℃} Si_3N_4 + 6CO \tag{7-36}$$

此外，氮化硅粉还可以通过硅亚胺热分解法来合成，它是以四氯化硅和液氨为原料，在反应釜中发生反应，目前日本 UBE 公司采用此方法制备氮化硅粉，合成的粉体 α-Si_3N_4 含量高、氧含量较低。

7.3.3.3　氮化硅制品生产方法

氮化硅制品的制备可采用多种工艺方法，如反应烧结法、热压法、无压烧结法、反应结合重烧结法、气压烧结法、热等静压法、振荡压力烧结法等。反应烧结法适用于大量生产形状复杂的制品，但密度和强度都较低。热压法可制得高致密度、高强度的制品，但形状受到限制。

A　反应烧结法

反应烧结法是将硅粉以适当方式成型后，在氮化炉中通氮气加热进行氮化，氮化反应与烧结同时进行，氮化后产品为α相和β相的混合物。反应烧结氮化硅制品外观尺寸基本不变。产品密度取决于成型素坯的密度，提高素坯密度将有利于获得较高密度的产品。但随着素坯密度的继续提高，氮向坯体内部的扩散变得困难，不利于完全氮化，因此 Si 粉压制后相对密度常控制在 50%~70%。氮化后产品含有 15%~17%的气孔，坯体尺寸变化很小。但由于密度不高，产品强度不大。尽管如此，由于这种烧成工艺可方便地制造形状很复杂的产品，不需要昂贵的机械加工，尺寸精度容易控制，所以目前反应烧结 Si_3N_4 在工业上获得了广泛应用。反应烧结的另一个优点是不需要添加烧结助剂，因此材料的高温强度没有明显下降。

图 7-14 为反应烧结氮化硅的工艺流程图，先将硅粉用一般陶瓷材料的成型方法制备所需形状的素坯，在较低温度下进行初步氮化，使之获得一定强度，然后在机床上将其加工到最后的制品尺寸，再进行正式氮化烧成直到坯体中硅粉完全氮化为止，冷却后取出即得所需要的氮化硅部件。一般情况下，陶瓷部件不需要再进行机械加工。

（1）原料。常用小于 0.074 mm 的化学纯或工业纯的硅粉作原料，有时为了不同工艺要求，可以准备不同粒度的粉料。硅粉可用一级结晶硅块经破碎球磨制得，球磨时用乙醇作介质湿磨较好。

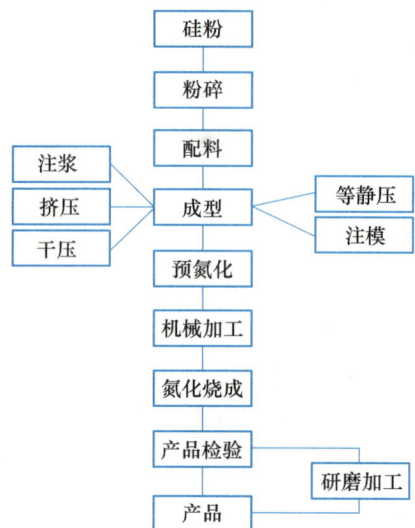

图 7-14　反应烧结法工艺流程

（2）成型。可以用各种传统的成型方法，如浇注法、模压法、热压注法、等静压法等将硅粉成型成素坯。由于在反应烧结过程中坯体的尺寸几乎不变，因此，制品的最终密度与素坯密度有很大关系，欲使制品达到预期的密度，则在成型时应设法使素坯密度达到一定值。

（3）预氮化。预氮化的目的是使已定型的坯体具有一定的机械加工的强度，以便于加工定型，因为烧结后的氮化硅非常坚硬，加工困难。氮化是在氮化炉中进行的，炉膛应具有足够的气密性，以保证抽真空和使用时的安全。硅和氮在970~1000 ℃开始反应，并随着温度的升高反应速度加快。虽然在高温时氮化速率比低温快，但如果温度很快上升超过硅的熔点时，则坯体会由于硅熔融而坍塌。所以，为了使坯体充分氮化又不致使硅熔融，必须采取在远低于硅熔点的温度下预先氮化。预氮化是把成型好的坯体置于用氮化硅做的坩埚中或垫板上，送入氮化炉，在95%氮气和5%氢气的混合气氛中，于1180~1210 ℃氮化1~1.5 h，使坯体进行初步的氮化反应，氮化程度约为9%。

（4）机械加工。预氮化后的坯体虽有一定的强度，但不太高，而且又脆，因此在加工时最好用硬质合金刀具，进刀和车速都不宜太快，夹头也不能太紧。另外还需注意坯体不可与水接触。制品的最终形状和尺寸多在预氮化后加工完成。

（5）最终氮化烧成。最终氮化烧成是把经过机械加工至所需制品尺寸的坯体（烧成没有体积变化）置于氮化炉中进一步氮化烧结成制品。掌握好氮化的温度、气氛、时间等氮化制度，对制品最终烧结好坏是极其重要的。

1）氮化温度可采用低于硅熔点（1413 ℃）和高于硅熔点的分阶段保温氮化方法。如在1250 ℃、1350 ℃、1450 ℃几个阶段保温。氮化反应首先在硅粉颗粒表面开始，氮向颗粒内部扩散而逐步完成。因此，在1250 ℃氮化时，先在硅颗粒表面生成相互紊乱交织的须发状 α-Si$_3$N$_4$单晶晶粒，并逐渐形成交织的网状，填满坯体中颗粒之间的间隙而支撑未反应的硅颗粒，从而使整个坯体具有一定的强度。待温度继续升高，进一步的氮化可能有两种情况：一是温度升高至硅熔点以上的1450 ℃，此时硅熔化成液体，氮气通过多孔性的氮化硅网络结构与熔融的硅发生气-固-液三相反应。由于在1450 ℃下的反应速率很快，故生成的氮化硅不像低温时那样形成由须状单晶组成的网络，而是一种硬度和密度都比较高的氮化硅颗粒。即形成一种在较为柔软的网络状氮化硅基底上分散着许多孤岛状的坚硬致密的氮化硅颗粒。不过在直接升温至硅熔点以上之前，坯体中应有30%~40%的原始硅已经氮化，否则最后形成的结构就不牢固，由于熔融硅的流动导致坯体变形坍塌。另一种情况是始终在低于硅熔点的温度下（如1350~1400 ℃）长时间氮化，只通过氮气-固相硅颗粒反应，使原来形成的网络结构的氮化硅继续发展壮大，逐渐致密，最后形成一种坚硬的氮化硅骨架。

2）氮化气氛可用纯氮气、氨气或用氢气和氮气的混合气体。比较好的是用氢氮混合气体，其比例为95%氮气和5%氢气。气体的流量视反应炉炉膛的容积及制品的尺寸大小而定。气体在通入反应炉之前要进行严格的脱水和脱氧处理，因为水和氧会与硅反应形成二氧化硅，从而影响坯体的氮化。处理时将气体通过各种干燥剂、分子筛及含铜屑的500 ℃脱氧炉。

3）氮化时间。氮化初期的反应速率很快，如在1250 ℃氮化4 h和在1350 ℃氮化8 h后，坯体的氮化程度可达到51%。但如果继续在1350 ℃氮化8 h，则氮化程度只增加

10%。如果在高于硅熔点的 1450 ℃氮化，则只需 2 h 就可达到完全氮化。不过由于高于熔点，往往会出现坯体流硅观象。要做到在较短时间内完成氮化并保证质量，通常要求在硅熔化温度以下的氮化时间多于熔点以上的氮化时间。对于尺寸较厚的坯体，则在熔点以下的氮化时间更长些，以免在温度超过硅熔点以上时坯体中的部分硅熔融渗出，阻止氮气向坯内扩散。

除了温度、时间、气氛等因素外，硅粉的纯度、硅粉的粒度、素坯密度、坯体大小等也是影响反应烧结的重要因素，这些都应当加以考虑。

反应烧结工艺的特点是适宜制造形状复杂的制品，其缺点是制造周期长。由于氮化反应中体积膨胀，阻止氮气向坯体内部扩散，因而大尺寸厚壁坯体内部较难达到充分氮化。制品的体积密度较低，最高达 2.8 g/cm^3，仅为理论值（3.18 g/cm^3）的 80%~90%。其机械强度和高温蠕变性能不太理想。可在硅粉中加入一部分氮化硅、氧化铝、碳化硅、碳、氧化钇、氧化铝-氧化钛、氧化铝-氧化镁-氧化硅等物质，而不单纯用硅粉反应烧结。这样不仅可缩短氮化时间，而且制品的性能也得到提高。表 7-14 为添加 Al_2O_3 与 Si_3N_4 经等静压硅坯体的氮化结果。从该表可见，加入这些添加剂后，游离硅的含量大大降低。

表 7-14 加入添加物的反应烧结 Si_3N_4

配料比例/%				氮化时间/h			氮化结果			
Si 0.074 mm (−200 目)	Si 0.038 mm (−400 目)	Si_3N_4	Al_2O_3	1250 ℃	1350 ℃	1450 ℃	游离 Si /%	密度 /g·cm^{-3}	气孔率 /%	抗折强度 /MPa
40	60	—	—	4	32	24	2.51	2.53	14.2	192
40	55	5	—	4	20	12	0.92	2.61	11.7	215
40	45	15	—	4	20	12	0.86	2.57	13.5	186
40	30	30	—	4	20	12	0.71	2.45	18.7	175
40	55	—	5	4	20	12	0.79	2.51	16.1	—
40	45	—	15	4	20	12	0.24	2.57	14.5	203
40	30	—	30	4	20	12	0.25	2.62	14.3	199

B 热压法

采用热压法可制造出具有接近理论密度的高强度制品。热压用的氮化硅粉通常是用硅粉氮化反应合成的。氮化硅粉在热压时，必须引入添加剂，以提高密度和制品性能。常用的添加物有氧化镁（MgO）和镁的化合物、氧化钇（Y_2O_3）等。这些添加剂有的起着矿化剂的作用，有的起着助熔剂的作用。添加剂的加入量一般在 5%左右。添加剂在热压前加入氮化硅物料中，必须充分混合，通常用酒精作介质在球磨筒中湿混。热压用的模具是用石墨做的，使用前在模腔壁上涂一层氮化硼粉，以防污染制品并容易脱模。氮化硅混合料装在石墨模中，在感应加热或辐射加热的热压炉中热压烧结。热压烧结的温度范围在1750~1850 ℃，热压压力在 25~50 MPa。表 7-15 列出了几种添加物对热压氮化硅制品性能的影响。

表 7-15 不同添加物对热压烧结氮化硅制品性能的影响

添加剂	加入量/%	热压温度/℃	热压压力/MPa	体积密度/g·cm⁻³	抗折强度/MPa	
					20 ℃	1300 ℃
MgO	5	1650	28	3.13	700	210
CaPO₄	5	1650	28	—	700	300
AlPO₄	5	1650	28	—	560	350
Zn	5	1740	28	3.20	455	—
Y₂O₃	2	1700	45	3.20	—	—

C 无压烧结法

无压烧结氮化硅是以高纯、超细、高 α 相的氮化硅粉与少量添加物经混合、干燥、过筛、成型和烧成等过程制备而成。工艺过程与传统陶瓷类似，不同的是它的烧结在氮气氛中进行，炉内充以 101 kPa 的 N_2。该工艺能获得形状复杂、性能优良的氮化硅制品。其缺点是烧成收缩较大，为 16%~26%，易使制品开裂、变形，增加冷加工成本。常压烧结氮化硅的过程主要包括三个阶段：颗粒重排阶段、溶解扩散-析出阶段以及封闭气孔排除阶段。

在无压烧结氮化硅中，通常采用亚微米级超细粉，烧结驱动力大；α-Si_3N_4 含量最好要大于 95%，以便在烧结过程中有足够的 α 相转变成长柱状的 β-Si_3N_4；氧含量要尽可能低，一般要求小于 2%；同时采用两种或两种以上的复合烧结助剂，可改善液相黏度，提高高温性能；还需要采用合适的埋粉，通常为 Si_3N_4、BN 和 MgO 的混合粉，能够有效地抑制 Si_3N_4 在高温下的分解；此外，烧结制度，包括烧结温度和保温时间，也需要精确地控制。

D 反应结合重烧结法

反应结合重烧结氮化硅是将反应结合氮化硅工艺和无压烧结氮化硅工艺的优点结合起来，既可减少烧结收缩，便于形状复杂部件的近净形烧结，又可获得高的强度和力学性能。反应结合重烧结氮化硅工艺主要分两个阶段，先反应烧结，后重烧结，受液相控制的是重烧结过程。

反应烧结阶段：在硅粉中加入助烧剂如 MgO、Y_2O_3、Al_2O_3 等，一般加入量约 10%。成型后坯体经预氮化加工成所需形状的素坯，再按通常的反应结合工艺使素坯氮化烧结，这一阶段烧结助剂不起作用，烧结部件密度为理论密度值的 72%~88%。

重烧结阶段：将含有助烧剂的反应烧结坯件在氮气中进行高温重烧结，重烧结温度在 1700~1950 ℃ 之间。也需要采用埋粉方法，埋粉以 Si_3N_4 粉为主体（占 70%~90%），加 BN 粉 10% 左右，另可掺入 MgO、SiO_2 粉等，所用埋粉与坯件的质量比要达（3~4）：1。高温下，埋粉产生的 SiO 气氛对抑制坯件失重是有利的。为了抑制 Si_3N_4 的高温分解，在重烧结过程中必须有较高的氮气压力，压力范围为 0.1~8 MPa，在设备条件允许条件下一般采用高于常压的压力更有利于密度提高。重烧结阶段坯件的线收缩为 5%~7%，远小于常压烧结 20% 左右的线收缩，因此容易控制坯件尺寸的精度。反应结合重烧结工艺可以获得达到理论密度98%以上的致密的氮化硅烧结体，其抗弯强度可达 500~700 MPa。

7.3.3.4 氮化硅制品应用

氮化硅制品兼有多方面的优良性能：(1) 反应烧结的氮化硅，其线膨胀系数很低，为 $2.53 \times 10^{-6}/℃$，导热系数为 18.42 W/(m·K)，因此它具有优良的抗热震性，仅次于石英微晶玻璃，在 1200~20 ℃ 循环上千次也不破坏。(2) 氮化硅的显微硬度值为 3300 kg/mm²，仅次于金刚石、立方氮化硼、碳化硼等少数几种超硬物质。它的摩擦系数小且有自润滑性，似加油的金属表面，因此它具有优良的耐磨性，成为出色的耐磨材料。(3) 氮化硅具有较高的机械强度，热压制品的抗折强度为 500~700 MPa，高者可达 1000~1200 MPa。反应烧结制品的强度约为 200 MPa，高者可达 300~400 MPa。在 1200~1350 ℃ 的高温下，其强度值与室温下的相差无几。氮化硅的高温蠕变小，例如，反应烧结的氮化硅，在 1200 ℃ 荷重 24 MPa 的条件下，1000 h 后形变为 0.5%。(4) 氮化硅具有优良的化学性能，能耐除氢氟酸以外的所有无机酸和某些碱液的腐蚀。在还原性气氛中最高可使用到 1870 ℃。对金属尤其对非铁金属不润湿。(5) 氮化硅具有很好的电绝缘性，它的室温电阻率为 1.1×10^{14} Ω·cm，900 ℃ 时为 5.7×10^{6} Ω·cm，它的介电常数为 8.3，介质损耗为 0.001~0.1。

氮化硅材料是一种非常有前途的材料，在冶金、航空、化工、半导体等领域中应用日益广泛。

(1) 在钢铁冶金中，可作为铸造容器、输送液态金属的管道、阀门、泵、热电偶测温套管以及冶炼用的坩埚、舟皿。

(2) 在铝合金铸造工艺中，氮化硅是不可替代的关键材料，包括升液管、加热管、热电偶保护管，这种材料对铸件质量、工艺的改进和效率方面作出了显著贡献。

(3) 在机械工业中，用作涡轮叶片、汽车发动机叶片和翼面、高温轴承、金属切削刀具、挤压模等。其中 Si_3N_4 轴承与轴承钢对比具有如下特点：1) 密度低，只有轴承钢的 40% 左右，用作滚动体时，轴承旋转时受转动体作用产生的离心力减轻，有利于高速旋转；2) 线膨胀系数小，为轴承钢的 25%，可减小对温度变化的敏感性，使轴承工作速率范围更宽；3) 较高的弹性模量（为轴承钢的 1.5 倍）和高的抗压强度，有利于滚动轴承承受应力提高；4) 耐高温耐腐蚀及优良化学稳定性，适合于在高速、高温、耐腐蚀等特殊环境下工作；5) 具有自润滑性，即使接触部油膜破裂也很难发生轴承黏着，故对于防止轴承的烧损可起到有利作用；6) 长寿命、低温升，提高轴承寿命。Si_3N_4 陶瓷轴承已在电镀设备、高速机床、医疗装置、化工设备、低温工程、风力发电等精密传动系统获得越来越多的应用。

(4) 在化工工业中，用作各种化工泵的机械密封件以及在腐蚀性介质中工作的阀门。化工泵在工作过程中，旋转轴与泵壳间作相对转动的机械密封件端面受腐蚀和磨损容易造成泄漏，若采用反应烧结 Si_3N_4 陶瓷作为密封件，比传统的材料（如铸铁、不锈钢、锡青铜、石墨、聚四氟乙烯）寿命大大提高。在输送腐蚀性液体的全封闭磁力泵中，用 Si_3N_4 陶瓷作直接接触液体的心轴和止推环不会因腐蚀而不润滑，实现长期工作。此外，Si_3N_4 陶瓷可用作球阀、泵体、油压无隔膜柱塞泵的柱塞、其他密封件、喷嘴、过滤器、蒸发皿等。

（5）在半导体工业中，用于制作电路基板、耐高温和温度剧变的电绝缘体以及区域熔融和晶体生长的坩埚舟皿；并在电视机制造中用作彩波管。与目前电动汽车及轨道交通电力电子控制用的氮化铝或氧化铝基板相比，氮化硅基板的强度和断裂韧性明显提高，其使用寿命大幅提高；同时使用氮化硅基板也令整个电子控制模块的寿命大大提升。

（6）在航天航空中，氮化硅用作火箭喷嘴和导弹尾喷管的衬垫以及其他部位的高温结构部件。Si_3N_4陶瓷因密度较小、透波性能好、介电性能变化小，并且抗热震性和抗雨蚀性好，因此是新一代雷达天线罩的理想材料。

7.4 金属陶瓷

7.4.1 金属陶瓷概述

金属陶瓷是由金属与陶瓷所组成的非均质复合材料，其中陶瓷相占 15%~85%。通过一定的工艺方法将它们结合起来制成金属陶瓷，则可兼有两者的优点。金属陶瓷比较准确的定义是：由陶瓷相和黏结金属相所组成的非均质复合材料，两相彼此不发生化学反应或仅限于表面发生轻微的化学反应和扩散渗透。金属陶瓷比较理想的显微结构是：金属相形成一种连续的薄膜，将分散且均匀分布的陶瓷颗粒包裹。在这种结构中，脆性陶瓷相所承受的机械应力与热应力可通过成连续相的金属来分散；而金属则由于成薄膜状包裹在均匀分布的陶瓷颗粒表面而获得了强化，从而使整体材料的高温强度、抗冲击韧性、抗热震性能都得到改进。为使通过烧结工艺能制取合乎理想显微结构的金属陶瓷，希望匹配的金属相和陶瓷相必须满足以下三个条件：

（1）金属和陶瓷润湿，使液态金属能在固体界面上充分展开，紧紧地依附在一起。液态金属对固态陶瓷的润湿程度可用图 7-15 所示的润湿角 θ 的大小来表示。当润湿角 $\theta>90°$时，液相不润湿固相；当 $\theta=180°$时，则完全不润湿；当 $\theta<90°$时，则可以部分润湿；θ 越小，润湿就越好；当 $\theta=0°$时，则达到完全润湿，对金属陶瓷来说，这是最理想的情况。

（2）金属相与陶瓷相之间无剧烈的化学反应。金属与陶瓷相之间在烧成温度下有一定限度的溶解或轻微的化学反应则有利于金属陶瓷的烧结。但如果发生剧烈的化学反应，金属变成金属化合物，结果使坯体变成几种化合物的集聚体，而不再有单独的金属相存在，也就不成为金属陶瓷。

（3）金属相与陶瓷相的线膨胀系数应尽可能接近。对于单一材料来说，线膨胀系数越小，其抗热震性能就越好。但对于金属陶瓷来说，除考虑整体材料的线膨胀系数之外，还应考虑组成物质之间线膨胀系数的差别，这种差别越小越好，否则会在急冷急热过程中产生巨大的热应力而导致材料产生裂纹或断裂。即使在一般温差情况下也会产生相当大的内应力，从而在承受机械振动时产生新裂纹的可能性增大。

制造金属陶瓷可用粉末烧结法、孔隙陶瓷浸渍法、热压法等工艺，如图 7-16 所示。

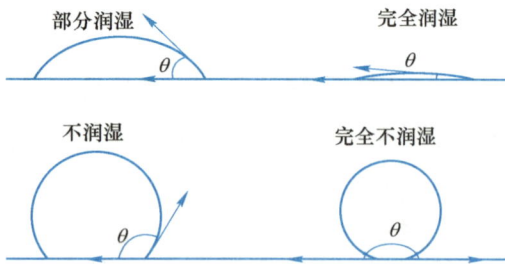

图 7-15　液态金属与陶瓷的湿润情况

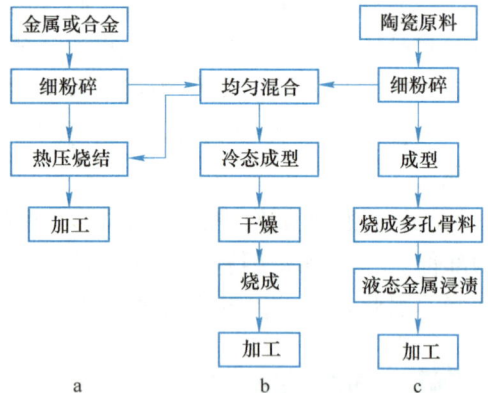

图 7-16　金属陶瓷制造工艺流程简图
a—热压法；b—粉末烧结法；c—浸渍法

金属陶瓷的烧结机理有自己的特点。因为坯体的烧成一般是在高于金属相熔点但低于陶瓷相熔点的温度下进行的，因此在烧成过程中有液相出现。根据存在的液相与固相之间有无化学反应而把金属陶瓷的烧结分为两种类型。

（1）固相和液相之间不发生反应的烧结。这种烧结是指在烧结时固相在液相中的溶解度小到可以忽略不计的程度。根据坯体中液相数量的多少又有三种情况：

1）液相数量很少，但能与固相完全润湿（$\theta=0°$）。液相形成薄膜包裹在固相颗粒表面，在表面张力的作用下，将相互邻近的固体颗粒拉紧，但尚不能使坯体中存在的孔隙成为完全闭口的气孔。同时由于液相量少，颗粒没有滑移可能性，不能重排，故最后制品的显微结构中的相分布主要取决于润湿性能。

2）液相数量增加到一定程度，此时坯体中存在的孔隙大部分被液相填满。在坯体中出现孤立的闭口气孔，其大小与颗粒之间的孔隙尺寸相同。在这些气孔内部，在液相表面张力作用下，产生一个指向气孔中心的负压力，使坯体中的固体颗粒被金属熔液包裹后能互相滑移，作某种程度的重排，使坯体发生进一步收缩，因此坯体比第一种情况较为致密。

3）当液相数量多到可能填满所有固体颗粒之间的孔隙时，在上述闭口气孔内部产生的压力作用下，颗粒得以流动进行重排。同时液相中也发生物质迁移现象，最后将气孔填满，使坯体达到高度致密。

（2）固相和液相之间会发生某种程度反应的烧结。这种情况下固相陶瓷在液相金属中有某种程度的溶解。这一系统的烧结具有如下特征：固相颗粒的尺寸在烧结过程中会均匀地增大。而且不一定要有足够量的液相存在就可以使坯体烧结到很高的致密度。这是因为极细的颗粒在液相中溶解而从坯体中消失。在粗颗粒附近的液相金属则由于是过饱和而将溶解的陶瓷又重新沉淀出来，即所谓的溶解-沉淀过程，使粗颗粒变大，结果细颗粒完全消失，粗颗粒变得更大，使坯体致密化。

金属陶瓷制品随着科技进步不断向前发展。其中，WC-Co 基金属陶瓷是研究最早的金属陶瓷，由于具有很高的强度、韧性和硬度，广泛应用于切削加工、凿岩开采等领域。但是由于 W 和 Co 资源短缺，促使了无钨金属陶瓷的研发。第二次世界大战期间，德国首先以 Ni 结合 TiC 制备出碳化钛基金属陶瓷；到了 20 世纪 60 年代，为了改善 TiC 与 Ni 之间的润湿性，美国福特公司将 Mo 引入到金属陶瓷中；70 年代开始，奥地利学者将 TiN 引入到金属陶瓷中，形成了 Ti(C,N) 基金属陶瓷；到了 80 年代，硼化物基金属陶瓷开始被广泛研究；进入 90 年代后，硬质相和金属相黏结均向多元相方向发展。

金属陶瓷根据其中主要非金属相的种类，可以分为五种类型：氧化物基金属陶瓷（如氧化铝、氧化镁、氧化锆、氧化铍等）、硼化物基金属陶瓷（如硼化锆、硼化钛、硼化铬等）、碳化物基金属陶瓷（如碳化钨、碳化钛、碳化铬等）、碳氮化物基金属陶瓷（如碳氮化钛）、含有石墨或金刚石状碳的金属陶瓷。金属黏结相的原料由各种元素组成，如钴、镍、铁、铬、钼、钨等，可以单独或者组合使用。

7.4.2 氧化物基金属陶瓷制品

7.4.2.1 氧化铝-铬金属陶瓷

氧化铝陶瓷相与液态铬金属相之间的润湿性并不好。但金属铬粉在加工处理过程中，在其表面极易生成一薄层致密的氧化铬，这层氧化铬即使在十分干燥的纯氢气中加热到一定高温也不易还原成金属铬。因此，制造氧化铝-铬金属陶瓷时，往往可以通过在氧化铝与铬的界面上生成一层氧化铬与氧化铝的固溶体，降低它们之间的界面能来改进润湿性，使金属相与陶瓷相之间产生良好的结合。为了使金属铬粉能部分氧化，从而保证氧化铝与铬之间具有良好结合，在工艺上常采用如下措施：（1）在烧成过程中于烧成气氛中加入微量的水汽或氧气；（2）在配料中，用一部分氢氧化铝代替氧化铝，以便在高温下分解产生的水汽使铬部分氧化；（3）在配料中用一小部分氧化铬代替金属铬。

另外，氧化铝与铬两相在高温下的线膨胀系数差别较大，在制品的冷却过程中会产生较大的内应力，降低材料的抗拉强度。如果在金属铬中添加适量金属钼，因为铬-钼合金在相当宽的组成范围内具有和氧化铝十分接近的线膨胀系数，这样氧化铝-铬钼金属陶瓷具比氧化铝-铬金属陶瓷具有更好的机械强度。不过，由于钼的抗氧化性很差，故氧化铝-铬金属陶瓷的高温抗氧化性能要差一些。表 7-16 为氧化铝-铬系金属陶瓷的化学组成和部分物理性能。

表 7-16 Al_2O_3-Cr 系金属陶瓷的组成和物理性能

项 目		$70Al_2O_3 \cdot 30Cr$	$28Al_2O_3 \cdot 72Cr$	$34Al_2O_3 \cdot 52.8Cr \cdot 13.2Mo$
烧结温度/℃		1700	1700	1730
显气孔率/%		<0.5	0	0~0.3
体积密度/$g \cdot cm^{-3}$		4.65	5.92	5.82
线膨胀系数 (25~1315 ℃)/℃$^{-1}$		9.45×10^{-6}	10.35×10^{-6}	10.47×10^{-6}
导热系数/$W \cdot (m \cdot K)^{-1}$		9.21	—	—
弹性模量/MPa		3.7×10^5	3.3×10^5	3.2×10^5
抗折强度/MPa	20 ℃	385	560	610
	1300 ℃	170	245	273
抗张强度/MPa	20 ℃	245	273	371
	1300 ℃	130	154	189

氧化铝-铬系金属陶瓷性质特点如下：

（1）与刚玉材料比较，氧化铝-铬系金属陶瓷的机械强度比较高，随组分中铬含量增加，抗折强度和抗张强度增加，加有钼者效果更明显。但高温持久强度，金属含量高的低于氧化铝含量高的。

（2）抗热震性比刚玉的好，尤其是采用铬钼合金的情况下。

（3）冲击强度很低，这是一个弱点。此外，其抗高温蠕变性能往往随组分中金属含量的增加而变差。其抗氧比性能尚好，尤其是金属含量低的组成，在高达 1500 ℃ 的温度下仍有较好的抗氧化性。这是因为铬氧化后在表面生成一层致密的氧化铬，对铬的进一步氧化起到保护作用。但随金属含量增加，尤其是钼的含量，使抗氧化能力减弱。

7.4.2.2 氧化铝-铁金属陶瓷

把工业氧化铝在 1450 ℃ 煅烧至使 α-Al_2O_3 的质量分数达 99% 以上。将它放在钢球磨机中以酒精作介质、钢球作研磨体、加入少量添加剂如氟化镁和油酸作为润滑剂，进行湿法细磨。物料球磨 90~100 h 后，料中的铁含量可达 15%~20%，粉料粒径小于 2.86 μm 的占 95% 以上。用这种方法制备的金属陶瓷坯料有两个优点：（1）掺进陶瓷相氧化铝中的金属相铁粉的粒度非常细；（2）金属铁粉能均匀地分布在氧化铝基质料中。

球磨混合中的酒精用蒸发冷凝管回收。固体物料在轮碾机中碾碎，过 0.147 mm 筛。如果在回收酒精时油酸流失过多，则可在碾碎时适当补充一些。成型用硬质合金模具，在油压机上压制，压力约 100 MPa。加压时速度不宜过快，否则坯料中的气体不能及时排出而产生层裂。在这样的压力下，素坯密度可达 2.70 g/cm^3，气孔率为 21% 左右。在氧化铝-铁系金属陶瓷中，由于铁易氧化，所以要求在还原性气氛下烧成，一般在氢气氛的钼丝炉中烧成较合适。最终烧成温度低于 1700 ℃，保温 1.5 h，总烧成时间约 20 h，在 1400 ℃ 以下的升温速度要慢。由此制得的金属陶瓷的物理指标为：体积密度 3.29 g/cm^3，气孔率 0.295%，吸水率 0.09%，烧成收缩 19%。

7.4.2.3 氧化镁-钼金属陶瓷

氧化镁-钼金属陶瓷具有耐高温、耐钢水冲刷、耐磨损及良好的抗热震性，目前已成为钢水连续测温用热电偶保护套管。其使用寿命比硼化锆（ZrB_2）、硼化锆-钼（ZrB_2-Mo）、氧化锆-钼（ZrO_2-Mo）材质的套管有显著的提高。

主要原料有：高纯氧化镁、金属钼和镁铬尖晶石。氧化镁采用电熔氧化镁或经 1600~1800 ℃ 高温煅烧的高纯氧化镁，其纯度大于 99%，粒度要求小于 0.076 mm。金属钼粉的纯度大于 99%，粒度小于 0.074 mm。镁铬尖晶石作为促进材料烧结作用的添加剂，是用高纯的氧化镁（含量大于 98.5%）和纯度大于 98.5% 的氧化铬（Cr_2O_3），按摩尔比为 1:1 配料混合，磨细，过 0.4 mm（36 目）筛，压成素坯后再破碎过 0.853 mm（20 目）筛，装入刚玉匣钵中，在 1400~1700 ℃ 的温度范围内合成，再破碎成粒度通过 0.074 mm（200 目）筛的细粉。

将 31.5%MgO、65.3% 金属 Mo、2.2%MgO·Cr_2O_3 和 1%Al_2O_3 细粉原料，按比例称量。先把 MgO、MgO·Cr_2O_3、Al_2O_3 混合细磨。为防止铁等有害杂质的带入和 MgO 水化，球磨时采用橡皮衬里的球磨机，研磨体用硬质的碳化钨球，用无水乙醇作研磨介质。料、球、介质之比例为 1:4:1，球磨 48 h。之后再加入 Mo 粉继续混磨 24 h。研磨后的颗粒细度应全部小于 5 μm，其中大部分小于 3 μm。然后将混合料置于蒸馏器中把其中的乙醇介质蒸馏除去。再将干料混磨 24 h，过 0.4 mm（36 目）筛，使混合更均匀。

成型后的素坯，无需干燥就可装入匣钵，在氢气氛保护下的金属钼丝炉中或在氩气氛保护下的金属钨丝炉中烧成。大约以 150 ℃/h 的升温速率升至 1800 ℃，保温 2~3h。

由此制得的套管，其烧成收缩为 15%~16%，体积密度 5.8~6.3 g/cm³，气孔率 0.5%~1.0%，抗折强度 300 MPa，结构致密。烧后制品可以被机械加工，因此最终的精确尺寸可以通过车削和切割来达到。

7.4.3　硼化物基金属陶瓷制品

TiB_2 具有高温硬度高、密度和电阻率低、热传导性好、与金属的黏着性和摩擦系数低、化学稳定性好等优点，是新一代金属陶瓷的非常重要的硬质相。目前研究较多的体系有 TiB_2-Fe、TiB_2-FeMo、TiB_2-Fe-Cr-Ni 等。总的来说，TiB_2 基金属陶瓷具有良好的耐磨性，可用作切削工具、凿岩工具和耐磨零件，但这类材料强度较低、脆性较大，不适于在冲击载荷下使用。

之后，人们又发展了多元硼化物基金属陶瓷。研究较多的体系有 Mo_2FeB_2、Mo_2NiB_2、WCoB 等。由于多元硼化物具有良好的耐磨性、耐腐蚀性和高温性能，所以广泛用作切削刀具、耐磨耐腐蚀的辊道、衬板、阀门、模具和喷嘴等。其中，WCoB 基金属陶瓷具有极高的硬度（45 GPa）、耐磨损、耐腐蚀和抗高温氧化性能，成为高温条件下（800 ℃以上）替代 WC-Co 金属陶瓷的首选材料。传统的 WCoB 基金属陶瓷以 WB、W 和 Co 粉末为原料，通过反应硼化烧结技术制备，需预制备 WB 粉末，其制备工艺复杂、生产周期长，导致生产成本高。近年来，多采用在 WC-Co 金属陶瓷原料粉末中直接添加 TiB_2 粉末替代部分 WC 粉末进行反应硼化烧结，制备出包含 WCoB、TiC 等陶瓷相在内的新型 WCoB-TiC 基金属陶瓷。以 WC-Co-TiB_2 初始粉末体系制备的 WCoB-TiC 基金属陶瓷材料，不但原料成本低、节约战略钨资源，而且原位生成的 TiC 陶瓷相能改善材料的抗弯强度和断裂韧性，成为当前制备高性能 WCoB 基金属陶瓷的常用原料。

7.4.4　碳化物基金属陶瓷制品

7.4.4.1　碳化钨基金属陶瓷

WC 基金属陶瓷是研究最多、应用最广的一类金属陶瓷。根据 WC 晶粒度分级标准，WC 基金属陶瓷可以分为 7 种类别，即纳米晶（≤0.2 μm）、超细晶（0.2~0.5 μm）、亚微米晶（0.5~0.8 μm）、细晶（0.8~1.3 μm）、中晶（1.3~2.5 μm）、粗晶（2.5~6.0 μm）和特粗晶（>6.0 μm）。为了提高 WC 基金属陶瓷的使用性能，目前主要朝超细晶、纳米晶的方向发展。可以通过纳米级 WC-Co 复合粉体的制备、晶粒长大抑制剂的使用以及烧结技术的发展三种途径来实现。

纳米级 WC-Co 复合粉体的主要制备方法包括以下几种：（1）喷雾转换工艺法，采用钨盐和钴盐混合-喷雾干燥-还原碳化的工艺；（2）原位还原碳化法，利用钨和钴的氧化物与石墨/炭黑混合-还原-碳化的方法；（3）机械合金化法，即 W 粉、C 粉和 Co 粉-高能球磨-

合金化处理；（4）化学沉淀法，采用钨盐和钴盐混合-化学共沉淀-还原碳化的工艺制备；（5）化学气相反应合成法，通过钨基和钴基化合物与氢气/烃类气体直接还原碳化获得。

　　一般来说，纳米级粉末比表面积极大，活性强，在烧结过程中容易快速长大，而个别WC晶粒的异常长大是WC基金属陶瓷断裂的重要原因之一。因此，在材料制备过程中，通常添加一定量的晶粒长大抑制剂来有效地抑制WC晶粒在烧结过程中的长大。目前，常用的抑制剂是VC、Cr_3C_2、TaC、NbC等过渡金属碳化物和一些稀土化合物。

　　碳化钨基金属陶瓷材料的烧结包括温度、气氛、保温时间、压力等参数的选择和控制。经过几十年的发展，逐步产生了氢气烧结、真空烧结、压力辅助烧结、微波烧结等技术，对材料的致密化烧结发挥了重要的作用。其中，压力辅助烧结技术主要包括热压烧结、热等静压烧结、低压烧结（也称真空烧结+低压热处理）、放电等离子烧结和振荡压力烧结等。

　　碳化钨基金属陶瓷经过不断发展进步，目前广泛应用在切削加工、成型模具、凿岩采掘、耐磨零件等领域，例如地下隧道挖掘大型盾构机中的各种牙轮钻头、切削加工的刀具以及电子行业加工用的微型钻头等。

7.4.4.2　碳化钛基金属陶瓷

　　TiC的熔点（3250 ℃）高于WC（2630 ℃），耐磨性好，密度只有WC的1/3，抗氧化性远优于WC，也能被钴等金属润湿。

　　TiC基金属陶瓷的显微结构由金属黏结相和TiC硬质相组成。图7-17为TiC-Ni金属陶瓷的显微结构。在烧结过程中金属黏结相会在碳化物硬质相颗粒周围形成环形相，使得硬质相颗粒几乎不会通过合并机制长大。

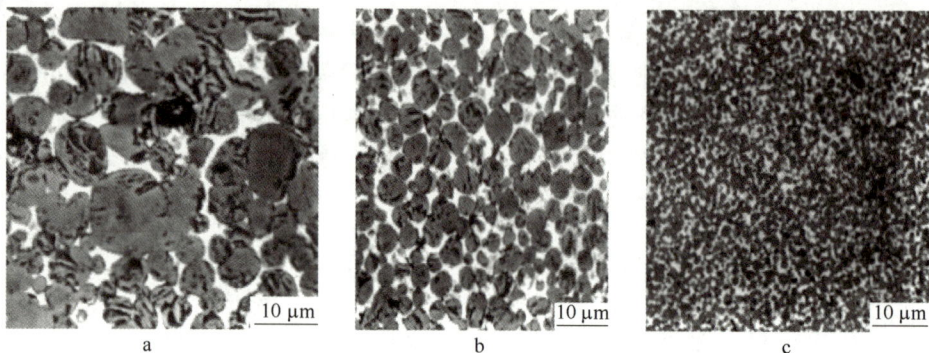

图 7-17　TiC-Ni 金属陶瓷的显微结构
a—TiC+10%（质量分数）Ni；b—TiC+30%（质量分数）Ni；c—TiC+50%（质量分数）Ni

　　环形相很脆，必须控制其生长。当环形相的厚度超过 0.5 μm 时，抗弯强度会明显下降。环形相的厚度与烧结温度、保温时间等因素有关。烧结温度升高，环形相变厚。可通过控制烧结温度、保温时间等工艺因素来控制环形相厚度。在 TiC 基金属陶瓷中添加 TiN 时，因氮的存在可阻止镍向 TiC 的扩散及钛向镍的扩散，抑制环形相的发展，使晶粒得到细化。

　　图 7-18 为 TiC-10%Ni-10%Mo 金属陶瓷的抗弯强度和硬度与环形相厚度的关系。由图

7-18 可知，当厚度超过 0.8 μm 时，硬度和抗弯强度均降低。

典型 TiC 基金属陶瓷的性能见表 7-17。TiC 基金属陶瓷的性能与其组成有密切的关系。在 TiC-Ni 基金属陶瓷中加入钼，可以改善液态金属 Ni 对 TiC 的润湿性。同时在烧结时，钼向 TiC 颗粒扩散，并取代 TiC 晶粒中的钛，形成包覆相，减少了 TiC 颗粒的接触，抑制了碳化物相晶粒的合并长大。此外，钼溶入 Ni 中起固溶强化作用。

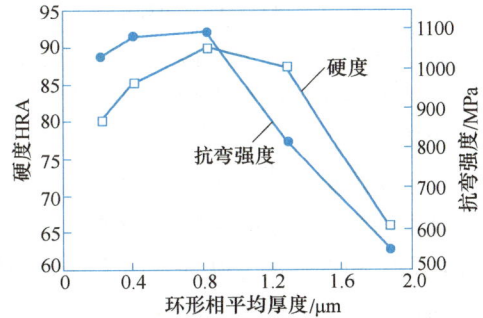

图 7-18　TiC-10%Ni-10%Mo 金属陶瓷的
抗弯强度和硬度与环形相厚度的关系

表 7-17　TiC 基金属陶瓷的物理性能

TiC 含量 /%	金属组成/%					密度 /g·cm⁻³	线膨胀系数 (70~980 ℃)/℃⁻¹	弹性模量 (20 ℃/870 ℃)/MPa
	总量	Ni	Cr	Mo	Al			
70	30	30	—	—	—	6.01	5.3×10^{-6}	$3.85 \times 10^5 / 3.22 \times 10^5$
70	30	25		5		6.01	5.3×10^{-6}	$3.99 \times 10^5 / 3.36 \times 10^5$
60	40	33		7		6.31	5.4×10^{-6}	$3.85 \times 10^5 / —$
50	50	42.5	—	7.5	—	6.59	5.6×10^{-6}	$3.5 \times 10^5 / 2.8 \times 10^5$
60	40	32	2.5	3	2.5	6.51	—	$3.5 \times 10^5 / —$
50	50	40	3	4	3	6.31	6.0×10^{-6}	$3.5 \times 10^5 / 2.8 \times 10^5$

TiC 含量 /%	抗张强度 (20 ℃/980 ℃)/MPa	抗压强度 (20 ℃/870 ℃)/MPa	抗折强度 (20 ℃)/MPa	冲击强度 (870 ℃)/MPa
70	875/217	2800/825	1360	4.80
70	784/350	3150/1030	1296	6.17
60	790/322	2940/651	1654	6.17
50	881/394	2980/554	1485	5.49
60	728/504	3225/931	1290	—
50	936/378	3140/785	1351	

钼的加入量在大多数情况下以 Mo/Ni 比为 1∶1 较合适。对于不同镍含量的金属陶瓷，随镍含量的增加，Mo/Ni 比有降低的趋势。TiC-Mo-Ni 金属陶瓷随钼含量的增加，碳化物晶粒细化，硬度上升。钼量过多，则环形相厚度增加，碳化物晶粒变粗，硬度下降。TiC-Mo-15%Ni 合金的抗弯强度在钼质量分数为 15%时出现最大值，而硬度随钼质量分数的增加而下降。当钼含量为 19%时，采用多种烧结工艺都无法使其致密，其原因有：一是钼量的增加，出现液相温度区间变大，当液相出现前的保温时间不够时，就会有气孔被液相封闭，难以排除；二是 Mo/Ni 比值过大，而钼总是优先分配到硬质相，而导致黏结相体积下降。

为提高 TiC 基金属陶瓷的强度和韧性，可以采用优选原料、引入添加物等方法。其中，制备优质 TiC 粉体是获得高性能 TiC 金属陶瓷材料的基础。真空碳化是降低 TiC 氧含量的有效方法，与非真空碳化相比可使氧含量降低一个数量级。控制碳化温度和采用特殊球磨工艺可使 TiC 晶粒细化。对 TiC 粉进行表面处理，包括物理、化学清洗、电化学抛光和涂覆等。

在金属陶瓷中添加 Cr_3C_2、VC 和 ZrC 可以抑制晶粒长大，提高材料的硬度和耐磨性。一般其添加量在 0.25%～0.3% 为宜。添加稀土可以细化组织和净化界面，添加微量的铝可以强化黏结相的强度，从而改善金属陶瓷的性能。

7.4.5 碳氮化物基金属陶瓷制品

Ti(C,N) 基金属陶瓷是碳氮化物基金属陶瓷的主要品种。通过在 TiC 基金属陶瓷中添加 TiN 制备 Ti(C,N) 基金属陶瓷，显著细化了硬质相晶粒，改善了金属陶瓷的力学性能，大幅提高了金属陶瓷的高温耐腐蚀和抗氧化性能。Ti(C,N) 基金属陶瓷组织由金属黏结相和陶瓷硬质相两相构成，金属相包覆在硬质相颗粒周围，构成典型的金属陶瓷芯壳结构。黑芯-灰壳结构是最典型的 Ti(C,N) 基金属陶瓷结构的一种，黑芯部位是烧结未全部溶解的硬质相颗粒，灰壳是一种中间相，连接着黏结相与硬质相，改善液相对固相的润湿性，增强两相之间的结合力，并在其中抑制晶粒长大。Ti(C,N) 基金属陶瓷是液相烧结方式，烧结过程中存在溶解与析出机制，壳的形成是通过溶解再析出机制形成的固溶体 (Ti,W,Mo)(C,N)。金属黏结相是金属陶瓷中的韧性相，决定了金属陶瓷的强韧性，以 Ni/Co 为基体，溶入 Ti、Mo、C、N 等元素而形成的固溶体。经过几十年的不断优化设计，目前碳氮化物基金属陶瓷正朝着多元硬质相和多元黏结相的方向发展。

Ti(C,N) 基金属陶瓷的基体材料是一定的，以 TiC、TiN 和 Ti(C,N) 为主，而作为添加剂的种类却比较多。不同添加剂的引入，主要目的是通过改善 Ti(C,N) 基金属陶瓷的显微结构，细化金属陶瓷晶粒，达到提高金属陶瓷的强韧性等综合性能的目的。在 Ti(C,N) 基金属陶瓷中添加少量的稀土元素 Hf、Y 和 Er 等有助于提高金属陶瓷的致密度，净化界面，细化晶粒，从而起到提高材料力学性能的作用。

由于碳氮化物基金属陶瓷独特的性能特点，因而可以制成各种微型可转位刀片，用于精孔加工以及"以车代磨"等精加工领域；也可以用于各类发动机的高温部件，如小轴瓦、叶轮根部法兰、阀门等；能够用作石化工业中各种密封环和阀门；也可以用作各种量具，如滑规、塞规和环规。

思 考 题

7-1 特种耐火材料为什么比金属材料的韧性低很多？常见的特种耐火材料增韧方式有哪几种？为什么氮化硅制品比氧化铝制品具有更高的韧性？

7-2 透明氧化铝陶瓷管是高压钠灯的主要部件，影响氧化铝陶瓷透明性的主要因素有哪些？采用哪些烧结工艺可以获得透明氧化铝陶瓷？

7-3 亚微米氧化锆和氧化铝常压下可以烧结致密化，但亚微米氮化硅和碳化硅为什么常压下烧结一般需加入烧结助剂才能烧结致密化？通常采用哪些烧结助剂比较有效？

7-4 相比于传统氧化铝和氮化铝基板材料，氮化硅制品由于其优异的理论导热系数和良好的力学性能而逐渐成为电子器件的主要基板材料。然而，目前氮化硅制品的实际导热系数还远远低于其理论导热系数，影响氮化硅制品导热系数的因素有哪些？采用哪些方法可以提高氮化硅制品的实际导热系数？

7-5 碳化硅和氮化硅这两种特种耐火材料制品的硬度、强度、韧性有何差异？要做防弹陶瓷板、陶瓷刀具及陶瓷轴承球分别选用哪种制品更合适？为什么？

7-6 结合金属陶瓷的研究现状，谈谈其发展趋势。

8 隔热耐火材料

本章要点

（1）隔热耐火材料定义与分类；

（2）隔热耐火材料隔热原理；

（3）隔热耐火材料制备方法；

（4）隔热耐火材料存在的问题与设计思想。

隔热耐火材料是指导热系数低与热容量低的耐火材料，也称保温耐火材料。由于它们的气孔率高、体积密度低，因此也称为轻质耐火材料。传统隔热耐火材料的抗侵蚀能力、强度与耐磨性都较差，常不直接用作工作层，而是放在工作层后面作为保温层；但隔热耐火材料越靠近热面，它的隔热节能效果越好。随着高温工业对节能减排要求日益提高，在工作层直接使用高强低导高耐蚀的轻量化耐火材料也已逐渐被研究和应用。本章主要介绍用于保温层的隔热耐火材料。

8.1 隔热耐火材料的分类

隔热耐火材料可按其化学矿物组成、使用温度、存在形态与显微结构等来进行分类。

8.1.1 按化学矿物组成分类

隔热耐火材料按化学矿物组成分类，有黏土质隔热耐火材料、高铝质隔热耐火材料、硅质隔热耐火材料、硅藻土隔热耐火材料、蛭石隔热耐火材料、氧化铝隔热耐火材料以及莫来石隔热耐火材料等。

8.1.2 按使用温度分类

隔热耐火材料的使用温度通常是指重烧收缩不大于1%或2%的温度。常见各种隔热耐火材料的使用温度如图8-1所示。按使用温度隔热材料可分为三类：

（1）低温隔热材料，使用温度低于600 ℃。

（2）中温隔热材料，使用温度为600~1200 ℃。

（3）高温隔热材料，使用温度高于1200 ℃，这是工业炉窑最常用的隔热耐火材料。

8.1.3 按存在形态分类

隔热耐火材料按存在形态分类可分为粉粒状隔热耐火材料、定形隔热耐火材料、纤维

矿渣棉	600 ℃
珍珠岩保温材料	-50～1000 ℃
硅酸钙绝热板	650～1000 ℃
蛭石保温材料	1000～1150 ℃
硅藻土砖	1000～1200 ℃
耐火陶瓷纤维	1000～1300 ℃
钙长石轻质砖	1100～1300 ℃
轻质黏土砖	1000～1350 ℃
轻质高铝砖	1350～1500 ℃
轻质硅砖	1500～1550 ℃
多晶氧化铝纤维	1400～1600 ℃
莫来石系轻质砖	1350～1650 ℃
轻质刚玉砖	1650～1800 ℃
氧化铝空心球制品	1650～1800 ℃
氧化锆纤维及空心球制品	1800～2000 ℃

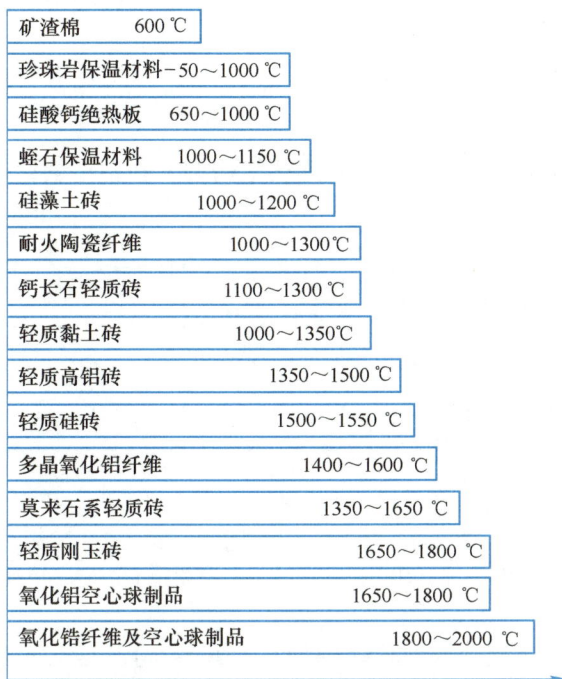

图 8-1　各种隔热材料的使用温度

状隔热耐火材料以及复合隔热耐火材料，如表 8-1 所示。粉粒状隔热耐火材料是将颗粒与粉料直接填充在炉墙的间隙中或直接铺在炉顶上构成隔热保温层，其颗粒可以为致密的，也可为多孔的，颗粒粒径可为自然分布，也可为控制后的特殊分布。此外，有一些粉粒状隔热耐火材料中不仅含有一定结合剂，而且粒度组成也被严格控制，它们是不定形隔热耐火材料。粉粒状隔热耐火材料容易施工，使用方便，还可以利用废料颗粒降低成本，但隔热效果不是很好，常用于不重要部位。

表 8-1　按形态分类的隔热耐火材料

类　别	特　征	举　例
粉粒状隔热耐火材料	粉粒散状隔热填料； 粉粒散状不定形隔热材料	膨胀珍珠岩、膨胀蛭石、硅藻土等； 氧化物空心球、氧化铝粉
定形隔热耐火材料	多孔、泡沫隔热制品	轻质耐火砖、轻质浇注料预制件等
纤维状隔热耐火材料	棉状和纤维隔热材料	石棉、玻璃纤维、岩棉、陶瓷纤维、氧化物纤维及制品
复合隔热耐火材料	纤维复合材料	绝热板、绝热涂料、硅钙板

　　定形隔热耐火材料是指具有多孔结构、形状一定的隔热耐火材料，是隔热耐火材料最重要的品种之一。常见的定形隔热耐火材料为各种品种与牌号的轻质耐火制品，其特点是性能稳定，使用、运输都很方便。

　　纤维状隔热耐火材料由各种矿物纤维或人造纤维构成，包括散状纤维与纤维制品，其特点是质轻、隔热及隔音性能好，施工、安装方便。

除上述各类隔热耐火材料之外，还可以将它们复合起来以发挥它们各自的优势，构成复合隔热耐火材料。

8.1.4　按结构特点分类

按结构特点，隔热耐火材料可分为气相连续结构型、固相连续结构型以及固相和气相都为连续结构型三种，如图8-2所示。

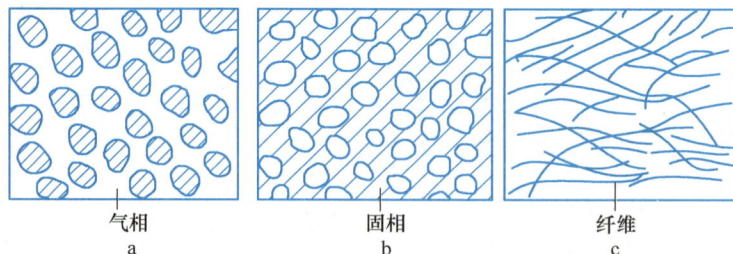

图8-2　隔热耐火材料显微结构

a—气相连续结构型；b—固相连续结构型；c—固相和气相都为连续结构型

（1）气相连续结构型（或开放气孔结构型）（图8-2a）。这类隔热耐火材料的显微结构特点是结构中开口气孔占优势，气孔相互连通，成为气相（气孔）连续的结构。耐火粉粒填充的隔热耐火层，属于这种结构类型。

（2）固相连续结构型（或封闭气孔结构型）（图8-2b）。这类隔热耐火材料的显微结构特点是大部分气孔以封闭气孔的形式存在。气相（气孔）被连续的固相包围，形成固相连续而气相（气孔）孤立的结构特征。在这种结构中，固相为连续相，气相（气孔）为非连续相。用泡沫法生产的轻质耐火制品以及各种氧化物空心球轻质制品大都属于这种结构类型。

（3）固相和气相都为连续相的混合结构型（图8-2c）。这类隔热耐火材料的显微结构特点是固相和气相都以连续相的形式存在。耐火纤维和制品以及纤维复合材料均属于这种结构类型。在这种结构中，固态物质以纤维状形式存在，构成连续固相骨架，而气相（气孔）则连续存在于纤维材料的骨架间隙之中。

8.2　隔热耐火材料的隔热原理与影响因素

隔热的基本原理是降低导热系数。由于隔热耐火材料含有大量孔隙，通过隔热耐火材料的热传递主要是通过固相与气相传热。固相的传热主要为传导，而通过气相的传热要比通过固相的传热复杂。图8-3为通过隔热耐火材料传热的原理图。当热量 Q_0 由高温区传递到隔热耐火材料内部时，在没有碰到气孔之前，传热过程是在固相中进行的，即通过固相传导；在碰到气孔以后，可能的传热路线就变成两条：一条是仍然通过固相传热，由于传导方向发生变化，热传导路线大大增长，热阻增大；另一条是通过气孔传热，包括通过气体的传导（图8-3中1）、对流传热（图8-3中2）以及辐射传热（图8-3中3），它们的传热量分别以 Q_1、Q_2 与 Q_3 表示。

由此可见，通过隔热耐火材料的传热过程包括两个传热通道，即通过固相的传热与通过气相的传热。可用有效传热系数来讨论隔热耐火材料的隔热作用及其影响因素。通过隔热耐火材料传递的热量可以用式（8-1）来表示。

$$Q = \lambda_e \frac{\Delta T}{\Delta L} \tag{8-1}$$

式中　Q——通过隔热耐火材料传递的热量；

　　　λ_e——隔热耐火材料的有效传热系数，综合考虑了通过固相和气相的传热；

　　　ΔT——隔热耐火材料两边的温差；

　　　ΔL——隔热耐火材料的传热距离。

图 8-3　隔热耐火材料中的热传递

隔热耐火材料的隔热作用是因为有大量气孔存在，气孔中的气体有很好的隔热性能。由图 8-3 可知，通过气孔的传热主要包括如下几个方面：

（1）热传导。通常气体的导热系数是很小的。大多数隔热耐火材料气孔中的气体为空气。空气的导热系数如表 8-2 所示。它的导热系数比固体材料要小得多，因而通过气孔的传导传热是很小的。

表 8-2　不同温度下空气的导热系数 λ

温度/℃	0	20	100	300	500	1000
$\lambda/W \cdot (m \cdot K)^{-1}$	0.024	0.026	0.032	0.046	0.057	0.081

（2）对流传热。由于大部分隔热耐火材料中气孔很小，气体在气孔中的流动受到限制，速度很小，因而气孔中气体的对流传热也不大。气孔的孔径越小，气孔中气体的流动性越差，对流传热也越小。当气孔的孔径小于气孔中气体的分子运动自由程时，气孔中的分子停止运动，不再有通过气孔的对流传热。

（3）辐射传热。大多数隔热耐火材料中的气体为空气，即 O_2 与 N_2，它们的分子结构都为对称双原子型，吸收与发射辐射能的能力极小。因此，通过气孔的辐射传热主要是通过气孔的高温壁向低温壁的辐射。但总的来看，通过气孔的辐射传热不大。

通过以上分析可知，隔热耐火材料中通过气孔的传热量很小，大部分热量是通过固相传递的。表 8-3 给出气孔率为 70%的某隔热耐火材料中各传热机制所占的比例。由表 8-3 可见，在所有传热机制中通过固相传热占的比例很大。应该指出的是，固相传热占比高并不意味该隔热耐火材料的隔热效果差，恰恰是气相隔热效果好，才导致固相传热占的比例高。影响隔热耐火材料隔热作用的因素主要包括如下几个方面：

表 8-3　气孔率为 70%隔热耐火材料中各传热机制所占比例

温度/℃	传热比例/%			
	固相传导	气相传导	辐射传热	合计
500	80	12	8	100
1000	74	11	15	100
1500	70	11	19	100

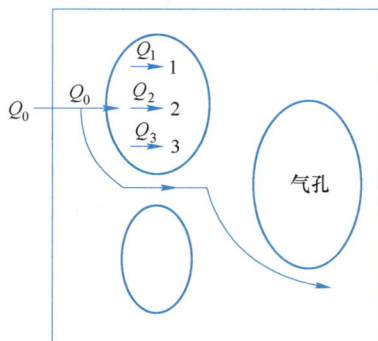

（1）隔热耐火材料的显微结构。显微结构包括气孔率、气孔尺寸、气孔面积与孔壁面积之比等。气孔率越高，孔壁面积（固相面积）所占比例越小。但气孔率的提高是有限度的。

通常气孔孔径越小，隔热耐火材料的隔热效果越好。其原因包括两个方面：一是小尺寸气孔降低了气体分子的运动空间，减少了对流传热；二是相同气孔率条件下，小尺寸气孔能增加二维截面上气孔面积，减小固相面积比例。例如，将一个 1 mm³ 的球形孔分成两个体积为 0.5 mm³ 的球形孔，二维截面上气孔面积增加约 20%。因而在相同气孔率条件下，气孔孔径越小，气孔截面面积越大，相应固相所占面积比例越小，通过固相的传热也越小。

（2）固相的物理性质。由于绝大多数隔热耐火材料气孔中的气体为空气，气相的组成与性质不变，它的性质对于隔热耐火材料性质的影响可以忽略不计，因此，在讨论材料性质对隔热耐火材料隔热性能影响时应注重固相材料的性质，选择导热系数与热容量小的材料可提高隔热耐火材料的隔热性能。

图 8-4 为耐火材料中常见氧化物与非氧化物的导热系数与温度的关系。由图 8-4 可见，硅酸盐矿物的导热系数较低。现在大量使用的隔热耐火材料多为铝硅系材料，除了它们的原料丰富以外，它们的导热系数较低也是重要原因之一。另外，由图 8-4 还可以看出，大部分非氧化物的导热系数大于氧化物的导热系数。

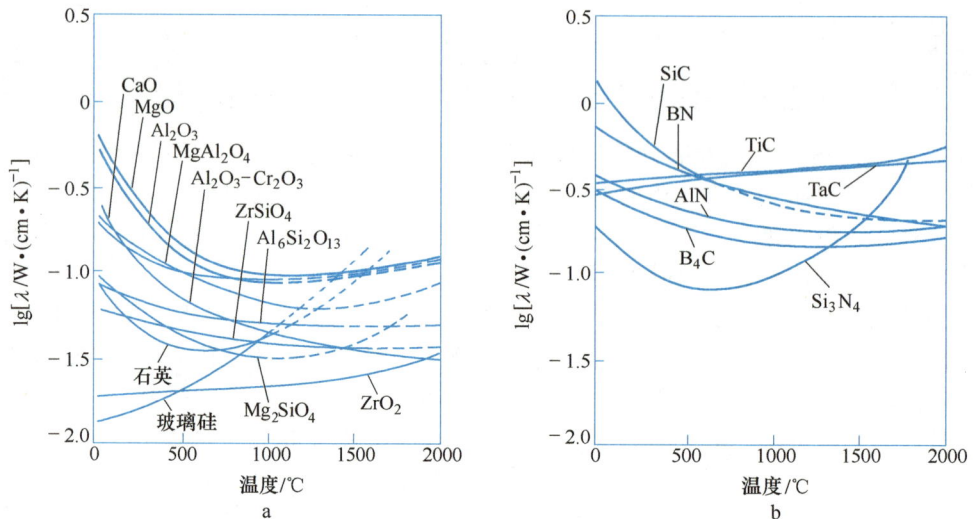

图 8-4 致密氧化物与非氧化物的导热系数与温度的关系
a—氧化物；b—非氧化物

此外，一般的规律是晶体的结构越复杂，原子或离子的排列越无序，其导热系数也就越小。耐火材料的固相可简单分为结晶相和玻璃相，且玻璃相中的原子（离子）为无序排列，运动时遇到的阻力比有序排列的结晶相要高，因此，玻璃相要比结晶相的导热系数低。但是，当温度升高到一定程度时，玻璃相的黏度降低，原子（离子）的运动阻力减小，玻璃相的导热系数也就随之提高了。而结晶相则与之相反，当温度升高，原子（离子）的动能增加，振动增大，导致自由程缩短，导热系数下降。

8.3 多孔隔热耐火制品

多孔隔热耐火制品也称为轻质耐火制品或轻质耐火砖，是当前最重要的隔热耐火材料之一；通常是指总气孔率不低于 45% 的耐火制品。

隔热耐火制品可以按其化学、矿物组成分类，有硅质隔热耐火砖、高铝隔热耐火砖、莫来石质轻质砖、黏土质轻质砖、硅藻土砖、钙长石质轻质砖等；也可以按体积密度分类，通常将体积密度小于 $0.4~g/cm^3$ 的隔热耐火制品称为超轻质砖；而将体积密度在 $0.4~g/cm^3$ 以上的称为轻质砖；也可以按使用温度分为低温轻质砖（使用温度在 $600 \sim 900~℃$ 之间）、中温轻质砖（使用温度 $900 \sim 1200~℃$ 之间）与高温轻质砖（使用温度高于 $1200~℃$）。

8.3.1 隔热耐火制品的制造方法

隔热耐火制品是通过在材料内形成大量气孔而实现其隔热性能的，气孔的形成是隔热耐火制品生产过程中最重要的环节。气孔的大小、形状、体积及其分布情况都影响制品的性能。形成数量与大小合适及分布均匀的气孔是隔热耐火制品制造技术的关键。隔热耐火制品的主要制造方法有可燃物加入法和泡沫法等，其他多孔陶瓷的制造方法也可应用；制造方法很多，但通常以前面两种为主。

8.3.1.1 可燃物加入法

可燃物加入法是在配料中添加一定数量的木屑、煤粉、石油焦、焦炭与聚苯乙烯等可燃物，这类材料也被称为赋孔材料、成孔材料或造孔剂，因其在烧成过程中烧失而形成气孔。此法是隔热耐火材料最常见的生产方法。

可燃物的选择对隔热耐火材料的生产以及制品的显微结构与性能有很大影响。

（1）可燃物的加入对泥料的成型性能有较大影响。首先，一些可烧尽材料有一定的弹性。在对泥料施压时，它们受压变形，压力去除后产生反弹，导致坯体疏松，甚至开裂、变形。在常见的可烧尽材料中，聚苯乙烯发泡球对坯体压制成型的影响最大。此外，在浇注成型时，由于聚苯乙烯发泡球的密度极小，很容易上浮，造成制品气孔分布不均。其次，可燃物的吸水性对泥料性能有一定影响。聚苯乙烯发泡球基本上不吸水，与泥料和易性较差，不利于可燃物在泥料中分布均匀，但是可降低泥料的含水量，减少干燥能耗与干燥变形，对保证成品尺寸准确、减少加工损失量有利。另外，聚苯乙烯发泡球的吸水性差，不利于干燥过程中水分的传输，在干燥过程中坯体表面先干燥，内部水分传输受阻，容易造成开裂。木屑有一定的吸水性，它较容易与泥料混合均匀。一般情况下，在木屑使用之前，需加水陈腐一段时间使其有一定程度的腐化，效果更好。煤与焦炭粉是对泥料成型性能影响较小的可烧尽材料。

（2）可燃物的颗粒数量、尺寸、分布以及形状等对隔热耐火材料的显微结构、性能及生产工艺有较大影响。可燃物加入量大时，可得到气孔率高、体积密度小的隔热耐火材料，但加入量过大会造成过大的烧成收缩，制品的尺寸不易控制，甚至产生开裂等废品。颗粒尺寸的大小及分布决定了隔热材料中气孔的尺寸与分布。聚苯乙烯发泡球是由聚苯乙烯发泡而成的，颗粒尺寸都比较大，很难用来制造小孔径的气孔，但颗粒的球形度较好，用它作为赋孔材料易得到球形气孔。煤与焦炭容易加工成不同粒径的粉料，通过细磨可控制颗粒尺寸与分布进而控制气孔尺寸与分布。锯末常呈长条形，可磨性比煤与焦炭差，但通过一定的设备仍可以加工成尺寸较小的颗粒。但是，用可燃物加入法难以制造气孔率高、体积密度低的隔热耐火材料。

8.3.1.2 泡沫法

泡沫法也称发泡法，主要包括两种成孔方式：一种是在制砖的泥料中加入泡沫剂，如松香皂等，并以机械方法使之起泡；另一种是在泥料中加入碳酸盐和酸、苛性碱和铝或金属和酸等，借化学反应产生气体，使之获得气孔。现有泡沫砖生产工艺中，通常以前者为主，是将发泡剂及稳定剂与一定比例的水混合，先制成泡沫液，与泥浆混合，经浇注成型、养护、干燥、烧成而得到制品。图8-5给出一个用泡沫法制造轻质高铝砖的流程图，不同材质隔热耐火制品的泡沫法生产过程基本相同。与可烧尽物加入法相比，泡沫法的优点是可以生产体积密度更小的隔热制品，多用于生产超轻质隔热耐火制品。泡沫法的缺点是：生产过程较复杂，生产控制较困难，生产效率较低。

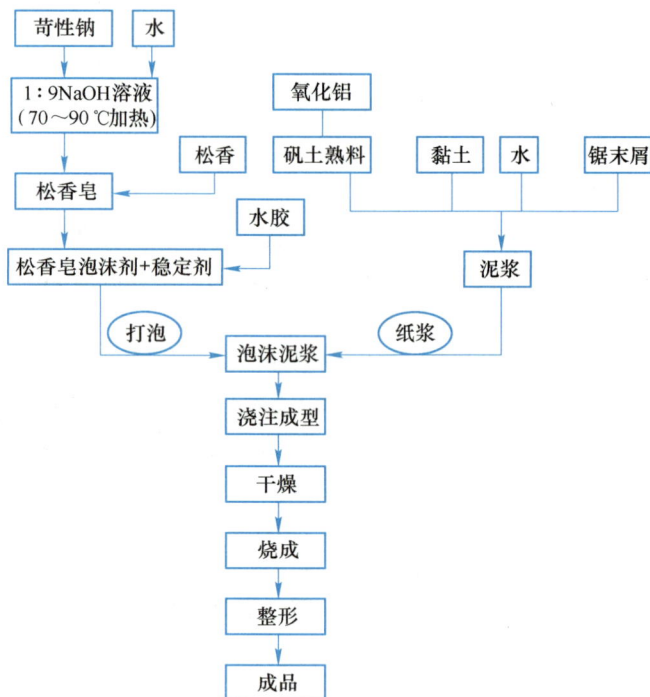

图 8-5 泡沫法制造轻质高铝砖流程

除了上述两种方法外，任何制造多孔陶瓷的方法都可能用来制造隔热耐火制品，如颗粒堆积法、原位分解合成法、模板法、溶胶-凝胶法、机械法等。

8.3.2 隔热耐火制品的性质

隔热耐火材料的种类很多，这里将分类介绍其主要品种的性能与特性。

8.3.2.1 氧化铝隔热耐火制品

氧化铝隔热制品主要包括两种：一是以氧化铝为主要原料用可燃物加入法或泡沫法制得的多孔隔热耐火材料；二是以氧化铝空心球为主要原料制得的氧化铝空心球制品。

A 氧化铝隔热耐火材料

氧化铝隔热耐火材料是以电熔或烧结氧化铝、工业氧化铝粉为主要原料，用可燃物加入法、发泡法或其他方法制得的含 Al_2O_3 在90%以上的隔热制品。一般情况下，Al_2O_3 含量越高，制品的抗热震性越差。根据组成与结构的差异，刚玉隔热制品的使用温度可达 1600 ℃ 以上。表8-4中给出几种典型刚玉质隔热耐火制品的性质。由表8-4可见，随体积密度的降低，制品的强度下降，但其导热系数也下降，隔热性能提高。

表8-4 几种氧化铝质隔热制品的性质

项目		1	2	3	4	5	6
化学成分/%	Al_2O_3	90~92	91	94	99.2	≥92	≥92
	SiO_2	—	8.0	0.29	0.2	—	—
	CaO	—	—	5.51	—	—	—
	Fe_2O_3	—	0.2	0.02	0.1	≤0.5	≤0.5
体积密度/g·cm^{-3}		1.2	1.3	0.78	0.48	0.4	0.8
显气孔率/%				79	82		
耐压强度/MPa		8~10	12	1.2	0.9	≥0.6	≥3.0
抗折强度/MPa		—		1.3	0.7		
荷重软化温度/℃		1525~1529	>1700	1145 (0.05 MPa)	—	≥1220	≥1330
重烧线变化率/%		0.1~0.3 (1600 ℃, 3h)	—	0.33 (1500 ℃, 8 h)	0 (1700 ℃, 8 h)	1.0 (1550 ℃, 2 h)	0.6 (1550 ℃, 2 h)
导热系数/W·(m·K)$^{-1}$		0.6~0.8 (1000 ℃)	0.95 (1000 ℃)	0.33 (350 ℃)	0.19 (350 ℃)	0.12	0.35
生产方式		烧尽		烧尽		发泡	发泡

B 氧化铝空心球制品

氧化铝空心球制品是不同于用可燃物加入法与泡沫法生产的另一类氧化铝隔热制品。其特点是先制成氧化铝空心球，然后再以氧化铝空心球为主要原料，加入结合剂，经压制、干燥烧成后得到的隔热耐火材料。

a 氧化铝空心球的制造

目前，工业上生产氧化铝空心球的方法多为电熔喷吹法。氧化铝空心球的吹制设备如图8-6所示。低碱工业 Al_2O_3 在电弧炉的熔池5中熔化，并将温度提高到吹球温度，吹球温度比 Al_2O_3 的熔化温度高 200~300 ℃。然后启动倾动设备，使电炉按一定的速度倾斜让熔融氧化铝从电炉中按一定速度流出，同时从喷嘴中吹出高压空气将熔融氧化铝吹成氧化铝空心球。最后再进行分级处理，得到不同粒径的氧化铝空心球。

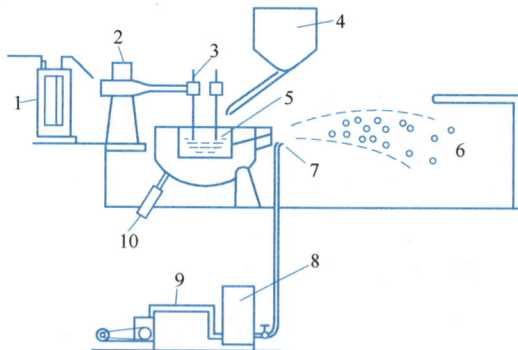

图 8-6　氧化铝空心球的吹制方法
1—变压器；2—升降设备；3—电极；4—Al$_2$O$_3$ 料仓；5—熔池；
6—空心球；7—喷嘴；8—压缩空气罐；9—空气压缩机；10—倾动设备

成球过程为：氧化铝熔体在高压空气的作用下被吹成无数个小液滴，以抛物线路线落下。在运动过程中液滴表面迅速冷却固化，而液滴内部仍处于熔融状态，在进一步冷却过程中，内部熔体凝固产生较大的体积收缩，形成中空球。凝固过程产生的收缩越大，形成的球壳越薄。此外，熔体的表面张力、黏度等都会对成球过程产生较大影响。换句话说，熔料的成分对所得到空心球的结构与性质有很大影响。

图 8-7 给出了空心球的断面结构图。高纯 Al$_2$O$_3$ 空心球多呈薄壁结构，如图 8-7a 所示；含有 SiO$_2$、MgO 或 ZrO$_2$ 空心球多呈蜂窝状结构，如图 8-7b 所示。氧化铝空心球的壁厚与堆积密度为其重要性质，这些对于以它为原料制得的氧化铝空心球制品的体积密度、导热系数有很大影响。它们主要取决于所用 Al$_2$O$_3$ 的纯度、吹制工艺等因素。

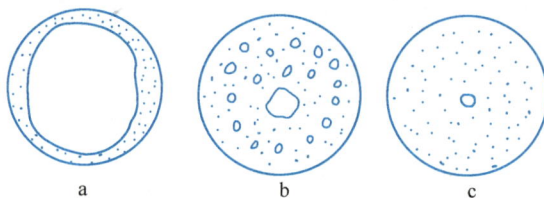

图 8-7　空心球的断面结构类型
a—薄壳中空球；b—蜂窝状球；c—厚壁球

b　氧化铝空心球制品的制造与性质

以氧化铝空心球为颗粒（骨料），用氧化铝粉以及黏土等为细粉，以硫酸铝、磷酸二氢铝、高岭土、氧化硅微粉以及硅溶胶等为结合剂，用与生产耐火制品相似的工艺经混合、成型、干燥与烧成等工序即可制得氧化铝空心球制品。氧化铝空心球制品的烧成温度一般在 1600~1800 ℃ 之间。

氧化铝空心球制品中骨料氧化铝含量很高，但基质中除了纯氧化铝外，还可含有一定的二氧化硅等，这样基质就含有一定的莫来石，也可称为莫来石结合氧化铝空心球制品。

某些空心球制品的性质列于表 8-5 中。与高纯 Al_2O_3 空心球制品比，莫来石结合氧化铝空心球砖具有较好的抗热震性。氧化铝空心球制品是一种优质的隔热耐火材料，可在 1600 ℃ 以上的工业炉窑中直接作为工作衬使用；缺点是难以制得体积密度很低的制品，因而其隔热性能受到影响。

表 8-5　氧化铝空心球制品的理化性质

项目		M-A	M-B	FU-2	T-BA	I-33	I-33S
化学成分 /%	SiO_2	13.09	5.71	<2.0	<4.0	13.6	<0.40
	Al_2O_3	85.10	93.30	>98.4	>96.0	85.7	99.0
	Fe_2O_3	<0.66	<0.25	<0.1	<0.5	0.1	0.1
显气孔率/%		65	69	60~65	65~67	63	67
体积密度/g·cm^{-3}		<1.3	<1.2	1.2~1.3	1.0~1.1	1.28	1.28
常温耐压强度/MPa		>4.9	>3.4	7.8~8.8	>5.9	6.4	7.5
常温抗折强度/MPa						3.2	2.9
重烧线变化率/%				±0.1 (1800 ℃, 4 h)	+0.3~0 (1750 ℃, 8 h)	0.3 (1800 ℃, 8 h)	0.1 (1800 ℃, 8 h)
荷重软化温度 (T_2)/℃		1650	1700	>1600	>1600	>1600	>1600
导热系数/W·(m·K)$^{-1}$		0.73	0.62	0.81~1.05	0.64	0.71	0.78

8.3.2.2　高铝质、莫来石质与黏土质隔热耐火材料制品

高铝质、莫来石质与黏土质隔热耐火材料制品同属于铝硅系隔热耐火材料，是目前应用最广的隔热耐火材料。根据材料的组成、结构与生产方法的差别，它们的性质与质量变化范围很大，使用温度的范围也很宽（1000~1650 ℃）。表 8-6 列出了我国标准中某些产品的特性。

表 8-6　我国铝硅系隔热耐火材料的性质示例

序号	化学成分/%		体积密度 /g·cm^{-3}	耐压强度 /MPa	重烧线变化率 /%	导热系数[1] /W·(m·K)$^{-1}$
	Al_2O_3	Fe_2O_3				
1	≤45	≤2	≤1.0	≥2.9	≤2 (1350 ℃, 12 h)	≤0.5
2	≤45	≤2	≤0.6	≥1.5	≤2 (1200 ℃, 12 h)	≤0.25
3	≥48	≤2	≤1.0	≥3.9	≤2 (1400 ℃, 12 h)	≤0.5
4	≥48	≤2	≤0.7	≥2.5	≤2 (1350 ℃, 12 h)	≤0.5
5	≥52	≤1	≤1.0	≥2.5	≤2 (1350 ℃, 12 h)	≤0.28
6	≥55	≤0.8	≤0.8	≥2.5	≤2 (1400 ℃, 12 h)	≤0.28
7	≥65	≤1.0	≤1.0	≥3.0	≤2 (1550 ℃, 12 h)	≤0.32
8	≥72	≤0.8	≤1.2	≥2.5	≤2 (1650 ℃, 12 h)	≤0.44
9	≥80	≤0.6	≤1.65	≥6.0	≤2 (1700 ℃, 12 h)	≤0.7
10	≥85	≤0.5	≤1.75	≥6.0	≤2 (1750 ℃, 12 h)	≤0.72

① 导热系数是在 350 ℃测定的。

应该指出的是：即使化学成分相同的隔热耐火制品，它们的物相组成也不一定相同，对于 Al_2O_3 含量低的制品更是如此。例如，方石英既有可能存在于 Al_2O_3 含量低于72%的制品中，也有可能存在于 Al_2O_3 含量高于72%的制品中。加入少量碱金属氧化物可将石英完全溶入液相中，形成高硅氧玻璃，会使方石英消失，提高制品抗热震性。同时，固相中存在大量高硅氧玻璃相时，导热系数也较低。因此，仅凭制品的化学成分并不能准确判断铝硅系隔热耐火制品质量的优劣。

8.3.2.3　其他隔热耐火制品

隔热耐火制品种类繁多。除了上面介绍的两种主要品种外，还有硅藻土隔热制品、粉煤灰漂珠隔热制品、钙长石轻质隔热耐火材料、硅酸钙隔热材料、膨胀蛭石及其制品、膨胀珍珠岩及其制品、多微孔隔热制品等。此外，还可以通过可燃物加入法、发泡法及其他多孔陶瓷的制造方法制得不同材质的隔热耐火材料，如硅质隔热制品、泡沫玻璃、锆英石质隔热制品、橄榄石质隔热制品、氧化镁隔热制品等。

硅藻土隔热耐火材料是以硅藻土为主要原料制得的制品。硅藻土由淡水或海水中的微生粉——硅藻的遗体骨骼（硅壳）堆积而成，它是含水的非晶质氧化硅，SiO_2 的含量在60%以上，最高可达94%。硅藻壳大小在 $5 \sim 400 \, \mu m$ 之间，堆积密度在 $150 \sim 720 \, kg/m^3$ 之间，含有大量微孔，孔隙率在70%~90%之间，可吸收本身质量1.5~4倍的水。它具有良好的隔热与隔音性能，是良好的隔热、隔音、吸附与过滤材料的原料。硅藻土隔热制品的使用温度不超过1000 ℃。它的烧成温度一般也低于1100 ℃，通常，在900~1000 ℃之间。当烧成温度超过1100 ℃时，无定型的硅藻壳会转变为方石英，后者在加热冷却过程中会因晶型转变造成较大体积变化而导致制品损坏。

粉煤灰漂珠隔热制品是以粉煤灰漂珠为主要原料制得的制品。在煤粉锅炉的飞灰中一般含有50%~70%的空心微珠，它们漂浮在排渣池的水面上，因此称为粉煤灰漂珠，简称漂珠。它们是煤粉中的灰分在高温火焰中经过熔化、成球与冷凝过程而形成的玻璃质珠状空心微珠。它们的粒径在 $0.3 \sim 300 \, \mu m$ 之间，壁厚为 $1 \sim 5 \, \mu m$，堆积密度为 $0.3 \sim 0.7 \, g/cm^3$。将漂珠与结合剂及掺合剂混合均匀后，用振动、压制或挤泥等方法成型，再经干燥烧成即可得到漂珠隔热制品。常用的结合剂有磷酸铝、硫酸铝、黏土及有机结合剂等。为了降低体积密度，可以加入锯末、煤粉等可燃物。为了改善其耐火性能也可能加入高铝矾土等 Al_2O_3 含量高的材料。由于漂珠为玻璃体，当温度超过1100 ℃后，开始结晶出莫来石，并产生较大的体积变化，因此，漂珠制品的烧成温度一般不超过1000 ℃。

钙长石隔热耐火材料可以分为以钙长石为主要成分和以钙长石为基质的两类。钙长石的分子式为 $CaO \cdot Al_2O_3 \cdot 2SiO_2$，其理论组成为20.1% CaO、36.7% Al_2O_3 和43.2% SiO_2，熔点不高，为1552 ℃。其制品可以用可燃物加入法与发泡法进行制造。通常以高岭石、黏土熟料、叶蜡石与石膏为原料。在制造钙长石结合莫来石隔热制品时，可以引入蓝晶石类矿物作为 Al_2O_3 与 SiO_2 的来源，矾土水泥或铝酸钙水泥为 CaO 的来源。钙长石隔热制品的导热系数小，抗热震性好，在还原气氛下的稳定性好，这些特点优于一般的铝硅系隔热制品。同时，在还原气氛下使用时，制品中的 Fe_2O_3 的含量不能太高，否则可能因使用过程中氧化铁变价而导致损坏。

硅酸钙隔热材料的主要物相为含水硅酸钙。含水硅酸钙有许多种，在工业上生产与使用的主要有两种：一种为雪硅钙石，它的分子式为 $5CaO \cdot 6SiO_2 \cdot 9H_2O$，也称为托贝莫来型（Tobermorite）硅酸钙；另一种为硬硅钙石（Xonotlite），分子式为 $6CaO \cdot 6SiO_2 \cdot H_2O$。通常情况下雪硅钙石呈针状或纤维状结晶，硬硅钙石呈板状或条状，但它们也可以构成多孔球状团聚体以获得更低的体积密度与导热系数。雪硅钙石与硬硅石的制造流程如图 8-8 所示。图中，氧化硅原料可以是石英粉、硅藻土、氧化硅微粉等。石棉是作为增强纤维加入的。由于石棉有致癌作用，对人体的危害较大，可采用危害性相对较小的其他纤维，如硅酸铝耐火纤维、玻璃纤维等替代。雪硅钙石与硬硅钙石在加热到 800 ℃ 左右脱去结晶水变成硅灰石（$CaSiO_3$），进一步加热到 1120 ℃ 转变为假硅灰石，其化学组成不变。硅酸钙隔热耐火材料的最高使用温度取决于它在脱水及晶型转化过程所引起的破坏程度。雪硅钙石的最高使用温度为 650 ℃，硬硅钙石的最高使用温度可达 1000 ℃。

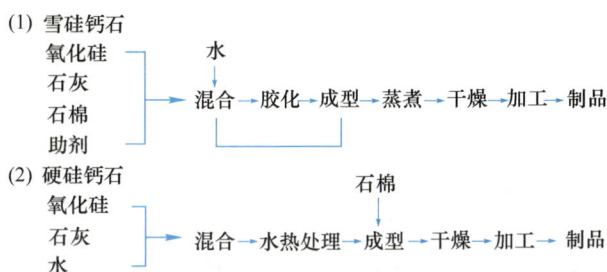

图 8-8 硅酸钙隔热制品生产工艺流程

蛭石作为保温材料与其结构特点有关。蛭石是一种含结晶水的铁、镁硅酸盐矿物，其一般化学式为 $(Mg,Ca)(Mg,Fe,Al)_6[(Si,Al)_8O_{20}(OH)_4] \cdot 8H_2O$，理论化学组成为 36.71% SiO_2、24.62% MgO、14.15% Al_2O_3、4.43% Fe_2O_3 和 20.9% H_2O。蛭石的结构由两个硅氧四面体层被存在于它们之间的氢氧化镁或氢氧化铝八面体连接而成。由于在两个硅氧四面体层之间存在水分子，当加热到 800~1000 ℃ 时，层间结合水迅速蒸发，产生的压力使两层分离，导致 20~30 倍的体积膨胀，真密度从 2.32~2.80 g/cm³ 下降到 0.9 g/cm³。经膨化处理后的蛭石呈片状，含有大量的小气孔，堆积密度为 0.10~0.39 g/cm³，常温导热系数为 0.052~0.063 W/(m·K)，有良好的隔热与吸音能力，可直接用作填充隔热材料，也可用水泥、水玻璃及沥青等为结合剂，通过轻压与振动等成型方法制成不同的形状，经热处理后做成蛭石制品。

膨胀珍珠岩耐火材料是以珍珠岩为主要原料制得的制品。珍珠岩是地下岩浆喷出地表，遇水急剧冷却固化而形成的一种酸性玻璃质火山熔岩。其化学成分为 68%~75% SiO_2、9%~14% Al_2O_3 和 3%~6% H_2O，还含有 Na_2O、K_2O、MgO、CaO 和 Fe_2O_3 等杂质。珍珠岩的密度为 2.20~2.40 g/cm³，耐火度为 1280~1360 ℃。珍珠岩中的水以不同的形式存在，即弱结合的吸附水与强结合的结合水。当珍珠岩加热到一定的温度后，珍珠岩本身软化，同时，结合水分迅速气化膨胀，导致珍珠岩产生 20~30 倍体积膨胀。在实际生产中，是先将珍珠岩破碎到一定的粒度（通常 0.15~0.5mm），再预热到 300~500 ℃，排除吸附水，然后直接投入到温度为 1180~1280 ℃ 的竖窑中迅速加热，最后快速冷却。快速冷却至软化温度以下即可保持较大的膨胀体积，形成蜂窝状的膨胀珍珠岩。将一定粒度组成的膨胀珍珠岩与水泥、水玻璃及磷酸盐等结合剂混合，经成型、干燥、焙烧或养护等工序可得到烧成或不烧膨胀珍珠岩制品。

前面有关传热机理讨论中提到，气孔孔径对隔热材料导热系数有很大影响。随着气孔孔径减小，孔壁面积减小，通过固体的传热阻力增大。同时，随着孔径减小，气体的运动受到限制，对流传热也减小。当气孔孔径小于气孔内气体分子运动自由程后，气体分子几乎不能运动，因而对流与传导都非常小。如果再在这类材料中加入减弱辐射传热的遮光剂（如炭黑、TiO_2 等）则可以大幅度降低隔热材料的导热系数，最低可达 0.012 W/(m·K)（空气中）与 0.004 W/(m·K)（真空中）。二氧化硅气凝胶是一种由胶体粒子相互交联构成的具有空间网络结构的纳米多孔材料，其气孔率可高达 80%~99%，典型的气孔孔径在 50nm 左右。网络胶体的颗粒尺寸为 3~20 nm，它有极小的体积密度与导热系数。但是，二氧化硅气凝胶的强度与韧性都较低，为了提高其强度与韧性，常加入纤维等增强材料。

其他隔热制品还有氧化硅、氧化锆、氧化镁及碳化硅隔热材料，它们可在超高温等特殊状况下使用。

8.4 纤维状隔热材料与制品

纤维状隔热材料与制品是由各种无机纤维构成的隔热材料与制品。纤维状隔热材料具有质量轻、导热系数与热容量小、抗热震性好及施工方便等优点。作为隔热耐火材料用的纤维种类繁多，常见的天然及人造纤维的分类如表 8-7 所示。在这些纤维中，以非晶质的硅酸铝质纤维与多晶质的莫来石纤维应用最广，这也是本节讨论的重点。

表 8-7　纤维隔热材料分类

类　型			使用温度/℃
天然	石棉		≤600
非晶质	玻璃纤维		≤600
	矿渣棉		≤600
	玻璃质氧化硅纤维		≤1200
	硅酸铝纤维	普通硅酸铝纤维	≤1000
		高纯硅酸铝纤维	≤1100
		高铝硅酸铝纤维（Al_2O_3 含量 52%~53%）	≤1200
		含铬硅酸铝纤维（Cr_2O_3 含量 3%~5%）	≤1200
		含锆硅酸铝纤维（ZrO_2 含量 15%~17%）	≤1350
多晶质	氧化铝纤维		≤1500
	莫来石纤维		≤1400
	氧化锆纤维		≤1600
	氮化硼纤维		≤1500
	碳化硅纤维		≤1800
	碳纤维		≤2500

8.4.1　非晶质硅酸铝质纤维

非晶质硅酸铝质纤维一般称为耐火陶瓷纤维，简称陶瓷纤维或耐火纤维。该材料是以黏土、矾土、Al_2O_3 及硅石等为原料，按要求配料后在电弧或电阻炉中熔化，经喷吹或甩丝制成，是一种优秀的隔热材料，广泛用于各种工业炉窑。

8.4.1.1　硅酸铝耐火纤维的制造

图8-9为电阻炉法连熔连吹成纤工艺示意图。炉内有三根电极埋入熔料中（不产生电弧），通过熔料的电流使炉温达到2000 ℃以上，熔化后的熔体通过流料口小股流出，经高压蒸汽或压缩空气的高速气流喷吹，成为纤维；也可以让熔体流股流到高速旋转的转盘上，如图8-10所示，通过几个转盘高速旋转所产生的离心力将熔体甩成纤维。前者称为喷吹法，后者称为甩丝法。

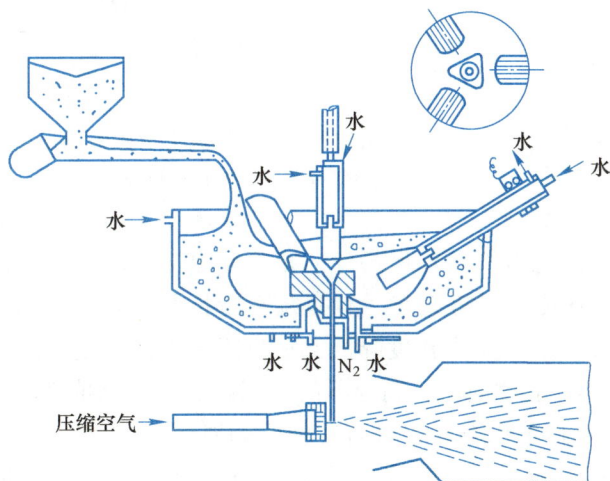

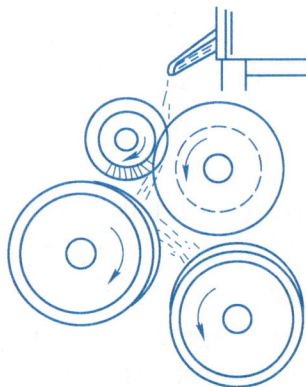

图 8-9　电阻法连熔连吹成纤工艺示意图　　　　图 8-10　离心甩丝法成纤示意图

无论是喷吹或者甩丝工艺，成纤的过程都是先将熔体分散为极小的熔滴，然后再将熔滴拉成纤维。所以，在喷吹法中，通常有两个喷嘴，一个喷嘴吹出的空气（称为一次空气）将熔体流股吹成小球；第二个喷嘴吹出的空气（称为二次空气）再将小球吹成纤维。这两个过程一般在大约0.1 s内完成。如果第二个过程完成不好，在喷出的熔料中小球含量高，这种小球通常称为"渣球"。渣球含量用渣球率来衡量，它是渣球在纤维中所占的百分含量，是衡量纤维质量的一个重要指标，对后续纤维制品的制造与性能有很大影响。除了渣球率以外，成纤方法、熔体性质、电炉工艺参数等也对纤维直径、长度、单丝强度等性质有较大影响。影响因素主要包括熔体的黏度与表面张力以及成纤方式。

两种成纤方法制得的纤维的性质有一定差别。喷吹法所制得纤维的直径小，通常在2~3 μm之间，纤维较短（<50 μm）；甩丝法制得纤维较粗，通常在3~5 μm之间，纤维较长。通常细而短的纤维的柔软性较好，粗而长的纤维的强度较大，它们在制品的生产过程中各有优势。

8.4.1.2　硅酸铝耐火纤维的性质

硅酸铝耐火纤维的性质主要有使用温度、导热系数与强度等，其强度包括单纤强度与制品强度等。

A   硅酸铝耐火纤维的析晶与使用温度

普通硅酸铝纤维本身的耐火度是很高的，但其使用温度不能超过 1000 ℃。这主要是由于硅酸铝纤维是玻璃体，它们在高温下长期使用会结晶；同时，晶粒不断长大，结构受到破坏，失去强度导致纤维不能使用。图 8-11 给出三种硅酸铝纤维在不同温度下加热 24 h 后，物相组成及体积密度与温度的关系。通常，莫来石在 900 ～ 950 ℃范围内开始结晶析出，随温度升高莫来石含量增大，当温度达到 1300 ℃左右时，莫来石含量不再随温度的升高而变化，此时，第二晶相方石英开始析出；当温度达到 1400 ℃左右时，玻璃相含量降低到最低点；随温度进一步升高，玻璃相含量逐步增多，方石英逐渐熔入玻璃相中；当温

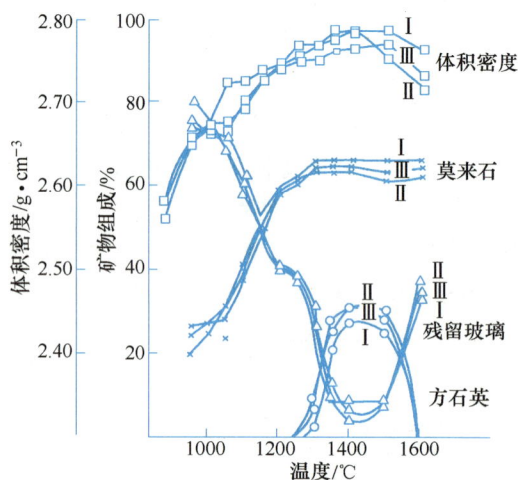

图 8-11   硅酸铝纤维在不同温度下加热 24 h 后的体积密度与物相组成的变化

度为 1600 ℃时，方石英几乎全部熔入玻璃相中。与此同时，纤维的密度不断增大，体积收缩；温度高于 1300 ℃后，莫来石含量几乎保持不变，但晶粒不断长大。体积收缩与莫来石晶粒不断长大导致纤维结构发生变化，强度大幅度降低，一旦降至不能承受纤维工作应承受的应力时，纤维即"粉化"破坏。温度越高，高温下的时间越长，粉化越严重。这就是玻璃质硅酸铝质纤维通常不能长期在高于 1000 ℃环境中使用的原因。

为了提高硅酸铝质纤维的使用温度，应尽可能地阻止莫来石晶体的析出，特别是阻碍莫来石晶体的长大，具体方法如下：

（1）降低杂质含量提高纤维纯度，即制得所谓高纯硅酸铝纤维。硅酸铝纤维的主要原料为黏土、石英等，它们的主要杂质为 Fe_2O_3、K_2O、Na_2O 和 CaO 等。这些杂质会降低硅酸铝玻璃熔化温度，促进莫来石的析晶与晶粒长大。因此，降低杂质含量，提高纯度，有利于提高使用温度。

（2）提高普通硅酸铝纤维的氧化铝含量至 52% ～ 53%，即所谓高铝纤维。提高氧化铝的含量可以降低方石英的析出量，提高莫来石的析出量。莫来石晶粒长大速度较慢，对玻璃相结构破坏较小，可减小纤维的加热收缩。

（3）添加 Cr_2O_3，即所谓含铬硅酸铝纤维。添加 Cr_2O_3 的纤维中，Cr_2O_3 分布于莫来石晶粒之间，能有效地阻碍莫来石晶粒的合并长大，减少纤维的加热收缩，提高纤维的使用温度。但是，随温度升高，Cr_2O_3 的挥发损失增大，其所起的作用将逐步减弱。此外，氧化铬可能造成环境污染。因此，含铬硅酸铝纤维的使用也在减少。

除了上述三个方法外，还有研究采用氧化锆和氧化镁等为添加物。

B   硅酸铝纤维的导热系数

与多孔隔热材料相似，纤维材料中的传热也包括通过固相的传热与通过气相的传热。

但纤维隔热材料的显微结构与多孔材料不同，因此，传热机理也有一定差别。图 8-12 给出高密度、中密度与低密度三种陶瓷纤维制品的显微结构与传热机理，传热过程包括通过气相的传导、对流和辐射以及通过固相的传导。由于显微结构不同，各种传热方式所占比例不同，从而影响纤维材料的导热系数。影响因素包括如下几方面：

（1）使用温度。随着使用温度升高，纤维材料的导热系数增大。这是因为随温度升高，通过气体的传热及辐射传热都增大。同时，应结合晶相与玻璃相的导热系数随温度变化的规律来综合分析。

（2）体积密度。在同一温度下，纤维制品体积密度的增大会带来两个相反的作用，第一个是导致纤维与纤维间接触点增多，如图 8-12 中高密度纤维制品所示，故固相传热增加，纤维制品的导热系数增大；第二个是随纤维密度增大，固相含量增多，气孔直径变小，开口程度也下降，通过气相的传热减少，导致纤维制品的导热系数下降。当纤维制品的体积密度小于导热系数最低时的体积密度时，第二个因素起主导作用，导热系数随体积密度增大而减小。当纤维制品的体积密度大于导热系数最低时的体积密度时，第一个因素起主导作用，导热系数随体积密度增加而增大。

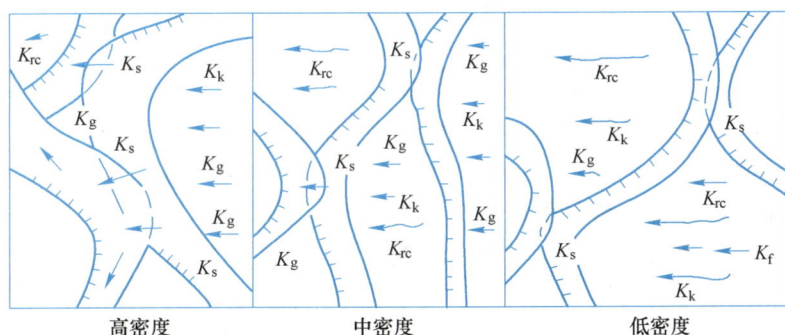

图 8-12　纤维隔热材料中的传热机理
K_{rc}—辐射传热；K_g—空气导热；K_s—纤维导热；K_k—空气对流传热

（3）纤维直径。通常当纤维制品体积密度相同时，纤维越细，它们之间气孔的尺寸越小，封闭程度越高，因而导热系数越小。此外，在相同体积密度下，纤维越细，纤维的总长越长，通过固相传热的阻力也越大。

（4）纤维方向。热流方向与纤维方向垂直时的导热系数小于热流方向与纤维方向平行时的导热系数。实际上，热流方向完全垂直或平行纤维方向的情况是不存在的，但对于不同的纤维制品与砌筑方式，平行与垂直热流方向的程度是不同的。

除了上述因素以外，纤维的湿度、渣球含量以及气孔中气体的气氛等都会对其导热系数产生影响。

8.4.2　晶质耐火纤维（多晶纤维）

玻璃质硅酸铝质纤维的析晶与晶粒长大是影响其使用温度的制约性因素。用晶质纤维（也称多晶纤维）取代玻璃质纤维就可以避免析晶过程，从而提高其使用温度。目前市场上主要供应的多晶纤维包括如下三个类型：

（1）Al_2O_3 含量为 95% 的多晶氧化铝纤维。以英国帝国公司（I. C. I）最早生产的牌号为 "Sfaffil" 的多晶纤维为例，其化学成分大致为 95% Al_2O_3 和 5% SiO_2。

（2）Al_2O_3 含量为 80% 的牌号为 "ALCEN" 的多晶纤维，其化学成分大致为 80% Al_2O_3 和 20% SiO_2。

（3）美国金刚砂公司最早生产的牌号为 "Fibermax" 的多晶莫来石纤维，其化学组成为 72% Al_2O_3 和 28% SiO_2。

与熔化—成纤法生产玻璃质硅酸铝纤维不同，多晶纤维的生产方式是先制成浓缩的母液，再通过喷吹或甩丝法得到纤维，称为纤维坯体或前驱体纤维，最后经热处理后得到多晶纤维。多晶氧化铝纤维生产的工艺流程如图 8-13 所示。整个流程大致分为三个部分：制胶、成纤与集棉及热处理。其他多晶纤维，如莫来石多晶纤维的生产工艺和图 8-13 所示工艺基本相同，仅在硅溶胶的加入量等方面有少许变动。

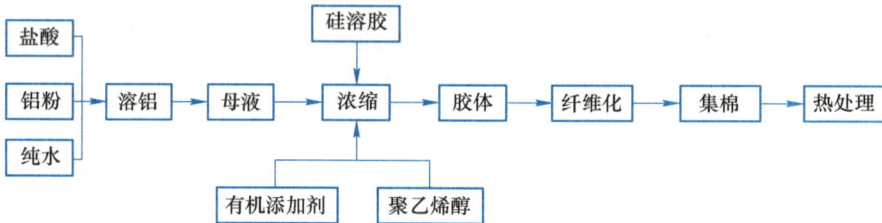

图 8-13　胶体法制造多晶纤维工艺流程

制胶的目的是制得适合成纤的胶体。首先是将金属铝粉溶入经稀释的酸中，制得清亮透明的母液。这个过程通常要在加热与回流条件下进行，加热的温度控制在 100 ℃ 以下以避免碱式氧化铝的水解。母液中的 Al_2O_3 含量必须达到 30%～35% 之间，且母液需过滤以除去不溶解杂质。为了达到成纤及胶体存放所要求的黏度（10～25 Pa·s）与密度（1.40～1.50 g/cm³），母液需加热浓缩并加入适量的添加剂制成胶体。

胶体经喷吹或离心甩丝法制成纤维坯体（也称为先驱体纤维）。一般用喷吹法生产的纤维坯体直径细，通常在 4 μm 以下，且长度较短；而用离心盘甩丝法得到的纤维坯体直径较粗，一般为 4～7 μm。离心法得到的纤维坯体的强度与柔性都较好。无论是喷吹法与甩丝法，成纤都包括两个重要的过程：一是在外力作用下将胶体拉成纤维；二是胶体的溶剂挥发与纤维的固化。这两者都是在极短的时间内完成的。

干燥与热处理的目的是排除纤维坯体中的水分、有机物及氯离子等，并完成由无定形向晶形转化过程。干燥过程在常温到 110 ℃ 的温度范围内进行，控制好干燥速度以防止纤维坯体的变形及形成内部气孔。纤维坯体分解、排出 HCl 并烧去有机挥发物的温度在 400～700 ℃ 的范围内。纤维坯体的最终热处理温度为 1100～1400 ℃，这一阶段的主要目的是保证纤维的合适相组成与晶粒大小，如莫来石含量、Al_2O_3 的合适晶形等。实际生产中并非所有的 Al_2O_3 都应转化为 $α$-Al_2O_3，有时，保留部分 $δ$-Al_2O_3 或 $θ$-Al_2O_3 更为有利。

晶质纤维由晶体构成，不存在析晶的问题，但其晶体多是微小晶体，同样存在晶粒长大的问题。晶质纤维的最高使用温度常被标明在 1400～1600 ℃ 之间，但实际使用温度常在 1400 ℃ 左右。

8.4.3　隔热耐火纤维制品

各种纤维可以直接用作为炉衬的隔热层或者加上高温结合剂直接涂附在窑炉的内壁上，构成纤维保温涂层。但是，工业中大量使用的是由纤维加工而成的各种制品。纤维制品的优点主要表现在如下两个方面：

(1) 便于施工，可以直接安装在炉子中。

(2) 可以用不同品种的纤维制成混合纤维制品，可提高其使用性能与降低成本。在混合纤维制品中，多晶纤维构成热稳定的网络，玻璃质纤维填充其间，这样玻璃质纤维因结晶产生的粉化不至于破坏制品整体结构。同时，析晶所产生的氧化硅，还可以与多晶纤维中的氧化铝发生反应生成莫来石，在多晶纤维之间形成莫来石结合，利于保持制品的强度。

隔热耐火纤维制品可以作为炉窑的内衬与隔热材料，以及高温衬垫、密封、过滤材料、吸声材料以及高温气冷原子反应堆内衬材料等。在受高速气流与粉尘冲击、磨损及与高温熔体直接接触的情况下则不宜使用。

耐火纤维制品主要有以下几种：

(1) 毯和毡。采用干法加工工艺，不加或加微量黏结剂制成的制品称为耐火纤维毯。采用针刺工艺（一种通过带有倒钩的针在纤维表面上下勾刺的方法），可提高耐火纤维毯的抗张强度和抗气流冲刷性。以耐火纤维为原料，加入羧甲基纤维素、树脂或乳胶等有机黏结剂制成的制品称为耐火纤维毡。根据使用要求，有的还加入硫酸盐或磷酸盐等无机黏结剂。

(2) 湿毡。将毡或毯浸渍氧化铝或氧化硅胶体溶液等，封装在塑料袋内保持湿润。通常用在难以施工、形状复杂的部位，干燥后表面硬化，有良好的抗气流冲刷性能。

(3) 纸。通过加入少量有机纤维和黏结剂，用一般造纸方法制造的制品，在常温下有足够的强度和挠性。

(4) 绳和带。在耐火纤维中加入 15%～20% 有机纤维，纺成线，再制成绳和带。根据用途可加入镍铬丝或不锈钢丝，以增强强度。

(5) 异型制品。在耐火纤维中加入结合剂，采用真空吸滤成型或机压成型，按照使用要求制成的各种异型制品。

8.4.3.1　硅酸铝耐火纤维毯

硅酸铝耐火纤维毯是以硅酸铝耐火纤维为原料，采用干法针刺工艺等方法制成的耐火纤维制品。用干法连续甩丝成纤，针刺制毯，是现在最常见的生产工艺。耐火纤维毯不仅柔软富有弹性，抗拉强度高，而且具有优良的加工性能和施工性能，已成为耐火纤维二次制品的主导产品。甩丝法生产效率高，纤维长，纤维经过针刺后抗拉强度高。干法生产可节约大量水资源，但制造工艺比较复杂。硅酸铝耐火纤维针刺毯的主要性能见表 8-8。

表 8-8　硅酸铝耐火纤维针刺毯主要性能理化指标

项目	低温型 LT	标准型 RT	高纯型 HP	高温型 HT
颜色	白色	白色	白色	白色
纤维直径/μm	2～4	2～4	2～4	2～4

续表 8-8

项目	低温型 LT	标准型 RT	高纯型 HP	高温型 HT
抗拉强度/kPa	55.2~69	69~96.6	62.1~69	55.2~69
加热线变化（保温 24 h）/%	≤5.0（1093 ℃）	≤3.5（1232 ℃）	≤3.5（1230 ℃）	≤3.5（1399 ℃）
导热系数/W·(m·K)$^{-1}$①	0.084（316 ℃）	0.130（538 ℃）	0.159（760 ℃）	0.187（871 ℃）
最高工作温度/℃	980	1200	1200	1370
Al_2O_3 含量/%	40~44	46~48	47~49	52~55
Fe_2O_3 含量/%	0.7~1.5	0.7~1.2	0.1~0.2	0.1~0.2

①体积密度为 128 kg/m³时的导热系数。

8.4.3.2　硅酸铝耐火纤维毡

硅酸铝耐火纤维毡是以硅酸铝耐火纤维为原料，加入结合剂，经加压成型的隔热耐火纤维制品。根据结合剂种类和生产工艺不同，耐火纤维毡可分为耐火纤维湿法毡（真空成型毡）、耐火纤维干法毡和耐火纤维湿毡。

耐火纤维湿法毡是采用有机结合剂与纤维配制成一定浓度的棉浆，经真空吸滤成型和干燥等工序制成固定尺寸的板状纤维毡，具有良好的强度和弹性，但不能弯折。制品在使用过程中，随着温度升高，有机结合剂被逐渐烧除后，主要依靠制品中纤维的相互交织保持原有形状。纤维毡表面不宜承载，并且抗风蚀能力差。表 8-9 给出了各种硅酸铝耐火纤维毡的理化性能。

表 8-9　硅酸铝耐火纤维毡理化性能

名称	理化性能									长期使用温度/℃
	组成含量/%				纤维长度/mm	纤维直径/μm	加热线收缩/%	体积密度/kg·m^{-3}	导热系数/W·(m·K)$^{-1}$	
	Al_2O_3 + SiO_2	Al_2O_3	Fe_2O_3	K_2O+NaO						
普通硅酸铝纤维毡	97	≥45	≤1.1	≤0.4	20~60	3~8	≤3（1150 ℃，6 h）	220	≤0.14（900 ℃）	950~100
高铝硅酸铝纤维毡	99	≥52	≤0.12	≤0.1	20~40	2~5	≤4.5（1300 ℃，6 h）	220	≤0.22（900 ℃）	1050~1100
高纯纤维毡	98.5	≥58	≤0.3	≤0.2	20~630	2~5	≤4.5（1350 ℃，6 h）	300	≤0.18（1200 ℃）	1200

耐火纤维干法毡以含热固性有机结合剂的纤维为原料，经集棉、预压、热压固化定型及后处理（纵、横剪切）等工序制成。这种热固性有机结合剂，除保持制品结构和形状

外，还可使制品具有优良强度、韧性和加工性能。与耐火纤维湿法毡相比较，其密度小，抗拉强度高。

耐火纤维湿毡是将湿法纤维毡用无机结合剂浸渍处理后，并以湿态提供给用户的耐火纤维制品。湿毡具有优良的抗风蚀性能和高温结合强度。湿毡应装入塑料袋中保存、备用。可根据需要剪成或切割成各种不同形状使用。由于它有柔软的成型性，对于炉衬拐角处以及各种复杂的炉型都能实用。

此外，还有耐火纤维板、耐火纤维纸、耐火纤维绳和隔热耐火纤维模块等，其是以耐火纤维为原料，以无机结合剂为主体结合剂，采用真空成型工艺经干燥和机加工精制而成的具有不同外形的耐火纤维制品。以耐火纤维板为例，其是一种不仅保持了纤维状高温隔热材料的优良特征，并且具有优良力学性能和精确几何尺寸的刚性产品。耐火纤维板可应用于同时要求坚韧、自承重及隔热的领域。一般用于构筑高温工业窑炉及高温管道的壁衬热面，其优良的抗风蚀性能和抗机械冲击性能，适用于有气流冲蚀的部位。

8.5　纤维隔热耐火材料存在的问题与发展

纤维耐火材料有良好的隔热效果、便于安装，是一优质的隔热耐火材料，广泛应用于中、低温工业窑炉上，但仍然存在两个问题。

（1）析晶及晶粒长大限制了其使用温度。虽然晶质纤维解决了析晶的问题，但是在长期使用过程中晶粒仍然会长大。同时，晶质纤维的生产过程复杂，纤维质量的稳定性也难以控制，成本高、价格贵。改进型非晶纤维是在硅酸铝纤维中引入适量的 MgO、CaO 与 ZrO_2，构成 Al_2O_3-SiO_2-MgO 或 Al_2O_3-SiO_2-MgO（CaO）-ZrO_2 系玻璃质纤维。由于引入的 MgO（CaO）与 ZrO_2 可以提高熔体的黏度，降低表面张力，使熔体具有较好的成纤能力，突破了 Al_2O_3 含量大于 55% 不可成纤的限制，使纤维中的 Al_2O_3 含量可提高至 62%~75%。这种纤维的长度较大，强度较高，使用温度也较高。

（2）纤维材料对人体的侵害仍难以避免。人类最早使用石棉等天然纤维作为隔热与建筑材料，后来认识到它们对人类健康的危害，逐渐以硅酸铝纤维为代表的陶瓷纤维取代了石棉等有害纤维。但硅酸铝纤维仍然不可完全避免对人类的危害，它一旦被吸入人体，吸附在气管或肺中，很难除去。长期大量地吸入纤维会损害人体的肺功能。而以 SiO_2-CaO-MgO 系为主要原料制得的纤维，在人体体液中有一定的溶解度，即所谓"可降解纤维"。这类纤维吸入人体后可被体液慢慢溶解，减少对人体的危害。这类纤维多为高纯纤维，它们的 MgO、CaO 与 SiO_2 含量在 99% 左右，可加入 ZrO_2 提高使用温度。由于有 MgO 的存在，这类纤维的成纤性较好，但使用温度不高，现在已有工业产品。

思 考 题

8-1　隔热耐火材料的定义是什么？

8-2　耐火材料隔热原理是什么？

8-3　影响耐火材料导热性能的因素有哪些？

8-4   隔热耐火材料的制备方法及原理有哪些？

8-5   纤维隔热材料存在的问题是什么？

8-6   研制高效隔热耐火材料的原则是什么？

8-7   针对某具体高温窑炉，谈谈降低耐火内衬导热系数的设计思路、制备方法和性能要求。

9 熔铸耐火材料

本章要点

(1) 熔铸耐火材料显微结构特点；
(2) 熔铸耐火材料玻璃相渗出温度；
(3) 熔铸耐火材料生产工艺；
(4) 熔铸耐火材料制品与性能。

熔铸耐火材料是一种与其他耐火材料有显著差异的耐火材料，其生产工艺、显微结构都不同于一般的耐火材料。其生产工艺如下：将原料经电炉熔融后浇铸成型，再经过退火和机械加工而成。这与一般耐火材料的粉料混练、成型、干燥与烧成的工艺有很大的区别。它的显微结构较一般耐火材料均匀；在性能方面，除了有与一般耐火材料相同的物理性质与使用性能外，还有一些特殊的性能，如玻璃相渗出温度及渗出量等。本章将讨论熔铸耐火材料的生产工艺、结构与性能以及重要的熔铸耐火材料品种。

9.1 熔铸耐火材料的显微结构与性能

熔铸耐火材料的显微结构如图 9-1 所示，与一般耐火材料的显微结构有显著的不同，后者为典型的非均质体，它们通常由颗粒、基质（含玻璃相）与一定数量的气孔所组成。而熔铸耐火材料由相互交错的晶体与位于晶界处的少量的玻璃相与气孔构成，显微结构相对比较均匀。晶体由熔体中结晶出来，逐渐长大形成交错结构。晶体的大小、形状及晶粒交错程度、玻璃相的多少以及组成

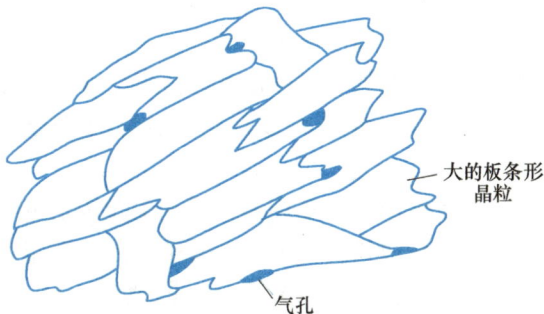

图 9-1　熔铸耐火材料显微结构示意图

与分布等因素与熔铸耐火材料的组成有密切关系，对其性质也有很大影响。

由于熔铸耐火材料具有致密的显微结构和较高的纯度，因此，熔铸耐火材料的强度、荷重软化温度以及导热系数都较高，化学稳定性好，抗侵蚀性能也较好，但抗热震稳定性能较差。

应该指出的是，熔铸耐火材料显微结构的均匀也是相对的。相对于一般耐火材料而言，由于它没有大颗粒，气孔很少，它的结构是较均匀的。但是在浇铸过程中，先浇入的

靠近模壁的熔体冷却速度快，结晶较小，越靠近铸件的中心，晶粒尺寸越大，如图 9-2 所示，由外向内分为微晶区、中晶区与粗晶区。同时，由于在凝固过程中会产生一定的分相现象，各区的化学成分与物相组成也有差别。以 Al_2O_3-ZrO_2-SiO_2 系（AZS）熔铸制品为例，密度大的、难熔的 ZrO_2 下沉，在下部形成一富锆带，而易融化的氧化物（包括玻璃相），则集中于砖的上部，由此，造成化学成分和物相组成的不均匀性。由于组成与晶粒尺寸的不同，它们抗熔融玻璃侵蚀能力也不同，如表 9-1 所示。

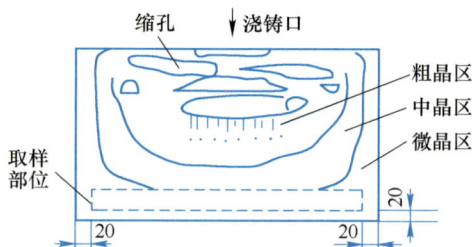

图 9-2　AZS 熔铸砖断面结晶示意图

表 9-1　AZS 砖内部成分的不均匀性

区域	化学成分/%				物相成分/%				侵蚀速度 /mm·d^{-1}
	SiO_2	Al_2O_3	ZrO_2	Na_2O	锆-铝共晶	刚玉	斜锆石	玻璃相	
微晶区	13.08	50.47	40.01	1.41	60.8	1.8	15.5	21.9	0.34
中晶区	16.12	47.01	34.15	1.63	52.7	2.5	17.8	27	0.37
粗晶区	18.55	44.34	27.44	1.84	59.3	4.2	3.1	33.4	0.62

　　前面提到熔铸耐火材料的显微结构、生产工艺与其他耐火材料有很大的区别。在使用性质上与其他耐火材料也有不同之处。除了常见的耐火度、荷重软化温度、抗热震性外，还有两个其他耐火材料所没有的重要性质，即玻璃相（液相）渗出和气体的析出温度，它们对熔铸制品抗熔融玻璃的侵蚀以及玻璃的质量有重要意义。高温下，液相渗出时会在耐火材料中留下孔洞，玻璃液在毛细管的作用下进入耐火材料的内部，加速耐火材料的侵蚀。同时，渗出的液相进入熔融玻璃中也可能导致产生玻璃缺陷，如气泡、结石、节瘤和条纹等。

　　玻璃相渗出温度与渗出量是两个衡量熔铸耐火材料中液相渗出能力的重要指标。它们的测定方法有两类：升温法和恒温法。前者用高温显微镜测量在试样表面开始渗出和形成熔滴的温度；后者是将试样在一定温度下保温一段时间，在显微镜下检测液相渗出的程度。

　　在实际生产中，常用液相渗出温度与大量液相渗出温度来衡量熔铸耐火材料中液相渗出的能力。将边长为 4 mm 的试样放在使用温度不低于 1600 ℃、放大倍数不低于 20 倍的高温显微镜下，以 7~10 ℃/min 的速度升温，仔细观察液相渗出的情况。当液相开始出现时，如图 9-3a 所示，即为液相开始出现温度；继续升温至试样表面呈锯齿状，如图 9-3b 所示，即为玻璃相大量渗出温度，记录下这两个温度并拍照。我国已有玻璃相渗出温度测定方法的标准 JC/T 805—2013，测定时按标准进行，还可通过测定试验前后试样体积的变化估计其渗出量。

　　耐火材料的化学成分是影响其玻璃相数量

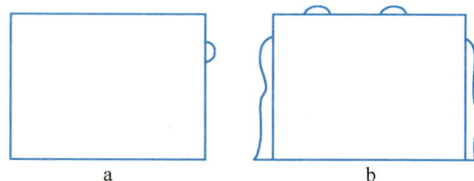

图 9-3　熔铸耐火材料玻璃相
开始渗出的示意图
a—玻璃相开始渗出；b—玻璃相大量渗出

的重要因素。电熔锆刚玉耐火材料中氧化锆主要是由锆英石（$ZrO_2 \cdot SiO_2$）引入的。锆英石中含有 TiO_2、Al_2O_3、Fe_2O_3、CaO 和 MgO 等杂质。杂质含量越高，耐火材料中的玻璃相越多，也越容易渗出。此外，为了降低熔融温度、降低电耗及保证成品率，往往在熔制过程中加入纯碱及硼砂等溶剂。溶剂加得越多，耐火材料中的玻璃相含量也越高，高温下也越易渗出。熔铸 Al_2O_3 制品的杂质含量较少，所含的 Na_2O 将进入固相中，其液相含量较少，液相渗出较少。

玻璃相的成分也是影响玻璃相渗出温度的重要因素。当玻璃相中含有 K_2O、Na_2O、CaO 和 B_2O_3 等易熔组分时，它们降低玻璃相的熔化温度与液相的黏度，促进液相的渗出。氧化钛与氧化铁等变价氧化物以低价态存在时，液化温度下降，渗出温度也下降，因此，TiO_2 和 Fe_2O_3 会受到特别关注。当 TiO_2 和 Fe_2O_3 含量（质量分数）由 0.5% 下降到 0.25% 时，玻璃相渗出温度可以从 1400 ℃ 提高到 1500 ℃。目前已将熔铸耐火材料中的 TiO_2 和 Fe_2O_3 含量（质量分数）降低到 0.1% 以下。另外，当耐火材料中的 Al_2O_3 和 ZrO_2 溶入液相中时，也可能促进玻璃相的渗出。

此外，加热过程中产生的气体是玻璃相渗出的推动力。这些气体包括：存在于气孔中的气体、溶解在耐火材料中的气体、存在于耐火材料中的杂质被氧化或其他化学反应产生的气体。这些杂质可能有碳、碳化物、氮化物、氧化铁与氧化钛等。产生的气体会把存在于耐火材料中的液体挤出来。采用氧化法生产的熔铸耐火材料中的碳、碳化物与氮化物等杂质含量低，因此，氧化法生产的熔铸耐火材料的玻璃相渗出温度要高于还原法生产的熔铸耐火材料。

9.2 熔铸耐火材料生产的工艺过程

熔铸耐火材料的主要生产工艺流程如下：配方设计→配料→混合→压块→煅烧→粗碎→熔炼→浇铸→退火→精加工→检验→成品。

9.2.1 原料准备

首先，根据产品使用条件及对产品使用性能要求的不同，进行产品配方设计。除了主要原料外，需根据产品性能要求而添加不同的添加剂。如工业氧化铝的熔体黏度很低，结晶能力很强，使熔体来不及排除气体而结晶，在铸件中形成大量微孔，故可在制造 α-Al_2O_3 砖时，加入少量助熔剂 B_2O_3，既可以加速熔化过程，又能提高熔体黏度。

为保证配料的均匀，首先需要将各种原料及添加剂粉料进行充分混合。但直接用粉状配合料进行熔化的方法存在不少缺点：一是加料和熔化过程中会产生大量粉尘，使操作环境恶劣，同时造成物料损失；二是配料中由于各种组分密度不同，在运输和加料过程中容易产生分层和物料偏析，造成铸件的组成和结构不均匀；三是粉料容重小，输送和储存工具利用效率低；四是粉状物料导电性低，增加了熔化能耗。

针对以上缺点，人们考虑采用粒状料供熔炼使用。采用粒状料熔化具有明显的优点：一是输送和加料时不会因物料飞扬产生损失和环境污染；二是能提高熔炼炉利用率，提高生产能力；三是能够稳定熔化过程，保证组成稳定。

9.2.2 熔炼

配合料的熔炼是在电弧炉等熔炼炉中进行的。在电弧炉中，利用电弧放电时在较小空间里集中巨大能量可获得 3000 ℃ 以上的高温，进而将物料熔化。制造熔铸耐火材料一般用三相电弧炉，结构示意图如图 9-4 所示。炉子由带出料口的金属壳体、中空水冷炉盖、能移动的电极夹具和牢固焊接在炉子外壳上的定向支柱、倾斜炉子的活塞和转轴机构，以及电器控制设备和仪表控制柜等组成。

熔化分为还原法（埋弧法）与氧化法（明弧法）两种。埋弧法是将石墨电极沉埋于炉料中，主要以电阻加热熔化物料。在埋弧法中由于缺乏氧气，熔体中的某些高价氧化物还原为不稳定的

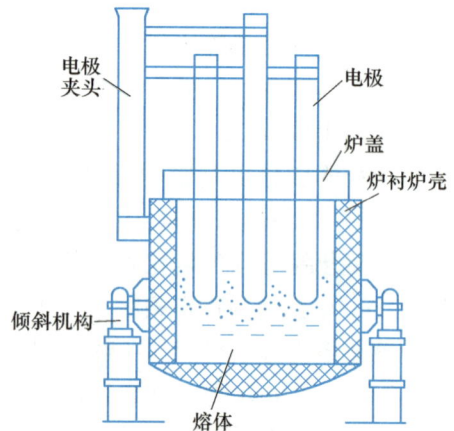

图 9-4　三相电弧炉示意图

低价状态，并向熔体中输送碳。应该指出的是，即使采用明弧熔化，若弧长太短，或者处于部分弧光裸露的半埋弧状态，仍然属于还原熔化，因为仍有碳被送入熔料中。

所谓氧化熔融法是指在熔化过程中，熔体不被渗碳，须在浇铸前进行脱碳处理，使最终熔体中碳含量极低的方法。主要措施包括以下几个方面：

（1）保持一定的电弧长度，使电极中脱出的碳进入熔体之前氧化生成的 CO_2 或 CO 得以排除，不进入熔体中。

（2）保持炉膛上部的氧化气氛，如控制除尘风机的抽力。

（3）向炉膛中的熔体吹氧，排出熔料中的碳，并使熔料中 Fe、Ti 等氧化物以高价态形式存在。吹氧的方法可以从熔炉上部吹，也可以从底部吹。除吹氧外，还可以采用在配料中加入氧化剂使其在熔化时放出氧的方法。

（4）采用优质电极，减少电极中碳的损耗，也可以降低熔体中的碳。

9.2.3 浇铸

将熔融体由电炉直接浇入铸模的过程称为浇铸。在浇铸过程中，先浇入铸模的熔体先凝固，形成固相区。未凝固的区域称为熔融区或液相区。在液相区与固相区之间有一个固液相共存的凝固区。浇铸过程对凝固区的生成速度有很大影响，并对制品的外形及内部质量产生很大影响。受到浇铸过程影响的性质与结构包括：制品形状的完整性；表面质量与气孔，如鼓包、空壳、节疤和缩孔等。影响这些性能的工艺因素包括：浇铸温度、浇铸速度、模具的质量与性能及浇铸方法等。

在熔体浇铸过程中，熔体从与模型接触的面开始逐渐由外向内部凝固。温度降低和凝固都会导致熔体体积收缩，使熔体的体积减小。在熔体尚未完全凝固时，熔体凝固所产生的体积收缩会由流入的熔体得到补偿。如果凝固所产生的体积收缩集中到凝固的最后阶段，在铸件最后凝固的地方就会形成一个集中的缩孔，如图 9-5 所示，在缩孔的下方常存在一个含有许多小孔或密集大晶粒的区域，这个区域结构松散，在使用过程中不能用作工

作面。

不同的浇铸方法产生的缩孔不同。图9-5给出了普通浇铸、倾斜浇铸、准无缩孔浇铸及无缩孔浇铸四种浇铸方式的缩孔形状。普通浇铸的缩孔在铸件的正上方，在先固化的铸件的底部结晶细密，在后固化的上部则结晶粗大并形成缩孔，如图9-5a所示。倾斜浇铸是将铸模与水平面形成一个角度，将冒口放在铸模的一端进行浇铸，如图9-5b所示，这样使缩孔偏移到铸件上部的一个角上，会在铸件的下部形成致密区，可作为工作面使用。准无缩孔浇铸与无缩孔浇铸是浇铸时将缩孔集中在某一区域内，退火后用金刚石锯片将缩孔的大部分或全部切除，如图9-5c、d所示。

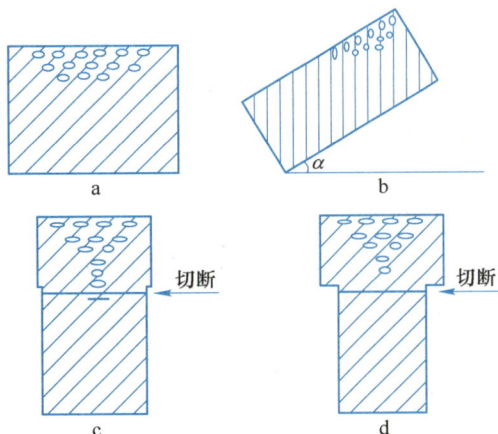

图9-5 四种浇铸方式生产产品示意图
a—普通浇铸；b—倾斜浇铸；
c—准无缩孔浇铸；d—无缩孔浇铸

9.2.4 铸件的凝固与退火

在浇铸过程中，熔体凝固并结晶。凝固过程对铸件的显微结构、性质及外观质量都有很大的影响。凝固过程可分为逐层凝固（连续型凝固）和糊状凝固（整体型凝固）。前者最常见，后者只有在高温下进行保温浇铸时才能实现。后者得到的铸件质量也并不一定很好，因此很少采用。

浇铸一开始熔体就会在模具内开始凝固结晶。在靠近铸模壁附近，熔体迅速冷却结晶形成杂乱取向的微晶，即所谓"激冷层"晶体。当浇铸继续进行的时候，部分取向良好、适合继续长大的晶体向熔体中生长，互相连接起来形成凝固前沿，并向熔体中推进。同时，在凝固过程中发生体积收缩，熔体不断地补充这种收缩体积，收缩产生的体积集中到最后凝固的部位，即产生缩孔。

铸件凝固过程如图9-6所示。根据温度分布，铸件截面可分为三层：固相区、凝固区与液相区。固相区为已凝固的区域，液相区为高温区，温度仍高于材料的熔化温度。在液相区与固相区之间存在一个凝固区，在此区域内固-液相共存，是液相凝固结晶的区域。随着温度不断下降，液相区与凝固区的界面向液相区推移，直至液相区完全消失，凝固过程完成。

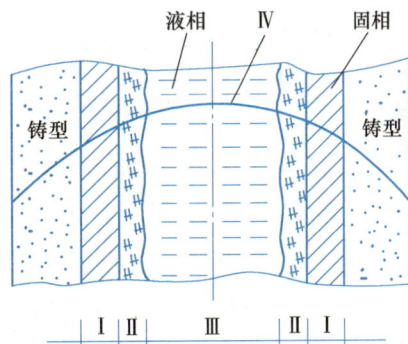

图9-6 浇铸过程中，某瞬时铸件断面的温度场及分层情况示意图
Ⅰ—固相区；Ⅱ—凝固区（液固共存）；
Ⅲ—液相区；Ⅳ—温度曲线

铸件的凝固过程对材料的显微结构、化学及物相成分的分布产生影响。表9-1给出了铸件中晶粒大小及成分的差异。凝固过程是导致产生这些差异的重要原因。此外，在铸件的凝固过程中由于铸件中各部分温度的差异及相转化会在铸件中产生应力，即所谓铸造应力。按形成

的原因，铸造应力可分为热应力、相变应力与机械阻碍应力三类。热应力是指铸件在冷却过程中，由于各部分冷却速度不一致，形成温差所产生的应力。相变应力是指铸件在冷却过程中由于相变及相变速率的差异所引起的体积变化不同所导致的应力。机械阻碍应力是由铸件线收缩受到铸模、型芯等机械阻碍而产生的应力。铸造应力会使铸件中形成裂纹，产生废品，造成很大的经济损失。

铸造中产生的裂纹分为热裂与冷裂两类。在凝固的初期，由于有大量的液相存在，即使有应力产生，也会因为液体的移动而消除。当铸件大部分处于固态或者全部固态的情况下，这时铸件的温度较高，铸件仍处于塑性状态。但是如果产生的凝固应力过大，它不能被玻璃相的塑性形变吸收，超过了玻璃相强度极限，产生裂纹，称为热裂。当温度进一步下降，使铸件由塑性状态变为弹性状态后，由铸造应力产生裂纹，称为冷裂。

热裂可以在铸件内部或表面形成，常沿晶界产生与扩展。它可以由凝固收缩产生，也可以由相变产生。影响热裂的因素包括熔体的性质、铸模阻力、浇铸工艺以及铸件的形状与尺寸。

冷裂是在铸件处于弹性状态下产生的。裂纹多细而直，常穿透玻璃相与结晶相。影响冷裂形成的因素同样有铸件的强度、温差及铸件的形状等。

为了消除铸造应力，减少铸件在冷却及使用过程中开裂的机会，熔铸耐火材料制品浇铸成型后必须进行退火处理。退火方法与工艺对熔铸耐火材料产品的质量有很大影响，退火不当，甚至会引起产品的炸裂。熔铸耐火材料的退火方法分为两类，即保温退火法与外供热退火法。

9.3 熔铸耐火材料制品

最常见的熔铸耐火材料制品包括熔铸氧化铝制品、锆刚玉制品、莫来石制品及氧化锆制品等，这类制品大多应用于玻璃熔窑，其组成与性质列于表 9-2 中。除此之外，还有电熔铸镁铬砖等碱性电熔铸制品。

9.3.1 铝锆硅系熔铸耐火材料制品

铝锆硅系熔铸耐火制品主要成分为 Al_2O_3、ZrO_2 和 SiO_2，通常用 AZS 来表示，其具体成分列于表 9-2 中，根据牌号不同而不同。常见的牌号，如 AZS-33 和 AZS-41，其后面的数字表示 ZrO_2 的含量，成分中以 Al_2O_3 及 ZrO_2 为主，SiO_2 主要存在于玻璃相中，SiO_2 属于受限组分，在材料中的含量不宜太多。

图 9-7a 所示结构的组成（质量分数）为 43% Al_2O_3、40% ZrO_2、17%玻璃相，属于 AZS 熔铸制品；图 9-7b 所示结构的组成（质量分数）为 94% ZrO_2 和 6%玻璃相，属于熔铸氧化锆制品。前者的显微结构更为复杂，它主要由斜锆石晶体以及斜锆石与刚玉的共生晶体嵌布在一高硅氧玻璃中构成。所谓斜锆石和刚玉的共晶，是指在菱柱状的刚玉晶体上分布着粒状的斜锆石晶体，并镶嵌在刚玉晶体中，这种镶嵌结构可以防止使用过程中刚玉过早溶入玻璃液，减少玻璃液侵蚀。

表 9-2 含 Al_2O_3 熔铸耐火材料的性质

项目		α-Al_2O_3 质	A, β-Al_2O_3 质	β-Al_2O_3 质	Al_2O_3-SiO_2 质	标准 ZrO_2 质 AZS	高 ZrO_2 质 AZS
化学成分/%	SiO_2	0.1~0.5	0.5~1.0	0.1~0.2	16~20	11~17	10~13
	Al_2O_3	99.0~99.5	94.5~96.0	93.0~94.5	73~79	48~53	45~58
	Fe_2O_3	<0.02	<0.02	<0.02	1.5~2.0	<0.15	<0.15
	TiO_2	<0.02	<0.02	<0.02	1.0~1.8	<0.15	<0.15
	ZrO_2	0	0	0	0~3.5	32~36	39~41
	CaO	0~0.5	0.2~0.5	0.1~0.15	—	—	—
	MgO	0~0.1	0~0.1	0~0.1	—	—	—
	Na_2O	0.2~0.4	3.0~4.0	5.0~6.0	—	1.1~2.0	1.0~1.3
矿物相/%	莫来石	—	—	—	55~70	—	—
	α-刚玉	90~95	40~50	—	20~30	46~50	42~45
	β-刚玉	5~10	50~60	99~100	—	—	—
	斜锆石	—	—	—	—	31~36	39~44
	玻璃相	0~1	0~2	0~1	10~15	17~21	15~17
密度/g·cm⁻³		3.85~3.95	3.45~3.65	3.15~3.35	3.20~3.40	3.80~4.00	4.05~4.25
显气孔率/%		0.5~5	0~2	3~5	0.5~4	0~1	0~1
耐压强度/MPa		150~250	150~250	20~70	250~300	200~500	200~500
荷重软化温度/℃		<1750	<1750	<1750	<1700	<1700	<1700
导热系数 /W·(m·K)⁻¹	600 ℃	5.8~7.0	2.9~4.1	1.4~2.3	3.0~3.5	3.5~4.1	3.5~4.1
	1000 ℃	5.8~7.0	4.1~5.2	3.1~3.7	4.1~4.4	3.7~4.3	3.7~4.3
热膨胀率/%	1000 ℃	0.75~0.85	0.75~0.85	0.65~0.75	0.5~0.6	0.6~0.85	0.6~0.9
	1500 ℃	1.2~1.4	1.1~1.3	0.9~1.1	0.7~0.9	0.7~0.9	0.7~0.9

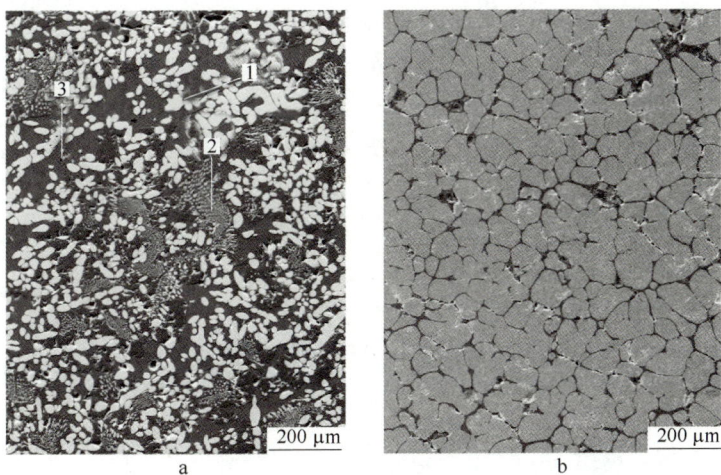

图 9-7 AZS 与高 ZrO_2 电熔铸耐火材料的显微结构

a—AZS 显微结构；b—高 ZrO_2 显微结构，玻璃相分布在 ZrO_2 晶粒周围

1—ZrO_2 初晶；2—ZrO_2 和 Al_2O_3 的共晶；3—玻璃相

AZS 中的玻璃相是由 SiO_2 与其他杂质元素或助熔剂，如 Na_2O、TiO_2、Fe_2O_3、F、B_2O_3 以及 CaO 与 MgO 等组成。通常 CaO 与 MgO 在 AZS 中含量很少，而 SiO_2 含量较高，它属于高 SiO_2 含量玻璃。表 9-3 给出了某 AZS-33 中玻璃相的化学成分，根据熔铸制品中 ZrO_2 及杂质成分与含量不同，熔铸耐火材料制品中玻璃相含量在百分之几到百分之二十之间波动。玻璃相对熔铸耐火材料的使用性能有正反两个方面作用：一方面，玻璃相加热到高温后它会熔化渗出，造成熔制玻璃缺陷，同时，熔制的玻璃液会渗入液相渗出后留下的气孔中，加速熔制玻璃对耐火材料的侵蚀；另一方面，晶粒间的玻璃相软化，可以起到消除由相变等因素引起的应力作用，避免产生裂纹。综合两方面的因素可以认为，熔铸耐火材料中存在一定量高渗出温度的玻璃相比较有利。

表 9-3　AZS-33 中玻璃相的化学成分（质量分数）　　　　　　（%）

SiO_2	Al_2O_3	ZrO_2	Na_2O	Fe_2O_3	TiO_2	CaO	MgO
72. 09	16. 48	2. 77	5. 60	0. 88	0. 99	0. 26	0. 12

ZrO_2 是 AZS 熔铸耐火材料中最重要的组分，抗玻璃熔体侵蚀性能好。在升温与降温过程中，ZrO_2 晶体会发生如下相变：

$$（高温型）四方型 ZrO_2 \rightleftharpoons 单斜型 ZrO_2（低温型）$$

四方型 ZrO_2 属于四方晶系，真密度为 6. 10 g/cm^3；单斜型 ZrO_2 属于六方晶系，真密度为 5. 56 g/cm^3。当升温时，单斜型向四方型转化开始温度为 1170 ℃，反向转化时开始温度为 800 ~ 1000 ℃，伴随着 5% ~ 9% 的体积变化。转化温度与体积变化的大小、晶格变形情况、晶粒大小及杂质存在的情况有关。ZrO_2 在熔铸耐火材料中以斜锆石的形式存在，它在 AZS 中的含量越大，在制造与使用过程中因相变造成的应力也越大，铸件开裂的可能性也越高。但是，由于高 ZrO_2 含量的熔铸耐火材料的高抗蚀性，AZS 材料向高 ZrO_2 含量方向发展的趋势明显，一些高 ZrO_2 含量的 AZS 砖及 ZrO_2 电熔铸砖相继出现。但是，目前对 ZrO_2 含量与抗玻璃熔体侵蚀性的关系仍有不同的试验结果与看法。同一种耐火材料对不同玻璃的抗侵蚀能力是不同的。此外，考虑到价格和经济等因素，目前大量生产与使用的仍然是 ZrO_2 含量（质量分数）在 50% 以下的 AZS 熔铸制品。

除了抗侵蚀性能以外，AZS 中 ZrO_2 的含量对其他性能也有一定影响。图 9-8 给出了 AZS-33 及 AZS-41 的热膨胀率与温度的关系。AZS-41 的热膨胀率比 AZS-33 的大。在 1000 ℃ 左右热膨胀率的变化是由于 ZrO_2 相变产生的。

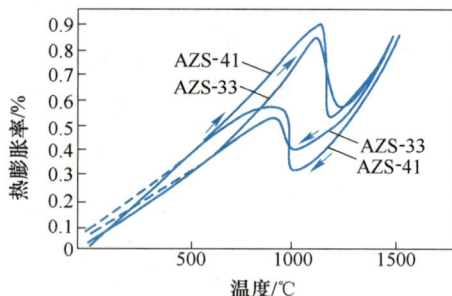

图 9-8　AZS 的热膨胀曲线

9.3.2　熔铸 ZrO_2 耐火制品

所谓 ZrO_2 熔铸制品实际上并非纯 ZrO_2 制品，其中仍含有少量 Al_2O_3、SiO_2 以及其他元素，从化学组成上仍属于 ZrO_2-Al_2O_3-SiO_2 体系，通常 ZrO_2 含量（质量分数）为 90% ~

99%，最常见的 ZrO_2 含量（质量分数）为94%左右。含量（质量分数）为94%的 ZrO_2 熔铸耐火材料的显微结构已列入图 9-7b 中，其特点是一层薄薄的玻璃相分布在氧化锆颗粒周围，这种显微结构使它的性质与一般 AZS 熔铸耐火材料有显著差异。

图 9-9 给出了 ZrO_2 含量（质量分数）为 40%（AZS 材料）和 ZrO_2 含量（质量分数）为 94%（HZ 材料）两种制品在室温至 1600 ℃加热-冷却循环中线变化与温度的关系，从图中可以看出，两者的线变化-温度曲线均为环形，形状相似，但在 ZrO_2 的相变温度 T_{t-m} 与 T_{m-t} 下产生的线变化值有很大差异，HZ 试样的值大于 AZS 试样的值。这是由于两方面原因所致，其一是后者 ZrO_2 含量低，相变产生的线变化小，其二是后者玻璃相含量高，玻璃相在高温下的塑性消除了部分因相变引起的尺寸变化。

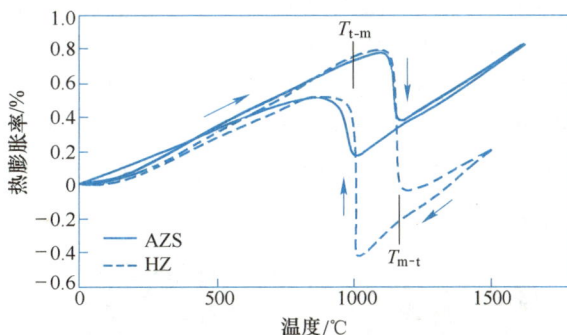

图 9-9　AZS 和 HZ（高 ZrO_2 含量）材料的
热膨胀曲线（室温至 1550 ℃）

9.3.3　熔铸氧化铝耐火材料

熔铸 Al_2O_3 耐火材料包括熔铸 $\alpha\text{-}Al_2O_3$ 耐火制品、熔铸 α，$\beta\text{-}Al_2O_3$ 耐火制品及熔铸 $\beta\text{-}Al_2O_3$ 耐火制品。$\alpha\text{-}Al_2O_3$ 耐火制品由纯氧化铝熔体浇铸凝固而成。但存在 Na_2O 时，氧化铝熔体浇铸后形成 $\beta\text{-}Al_2O_3$ 晶体（$Na_2O \cdot 11Al_2O_3$）。而 α，$\beta\text{-}Al_2O_3$ 耐火制品同时含有 $\alpha\text{-}Al_2O_3$ 与 $\beta\text{-}Al_2O_3$。

优质 $\alpha\text{-}Al_2O_3$ 熔铸耐火制品的 Al_2O_3 含量（质量分数）在 99% 以上，其显微结构如图 9-10 所示。以粒状刚玉颗粒为主体，在这些微颗粒之间存在少量 $\beta\text{-}Al_2O_3$ 与玻璃相。由于结构致密，其硬度高且高温下的稳定性好。但由于玻璃相少，且微颗粒间没有形成交错结构，因而抗热震稳定性差。该材料在玻璃窑上使用时，容易与 Na_2O 蒸气反应转化为 $\beta\text{-}Al_2O_3$，引起体积膨胀，因此，在玻璃窑使用较少。

$\beta\text{-}Al_2O_3$ 的分子式为 $Na_2O \cdot 11Al_2O_3$，是一种铝酸盐，可看作是 Na_2O 固溶入 Al_2O_3 中，因而习惯上将它看成 Al_2O_3 的一种晶形。$\beta\text{-}Al_2O_3$

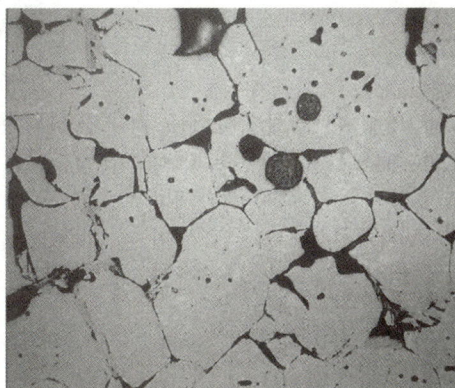

图 9-10　$\alpha\text{-}Al_2O_3$ 熔铸耐火材料

熔铸耐火制品中的 Al_2O_3 含量（质量分数）为 93%～94%，Na_2O 含量（质量分数）为 5%～6%，显微结构如图 9-11 所示。Al_2O_3 全部为 $\beta\text{-}Al_2O_3$，呈发育良好、平板状的大晶体，它们互相交错，形成网络状结构。$\beta\text{-}Al_2O_3$ 熔铸耐火制品中玻璃相很少，但气孔率较高，因此，强度较低，但抗热震性较好。由于 $\beta\text{-}Al_2O_3$ 中 Na_2O 已饱和，因此，它具有优良的抗碱蒸气侵蚀的能力，常用于玻璃熔窑的上部。但是，在碱含量低且与 SiO_2 接触部位使用时，$\beta\text{-}Al_2O_3$ 易分解为 $\alpha\text{-}Al_2O_3$ 与 Na_2O，这个过程产生体积收缩，容易引起开裂与剥落，因此，应避免在原料粉尘飞扬严重的部位使用。此外，由于 β-Al$_2$O$_3$ 熔铸制品的气孔率较高，抗玻璃液的侵蚀能力较差，也不宜用于与玻璃液直接接触的部位。

α，β-Al$_2$O$_3$ 熔铸耐火制品同时含有 α-Al$_2$O$_3$ 与 β-Al$_2$O$_3$ 两相，通常 Al$_2$O$_3$ 含量（质量分数）为 95% 左右，Na$_2$O 含量（质量分数）为 3%~4%。其显微结构如图 9-12 所示。在粒状 α-Al$_2$O$_3$ 晶粒之间镶嵌板状 β-Al$_2$O$_3$ 晶体，两者相互交错成非常致密的结构。α-Al$_2$O$_3$ 与 β-Al$_2$O$_3$ 两相的比例大约各占 50%（质量分数）。由于熔铸 α，β-Al$_2$O$_3$ 熔铸制品有较强的耐碱性且玻璃相含量很少，只有百分之几，当其与玻璃液接触时，玻璃相渗出很少，对玻璃液的污染少，因此，可应用于玻璃窑中温度较低的部位，如澄清槽等。近年来，为减少 CO$_2$、NO$_x$ 的排放含量，玻璃熔窑从空气燃烧向富氧燃烧转化，碱与硼蒸气的浓度大幅度提高，窑顶硅砖侵蚀严重，因而，α，β-Al$_2$O$_3$ 熔铸耐火制品在窑顶的使用增多。

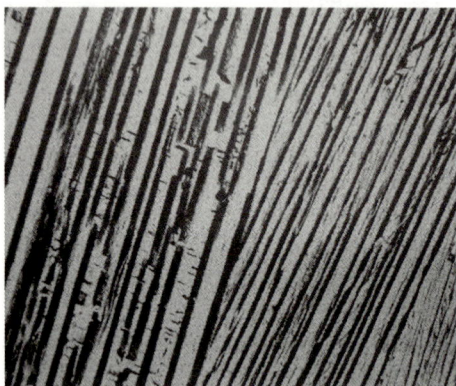

图 9-11   β-Al$_2$O$_3$ 熔铸耐火材料   图 9-12   α，β-Al$_2$O$_3$ 熔铸耐火材料

思 考 题

9-1   熔铸耐火材料显微结构与一般耐火材料有何区别?

9-2   影响玻璃相渗出温度的主要因素有哪些?

9-3   简述熔铸耐火材料的生产工艺流程。

用后耐火材料和固废的利用

高温工业窑炉的耐火材料内衬通常由工作层、永久层和保温层构成。工作层直接与侵蚀介质及高温气体接触，是被侵蚀而损坏的一层；永久层的作用是保护工作层，在使用过程中一般不与侵蚀介质接触；保温层起隔热作用。即使在高温容器（如钢包）使用完毕后，工作层也不会全部消耗完，必须保留一定的残存厚度以保证生产安全。在更换新衬时，这一残存厚度常被去掉。在长期使用过程中，永久层与保温层内部可能发生物相与显微结构的变化，因此，使用一段时间后也应更换，但其化学成分变化不大。可见，炉衬在使用后，真正被熔渣等侵蚀介质蚀损掉的仅占小部分，其大部分仍然可以作为耐火材料或其他工业原料使用。

除炉衬以外，一些耐火材料器件在使用后的蚀损更少，如滑板，它废弃的原因仅仅是因为扩孔及孔周围产生裂纹，其侵蚀量非常小，用后滑板大部分的组成与性质与原材料相差不大，可再利用。

图 10-1 为 2000 年欧洲消耗耐火材料的质量平衡图，由图可见，高温工业所消耗的耐火材料中只有 35% 被侵蚀掉了，18% 是被作为垃圾处理掉了，20% 重新作为耐火材料原料使用，27% 作为其他工业原料利用，即只有 53% 的耐火材料被真正消耗掉了，但在 53% 被消耗的耐火材料中，18% 是作为垃圾处理的，其实还是有可能找到其他用途，我国每年有 1000 万吨以上的用后耐火材料需要处理。

有些合金（如钛铁合金）或金属（如铬）冶炼过程中产生大量的炉渣，经过一定步骤处理后可以得到价廉物美并具有特殊功能的高温耐火原料，自 2014 年后，固废资源化及无害化利用已取得了很大的进展。因此，世界上没有垃圾，只有放错了地方的资源。

用后耐火材料及固体废弃物的资源

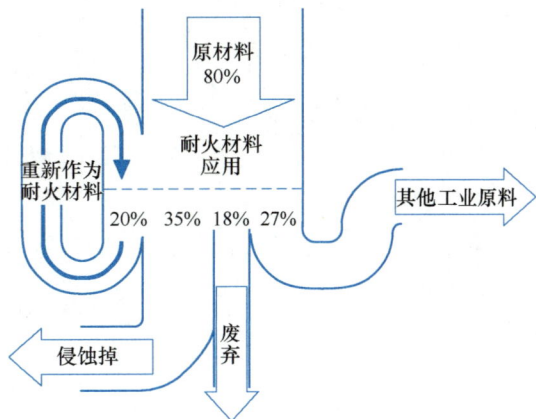

图 10-1　耐火材料的质量平衡图

化利用，对于降低资源消耗、实现可持续发展有重要意义。因此，特将用后耐火材料和废渣的资源化利用单独作为一章给予阐述。

10.1　用后耐火材料的资源化

耐火材料品种多种多样，各个高温工业，如黑色冶金、有色冶金、建材（水泥与玻璃工业）、石油化工等高温米窑，都需要用到与之设备和工艺相适应的耐火材料，这些耐火材料都有安全使用周期，要把这些行业用后的耐火材料变成耐火原料资源，且得到充分利用是一项十分复杂的系统工作，必须经过严格的拣选分类、除杂、提纯等处理过程。表10-1为根据不同来源及类别，对用后耐火材料进行的分类。

表 10-1　用后耐火材料分类

来源	类别	分类	级　　别
各类热工窑炉设备	铝硅系耐火材料	刚玉质	按密度分为高密度、中密度、轻质
			按制备所用原料分为白刚玉、致密刚玉、棕刚玉和亚白刚玉
		莫来石质	按密度分为高密度、中密度和轻质
			按制备的原料分为电熔莫来石、合成高纯莫来石和天然莫来石
		高铝质	按密度分为高密度、中密度、轻质
			按制备的原料分为特级矾土、一级矾土、二级矾土和三级矾土
		黏土质	按密度分为高密度、中密度、轻质
			按化学成分（Al_2O_3 含量）分为≥40%、≥35%和≥30%
		硅质	按密度分为轻质和重质
			按化学成分（SiO_2 含量）分为≥98%、≥96%和≥93%
		熔融石英	太阳能坩埚、棍棒、水口等 SiO_2 含量≥99%
钢铁冶金工业的各种贮运热工设备	含碳耐火材料	MgO-C 砖	MT-10A、MT-10B、MT-10C、MT-14A、MT-14B、MT-14C、MT-18A、MT-18B、MT-18C、低碳镁碳砖
		Al_2O_3-C 砖	塞棒、浸入式水口、长水口、滑板、高炉铝碳砖
		MgO-Al_2O_3-C 砖	电熔原料生产的铝镁碳砖、烧结高纯原料生产的铝镁碳砖、一般铝矾土镁碳砖
			按 MgO 含量分为≥50%、≥30%和≥10%
		Al_2O_3-SiC-C	铁水包和鱼雷车用铝碳化硅碳砖、出铁场用铝碳化硅碳浇注料、捣打料等
		镁钙碳砖	电熔镁钙碳砖、高纯镁钙碳砖、普通镁钙碳砖
			按 CaO 含量分为≥50%、≥30%、≥20% 和≥10%
玻璃窑蓄热体、冶金炉衬永久层等	镁质耐火材料	镁砖和镁质散状	按所用原料分为电熔镁耐材、高纯镁耐材、中档镁耐材、普通镁耐材
			按 MgO 含量分为≥98%、≥95%、≥90% 和≥85%

续表 10-1

来源	类别	分类	级别
钢铁冶金精炼炉、水泥窑衬等	镁钙系耐火材料	镁钙砖	按所用原料分为电熔镁钙耐材、高纯镁钙耐材、普通镁钙耐材
			按 CaO 含量分为 ≥50%、≥30%、≥20% 和 ≥10%
水泥窑、石灰窑炉衬和精炼炉衬等	镁铝系耐火材料	铝镁系耐火材料	电熔镁铝耐材、高纯镁铝耐材、普通镁耐材
			按 Al_2O_3 含量分为 ≥50%、≥30%、≥20% 和 ≥10%
玻璃窑炉、冶金水口	锆质耐火材料	氧化锆耐材	氧化锆耐材
		ASZ 耐材	锆莫来石耐材、锆刚玉耐材
		锆英石耐材	锆英石耐材
水泥、黑色、有色冶金窑炉内衬	镁铬质耐火材料	镁铬砖	电熔再结合镁铬耐材、预反应高纯镁铬耐材和普通镁铬耐材
			按 Cr_2O_3 含量分为 ≤10%、10%~15%、15%~20%、20%~30% 和 ≥30%
铝电解槽、高炉衬、陶瓷热工设备	非氧化物耐火材料	碳化硅砖	黏土结合碳化硅砖、氮化硅结合碳化硅砖、二氧化硅结合碳化硅砖、赛隆结合碳化硅砖、重结晶碳化硅砖、自结合碳化硅砖
		炭砖	石墨砖、半石墨砖、普通炭砖
		BN 制品	氮化硼制品
		$MoSi_2$	硅化钼
石油化工、有色冶炼	铬质耐火材料	铬质耐火材料	按 Cr_2O_3 含量分为 70%~80%、80%~90%、≥90%、25%~35% 和 ≤25%

耐火材料经使用以后，有很多异质介质进入到耐火材料里，在拆炉和运输过程中也常带入较多尘土和杂质，同时，不同位置、不同炉窑的用后耐火材料混级现象非常严重。在一座使用耐火材料的高温窑炉里，不同位置用的是不同的耐火材料。这些不同的耐火材料性质差别很大，在拆炉和运输过程中，它们又被人为因素混合在一起，这是影响其再生的主要原因之一。

10.1.1 用后耐火材料的资源化过程

10.1.1.1 用后耐火材料的回收

耐火材料用在热工窑炉上，当窑炉达到一定的使用寿命时就需拆除。在拆窑炉的过程中，最理想的拆除方式是：逐层拆解并把用后耐火材料分门别类地堆放，不要把周围的泥土、杂物混到或黏到用后耐火材料里去，然后按颜色、密度、硬度、强度和砖的尺寸形状的不同，进行鉴别、拣选，以免影响用后耐火材料的质量。

10.1.1.2 用后耐火材料的处理方法

用后耐火材料除用在永久层等少部分位置拆下来可直接用于其他非主要或安全性要求不高的地方外，其余的需经一定处理后才可再利用。

A 去除泥土、灰尘和掺杂物

对于分类过的用后耐火材料，表面粘有灰尘、泥土和掺杂了一些夹杂物，必须除去。

可采用人工法把掺杂物拣出，并用水冲洗，洗去表面的泥土和灰尘。通过水洗和拣选，把用后耐火材料里的掺杂物、黏附的泥土和灰尘等有害物质去除。

B 去除渣层和渗透层

一般情况下用后耐火材料表面沾有一层炉渣等窑内的侵蚀介质，往往窑内的侵蚀介质还扩散渗入耐火材料炉衬的内部，并与耐火材料发生反应形成变质层。渣层和变质层都影响用后耐火材料的性能，影响到再生产制品的高温性能和使用寿命。因此，必须首先除去这些有害的成分后，才能进行破粉碎加工。去除的方法有：（1）人工敲击法。用锤头敲击渣层，使渣层和渗透层剥离，与用后耐火材料分离。（2）切割法。不同的用后耐火材料表面黏附的渣层和渗透层的厚度不均，黏接强度不同。黏接强度低时可直接敲击下来，黏接强度高的，应采用机械切割的方法去除。

C 破粉碎

当用后耐火材料去除了非金属夹杂物和表面黏附的粉尘等杂质后，可以在各种破碎设备中进行破粉碎加工。

D 除铁

用后耐火材料内含有金属夹杂铁和铁屑，同时在破粉碎加工过程中，因机械的磨损和撞击，也会产生增铁。因此，必须在破粉碎过程中采用磁选方法把金属铁从用后耐火材料里除去。对有特殊要求的，还需要进行酸洗除铁。

E 均化

用后耐火材料来源复杂，同一用户甚至同一窑炉，不同部位所用的耐火材料不一样，要把它们完全分门别类地分开是相当困难的。这样就会使用后耐火材料质量波动性很大，可能出现经不同批次处理的用后耐火材料的质量存在差异，这给使用或再生优质产品带来很大的困难。除了加强拣选分类外，应采用均化处理，使处理出来的用后耐火材料均匀，这样能够做到再生出来的产品性能稳定。

F 分离

经破粉碎后的用后耐火材料，若直接作为原料，一般是得不到高质量产品的。主要是经破碎后的用后耐火材料的颗粒大多是假颗粒，并且还含有一些有害成分，只有把这些有害成分除去或转化，并把颗粒团聚体或假颗粒解除，才能提高原料的内在质量，制造出满足性能指标要求的产品。因此，经破粉碎后的用后耐火材料颗粒，应进一步进行加工处理，分离出用后耐火材料的不同成分，这样用后耐火材料才能成为更有价值的原料，制备出的产品的质量才会更高。

a 碾磨法

把破粉碎后的用后耐火材料进一步碾磨处理，将颗粒和细粉分离。这有三方面的作用：一是破坏颗粒的团聚体，提高产品的性能；二是粉末化，使之成为微粉，提高产品附加值；三是改变组成。不同颗粒大小的材料硬度不同，可以分离出来，起到提纯和分离的作用。假颗粒是由耐火材料配料时多种材料组成的团聚体，内有很多气孔，因此，密度很低。而解除假颗粒后，颗粒内气孔就减少，颗粒密度提高。经过碾压，破假颗粒前后的颗粒形貌如图 10-2 所示，这两种镁碳颗粒的密度由假颗粒的 2.92 g/cm^3，增加到 3.32 g/cm^3，这对提高产品的性能是有利的。

图 10-2 用后耐火材料颗粒处理前后形貌
a—处理前；b—处理后

b 烧失法

烧失法主要应用于含碳耐火材料，用后的含碳耐火材料中含有碳，直接作为原料应用会使浇注料的加水量增加，产品性能下降，难以制备出高质量的产品。利用石墨在1000 ℃以上易氧化的原理，把用后镁碳砖料中的碳高温烧掉，从而得到电熔镁砂，可作为电熔镁砂原料使用。

这种方法提取的电熔镁砂与用菱镁矿直接电熔得来的电熔镁砂相比，具有成本较低和就地加工的优点。但该方法的缺点是用后镁碳砖只能部分利用，有价值的石墨没有利用，同时一定程度上增加了碳排放。

c 浸渍法

用后耐火材料经过破粉碎得到的颗粒表面有很多气孔，颗粒密度也很低，这严重影响了再生产品的致密度，增加了浇注料的加水量。

消除这个不利因素的方法之一就是浸渍。即把用后含碳颗粒料经过氧化处理后，用磷酸、金属盐溶液、硅溶胶、金属有机物进行真空浸渍，使浸渍剂进入颗粒气孔里，然后固化或高温处理，使颗粒内气孔减少和颗粒强度提高。用它作为喷补料的原料，加入量小于30%、加水量为26%时，与不含用后耐火材料的喷补料在抗侵蚀性、气孔率和附着性等性能方面均相当。而没有经过这样处理的，会导致喷补料的性能显著降低。对于不含碳的用后刚玉料，经过浸渍处理，使表面层气孔变小，干燥后，作为浇注料的原料，加入量为5%~30%、加水量为6%，与不含用后料的浇注料在抗侵蚀性、气孔率和强度等方面都相当。而没有经过这样处理的用后料，会导致浇注料的性能显著降低。因此，经过浸渍处理的用后耐火材料，会使制成的产品致密度、显气孔率等性能得到显著改善。

d 选矿法

利用用后耐火材料复合成分的密度不同，可以采用重液选矿法将密度不同的原料区分开来，这适合于密度差较大的复合用后耐火材料。如铝碳砖等用后含碳耐火材料，其主要成分是石墨、刚玉及矾土熟料，石墨的密度只有 2.23 g/cm^3 左右，而刚玉等密度都在3.0 g/cm^3 以上，这样就可以通过重液选矿法把石墨和刚玉等分离出来。

e 化学反应法

化学反应去除杂质法是指通过化学反应，把用后耐火材料中的某些杂质转化成可溶解的化合物，再用水洗涤而除去。这里有代表性的例子是用后耐火材料里的金属铁。如果不除掉这些夹杂的铁，会对再生制品产生不利影响。对于一般耐火材料可以通过磁选去除，但对于再生优质原料，要求铁的含量极低，并且很细颗粒的铁分布在细粉里，很难除去。这种情况下，要用稀盐酸冲洗，使铁与 HCl 反应生成氯化铁，氯化铁溶解于水中，经过冲洗而除之。这对于用后刚玉材料和用后碳化硅材料是比较合适的。

f 化学转化法

用后耐火材料里含有某些有害成分，经过某些化学反应，使用化学转化法使之变成无害物质，从而改善用后耐火材料性能。例如：（1）用后镁碳砖等。用后含碳耐火材料里含有 Al_4C_3，Al_4C_3 像 CaO 一样特别容易与空气中的水发生水化反应，并伴有大的体积膨胀。如果制造产品前不把它除去，就会使再生产品经过高温时水化膨胀而出现裂纹、粉化报废。因此，含 Al_4C_3 的用后耐火材料要预先经过水化处理转化成氢氧化铝。（2）用后镁铬砖特别是靠近工作面 Cr^{6+} 含量较高，严重超过环保指标标准。Cr^{6+} 是严重危害人类健康的，遇水溶解，污染环境和地下水源，必须进行处理才能排放。日本介绍了去除 Cr^{6+} 的两种方法。第一种方法是水泥窑拆窑前，从 1350 ℃ 降温过程中，通入氮气+5%H_2 或 CO，可将 Cr^{6+} 还原为 Cr^{3+}，这时的用后镁铬砖就可以按照正常处理工艺制作出合格的原料进行利用；第二种方法是还原煅烧法，把用后镁铬砖在 1200 ℃ 埋碳处理，这时砖中的 Cr^{6+} 浓度由 380 μg/g 降到 2.6 μg/g。

10.1.2 用后耐火材料的再利用

10.1.2.1 初级加工

这里把用后耐火材料经过简单的拣选和破粉碎加工成不同颗粒料就使用的方法叫作初级加工。它一般是以少量的比例，掺入档次较高的产品生产过程中，即使配入少量的这种初级加工材料，也会显著降低产品的质量。也有添加较高比例的用后耐火材料到冶金辅料等附加值不高的产品中。因此，产生的附加值也很低，即用后耐火材料的初级使用产生的企业效益和社会效益较低，但它解决了环保问题，即避免了环境污染，这里列举几个具体的例子。

（1）中国台湾中钢在环境政策的强烈压力下，2001 年开始不允许将用后耐火材料废弃。因为政府不允许废弃耐火材料，因此他们把用后耐火材料收集起来，经过拣选和破粉碎加工成不同的颗粒，一部分强制供给耐火材料供应商，以换取下次的订单，中钢称之为"环保订单"，另一部分钢厂留下来直接作为造渣剂等冶金辅料。

（2）韩国浦项是自己统一加工回收，把夹杂的金属、渣和用后耐火材料分离开来，分离的用后耐火材料加工成颗粒，直接作为冶金造渣剂或建筑铺路材料等。

（3）法国 Valoref 公司专门从事全球废弃耐火材料生意，处理来源于法国和国外玻璃窑的耐火制品，发明了许多回收利用来自玻璃、钢铁、化工、垃圾焚烧等工业的大多数废弃耐火材料的技术，也开发了一种最佳回收利用拆炉法，目前法国玻璃窑用耐火材料的回收利用率达到 3.6 万吨/年。

（4）意大利的 Officine Meccaniche di PonzanoVenetto 公司回收各种炉子、中间包、铸锭模和钢包内衬的用后耐火材料，经处理后直接喷吹入炉以保护炉壁。回收用后耐火材料的具体步骤是：

1）通过破碎机将用后耐火材料破碎至 8~10 mm 的细颗粒；

2）回收细颗粒中的含铁物质作为废钢铁回炉；

3）将颗粒细小的耐火材料存入储料仓；

4）根据要求将这些耐火材料颗粒通过安装在电炉炉顶的喷嘴吹入炉中，有些颗粒是在熔炼开始时向炉内喷吹以直接保护炉壁。

（5）国内把用后镁碳砖经过初步拣选和破粉碎成不同颗粒后，在生产镁碳砖时，以 5%~20% 的比例混入新的镁碳砖配料中使用，有时也直接加入溅渣护炉料里。以用后镁碳砖料为原料，还可制成中间包干式料、转炉大面修补料、炼钢改质剂等。

（6）有些耐火材料生产厂家在生产较低档次的耐火浇注料等散装料时，添加一定量用后耐火材料的颗粒料。如用后镁碳砖料（或镁铬砖颗粒料）添加到电弧炉出钢口的 EBT（偏心炉底出钢）填料里，自开率达到了 98%，不次于原始填料的自开率。

（7）初级破粉碎的用后耐火材料颗粒制成各种轻质的耐火材料，作为保温使用。

（8）用后白云石砖代替轻烧白云石作为 LF（Ladle Furnace，钢包精炼炉）的造渣料，对于钢水沸腾和渣化性脱硫速度方面不影响精炼能力，白云石也可以作为土壤的改质剂，以改良酸性土壤。

（9）日本钢铁工业用后的耐火材料主要用作造渣剂，也可作为型砂的替代物，Al_2O_3-尖晶石浇注料回收后做修补料和喷补料。

（10）玻璃窑用后 AZS 砖（电熔锆刚玉砖）和钢铁加热炉 AZS 砖，经过破碎、磁选、干燥等处理后，进行重熔再熔铸成 AZS 砖。这样降低了 AZS 砖的生产成本。

（11）用后 AZS 砖和用后滑板作为滑板耐火材料的原料。即把玻璃窑用后 AZS 砖和用后滑板，经过拣选、破粉碎、除铁等处理后，作为滑板原料，按照一般生产滑板的工艺，生产出滑板，与新的滑板一样。这些用后耐火材料甚至是无价值的废料，经过再利用后，价值大大提高。

（12）用后滑板破碎后，经过进一步处理后以 40%~60% 比例加入到 Al_2O_3-SiC-C 浇注料里，这样制成的脱硫喷枪使用寿命达到了 482 次。而以 30% 加入滑板里取得了与新滑板相同的使用结果。

（13）再生优质铝镁碳砖。用后铝镁碳钢包砖经过拣选、颗粒加工、除铁等处理，按照优化的铝镁碳砖生产工艺技术，制备再生铝镁碳砖的理化指标见表 10-2。

表 10-2 再生铝镁碳砖的性能

化学成分/%	Al_2O_3	69
	MgO	14
	C	8.5
物理指标	体积密度/g·cm^{-3}	3.01
	显气孔率/%	8.7
	耐压强度/MPa	44.5
再生料加入量/%		>90

10.1.2.2 深度加工

把用后耐火材料经过简单的拣选和破粉碎加工成不同颗粒料后，进一步进行破碎和物理化学加工与处理，使用后耐火材料的性能更接近原始原料水平。

以这样的用后耐火材料再制备产品的方法称为中级使用法。中级处理后生产产品的质量进一步提高，有些性能达到原始产品的性能和使用结果。因此产生了更高的附加值，给企业和社会带来了更大的效益，同时也解决了环保问题，例如：

（1）滑板的再利用。用后滑板往往只是中间孔周围的一小部分被侵蚀或损坏，可以把损坏部分切除，补浇或镶嵌一块新的，再经过磨平和处理，这样的修复式滑板与新的使用效果一样，如图 10-3 所示。

（2）再生优质镁碳砖。用后镁碳砖经过拣选、除铁、水化、颗粒加工等处理，以此为原料，加入量达到 97%，制备的镁碳砖的理化指标达到了新镁碳砖 A 级的水平，它的性能见表 10-3。4 号再生镁碳砖在宝钢 300 t 钢包渣线上使用，其使用寿命达到了 82 次（其中有 20 次 LF），侵蚀损耗速度仅为 1.28 mm/次。把研制的再生镁碳砖用到 120 t 钢包上，达到了 120 炉次的使用寿命，达到了 MT-14A 的实际使用水平。

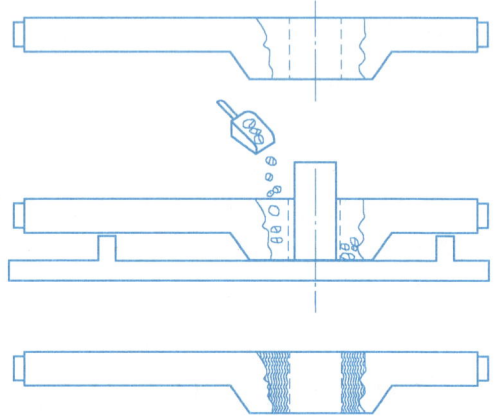

图 10-3　滑板的浇注修复

表 10-3　再生镁碳砖的性能

	编号	1	2	3	4
化学成分/%	MgO	80	76	80	77
	C	12	14	11	14
物理指标	耐压强度/MPa	60	52	60	52
	体积密度/g·cm^{-3}	3.04	3.01	3.08	3.04
	显气孔率/%	3	2	3	2
	热态抗折强度（1400 ℃×0.5 h）/MPa	13	12	13	12
	使用量/%	97	97	80	80

（3）高炉出铁场使用的刚玉碳化硅碳浇注料。经破粉碎、湿磨和酸洗处理，根据原料的不同特点，人工拣选出刚玉。用该再生原料可以制造出很好的出铁场浇注料、捣打料等刚玉质耐火材料，也可以加工成不同的颗粒作为磨料使用。

（4）再生优质铝碳化硅碳砖和浇注料。把优质的高炉主沟用后的刚玉-碳化硅-碳浇注料进行拣选除渣、破粉碎加工和除铁，再对颗粒进行处理。以此为原料制备 ASC（铝碳化硅碳）砖，其理化指标达到了价值很高的优质 ASC 砖的水平，再生的 ASC 浇注料和捣打料的性能也达到或优于相应实际使用产品的水平。这些材料的理化指标见表10-4。

表 10-4　再生铝碳化硅碳砖和浇注料的性能

项目		浇注料	捣打料	ASC 砖
化学成分/%	SiC	10.2	11	10.7
	C	2.2	4.0	11.3
	Al_2O_3	83	81	81
200 ℃×24 h 处理后性能	体积密度/g·cm^{-3}	2.89	2.89	3.00
	显气孔率/%	16	12	6.3
	耐压强度/MPa	11.4	56.2	40.6
1450 ℃×3 h 处理后性能	体积密度/g·cm^{-3}	2.92	2.86	3.01
	显气孔率/%	17.3	17.7	13
	耐压强度/MPa	119.1	41.4	38.7
用途		出铁沟、沟盖、鱼雷车	出铁沟、铁水包	鱼雷车、混铁炉

用后耐火材料资源化利用流程如图 10-4 所示。

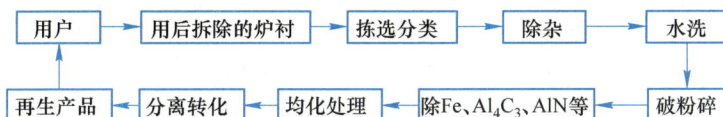

图 10-4　用后耐火材料资源化利用流程

10.2　废渣的资源化利用

废渣是工业化生产过程中的一种废弃物，可采取回收、加工等措施，使其转化成为二次资源进行再利用。废弃物资源化的前提是废弃物的资源价值，并直接体现于资源的利用和经济价值。

不是所有的工业废渣都可以对其进行耐火材料资源化的。本节所述的废渣是以铝热法采用炉外冶炼技术，生产 Cr、Ti、Mn、Mo 等金属单质或生产铬铁、钛铁和锰铁等合金过程中排出的渣为原料，在电弧炉中经重熔、还原、除杂、脱碳等工艺处理而成的一类再生耐火资源。

10.2.1　钛铁渣的利用

钛铁渣是生产钛铁合金时的一种炉渣，其量是钛铁合金的 1~1.25 倍，主要成分为 Al_2O_3、TiO_2 和 CaO，另含少量的 MgO、SiO_2 和 Fe_2O_3 等。

我国的钛铁合金产量约占全球的60%，生产钛铁合金时，产生大量的钛铁渣，过去一般少量用作铺路材料，大量的钛铁渣堆积成山，既占用了农田，又浪费了资源。这种炉渣可通过一定的工艺进行物理和化学处理，消除其中的 SiO_2 和 Fe_2O_3 等杂质，获得含有六铝酸钙和钛铝酸钙为主要物相的"钛铝酸钙"再生耐火原料。或通过改善合金冶炼工艺，结合重熔技术，获得刚玉和三氧化二钛为主晶相的"钛刚玉"。钛铁渣资源化制备再生耐火材料原料工艺线路如图 10-5 所示。

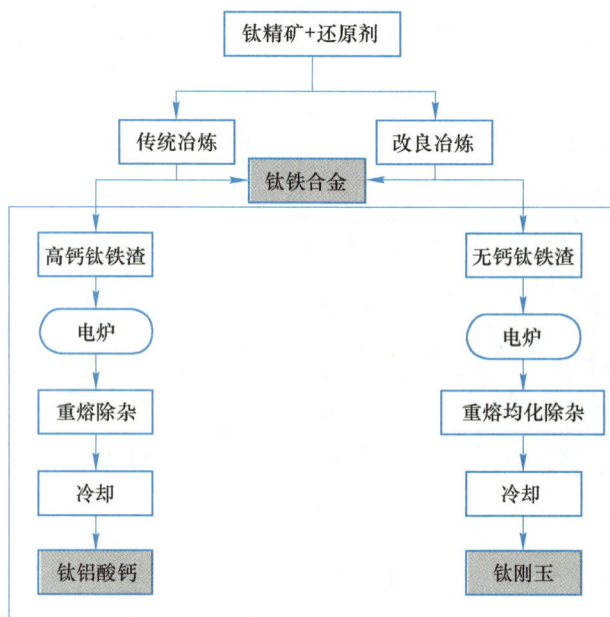

图 10-5 钛铁渣资源化制备再生耐火材料原料工艺线路图

10.2.1.1 钛铝酸钙及钛刚玉的基本性能

A 外观及理化指标

钛铝酸钙破碎后常温下呈结晶状，与黑 SiC 相近，化学性质稳定，不与空气和水发生反应，质地坚硬；钛刚玉致密，具有韧性，难以敲碎，外观呈黑色。表 10-5 为钛铝酸钙与钛刚玉的典型化学组成和物理指标。

表 10-5 钛铝酸钙及钛刚玉的理化指标

项目		钛铝酸钙	钛刚玉
化学成分/%	Al_2O_3	≥74.0	≥80.0
	TiO_2	≥12.5	≥16.0
	CaO	≥9.0	≤0.6
	MgO	≤2.0	≤0.8
	SiO_2	≤0.5	≤0.3
	Fe_2O_3	≤0.4	≤0.3
	K_2O	≤0.05	0.01
	Na_2O	≤0.10	0.01
物理指标	体积密度/g·cm^{-3}	≥3.30	≥3.38
	显气孔率/%	≤9	≤1
	莫氏硬度	8	9
	耐火度/℃	≥1790	≥1790

B 物相组成

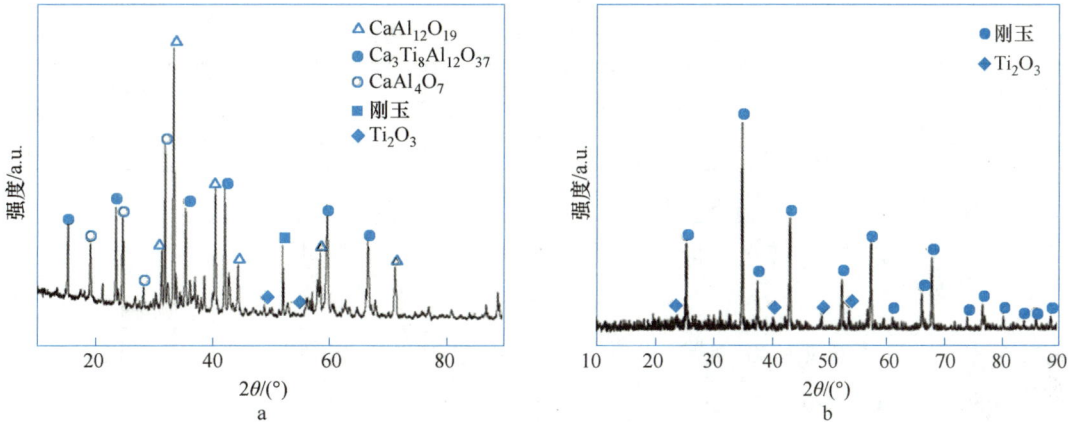

图 10-6 是钛铝酸钙和钛刚玉的 XRD 图谱，由图 10-6 可见，钛铝酸钙中的主要物相为六铝酸钙和钛铝酸钙，存在少量二铝酸钙和刚玉相，还有一定的塔基洛夫石（Ti_2O_3），钛刚玉中主要物相为刚玉和 Ti_2O_3。钛铝酸钙和钛刚玉中均存在 Ti_2O_3，Ti^{3+} 离子同时具有氧化性和还原性。

图 10-6 钛铝酸钙和钛刚玉的 XRD 图谱

a—钛铝酸钙；b—钛刚玉

三氧化二钛在氧化气氛下的反应式为：

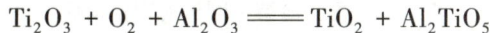

$$Ti_2O_3 + O_2 + Al_2O_3 \Longrightarrow TiO_2 + Al_2TiO_5$$

三氧化二钛在高温还原气氛下（如高炉），可生成 TiC、TiN、Ti(C,N) 等高温相非氧化物，降低体系的 N_2 分压，形成耐火炉衬的保护层。

10.2.1.2 钛铝酸钙应用

钛铝酸钙和钛刚玉，作为一种复相的再生含钛高铝原料，可用在钢包、铁水包、中间包、铁沟、炮泥等高温窑炉的内衬，自 2013 年开始在国内作为耐火原料推广使用，目前在全国各大钢厂及耐火材料厂都有使用。

10.2.2 铝铬渣的利用

铝铬渣是以铝热法生产金属 Cr 单质或生产铬铁合金过程中排出的渣。其主要成分为 Al_2O_3、Cr_2O_3，另有少量金属铬、MgO、CaO、SiO_2、Fe_2O_3 和碱金属氧化物。经过熔融、均化、还原提纯、除杂精炼等工艺后，可得三种再生高温耐火原料：再生电熔刚玉、再生电熔铝铬固溶体（俗称铬刚玉）和三碳化七铬。再生电熔刚玉、再生电熔铝铬固溶体可作为耐火材料原料，三碳化七铬可用作含碳耐火材料的抗氧化剂。铝铬渣资源化工艺流程如图 10-7 所示。

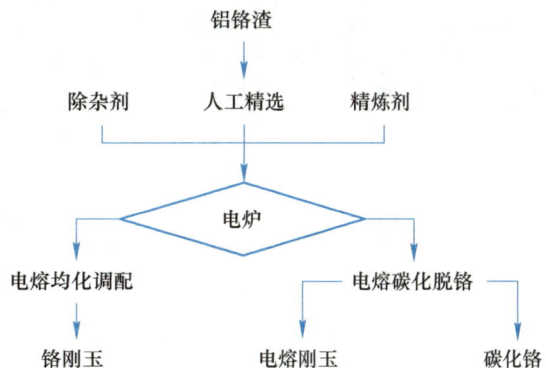

图 10-7 铝铬渣资源化工艺流程

10.2.2.1 再生电熔刚玉与铬刚玉的性能

A 理化指标

再生电熔刚玉按主成分（Al_2O_3+Cr_2O_3）的不同，分为 RFA98、RFA97 和 RFA96 三个牌号，见表 10-6。再生电熔铬刚玉按主成分（Al_2O_3+Cr_2O_3）的不同分为 RFCA8、RFCA10 和 RFCA12 三个牌号，其理化指标见表 10-7。

表 10-6 再生电熔刚玉的理化指标

牌号		RFA[①]98	RFA97	RFA96
化学成分/%	Al_2O_3	≥97.5	≥96.5	≥95.0
	Cr_2O_3	≤0.6	≤1.0	≤1.3
	Na_2O	≤0.10	≤0.15	≤0.20
	C	≤0.05	≤0.10	≤0.15
物理指标	体积密度/g·cm^{-3}	≥3.75	≥3.75	≥3.70
	真密度/g·cm^{-3}	≥3.80	≥3.80	≥3.80
	显气孔率/%	≤4	≤4	≤4

① RFA 是 Regenerated Fusion Alumina（再生电熔刚玉）的缩写。

表 10-7 再生电熔铬刚玉的理化指标

牌号		RFCA[①]8	RFCA10	RFCA12
化学成分/%	Cr_2O_3	6~8	8~10	10~12
	Al_2O_3+Cr_2O_3		≥97	
	Na_2O		≤0.1	
	Fe_2O_3		≤0.25	
	CaO		≤3.5	
物理指标	体积密度/g·cm^{-3}		≥3.75	
	显气孔率/%		≤5	
	耐火度/℃		≥1790	

① RFCA 是 Regenerated Fusion Chromium Alumina（再生电熔铬刚玉）的缩写。

B 物相组成

再生电熔刚玉中的主要物相为刚玉，而再生电熔铬刚玉的主要物相是铝铬固溶体，如图 10-8 所示。

10.2.2.2 再生电熔刚玉与铬刚玉的应用

目前，这两种再生耐火原料已大量应用于奥斯麦特炉、炼铜转炉、炼锌挥发窑和炼锌转炉等有色冶金炉窑的内衬，也广泛应用于铁沟浇注料、炮泥、钢包内衬浇注料、透气

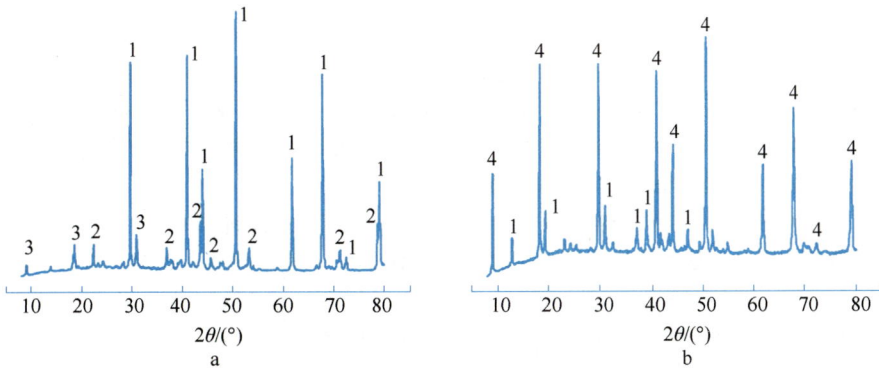

图 10-8　再生电熔刚玉和再生电熔铬刚玉的 XRD 图谱

a—再生电熔刚玉；b—再生电熔铬刚玉

1—刚玉；2—$MgAl_2O_4$；3—$(1+x)CaO \cdot 11Al_2O_3$；4—$Al_{2-x}Cr_xO_3$

砖、欧冶炉（直接熔融还原炉）CGD 管及围管等钢铁冶金领域，同时也在炭黑反应炉、垃圾焚烧炉等高温设备上应用。

思 考 题

10-1　中国是世界耐火材料第一生产大国和第一使用大国，每年会产生巨大量的用后耐火材料，试以某具体耐火材料为例，阐述用后耐火材料的危害，并分析此用后耐火材料再生利用思路、加工处理方法以及提高再生耐火材料性能的方法。

10-2　用后耐火材料的二次资源化利用是当前耐火材料研究、生产工作者的重要研究课题。某厂用回收的用后镁碳砖经破碎筛分后，采用正常的生产工艺制得的 MgO-C 砖总是质量时好时坏，主要表现在制品的体积稳定性、表面开裂等问题，请合理解释是何原因造成这种情况。

参 考 文 献

［1］高振昕，平增福，张战营，等．耐火材料显微结构［M］．北京：冶金工业出版社，2002.

［2］William E，Mark W. Ceramic Microstructure［M］. London：Chapman & Hall，1994.

［3］王玉龙，王周福，王玺堂，等．碳纤维热氧化对其在铝碳耐火材料中结构演变与使用效果的影响［J］．硅酸盐学报，2024，52（6）：2107-2117.

［4］石锦雄．莫来石-SiC 复合材料的制备及性能研究［D］．武汉：武汉科技大学，2006.

［5］李楠．团聚氧化镁粉料压块的烧结机理与动力学模型［J］．硅酸盐学报，1994，22（1）：77-83.

［6］Willi Pabst，Eva Gregorova，Gabviela Ticha. Elasticity of porous ceramics-A critical study of modulus-porosity relations［J］. J. Eur. Cer. Soc.，2006，26：1085-1088.

［7］熊兆贤．材料物理导论［M］．北京：科学出版社，2001.

［8］关振铎，张中太，焦金生．无机材料物理性能［M］．北京：清华大学出版社，1992.

［9］穆柏春．陶瓷材料的强韧化［M］．北京：冶金工业出版社，2002.

［10］Camail Aksel，Frank L Reley. Young's modulus measurements of magnesia-spinel composites using load-deflection curves，sonic moclulus，strain gauges aud Rayleigh waves［J］. J. of the Eur. Cer. Soc.，2003，23：3089-3093.

［11］Emmanuel Nonnet，Nicolas Lequoux，Philippe Boch. Elastic properties of high alumina cement castables from room temperature to 1600 ℃［J］. J. of the Eur. Cer. Soc.，1999，19：1575-1583.

［12］Tessier-Doyen N，Glandus J C，Huger M. Untypical young's modulus of model refractories at high temperature［J］. J. of the Eur. Cer. Soc.，2006，26：289-295.

［13］Cemail Aksel. The effect of mullite on the mechanical properties and thermal shock behaviour of alumina-mullite refractory materials［J］. Cer. International，2003，29：183-188.

［14］Cemail Aksel，Frank L Riley. Effect of the particle size distribution of spinel on the mechanic properties and thermal shock performance of MgO-spinel composite［J］. J. of the Eur. Cer. Soc.，2003，23：3079-3082.

［15］Ghosh A，Ritwik Sarkar，Mckherjec B. Effect of spinel content on the properties of magnesia-spinel composite refractory［J］. J. of the Eur. Cer. Soc.，2004，24：2079-2085.

［16］GB/T34217—2017 耐火材料　高温抗扭强度试验方法［S］．北京：中国标准出版社，2017.

［17］Rafael Barea，Manuel Belmont，Maria Isabl Osesrli. Thermal Conductivity of Al_2O_3/SiC platelet cmposites［J］. J. of the. Eur. Cer. Soc.，2003，23：1773-1778.

［18］奚同庚，王圣妹，章宗德，等．高温隔热材料热物性的预测与优化研究［J］．无机材料学报，1997，12：207-210.

［19］Wilson Nunes dos Saantos. Effect of moisture and porosity on the thermal properties of a conventional refractory concrete［J］. J. of the Eur. Soc.，2003，23：745-755.

［20］Naif-Ali B，Haberko K，Vesteghem H. Thermal conductivity of highly porous zirconia［J］. J. of the Eur. Cer. Soc.，2006，26（16）：3567-3574.

［21］Efim Ya，Litovsky，Michael Shapiro. Gas pressure and temperature dependence of thermal conductivity of porous ceramic materials：Part 1. refractories and ceremics with porosity below 30%［J］. J. Am. Cram，Soc.，1992，72：3425-3429.

［22］Efim Ya Litovsky，Michael Shapiro，Arthur Shavif. Gas pressure and temperature dependence of thermal conductivity of porous ceramic materials：Part2，refracteries and ceramics with porosity exceeding 30%［J］. J. Am. Cram，Soc.，1996，79：1366-1376.

［23］赵维平，王东．耐火材料导热系数的检测方法［J］．耐火材料，2011，45（5）：397-400.

［24］YB/T 4130—2005 耐火材料　导热系数试验方法（水流量平板法）［S］．北京：冶金工业出版

社，2005.

[25] GB/T 5990—2006 耐火材料　导热系数试验方法（热线法）［S］. 北京：中国标准出版社，2007.

[26] GB/T 22588—2008 闪光法测量热扩散系数或导热系数［S］. 北京：中国标准出版社，2009.

[27] GB/T 7322—2017 耐火材料　耐火度试验方法［S］. 北京：中国标准出版社，2017.

[28] GB/T 13794—2017 标准测温锥［S］. 北京：中国标准出版社，2017.

[29] 陈肇友. 耐火材料抗热震性的预测与评定［J］. 耐火材料，1987，22：50-54.

[30] Cemail Aksel, Briau Rad, Fvauk L. Thermal shock behaviour of magnesia-spind composites［J］. J. of the Eur. Ceram. Soc.，2004，24：2839-2843.

[31] Cemail Aksel, Paul D Warren. Thermal shock parameters［R，R″′and R″″］of magnesia-spinel composites［J］. J. of the Eur. Ceram. Soc.，2003，23：301-304.

[32] Ryoichi Yoshino, Kenji Yamamoto, Mototsugu Oxada. Improvement of plate brick shape for slide gate valve［J］. Shinagawa Technical Report，1997，40：35-39.

[33] Schmitt N, Burr A, Berthaud Y. Micromechanics applied to the thermal shock behavior of refractory ceramics［J］. Mechanics of Material，2002，34：725-729.

[34] Zhigang Wang, Nan Li, Jianyi Kong. prediction of properties of Al_2O_3-C refractory based on microstructure by an improved generalized self-consistent scheme［J］. Metallurgical and Materials Transactions B，2005，36：577-580.

[35] Lee W E, Zhang S. Melt corrosion of oxide and oxide-carbon refractories［J］. International Materials Reviews，1999，44：77-81.

[36] 陈肇友. 固体溶解动力学及其在耐火材料中的应用［J］. 硅酸盐学报，1983，11：498-501.

[37] 陈肇友. 提高 AOD、VOD 镁铬或镁白云石炉衬寿命的途径［J］. 钢铁，1989，24：52-55.

[38] Zhang S, Lee W E. Use of phase diagrams in study of refractories corrosion［J］. Internotional Materials Rewiews，2005，45：41-56.

[39] Steven Wright, Ling Zhang, Shouyi Sun. Viscosity of calcium ferrite slag and Calcium alumino-silicate slgg containing spinel particles［J］. J. of Non-Crystalline Solds，2001，282：15-19.

[40] Sandhage K H, Yurek G J. Direct and indiredct dissolution of sapphire in calcia-magnesia-alumina-ailica melts：dissohtion kinrtics［J］. J. Am. Ceram. Soc.，1990，73：633-637.

[41] Sandhage K H, Yurek G J. Direct and indiredct dissolution of sapphire in calcia-magnesia-alumina-silica melts：Electron microprobe analysis of the dissolution process［J］. J. Am. Ceram. Soc.，1990，73：3643-3646.

[42] Zhang S, Rozaie H R, Sarpooolaky H. Alumina dissolution into silicat slag［J］. J. Am. Ceram. Soc.，2000，83：897-899.

[43] Nightingale S A, Brooks G A, Monaghan B J. Degradation of MgO refractory in CaO-SiO_2-MgO-FeO_x and CaO-SiO_2-Al_2O_3-MgO-FeO_x slags under forced convection［J］. Metall. Mater. Trans. B，2005，36：453-456.

[44] Cho M K, Hong G G, Lee S K. Corrosion of spinel clinker by CaO-Al_2O_3-SiO_2 ladle slag［J］. J. Eur. Ceram. Soc.，2002，22：1783-1790.

[45] 阮国智，李楠，吴新杰. 耐火材料在渣-铁（钢）界面局部蚀损机理［J］. 材料导报，2005，2：47-51.

[46] Kusuhiro Mukai, Zainan Tao, Kiyoshi Goto. In-situ observation of slag penetration into MgO refractory［J］. Scandinavian J. of Metallurgy，2003，31：68-72.

[47] Yilmaz S. Corrosion of high alumina spinel castables by steel ladle slag［J］. Ironmaking and Steelmaking，2006. 33：151-155.

[48] Sarpoolaky H, Zhang S, Lee W F. Corrosion of high alumina and near stoichiometric spinel in iron-containing silicat slags [J]. J. of the Eur. Ceram. Soc. , 2003. 23：293-298.

[49] 李楠. 耐火材料与钢铁的反应及对钢质量的影响 [M]. 北京：冶金工业出版社，2005.

[50] 湯淺悟郎，杉浦三郎，藤根道彦. 溶鋼の脱酸におよぼすじす耐火材料の影響 [J]. 鐵と鋼，1983，69：278-282.

[51] Riaz S, Mills K C, Bain K. Experimental examination of slag/refractory interface [J]. Ironmaking and Steelmaking, 2002, 29：107-110.

[52] Li N, Li H L, Wei Y W. Effect of microsilica in MgO based castables on oxygen Content of interstitial free steel [J]. British ceram. Tran. , 2003, 102：175-179.

[53] 陶珍东，郑少华. 粉体工程与设备 [M]. 北京：化学工业出版社，2015.

[54] 李玉海，赵旭东，张立雷. 粉体工程学 [M]. 北京：国防工业出版社，2013.

[55] 卢寿慈. 粉体工程手册 [M]. 北京：化学工业出版社，2004.

[56] 张长森. 粉体技术及设备 [M]. 上海：华东理工大学出版社，2007.

[57] 韩跃新. 粉体工程 [M]. 长沙：中南大学出版社，2011.

[58] 周仕学，张鸣林. 粉体工程导论 [M]. 北京：科学出版社，2010.

[59] 三轮茂雄，日高重助. 粉体工程实验手册 [M]. 扬伦，谢淑娴，译. 北京：中国建筑工业出版社，1987.

[60] 陆厚根. 粉体工程导论 [M]. 上海：同济大学出版社，1993.

[61] Fayed M E, Otten L. 粉体工程手册 [M]. 北京：化学工业出版社，1992.

[62] 李红霞. 耐火材料手册 [M]. 北京：冶金工业出版社，2007.

[63] 宋希文，侯瑾，安胜利. 耐火材料工艺学 [M]. 北京：化学工业出版社，2008.

[64] 中国冶金百科全书　耐火材料 [M]. 北京：冶金工业出版社，1997.

[65] 张美杰，程玉保. 无机非金属材料工业窑炉 [M]. 北京：冶金工业出版社，2008.

[66] 高振昕，张巍，郑小平，等. 山西石英岩的结晶特征与加热相变 [J]. 耐火材料，2016，50（4）：315-320.

[67] Lee W E, Rainforth W M. Ceramic Microstructure：Property Control by Processing [M]. Chapman & Hall, London, 1994：452-507.

[68] 徐平坤，魏国钊. 耐火材料新工艺技术 [M]. 北京：冶金工业出版社，2005：33.

[69] 吕峻译. 现代焦炉用高密度硅砖 [J]. 国外耐火材料，1990，15（8）：25-29.

[70] 林彬荫，吴清顺. 耐火矿物原料 [M]. 北京：冶金工业出版社，1989：188.

[71] Satpathy S, Samant A K, Aduk S, et al. Effect of nano-Fe_2O_3 addition on the properties of silica bricks [C]//Proc. of UNITECR'2011, 2011：2-E-10.

[72] 陈作夫，沈淑慧，陶跃红. 高级硅砖的研制 [J]. 玻璃与搪瓷，1990，18（4）：10-16.

[73] Bharati K P, Pabitra S, Nilachala S. Effect of addition of ultra fine titania on polymorphic transformation of coke oven silica bricks [C]//Proc. of UNITECR'2011, 2011：2-E-11.

[74] 解西军，李振，王允新，等. 热风炉用优质硅砖的开发 [J]. 山东冶金，2003，25（3）：34-36.

[75] Schneider H, Schreuer J, Hildmann B. Structure and properties of mullite-a review [J]. J. Eur. Ceram. Soc. , 2008, 28：329-344.

[76] Gisèle L L N, Aghiles H. Mullite：structure and properties [J]. Ency. Mater. , 2021, 2：59-75.

[77] Schneider H. Transition metal distribution in mullite [J]. Ceram. Trans. , 1990, 6：135-158.

[78] 李楠，鄢文，李媛媛. 莫来石-高硅氧玻璃复合材料及其应用 [C]//第六届国际耐火材料会议，2012：30-33.

[79] Martin H Leipold, Jauk D Sibsld. Development of low-therrnal expansion mullite bulks [J].

J. Am. Ceram. Soc., 1982, 65：c-147.

［80］李红霞, 张丽华, 叶雪华, 等. 莫来石-高硅氧玻璃复相材料的研制［J］. 耐火材料, 1997, 31 (1)：16-20.

［81］邱文东, 李楠. 用矾土制备莫来石-高硅氧玻璃材料的研究［J］. 耐火材料, 1997, 31 (1)：13-15.

［82］邱文东. 低铝矾土烧结、相组成、显微结构及应用研究［D］. 武汉：武汉科技大学, 1992.

［83］Castelein O, Guinebretiere R, Bonnet J P, et al. Shape, size and composition of mullite nanocrystals from a rapidly sintered kaolin［J］. J. Eur. Ceram. Soc., 2001, 21：2369-2376.

［84］姚文君, 张培萍, 李书法. 叶蜡石矿产资源及其应用研究开发现状［J］. 世界地质, 2007, 2 (1)：124-127.

［85］许平坤. 利用叶蜡石资源发展节能型半硅质耐火材料［J］. 耐火材料, 2006, 40：254-257.

［86］郭海珠, 佘森. 实用耐火材料手册［M］. 北京：中国建材工业出版社, 2000.

［87］Li N, Shi J R, Zhu H X. Mullitization of andalusite and influence of aggregates on the properties of aluminosilicate refractories based on the andalusite matrix［C］//Proc. of UNITECR'2007, 2007：260-264.

［88］Boachatou M L, Ildefonse J P, Poirier J, et al. Mullite grown from fired andalusite grains：The role of impurities and the high temperature liquid phase on the kinetics of mullitization and consequences on thermal shocks resistance［J］. Ceram. Int., 2005, 31 (7)：999-1005.

［89］师静蕊. 红柱石的矿物组成、莫来石化及相关制品研究［D］, 武汉：武汉科技大学, 2005.

［90］Winter J K, Chose S. Thermal expansion and high-temperature analytical chemistry of Al_2SiO_5 phymorphs［J］. Am. Min., 1979, 64：573-586.

［91］Namiranian A, Kalantar M. Mullite synthesis and formation from kyanite concentrates in different conditions of heat treatment and particle size［J］. Iran. J. Mater. Sci. Eng., 2011, 8：29-36.

［92］Sadik C, Amrani I E E, Albizane A. Recent advances in silica-alumina refractory：A review［J］. J. Asian. Ceram. Soc., 2014, 2：83-96.

［93］Emilija T, Stanislav K, Hrvoje I. Diphasic luminosilicate gels with two stage mullitization in temperature range of 1200～1300 ℃［J］. J. Eur. Ceram. Soc., 2005, 25：613.

［94］Sales M, Alarcon J. Synthesis and phase transformation of mullites obtained from SiO_2-Al_2O_3 gel［J］. J. Eur. Ceram. Soc., 1996, 16：781.

［95］Chandlran R G, Chandrashekar B K, Gangaly C, et al. Sintering and micstructural investigation on combustion mullite［J］. J. Eur. Ceram. Soc., 1996, 16：843.

［96］李楠, 王玺堂, 柯昌明, 等. 全天然原料合成莫来石的相组成及显微结构研究［J］. 耐火材料, 1991, 25 (5)：249-253.

［97］Guo H S, Li W F. Effects of Al_2O_3 crystal types on morphologies, formation mechanisms of mullite and properties of porous mullite ceramics based on kyanite［J］. J. Eur. Ceram. Soc., 2018, 38 (2)：679-686.

［98］Ueno S, Ohji T, Lin H T. Corrosion and recession of mullite in water vapor environment［J］. J. Eur. Ceram. Soc., 2008, 28：431-435.

［99］袁林, 陈雪峰, 刘锡俊. 绿色耐火材料［M］. 北京：中国建材工业出版社, 2015.

［100］王维邦. 耐火材料工艺学［M］. 北京：冶金工业出版社, 2004.

［101］Jones P T, Vleugels J, Volders I, et al. A study of slag-infiltrated magnesia-chromite refractories using hybrid microwave heating［J］. J. Eur. Ceram. Soc., 2002, 22：903-916.

［102］Han B Q, Li Y S, Guo C C, et al. Sintering of MgO-based refractories with added WO_3［J］. Ceram. Int., 2007, 33：1563-1567.

［103］ Petkov V, Jones P T, Boydens E, et al. Chemical corrosion mechanisms of magnesia-chromite and chrome-free refractory bricks by copper metal and anode slag ［J］. J. Eur. Ceram. Soc. , 2007, 27: 2433-2444.

［104］ Bhagiratha M L. Development of high temperature creep resistant magnesia for regenerator in the glass industry ［C］//Proc. of UNITECR'2007, 2007: 56-60.

［105］ Gao P W, Lu X L, Geng F, et al. Production of MgO-type expansive agent in dam concrete by use of industrial by-products ［J］. Build. Environ. , 2008, 43: 453-457.

［106］ Strydom C A, Merwe E M, Aphane M E. The effect of calcining conditions on the rehydration of dead burnt magnesium oxide using magnesium acetate as a hydranting agent ［J］. J. Therm. Anal. Calori. , 2005, 80: 659-662.

［107］ Aksel C, Kasap F, Sesver A. Investigation of parameters affecting grain growth of sintered magnesite refractories ［J］. Ceram. Int. , 2005, 31: 121-127.

［108］ 任庆文, 译. 延长 VOD 包衬寿命 ［J］. 国外耐火材料, 2000, 25（5）: 13-35.

［109］ Haldar M K, Tripathi H S, Das S K, et al. Effect of compositional variation on the synthesis of magnesite-chrome composite refractory ［J］. Ceram. Int. , 2004, 30: 911-915.

［110］ Ghosh A, Haldar M K, Das S K. Effect of MgO and ZrO_2 additions on the properties of magnesite-chrome composite refractory ［J］. Ceram. Int. , 2007, 33: 821-825.

［111］ Ghosh A, Sarkar R, Mukherjee B, et al. Effect of spinel content on the properties of magnesia-spinel composite refractory ［J］. J. Eur. Ceram. Soc. , 2004, 242: 2079-2085.

［112］ Aksel C, Warren P D, Riley F L. Fracture behaviour of magnesia and magnesia-spinel composites before and after thermal shock ［J］. J. Eur. Ceram. Soc. , 2004, 24: 2407-2416.

［113］ 甲斐哲郎, 伊佐地恭介, 鳥居邦吉. 精錬取鍋用マグネシア・スピネル材質れんがの改善 ［J］. 耐火物, 2001, 53（9）: 521-526.

［114］ 小松英雄, 荒井正志, 鵜川茂. セメントキルン用クロムフリーれんがの現状とその将来 ［J］. 耐火物, 1999, 51（1）: 2-9.

［115］ 池田末男, 下田直之, 荒井正志, 等. セメントロータリーキルン焼成帯用クロムフリーれんがの開発 ［J］. 耐火物, 2001, 53（12）: 695-701.

［116］ Wagner C. The mechanism of formation of ionic compounds of higher order (double salts, spinel, silicates) ［J］. Z. Physik. Chem. B, 1936, 34: 309-316.

［117］ Carter R E. Mechanism of solid-state reaction between magnesium oxide and aluminum oxide and between magnesium oxide and ferric oxide ［J］. J. Am. Ceram. Soc. , 1961, 44: 116-120.

［118］ Zhang Z H, Li N. Effect of polymorphism of Al_2O_3 on the synthesis of magnesium aluminate spinel ［J］. Ceram. Int. , 2005, 35: 583-589.

［119］ Sainz M A, Mazzoni A D, Aglietti E F, et al. Thermochemical stability of spinel ($MgO \cdot Al_2O_3$) under strong reducing conditions ［J］. Mater. Chem. Phys. , 2004, 86: 399-408.

［120］ Tripathi H S, Mukherjee B, Das S, et al. Synthesis and densification of magnesium aluminate spinel: Effect of MgO reactivity ［J］. Ceram. Int. , 2003, 29: 915-918.

［121］ Rodriguez J L, Rodriguez M A. , Aza S D. Reaction sintering of zircon-dolomite mixtures ［J］. J. Eur. Ceram. Soc. , 2001, 21: 343-354.

［122］ Chen M, Lu C Y, Yu J K. Improvement in performance of MgO-CaO refractories by addition of nano-sized ZrO_2 ［J］. J. Eur. Ceram. Soc. , 2007, 27: 4633-4638.

［123］ 顾华志, 洪彦若, 汪厚植, 等. $H_2C_2O_4$ 和 CO_2 复合表面处理镁钙砂及其浇注料的性能 ［J］. 耐火材料, 2005, 39（3）: 161-164.

［124］ Bannenberg N. Demand on refractory material for clean steel production ［C］//Proc. of UNITECR' 1995，1995：36-39.

［125］ 山口明良．实用热力学及在高温陶瓷中的应用 ［M］．张文杰，译．武汉：武汉工业大学出版社，1993.

［126］ 叶大伦．实用无机物热力学数据手册 ［M］．北京：冶金工业出版社，2002.

［127］ 陈肇友．化学热力学与耐火材料 ［M］．北京：冶金工业出版社，2005.

［128］ 顾立德．特种耐火材料 ［M］．北京：冶金工业出版社，1982.

［129］ 全国科学技术名词审定委员会．冶金学名词 ［M］．北京：科学出版社，2019.

［130］ 王曾辉，高晋生．碳素材料 ［M］．上海：华东化工学院出版社，1991.

［131］ Iijima S. Helical microtubules of graphitic carbon ［J］. Nature，1991，354：56-58.

［132］ Hugh O Pierson. Handbook of Carbon, Graphite, and Fullerenes——Properties, Processing and Applications ［M］. New Jersey, USA：Noyes Publications，1993.

［133］ 姚广春．冶金炭素材料性能及生产工艺 ［M］．北京：冶金工业出版社，1992.

［134］ 谢有赞．炭石墨材料工艺 ［M］．湖南：湖南大学出版社，1988.

［135］ Akira Yamaguehi. Self-repairing function in the carbon-containing refractory ［J］. International Journal of Applied Ceramic Technology. 2007，4（6）：490-495.

［136］ Yang Yanga, Jun Yua, Huizhong Zhao, et al. Cr_7C_3：A potential antioxidant for low carbon MgO-C refractories ［J］. Ceramics International，2020，46：19743-19751.

［137］ 刘波，刘永锋，刘开琪，等．B_4C 对低碳 MgO-C 材料性能的影响 ［J］．耐火材料，2010，44（1）：14-16.

［138］ Zhang S，Marriott N J，Lee W E. Thermochemistry and microstructure of MgO-C refractories containing various antioxide ［J］. Journal of the European Ceramic Society，2001，21（8）：1037-1047.

［139］ Nemdy S R，Ghost N K，Das G C. Oxidation kinetics of MgO-C in air with varying ash content ［J］. Adv. in Appl. Ceramics Tech.，2005，104（6）：306-311.

［140］ Takashi，Yamamara，Osama Nomara，et al. Lower carbon containing MgO-C brick with high spalling resistance ［J］. Shinagawa Tech. Report，1996，39：57~66.

［141］ GB/T 22589—2017 镁碳砖 ［S］．北京：中国标准出版社，2017.

［142］ Shin-ichi Tamura，Tsunemi Ochiai，Shigeyuki Takanaga，et al. The development of the nano structural matrix ［C］//Proceedings of UNITECR'03. Osaka：2003：517-520.

［143］ Shigeyuki Takanaga，Tsunemi Ochiai，Shin-ichi Tamura，et al. The application of the nano structural matrix to MgO-C bricks ［C］//Proceedings of UNITECR'03. Osaka：2003：521-524.

［144］ Shigeyuki Takanaga，Yoji Fujiwara，Manabu Hatta，et al. Development of "MgO-rimmed MgO-C brick" ［C］//Proceedings of UNITECR'05. Orlando：2005.

［145］ Tianbin Zhu，Yawei Li，Shaobai Sang. Heightening mechanical properties and thermal shock resistance of low-carbon magnesia-graphite refractories through the catalytic formation of nanocarbons and ceramic bonding phases ［J］. Journal of Alloys and Compounds，2019，783：990-1000.

［146］ Rastegar H，Bavand-vandchali M，Nemati A，et al. Phase and microstructural evolution of low carbon MgO-C refractories with addition of Fe-catalyzed phenolic resin ［J］. Ceramics International，2019，45：3390-3406.

［147］ 朱天彬，李亚伟，桑绍柏．膨胀石墨对镁碳耐火材料显微结构和性能的影响 ［J］．硅酸盐通报，2015，34（9）：2436-2441.

［148］ Qilong Chen，Tianbin Zhu，Yawei，et al. Enhanced performance of low-carbon MgO-C refractories with nano-sized ZrO_2-Al_2O_3 composite powder ［J］. Ceramics International，2021，47：20178-20186.

[149] Tsuboi Y, Hayashi S, Nonobe K. Spalling resistance of low-carbon MgO-C brick [J]. Taikabutsu, 1999, 51 (12): 638-643.

[150] 冯海霞, 王守业, 曹喜营. SiO₂ 微粉浆体的流变性研究 [J]. 耐火材料, 2008, 42 (5): 345-348.

[151] Beaupre D. Rheology of high performance shotcrete [D]. Canada: The University of British Columbia, 1994.

[152] 贾全利, 叶方保, Rigaud M. 粒度分布对超低水泥刚玉质浇注料流变性的影响 [J]. 耐火材料, 2004, 38 (3): 168-171.

[153] 渡部公士, 石川誠, 若松盈. レオロジー　キャスタブルのレオロジー [J]. 耐火物, 1988, 40 (4): 231-244.

[154] 片岡稔, 神田美津夫. 不定形耐火物の評価技術 [J]. 耐火物, 1991, 49 (4): 215-225.

[155] 李再耕. 不定形耐火材料流变学 [C] //全国不定性耐火材料技术研讨会论文集, 1995.

[156] 加藤邦夫, 中本公人, 平田雄候. キャスタブル用原料としてのアルミナ質ラウンド粒子の特性 [J]. 耐火物, 1998, 50 (7): 384-388.

[157] Lee W E, Vieira W, Zhang S, et al. Castable refractory concretes [J]. International Materials Reviews, 2001, 46 (3): 145-167.

[158] Yang Zhang, Guotian Ye, Wenjing Gu, et al. Conversion of calcium aluminate cement hydrates at 60 ℃ with and without water [J]. J. Amer. Ceram. Soc., 2018, 101 (7): 2712-2717.

[159] 张阳. 铝酸盐水泥水化产物转化机理的研究 [D]. 郑州: 郑州大学, 2019.

[160] Geβner W, Möhmel S, Rettel A, et al. The influence of a thermal treatment on the ractivity of calcium aluminate phases [C] //Proc. Unitecr'97, New Orlean, USA, 1997: 109.

[161] Alt C, Wong L, Parr C. Measuring castable rheology by exothermic profile [J]. Refractories Application and News, 2003, 8 (2): 15-18.

[162] 本郷靖郎. ρ-アルミナ結合キャスタブル [J]. 耐火物, 1998, 40 (4): 226-229.

[163] Kingery W D. Fundamental study of phosphate bonding in refractories [J]. J. Am. Ceram. Soc., 1950, 33 (9): 239-250.

[164] 韩行禄. 不定形耐火材料 [M]. 2 版. 北京: 冶金工业出版社, 2003.

[165] 寄田栄一. その他のキャスタブル リン酸塩結合キャスタブル [J]. 耐火物, 1988, 40 (4): 218-221.

[166] 江口忠孝, 多喜田一郎, 吉富丈記. 低セメント結合キャスタブル [J]. 耐火物, 1988, 40 (4): 200-204.

[167] 李晓明. 微粉与新型耐火材料 [M]. 北京: 冶金工业出版社, 1997.

[168] Sandberg B, Myhre B, Holm J L. Castables in the system MgO-Al₂O₃-SiO₂ [C] //Proc. UNITECR'95, Kyoto, Japan, 1995: 173-180.

[169] Hundere A, Myhre B, Shanderberg B, et al. Magnesium-silicate-hydrate bonded MgO-Al₂O₃ castables [C] //Proc. of the 38th Annual Conference of Metallurgists, Symposium-Advances in Refractories for the Metallurgical Industries Ⅲ, Quebec, Canada, 1997: 101-104.

[170] Li Nan, Wei Yaowu. Properties of MgO castables and effects of reaction in microsilica-MgO bond system [C] //Proc. UNITECR'99, Berlin, Germany, 1999: 97-101.

[171] Monsen B, Seltveit A, Sandberg B, et al. Effect of microsilica on physical properties and mineralogical composition of refractory concretes [J]. Adv. Ceram., 1984, 13: 230-244.

[172] Braulio M A L, Bitfencaurt Z R M, Poirier V C J, et al. Microsiliea effects on cement bonded alumina-magnesia refvactory castables [J]. J. tech. Asscocia. Ref., 2008 (3): 180-184.

[173] Studart A R, Pandolfelli V C, Tervoort E, et al. Selection of dispersants for high-alumina zero-cement

refractory castables ［J］. J. Eur. Ceram. Soc. ，2003，23：997-1004.

［174］ Oliveiva I R，Ortega F S，Bittencourt L R M，et al. Hydration kinetics of hydratable alumina and calcium aluminate cement ［J］. J. tech. Asscocia. Ref. ，2008，28（3）：172-179.

［175］ Oliveira I R，Ortega F S，Pandolfelli V C. Hydration of CAC cement in a castable refractory matrix containing processing additives ［J］. Ceram. Int. ，2009，35：1545-1552.

［176］ Geβner W，Schmalstieg A，Capmas A，et al. On the influence of the specific surface area and Na_2O content of alumina on the hydration processes in $CaO \cdot Al_2O_3/Al_2O_3$ mixture ［C］//Proc. of UNITECR'95，Kyoto，Japan，1995：313-320.

［177］ 郭海珠，余森. 实用耐火原料手册 ［M］. 北京：冶金工业出版社，2000.

［178］ Pileggi R G，Studart A R，Pandolfelli V C. How mixing affects the rheology of refractory castables，Part 2 ［J］. Am. Ceram. Soc. Bull. ，2001，80（7）：38-42.

［179］ Innocentini M D M，Cardoso F A，Akiyoshi M M，et al. Drying stages during the heating of high alumina，ultra-low-cement refractory castables ［J］. J. Am. Ceram. Soc. Bull. ，2003，86（7）：1146-1148.

［180］ Sugawara M，Asano K. The recent developments of castable technology in Japan ［C］//Proc. UNITECR'05，2005.

［181］ Cassens N，Steinke R A，Videtto R B. Shotcreting self-flow refractory castables ［C］//Proc. UNITECR'97，New Orleans，Louisiana，USA，1997：531-544.

［182］ Pileggi R G，Marques Y A，Filho D V，et al. Shotcrete performance of refractory castables ［J］. Refractories Application and News，2003，3：15-20.

［183］ 米谷和浩，飯塚慶至，加賀鉄夫. 高炉出銑口用マッド材における窒化けい素鉄の挙動 ［J］. 耐火物，1998，39（6）：326-330.

［184］ 周永平，孙勇，于景坤. 碳化硅铁对铝碳质炮泥性能的影响 ［J］. 耐火材料，2007，41（增刊）：248-250.

［185］ Hagh O P. Handbook of Refractory Carbides and Nitrides-Properties，Characteristics，Processing and Applications ［M］. New Jersey，U S A：Noyes Publications，1996.

［186］ Michel W B. Fundamentals of Ceramics ［M］. Bristol and Philadelphia：Institute of Physics Publishing，2003.

［187］ Stevens R. Engineering Properties of Zirconia and Zirconia Ceramics. From An Introduction to Zirconia ［M］. Manchester，UK：Magnesium Elektron Publication，1986.

［188］ Sisson R D，Smyser B M. Effects of ultrasonic agitation on microstructure and phase transformations in nanocrystalline $ZrOB_{2B}$-$AlB_{2B}OB_{3B}$ ［J］. Nanostructured Materials，1998，10（5）：829-835.

［189］ Garvie R C. The occurrence of metastahle tetragonal ziconia as cystalline effect ［J］. Phys. Cham，1965，69（4）：1238-1242.

［190］ 宋希文，赛音巴特尔，等. 特种耐火材料 ［M］. 北京：化学工业出版社，2011.

［191］ 魏明坤，张丽鹏，孙宁，等. 碳化硅耐火材料的研究进展 ［J］. 山东陶瓷，2001，24（12）：3-7.

［192］ Seifert H J，Aldinger F. High performance non-oxide ceramics ［J］. Structure and Bonding，2002，101：16-19.

［193］ 郭瑞松. 工程结构陶瓷 ［M］. 天津：天津大学出版社，2002.

［194］ 高技术新材料要览编辑委员会. 高技术新材料要览 ［M］. 北京：中国科学技术出版社，1993：245-248.

［195］ Wan L，Zhang Z F，Zhang Z R，et al. Effect of kaolin chemical composition on synthesis of β-Sialon powder ［J］. Advances in Applied Ceramics，2005，104（2）：89-91.

［196］殷声 . 现代陶瓷及其应用［M］. 北京：北京科学技术出版社，1990.

［197］徐润泽 . 粉末冶金结构材料学［M］. 长沙：中南工业大学出版社，1998.

［198］Zhang X H, Han J C, Du S Y, et al. Microstructure and mechanical properties of TiC-Ni functionally graded materials by simultaneous combustion synthesis and compaction［J］. Journal of materials science, 2000, 35：1925-1930.

［199］陆庆忠，张福润，余立新 . Ti(C,N) 基金属陶瓷的研究现状及发展趋势［J］. 武汉科技学院学报，2002, 15（5）：451-455.

［200］贺从训，夏志华，汪有明，等 . Ti(C,N) 基金属陶瓷的研究［J］. 稀有金属，1999, 23（1）：4-12.

［201］周泽华，丁培道 . Ti(C,N) 基金属陶瓷添加成分的研究［J］. 材料导报，2000, 14（4）：21-221.

［202］许育东，刘宁，曾庆梅，等 . 纳米改性金属陶瓷的组织和力学性能［J］. 复合材料学报，2003, 20（1）：33-37.

［203］Jonathan E, Michael H. Production of chromium carbides［J］. Materials World, 1997, 5（11）：36-37.

［204］Yan W, Li N, Han B. Influence of microsilica content on the slag resistance of castables containing porous corundum-spinel aggregates［J］. Int. J. Appl. Ceram. Tech. , 2008, 5（6）：633-640.

［205］Yan W, Wu G, Ma S, et al. Energy efficient lightweight periclase-magnesium alumina spinel castables containing porous aggregates for the working lining of steel ladles［J］. J. Eur. Ceram. Soc. , 2018, 38（12）：4276-4282.

［206］罗庆 . 传热学［M］. 重庆：重庆大学出版社，2019.

［207］Stephen C C, Gardon L B. Handbook of Industrial Refractories Technology［M］. New Jersey, U S A：Noyes Publications, 2004.

［208］江东亮，李存土，欧阳世翕，等 . 中国材料工程大典，第九卷，无机非金属材料工程（下）［M］. 北京：化学工业出版社，2006.

［209］Eva G, Willi P. Porous ceramics prepared using poppy seed as pore-forming agent［J］. Ceram. Int. , 2007, 33：1385-1388.

［210］André R S, Urs T G, Elena T, et al. Processing routes to macroporous ceramics：A review［J］. J. Am. Ceram. Soc. , 2006, 89：1771-1789.

［211］赵国玺 . 表面活性剂物理化学［M］. 北京：北京大学出版社，1984.

［212］胡宝玉，徐延庆，张宏达 . 特种耐火材料实用技术手册［M］. 北京：冶金工业出版社，2004.

［213］Klinger W, Zimmerman H. Insulating firebrick and fibre products for industrial heat insulation［J］. CN refractories, 2002, 6：28-35.

［214］Primachenko V V, Martyneko V V, Dierghaputskaja L A, et al. The research of an influence of a number of technological factors on anorthite synthesis in lightweight refractories［C］//Proceedings of UNITECR'03, Osaka, Japan, 2003：190-193.

［215］李楠 . 保温保冷材料与应用［M］. 上海：上海科技技术出版社，1985.

［216］Li M, Liang H. Mechanism of formation of xonotlite spherical particles in dynamic hydrothermal process［C］//Proceedings of the 4th International Symposium on Refractories, Dalian, Chian, 2003：363-366.

［217］董志军，李轩科，袁观明 . 莫来石纤维增强 SiO_2 气凝胶复合材料的制备及性能研究［J］. 化工新型材料，2006, 34（7）：58-61.

［218］Anto O, Deburchgrave J. New generation of microporous materials with special benefits［J］. CN refractories, 2002, 6：88-91.

［219］崔之开 . 陶瓷纤维［M］. 北京：化学工业出版社，2004.

［220］Zoties B K, Boymel P M T. A new soluble high-temperature fiber［J］. Am. Ceram. Soc. Bull. , 1999,

78：56-62.

[221] 宋作人. 玻璃熔窑用熔铸耐火材料［M］. 郑州：河南科学技术出版社，1991.

[222] 李楠，张用宾，李红霞. 中国材料工程大典，无机非金属材料卷（耐火材料篇）［M］. 北京：冶金工业出版社，2006.

[223] Toshihiro I. Investigation of behavior of glass exudation from fused cast refractories［C］//Proceedings of UNITECR'95, Kyoto, Japan, 1995：209-212.

[224] Michael D. Exudation behavior of fused refractories［C］//Proceedings of UNITECR'97, New Orleans, USA, 1997：445-447.

[225] 李应元，何泽洪，刘辉，等. 熔铸 α,β-Al$_2$O$_3$ 耐火材料温度场数学模型建立及炸裂现象分析［J］. 建材耐火技术，2002，47：7-9.

[226] 石野利弘. 電鋳耐火物，アルミナ系耐火物，岡山セラミックス技術振興財団［M］. 日本，2007.

[227] Edwige Y F, Marc H, Christian G. Elastic properties and microstructure：study of two fused cast refractory materials［J］. J. Eur. Ceram. Soc., 2007, 27 (2/3)：1843-1848.

[228] Toshihiro I, Kenji M. High zirconia fused cast refractory and its lasted development［C］//Proceedings of UNITECR'03, Osaka, Japan, 2003：23-26.

[229] Sokolov V A. Fusion-cast refractories in the high zirconia region of the ZrO$_2$-SiO$_2$-CaO system［J］. Refract Ind. Ceram., 2005, 46 (9)：197-201.

[230] Axel E. ECO-managment of refractory in Europe［C］//Proceedings of UNITECR'03, Osako, Japan, 2003：6-9.

[231] 田守信. 用后耐火材料的再生利用［J］. 耐火材料，2002，36 (6)：339-341.

[232] 田守信. 用后耐火材料的再生利用和发展［C］//2004 全国耐火材料学术年会论文集，2004.

[233] 王永利. 用废旧镁碳砖生产电熔镁砂. 中国，98114035.1［P］. 1998-11-11.

[234] 李起胜. 再生熔铸耐火砖的制造方法. 中国，89109578［P］. 1990-07-25.

[235] Junichirou Y. Recycling technology for SG plate［J］. 耐火物，2004 (1)：24-25.

[236] 王晓峰. 滑板砖再利用工艺的进展［J］. 国外耐火材料，1997 (8)：16-21.

[237] 田守信. 用后耐火材料的再生利用［J］. 耐火材料，2006，40 (增刊)：237-245.

[238] 王立锋. 钛铝酸钙的性能及其应用基础研究［D］. 武汉：武汉科技大学，2016.

[239] Jianwei Chen, Huizhong Zhao, Han Zhang, et al. Effect of partial substitution of calcium alumino-titanate for bauxite on the microstructure and properties of bauxite-SiC composite refractories［J］. Ceramics International, 2018, 44：2934-2940.

[240] Jianwei Chen, Huizhong Zhao, Han Zhang, et al. Effect of the calcium alumino-titanate particle size on the microstructure and properties of bauxite-SiC composite refractories［J］. Ceramics International, 2018, 44：6564-6572.

[241] Jianwei Chen, Huizhong Zhao, Han Zhang, et al. Sintering and microstructural characterization of calcium alumino-titanate-bauxite-SiC composite refractories［J］. Ceramics International, 2018, 44：10934-10939.

[242] 赵鹏达. 铝铬渣资源化及无害化应用基础研究［D］. 武汉：武汉科技大学，2020.

[243] 何晴. Ausmelt 炉内衬用铬刚玉质耐火材料的研究与制备［D］. 武汉：武汉科技大学，2017.

[244] Pengda Zhao, Huizhong Zhao, Jun Yu, et al. Crystal structure and properties of Al$_2$O$_3$-Cr$_2$O$_3$ solid solutions with different Cr$_2$O$_3$ contents［J］. Ceramics International, 2018, 44：1356-1361.

[245] Pengda Zhao, Han Zhang, Hongjun Gao, et al. Separation and characterisation of fused alumina obtained from aluminium-chromium slag［J］. Ceramics International, 2018, 44：3590-3595.

[246] Zhou Li, Huizhong Zhao, Pengda Zhao, et al. Utilization of recycled corundum as a refractory raw material：Characteristics and performance evaluation［J］. Ceramics International, 2022, 48：37142-37149.